J. B. GERMEIER

# EINFÜHRUNG IN DIE THEORIE DER OPERATIONSFORSCHUNG

MATHEMATISCHE LEHRBÜCHER UND MONOGRAPHIEN

HERAUSGEGEBEN VON DER
AKADEMIE DER WISSENSCHAFTEN DER DDR
ZENTRALINSTITUT FÜR MATHEMATIK UND MECHANIK

I. ABTEILUNG
MATHEMATISCHE LEHRBÜCHER

BAND 26

# EINFÜHRUNG IN DIE THEORIE DER OPERATIONSFORSCHUNG

VON

J. B. GERMEIER

AKADEMIE-VERLAG · BERLIN
1974

J. B. GERMEIER

# EINFÜHRUNG IN DIE THEORIE DER OPERATIONSFORSCHUNG

In deutscher Sprache herausgegeben
von
Dr. sc. HORST HOLLATZ

Zentrum für Rechentechnik
der Akademie der Wissenschaften der DDR

AKADEMIE-VERLAG · BERLIN
1974

Ю. Б. Гермейер
Введение в теорию исследования операций

Erschienen im Verlag „Nauka“ Moskau

Deutsche Übersetzung: Dr. Horst Weinert

Erschienen im Akademie-Verlag, 108 Berlin, Leipziger Str. 3–4

Lizenznummer: 202 · 100/421/74
Gesamtherstellung: VEB Druckerei „Thomas Müntzer“, 582 Bad Langensalza
Bestellnummer: 761 804 3 (6082) · LSV 1084
Printed in GDR
EVP 42,–

# VORWORT

In den letzten drei bis fünf Jahrzehnten sind zahlreiche neue Wissenschaftsgebiete entstanden. Es erscheint natürlich und ist begründet in der zunehmenden Formalisierung und Mathematisierung der klassischen Wissenschaften, einige der neuen Disziplinen Grenzgebiete oder sogar Anwendungswissenschaften der Mathematik zu nennen. Gleichzeitig drückt diese Entwicklung das Bemühen der Mathematiker aus, ihre Theorien und Verfahren gesellschafts- und praxiswirksamer zu machen.

Von vielen Mathematikern wird der Gegenstand der Operationsforschung häufig mißverstanden; oft sogar auf das Modellieren, Untersuchen und Lösen von Optimierungsaufgaben reduziert, obwohl die Optimierung mit ihrer Theorie und ihren Verfahren sich bereits als problemorientiertes Teilgebiet der angewandten Mathematik ausgewiesen hat, deren Motivierung aus nichttraditionellen Anwendungen der Mathematik kommt.

Die Operationsforschung basiert neben der Optimierung insbesondere auch auf solchen anerkannten mathematischen Disziplinen wie Spieltheorie, Wahrscheinlichkeits-, Zuverlässigkeits- und Bedienungstheorie, und an jenen Stellen, wo es um das Berechnen von Modellen geht, sind weite Zweige der numerischen Mathematik unerläßlich. Das vorliegende Buch will nicht nur viele bereits vorhandene Resultate darstellen, sondern auch allgemeine Ansätze und Probleme der Operationsforschung vorstellen und diskutieren, um damit zur Theorienbildung beizutragen.

Schließlich soll das Werk die mathematischen, methodologischen und sprachlichen Differenzen unter den auf diesem Gebiet arbeitenden Forschern überwinden helfen.

Die starke Betonung des spieltheoretischen Aspektes in der Operationsforschung entspricht den Neigungen des Autors, so daß die deutsche Übersetzung ebenso wie die russische Originalausgabe des Werkes zu Diskussionen über die Grundlegung der Operationsforschung herausfordern wird.

H. Hollatz

# INHALTSVERZEICHNIS

# EINFÜHRUNG

Unter einer Operation versteht man gegenwärtig die Gesamtheit der auf das Erreichen gewisser Ziele gerichteten Aktivitäten oder Maßnahmen, d. h. die Gesamtheit der zielgerichteten Aktivitäten. Wie man sieht, ist diese Definition von Operationen außerordentlich weit gefaßt und umfaßt einen bedeutenden Teil menschlicher Tätigkeit; eine Hauptaufgabe der Operationsforschung ist das Suchen nach Wegen zum Erreichen von Zielen.

In jedem einzelnen Wirkungskreis, in jeder konkreten menschlichen Operation wurde seit Menschengedenken die Kunst entwickelt, die günstigste Lösung herauszuarbeiten. Dabei bediente man sich der Erfahrung und der Intuition. Schlagende Beispiele dafür sind die Ökonomie, die Kriegsführung und der Sport. Dahingegen wurde die Wissenschaft über die Lösungsverfahren und insbesondere die mathematische Theorie erst vergleichsweise spät ins Leben gerufen, und sie entwickelt sich gegenwärtig relativ schnell, wenngleich sie recht weit von einer Vollendung auch nur in ihren Grundfragen entfernt ist.

In der Operationsforschung kann man vier Hauptrichtungen erkennen.

1. Schaffung und Beschreibung von Wirkmechanismen, die zum Erreichen des Ziels führen können; dabei ist es auch nötig, eine Auswahl „günstiger" Verfahren vorzunehmen.

2. Die Schaffung von Operationsmodellen, die Ziel, Prozeß und Ergebnisse bei der Ausführung von Operationen mathematisch beschreiben.

3. Effektivitätsabschätzung und -vergleich konkurrierender Wirkmechanismen, die auf dem geschaffenen Modell basieren.

4. Herausarbeiten des Begriffs einer optimalen Auswahl von Aktivitäten und mathematischer Suchverfahren dafür.

Die erste Richtung stellt einen Bereich konkreter Untersuchungen dar, die die Spezifik konkreter Operationen berücksichtigen und sich auf die entsprechenden Teilgebiete der Wissenschaft stützen. Dem Mathematiker bleibt hier fast nichts zu tun übrig.

Die Modellierung sollte einen „Grenz"bereich darstellen, in dem es besonders wichtig ist, daß die Spezialisten für die betrachteten konkreten Operationen und die umfassender und abstrakter denkenden Mitarbeiter, die man gewissermaßen Mathematiker nennen kann, sich gegenseitig verstehen und zusammenwirken. Die Ausarbeitung eines Modells ist fast stets mit dem Kampf zweier sich im wesentlichen widersprechender Wünsche verbunden: wie man einerseits im Modell die realen Prozesse genauer abbilden und andererseits ein hinreichend einfaches Modell erhalten kann, in der Hoffnung, das Problem letztlich zu lösen und übersichtliche Ergebnisse zu erhalten; deshalb ist insbesondere ein Zusammenwirken von „Spezialisten“ und „Mathematikern“ nötig.

Nachdem das Modell aufgestellt wurde, können die Arbeiten an den restlichen Richtungen von den Mathematikern bereits selbständig ausgeführt werden, wenngleich auch hier ein Zusammenwirken außerordentlich wertvoll bleibt. In Übereinstimmung mit dem Gesagten werden im Grunde auch die letzten der genannten Teile betrachtet werden, und was dabei die Modellierung betrifft, so werden wir uns hier nur auf die allgemeinsten methodologischen Überlegungen beschränken.

Die Spieltheorie — das in den letzten Jahrzehnten neu begründete Teilgebiet der Mathematik — ist in ihrem Geist und in ihrer Problemstellung sehr eng mit der Operationsforschung verbunden. Allerdings gestattet die ausschließliche Aufmerksamkeit, die in der Spieltheorie den sogenannten gemischten Strategien und Gleichgewichtssituationen geschenkt wird, nicht, daß die mathematische Operationsforschung der Spieltheorie gleichgestellt wird. Außerdem werden in der Spieltheorie Modellierungsfragen überhaupt nicht erörtert, was in der Operationsforschung unausbleiblich ist.

Ein anderes Teilgebiet der Mathematik, auf dem die Operationsforschung basiert, ist unbestreitbar die Wahrscheinlichkeitstheorie und insbesondere die mathematische Zuverlässigkeitstheorie und die Massenbedienungs- oder Warteschlangentheorie. Allerdings sind beispielsweise die der Zuverlässigkeitstheorie zugrundegelegten Voraussetzungen viel zu einschränkend. Die jetzt weitgehend angewendete Sprache der Bedienungstheorie ruft häufig nur einen trügerischen Eindruck von den großen Möglichkeiten dieser Theorie in ihrer gegenwärtigen Gestalt hervor. Das Gesagte soll natürlich keineswegs die praktische Bedeutung von Ideen und Methoden dieser Disziplinen unter entsprechend konkreten Bedingungen schmälern.

In der zeitgenössischen Literatur — insbesondere der Theorie der automatischen Steuerung — werden manchmal die sogenannten, für die Spieltheorie charakteristischen Maximin-Ansätze den wahrscheinlichkeitstheoretischen gegenübergestellt. Eine solche Gegenüberstellung ist im Grunde das Ergebnis einer unklaren Fragestellung und der Verständnislosigkeit gegenüber der Vielfalt verschiedener Operationsvarianten, die von den Forschern ins Leben gerufen wurden. Die beste Antwort auf eine derartige Gegenüberstellung besteht in einer Theorie statistischer Lösungen, in der die Statistik mit der Spieltheorie vereinigt wird.

Da nun die Suche nach optimalen Lösungen einen wesentlichen Teil der Operationsforschung ausmacht, finden in diese Wissenschaft natürlich auch derartige Suchmethoden Eingang und insbesondere solche, wie die lineare und nichtlineare Optimierung. Wie es sich zeigt, existiert ein äußerst enger Zusammenhang zwischen diesen Teilgebieten der Mathematik und der Spieltheorie. Die Grundlagen dieses Zusammenhanges werden im weiteren sowohl von der

Fragestellung als auch von seiten einer Problemlösung her demonstriert. Die Beschreibung von Relationen zwischen Operationsforschung und verschiedenen mathematischen Teilgebieten kann natürlich noch weiter ausgedehnt werden, allein auch das Gesagte reicht völlig aus, um zu unterstreichen, wie weitgehend dieser Zusammenhang ist und infolgedessen, wie schwierig jegliche ausführliche Darlegung der mathematischen Grundlagen der Operationsforschung ist.

In diesem Buch wird nicht nur auf eine strenge Darstellung der zahlreichen konkreten Ergebnisse und Richtungen Wert gelegt, sondern es werden allgemeine Ansätze und Problemstellungen aufgezeigt, besonders, weil Arbeiten dieser Art bisher noch selten sind. Ein Überwinden der mathematischen, methodologischen und sogar sprachlichen Differenzen unter den auf dem Gebiet der Operationsforschung Arbeitenden (oder zum Arbeiten zusammengekommenen) kann eine Bedingung dafür sein, daß diese Wissenschaft sich schnell entwickelt, wie es auch bei der Kybernetik der Fall war.

Einige Hilfssätze, die zur Entwicklung einer allgemeinen Theorie nötig sind, werden bewiesen werden, andere werden einfach zitiert. Das wird davon abhängen, wie kompliziert die betreffende Frage ist und wie nahe sie den Hauptlinien der Darlegungen kommt. Der Autor strebt danach, das Buch für Leser zugänglich zu machen, die nicht alle Teilgebiete der zeitgenössischen Mathematik beherrschen. Offensichtlich kommt dem vorliegenden Buch die Arbeit von C. Karlin [20] sehr nahe, die nahezu enzyklopädischen Charakter trägt und zahlreiches Material enthält, das in dieses Buch keinen Eingang gefunden hat.

Es gibt auch einen gewissen Zusammenhang mit dem Buch über Operationsforschung von E. S. Wentzel [34] und einer Gruppe von Autoren unter J. W. Tschujew [31], die die Aufmerksamkeit auf Probleme der militärischen Operationsforschung in unserem Lande (der UdSSR) gelenkt haben. Interessenten, die ihre Kenntnisse über Spieltheorie vertiefen möchten, sollten sich mit einer unter der Redaktion von N. N. Worobjew herausgegebenen Reihe von Übersetzungen (ins Russ.) zur Spieltheorie bekannt machen. Man kann jedoch bei weitem nicht alles im folgenden Dargelegte aus den angegebenen Arbeiten entnehmen. In einigen Fragen bemerkt man auch die besagte Divergenz in den Meinungen. Diese Erscheinung ist eine natürliche Folge der früher bemerkten Uneinigkeit und der daher nicht eingetretenen allgemeinen und abstrakten Problemstellung. Erst wenn wir von dem Gesamtliteraturverzeichnis[1]) absehen und die angegebenen Arbeiten einsehen, bemerken wir den außerordentlichen Anteil von J. von Neumann, der die Spieltheorie im wesentlichen begründete, die nach der hier dargelegten Konzeption einen Grundstein für die mathematische Theorie der Operationsforschung darstellt und den zur Zeit allgemeinsten Begriff einer optimalen Lösungswahl enthält.

---

[1]) Es soll ein breiter Leserkreis berücksichtigt werden, daher wird auf Zeitschriftenartikel nur in solchen Fällen hingewiesen, in denen es nicht möglich ist, sich auf ein Buch zu berufen.

Das Buch besteht aus fünf Teilen.

I. Über Formalisierung und Grundprinzipien der Operationsforschung
II. Effektivitätsabschätzung für Strategien
III. Optimale reine Strategien (reine Maximinstrategien)
IV. Allgemeine Sätze über die Lösung von Spielen in gemischten Strategien
V. Spiele mit Auszahlungsfunktionen spezieller Gestalt.

Die ersten beiden Teile tragen den Charakter einer Übersicht, wenn sie auch einzelne mathematische Ergebnisse enthalten. Es sollte unterstrichen werden, daß auch und gerade dieser Aufbau und die offensichtliche Unvollendetheit vieler mathematischer Probleme davon zeugen, wie jung die dargestellte Wissenschaft ist und somit zu deren intensiven Entwicklung beitragen. Die hier vorgelegte Methodologie wurde im Rechenzentrum der Akademie der UdSSR, und zwar in dem von N. N. Moissejew geleiteten Laboratorium ausgearbeitet. Die im Buche dargestellten Materialien wurden in Form von Vorlesungen am Lehrstuhl für numerische Mathematik der Moskauer Staatlichen Universität auf Initiative und mit Unterstützung von A. N. Tichonow, J. S. Berezin und B. M. Budak publiziert.

Ohne die immense Hilfe von E. M. Germeier hätte das Buch nicht ausgestattet werden können. Wesentlich ist auch die Unterstützung durch eine Reihe von Kollegen im Institut für theoretische Kybernetik und besonders durch E. P. Kalabuchowa und I. M. Lifschitz. Die schwierige Arbeit, das Manuskript zu redigieren, führten K. N. Petrischtschewa und E. G. Dawydow durch. Der Autor dankt allen, die zum Erscheinen der Arbeit beigetragen haben und hofft auf Kritik, die der weiteren Entwicklung und Verbesserung der unten vorgelegten Auffassungen, Fragestellungen und Lösungsmethoden dienen wird.

## KAPITEL I

# FORMALISIERUNG UND GRUNDPRINZIPIEN DER OPERATIONSFORSCHUNG

## § 1. Das verallgemeinerte Operationsschema und sein normales mathematisches Modell

Wie schon bemerkt, ist eine *Operation* die Gesamtheit aller auf das Erreichen eines gewissen Zieles gerichteten Aktivitäten. Somit existiert, solange kein Ziel angegeben wird, wie zum Beispiel mindestens einen Punkt in einem Fußballspiel zu gewinnen oder einen vorgegebenen Produktionsplan zu erfüllen, auch keine Operation. Bei den angeführten Operationen ist das Ziel eindeutig.

Die Gesamtheit derjenigen Personen oder Automaten, die in einer vorgegebenen Operation einem aufgestellten Ziel zustreben, kann man *operierende Seite* nennen. Diese Abtrennung ist sinnvoll, weil bei Operationen gewöhnlich Personen oder Naturkräfte auftreten, deren Verhalten keineswegs als ein Streben nach dem Ziel der vorgegebenen Operation beschrieben werden kann. So gibt es zum Beispiel beim Fußballspiel zugleich neben den Aktiven, dem Trainer und den Anhängern, die die operierende Seite bilden, auch aktive Gegner, die nicht danach streben, das Ziel zu erreichen, sowie den Schiedsrichter, der im Prinzip gegenüber dem Operationsziel neutral ist.

Die operierende Seite stellt im allgemeinen irgendein unbestimmtes Konglomerat von Teilnehmern dar, die vollständig uneinheitlich zur Durchführung der Operation beitragen. Wenn man jedoch die operierende Seite hinreichend umfassend behandelt, so gehen auch diejenigen Teilnehmer darin ein, die das Ziel der Operation bestimmen. *In diesem Fall kann man annehmen, daß die operierende Seite selbst nach ihrer Willkür das Operationsziel bildet.* In anderen Fällen wird das Operationsziel von außen angegeben und unterliegt im wesentlichen keiner Erörterung. Das trifft bei sportlichen Wettkämpfen und in sogenannten hierarchischen Systemen zu, wo Übergeordnete das Ziel für die Untergebenen festlegen. Es sollte allerdings nochmals unterstrichen werden, daß bei Einschluß aller die hierarchische Struktur bildenden in die operierende Seite diese in sich geschlossen ist und das Operationsziel selbst bestimmt.

Der Operationsforscher gehört zur operierenden Seite und verfolgt dasselbe Ziel. Dieses Ziel muß ihm bekannt sein, genauso wie die anderen Sachverhalte, die zur Durchführung der Operation bekannt sein müssen. Ist das jedoch (wie es oft geschieht) nicht der Fall, so muß man dem Forscher das Recht auf entsprechende Annahmen und Vereinfachungen zubilligen. Es kann sich herausstellen, daß sich der Forscher von der operierenden Seite in dem Grade unterscheidet, wie er über die Operation informiert ist, und das kann sowohl von der Sache (davon wird im folgenden gesprochen werden), als auch einfach vom Wunsch oder der Verständnislosigkeit einiger Mitglieder der operierenden Seite herrühren. Das letztere trägt zum Schaden von Untersuchung und Ausführung der Operation bei und sollte niemals vergessen werden.

*Üblicherweise nimmt der Operationsforscher selbst nicht die Entscheidung über die Auswahl der Aktionsverfahren vor, sondern hilft der operierenden Seite lediglich dabei.* Also nimmt der Forscher ungeachtet seiner Zugehörigkeit zur operierenden Seite darin einen besonderen Platz ein, *indem er die Operation im Ganzen studiert, hingegen oft keine vollständige Information über die Operation hat und nicht an der endgültigen Entscheidung teilnimmt.* Es erweist sich als nützlich, dem Operationsforscher einen selbständigen Platz auf der operierenden Seite zuzuweisen; dies erlaubt ihm in gewissen Fragen die Zusammenarbeit bei der Problemstellung in der Operationsforschung und bei der Entscheidung zu einer Lösung genauer zu analysieren.

Weil nun im folgenden von der Operationsforschung die Rede sein wird, wird das Material in bezug auf Möglichkeiten und Position des Operationsforschers dargestellt.

Um ein Ziel zu erreichen, verfügt die operierende Seite über einen gewissen Vorrat (Ressourcen) von *aktiven Mitteln* [*Aktivitäten*], so daß sie das Ziel verfolgen kann, indem sie diese verwendet und wie gewöhnlich auch ausgibt. Bei Operationen, bei denen ein Produktionsplan erfüllt werden soll, dienen als Aktivitäten: der Werkzeugpark, die Rohstoffreserven, die Arbeitskraft, Geldmittel usw. Für wirtschaftstheoretische Untersuchungen bei Operationen können als Aktivitäten Maschinenzeit und Menschen dienen.

Aktionen, d. h. Verfahren, um Aktivitäten auszunutzen, heißen *Strategien der operierenden Seite.* Solche sind zum Beispiel die Taktik der Fußballmannschaft oder Algorithmen bei den erweiterten wirtschaftstheoretischen Operationen. Die Operationsforschung beinhaltet auch die Einschätzung der Annehmbarkeit und den Vergleich von Strategien.

Will man ein Ziel erreichen, so hängen die Ergebnisse einer Operation bei vorgegebener Aktivitätsmenge natürlich von der Wahl der Strategien ab, d. h. von Faktoren, die in die Dispositionen der operierenden Seite eingehen (Kontrollfaktoren). Jedoch können die Ergebnisse gleichzeitig damit auch von Faktoren abhängen, die von der operierenden Seite nicht kontrolliert werden. Diese Faktoren bilden dann auch das, was man Realisierungssituation der Operation nennt. So sind in der Landwirtschaft die metereologischen Bedingungen unkontrollierbare Faktoren; beim Schießen ist es die sogenannte Trefferstreuung, d. h. die zufällige Streuung ihrer Trajektorien, bei Kriegshandlungen sind es gegnerische Aktivitäten, die die operierende Seite zu stören suchen.

Die allgemeinste qualitative Beschreibung der Komponenten einer Operation besteht darin, daß die *Informiertheit der operierenden Seite und des Operationsforschers über die Operationssituation* angegeben wird, d. h. darin, wie genau die Werte unkontrollierbarer Faktoren in der vorgegebenen konkreten Operation bekannt sind. Außer dieser Informiertheit ist auch noch die Informiertheit der verschiedenen Teile der operierenden Seite über Lösungen, Aktivitäten und die Ergebnisse von Aktivitäten dieser Teile wichtig. Das mathematische Modell einer Operation sollte diese wenigstens angenähert qualitativ beschreiben. Daher muß das mathematische Äquivalent sämtliche angegebenen Komponenten der Operation widerspiegeln.

Wie bei jedem Prozeß wird der Verlauf einer Operation durch eine gewisse Anzahl $n$ von Phasenkoordinaten $\xi_i$ beschrieben. Es wird angenommen, daß die Vorgabe von Funktionen $\xi_i(t)$ den konkreten Verlauf der Operation im gegebenen Modell vollständig beschreibt. Im allgemeinen gilt: je mehr Phasenkoordinaten, umso genauer die Beschreibung der Operation, aber auch umso komplizierter eine Untersuchung des Modells.

Wie üblich kann man den Verlauf einer Operation vom Erreichen des Ziels her durch eine geringe Anzahl oder sogar nur durch eine Phasenkoordinate charakterisieren. So wird zum Beispiel ein Fußballspiel vollständig durch die Lage von Ball und Spielern in Abhängigkeit von der Zeit beschrieben. Jedoch ist es manchmal bequemer, eine ausführlichere Beschreibung anzuwenden.

Der Grad, in dem der Verlauf einer Operation einem gesteckten Ziel entspricht, wird durch den erzielten Wert eines Funktionals $W = F[\xi_1(t), \ldots, \xi_n(t)]$ charakterisiert. Es wird *Effektivitätskriterium* genannt. Das Ziel einer Operation bedeutet mathematisch, daß der Wert des Effektivitätskriteriums nach Vergrößerung (oder Verkleinerung) strebt. Im folgenden werden wir der Klarheit halber annehmen, daß der Wert des Kriteriums möglichst vergrößert wird. *Somit stellt das Streben des Effektivitätskriteriums nach Vergrößerung die mathematische Beschreibung für das Ziel der Operation dar. In einem gegebenen Modell ersetzt es das Ziel völlig, und der Operationsforscher hat nur mit ihm zu tun.* Also ist genau wie das Ziel auch dessen Äquivalent, das Effektivitätskriterium, im Operationsmodell eindeutig und kann (übereinstimmend mit der operierenden Seite) genau so beliebig gewählt werden, wie das Ziel beliebig ist.

Als Beispiele für ein Effektivitätskriterium können die Differenz zwischen Toren und verfehlten Bällen, die Menge fertiggestellter Fabrikate in der Produktion, die Werte 0, 1 beim Einsteigen in den Zug usw. dienen. Oft wird das Effektivitätskriterium mit den Phasenvariablen verquickt, doch sind das verschiedene Dinge. So stellt die Differenz zwischen Toren und verfehlten Bällen eine Phasenvariable $\alpha$, aber nicht unbedingt das Kriterium dar. Das Kriterium kann 1 oder 0 sein in Abhängigkeit davon, ob ausgezahlt wird oder nicht, d. h. $F(\alpha) = 0$ für $\alpha < 1$ und $F(\alpha) = 1$ für $\alpha \geqq 1$.

Unkenntnis oder unzureichend genaue Kenntnis des Effektivitätskriteriums folgen direkt aus nicht hinreichend exaktem Verständnis für das Operationsziel oder unzureichendem Studium von Prozeß und Ablauf. Diese Unkenntnis kann der Untersuchung einer Operation und sogar deren Ausführung schaden. Darüberhinaus wird die mathematische Charakterisierung einer ungenauen Kenntnis des Effektivitätskriteriums dazu führen, daß sie zu einem unkontrollierbaren Faktor in der Operation wird.

Die Aktivitäten werden durch ihre Quantität charakterisiert. Bestehen sie aus verschiedenen Gegenständen (zum Beispiel Lagern, Geld, Arbeitskraft oder Waffen verschiedener Gestalt), so bildet die Menge der verschiedenen Aktivitäten einen Vektor $A = \{a_1, ..., a_n\}$, und die Beschränktheit der Aktivitäten wird mathematisch als Beschränktheit der Vektorkomponenten ausgedrückt: $a_i \leqq a_i^0$.

Daß die operierende Seite handeln kann, stellt sich als Menge gewisser Größen $x_j$ $(1 \leqq j \leqq k)$ dar, die die Phasenkoordinaten beeinflussen. Diese Größen können von der operierenden Seite beliebig aus einer vorgegebenen Menge ausgewählt worden sein. Im allgemeinen ändert sich diese Auswahl in der Zeit oder damit, daß Informationen über den Verlauf der Operation, d. h. über die Phasenkoordinaten, hinzugewonnen werden. Die Größen $x_j$ kann man als eine reale Zerlegung der Aktivitäten in Gruppen behandeln, die an verschiedenen Stellen und zu verschiedenen Zeiten angewendet werden oder einfach als Indices für dieses oder jenes Verfahren zur Ausnutzung von Aktivitäten. Der zweite Fall ist häufiger, wenn endlich viele Aktionsverfahren vorhanden sind.

Vom Standpunkt des Operationsforschers aus bilden die Strategien der operierenden Seite im allgemeinen eine Verhaltensregel, die von der zu erwartenden Information bestimmt wird, d. h. es sind Operatoren $x_j[t, \xi_1(\tau_1), ..., \xi_n(\tau_n)]$ mit $\tau_i \leqq t - \delta_i$, wobei die $\delta_i$ die unvermeidliche Zeitverzögerung ausdrücken, die gebraucht wird, um Informationen über den Verlauf der Operation zu erhalten und aufzuarbeiten sowie die Lösung für den Wert von $x_j$ im Moment $t$ zu realisieren. Wir wollen nochmals unterstreichen, daß hier bei der operierenden Seite Informationen über $\xi_i(\tau_i)$ vorliegen, die eine Realisierung der Operatoren gestatten. Ist hingegen eine derartige Information nicht zu erwarten, so kann die Auswahl der $x_j$ nicht von den entsprechenden $\xi_i$ abhängen, und die Menge der $x_j(t)$ selbst ist die Strategie. Die auch für die Informiertheit durch andere Erwägungen zulässigen Strategien für die operierende Seite bilden eine Menge, die oft Raum der Strategien genannt wird. Sind zum Beispiel nur die $\xi_i(\tau)$ mit geraden Indices bekannt, so kann der Raum der Strategien nur aus Operatoren der Gestalt $x_j[t, \xi_2(\tau_i), ..., \xi_{2i}(\tau_i)]$ bestehen. Setzt man voraus, daß man nur über $\sum_{i=1}^{n} \xi_i(t)$ eine Information erhält, so kann der Raum der Strategien nur aus Operatoren der Gestalt $x_j\left[t, \sum_{i=1}^{n} \xi_i(\tau_i)\right]$ bestehen.

Die $\xi_i(\tau_i)$ hängen der Reihe nach von den Werten $x_j(\tau)$, dem Vektor $A$ und gewissen von der operierenden Seite unkontrollierbaren Funktionen $y_s(\tau)$ ab, die die sich zeitlich verändernde Situation widerspiegeln.

Wenn man von der Informiertheit des Operationsforschers über unkontrollierbare Faktoren ausgeht, so kann man sie in drei Gruppen einteilen.

I. Fixierte Faktoren, deren Werte dem Operationsforscher bekannt sind.

II. Zufällige fixierte Faktoren, d. h. zufällige Prozesse mit bekanntem Verteilungsgesetz.

III. Unbestimmte Faktoren, für die nur das Verteilungsgebiet bekannt ist, in dessen Innerem sie sich befinden können, oder, falls bekannt ist, daß der Faktor zufällig ist, das Gebiet, in dessen Innerem Gesetze herrschen, wobei jedoch das genaue Verteilungsgesetz unbekannt ist. Im letzteren Fall ist es besser, von einem unbestimmten Verteilungsgesetz für den zufälligen Faktor zu sprechen.

Die unbestimmten Faktoren teilt man der Reihe nach in folgende Untergruppen ein:

a) unbestimmte Faktoren, die auf Grund dessen auftreten, daß in der operierenden Seite unabhängig handelnde Personen oder Automaten vorhanden sind, die im allgemeinen nicht das Ziel der operierenden Seite verfolgen. Unbestimmte Faktoren dieser Art kann man unter gewissen Vorbehalten Strategien des Gegners nennen, der ebenfalls über seine Aktivitäten verfügt. Die Beschränkungen dieser Strategien und die Menge (der Raum) der gegnerischen Strategien bilden einen Bereich analoger Faktoren;

b) unbestimmte Faktoren, die deshalb auftreten, weil irgendwelche Prozesse oder Größen nicht hinreichend studiert wurden. Eine derartige Unbestimmtheit kann man in der Natur der Sache liegend nennen;

c) unbestimmte Faktoren, die eine Unklarheit in der Kenntnis von Operationsziel oder Effektivitätskriterium widerspiegeln. Formal kann diese Art unbestimmter Faktoren natürlich den in der Natur der Sache liegenden zugerechnet werden, jedoch muß unterstrichen werden, daß sie einen besonderen Platz in der Operationsforschung einnehmen.

Die prägnantesten Beispiele für Unbestimmtheiten vom ersten Typ liefern Kriegshandlungen und der Sport, bei denen die im voraus unbekannte gegnerische Taktik eine Unbestimmtheit erzeugt, die selbst auf ernste Weise den Ausgang der Operation beeinflußt. Ein typisches Beispiel für eine Unbestimmtheit vom zweiten Typ stellt diejenige dar, die beim Verteilungsgesetz von Zufallsgrößen auftritt, für die nur die ersten Momente, die mathematische Erwartung und die Varianz bekannt sind. Schließlich ist ein Beispiel für die Unbestimmtheit vom dritten Typ die Unbestimmtheit bei der Wahl des Kriteriums dafür, wie man die Wirksamkeit von Unternehmen einschätzen soll, die einen Produktionsausstoß gewisser wesentlich verschiedener Typen aufweisen.

Die Einführung unbestimmter Faktoren stellt ein vergleichsweise neues Element dar, das über die Grenzen der bereits traditionellen Zufälligkeit hinausgeht. Das systematische Studium von Situationen mit vorhandenen Unbestimmtheiten gehört zum Neuen, das in der Spieltheorie enthalten ist.

*Es muß nochmals bemerkt werden, daß die angegebene Zerlegung der unkontrollierbaren Faktoren vom Standpunkt der Operationsforschung her unternommen wurde und ihrer Informiertheit in dem Moment entspricht, in dem die Untersuchung vorgenommen wird.*

Was nun aber die operierende Seite insgesamt anbelangt, so ist sie in der Lage, über die meiste Information zu verfügen, was sich auch im allgemeinen Strategiebegriff widerspiegelt. Für sie können unbestimmte und zufällige Faktoren oder die ihnen entsprechenden Werte der Phasenkoordinaten im Zuge der Ausführung der Operation oder sogar früher (jedoch nicht, nachdem die Operation durchgeführt wurde) zu bekannten (fixierten Faktoren) werden, und das kann bei der Wahl der Taktik ausgenutzt werden.

Im folgenden wird es für uns nicht zweckmäßig sein, das soeben formulierte allgemeine Schema eines Operationsmodells zu verwenden, weil dies wenig anschaulich ist und eine systematische Anwendung der Funktionalanalysis erfordert. Es muß auch noch bemerkt werden, daß die entsprechenden spieltheoretischen Fragen nicht hinreichend ausgearbeitet sind. Daher beschränken wir uns auf das diskrete Modell, das man als Annäherung an das früher angegebene Modell ansehen kann. So etwas ist zum Beispiel notwendig, um ein Modell auf einer digitalen Rechenanlage untersuchen zu können. Viele praktische Modelle sind im wesentlichen diskret.

Bei diskreten Modellen nimmt man an, daß der Verlauf einer Operation durch Werte der Phasenkoordinaten in diskreten Zeitpunkten vollständig charakterisiert wird. Diese Werte können wir als $\xi_{il}$ schreiben, wo $l$ der Index für den Zeitpunkt ist. Es kann genau dieselbe Lösung für die diskrete Wahl von $x_j$ erhalten werden, und ihre Werte können in der Form $x_{jl}$ durchnumeriert werden. Unkontrollierbare Faktoren werden entsprechend als $y_{sl}$ geschrieben. Dabei erweisen sich die $\xi_{il}$ einfach als Funktionen aller $x_{jl_1}$ und $y_{sl_1}$ (und natürlich des Vektors $A$) für $l_1 \leqq l$. Entsprechend wird eine Strategie zu einer Menge von Funktionen $x_{jl}(\xi_{jl^i})$, wo $l^i \leqq l - l_0^i$ und $l_0^i$ die Verzögerung ist.

Um die Schreibweise des Schemas für das verallgemeinerte Modell weiter zu vereinfachen, werden wir den Vektor $\{x_{jl}\}$ mit $\overline{X}_l$ und den Vektor $\{y_{sl}\}$ mit $\overline{Y}_l$ bezeichnen. Die Vektoren $\overline{X}_l$ bzw $\{\overline{X}_l\} = \overline{X}$ charakterisieren jene Werte, die die Strategie im Moment bzw. in allen Momenten annehmen kann. Die Strategie selbst werden wir wie üblich oft kurz mit $\tilde{\overline{X}}$ bezeichnen. Kann man insbesondere eine zusätzliche Information über $\xi$ nicht erwarten, so führt die Strategie zu einer Wahl der Werte $\overline{X}$ im voraus, d. h. $\tilde{\overline{X}} = \overline{X}$. Besonders deshalb werden wir auch oft $\overline{X}$ selbst eine Strategie nennen. Damit wird allerdings die Menge der möglichen Strategien nicht ausgeschöpft, falls eine Information über $\xi$ erwartet und ausgenutzt wird.

Weiter sei folgendes bemerkt:

1. Unkontrollierbare fixierte Faktoren können in den Funktionen weggelassen werden. Daher sind sie im gegebenen Modell konstant.

2. Der Bequemlichkeit halber werden wir anstelle eines Vektors $\overline{Y}_l$ manchmal eine ins Einzelne gehende Bezeichnung für verschiedene Faktorentypen fordern, wie zum Beispiel $Y_l^{\mathrm{I}}$, $Y_l^{\mathrm{II}}$, $Y_l^{\mathrm{III}}$, wo $Y_l^{\mathrm{I}}$ zufällige unkontrollierbare Faktoren, $Y_l^{\mathrm{II}}$ naturgegebene Unbestimmtheiten (inklusive den dritten Typ) und $Y_l^{\mathrm{III}}$ unbestimmte Faktoren sind, die mit dem Gegner zusammenhängen. Für den Aktivitätenvektor des letzteren werden wir die Bezeichnung $B$ verwenden.

3. Da die $\xi_{il}$ Funktionen kontrollierbarer und unkontrollierbarer Faktoren sind, kann man im allgemeinen Schema eines Modells das Effektivitätskriterium $W$ in der Form schreiben

$$W = F(\overline{X}_l, \overline{Y}_{l_1}^{\mathrm{I}}, \overline{Y}_{l_2}^{\mathrm{II}}, \overline{Y}_{l_3}^{\mathrm{III}}, A^0, B^0)\,, \tag{1}$$

wenn man den Hinweis darauf unterdrückt, daß $W$ zwischendurch von $\xi$ abhängt.

Diese Schreibweise wird auch zum allgemeinen verkürzten Schema für das Modell, wenn man ausdrücken will, daß die operierende Seite danach strebt, $W$ zu vergrößern, und daß sich die möglichen Werte für die Vektoren $\overline{X}$, sowie $\overline{Y}^{II}$ und $\overline{Y}^{III}$ in den entsprechenden, dem Operationsforscher bekannten Bereichen befinden und für $\overline{Y}_l^I$ die Verteilungsgesetze bekannt sind. Außerdem muß dem Operationsforscher die Familie der zu untersuchenden Strategien vorgegeben werden, d. h. die Vektorfunktionen $\overline{X}_l(\overline{X}_{l'}, \overline{Y}_{l_1}^{I}, \overline{Y}_{l_2}^{II}, \overline{Y}_{l_3}^{III})$, mit $l' < l$ und $l_1 \leqq l - l_0$, $l_2 \leqq l - l_0$, $l_3 \leqq l - l_0$, die bei Vorhandensein gewisser Informationen über die vorangegangenen Werte der kontrollierbaren und unkontrollierbaren Faktoren[1]) der operierenden Seite eine Auswahlregel für die Vektoren $X_l$ angeben.

*Aus dieser Schreibweise folgt, daß es bei Fehlen zufälliger und unbestimmter Faktoren genügt, Strategien vom Typ $\tilde{X} = \overline{X}$ zu betrachten.* Dieser Umstand ist eine direkte Widerspiegelung dessen, daß in diesem Fall die Informiertheit der operierenden Seite über die unkontrollierbaren Faktoren (und das heißt auch über $\xi_l$) die Informiertheit des Operationsforschers nicht übertrifft.

Da eine Vorgabe der Strategie $\tilde{X} = \{\overline{X}_l(\overline{X}_{l'}, \overline{Y}_{l_1}^{I}, \overline{Y}_{l_2}^{II}, \overline{Y}_{l_3}^{III})\}$ bei gegebenen Werten für die unkontrollierbaren Faktoren den Vektor $\overline{X}_l$ definiert, ist damit auch der Wert $W$ bestimmt. Also kann man neben (1) auch die Schreibweise

$$W = F(\tilde{X}, \overline{Y}), \qquad (1')$$

mit $\overline{Y} = \{\overline{Y}^{I}, \overline{Y}_l^{II}, \overline{Y}_l^{III} / l = 1, 2, \ldots\}$ anwenden.

Es muß noch einmal bemerkt werden, daß für den Verlauf einer Operation eine der vorangegangenen Werte von $\xi$ im Moment *$l$ äquivalent* ist zur Kenntnis aller vorangegangenen $X$ und $Y$. Dieser vom Standpunkt einer verallgemeinerten Modellbeschreibung unwesentliche Umstand ist vom praktischen Standpunkt aus recht wichtig, und zwar besonders, wenn Operationen untersucht werden, bei denen Gegner vorhanden sind. Weil $A_0$ und $B_0$ im gegebenen Modell gewöhnlich fixiert sind, werden wir diese Argumente in (1) weglassen.

In der Spieltheorie heißt die Funktion (1) Auszahlungsfunktion für einen Spieler. Dieser Spieler ist bei uns die operierende Seite. Wären für den Gegner ebenfalls Auszahlungsfunktionen und die entsprechenden Begrenzungen für die Strategien gegeben, so wäre das angegebene verallgemeinerte mathematische Operationsmodell das, was man ein Spiel nennt. Allerdings kann man dies in der Theorie der Operationen längst nicht immer voraussetzen, und das unterscheidet auf den ersten Blick die Operationsforschung wesentlich von der Spieltheorie.

---

[1]) Hier wird wieder die dazwischen liegende Abhängigkeit der $\overline{X}_l$ von $\xi$ und des letzteren von kontrollierbaren und unkontrollierbaren Faktoren weggelassen.

## § 2. Beispiele für Modelle

Wir wollen einige Beispiele für Operationsmodelle anführen und mögliche, relativ einfache praktische Modellvarianten aufzeigen. Jedoch entsprechen sie alle der oben angegebenen allgemeinen Form. Die Mehrzahl dieser Modelle wird in der einen oder anderen Weise in den folgenden Teilen des Buches besprochen werden.

I. Ein Modell zur Analyse technologischer Prozesse. Gegeben seien $n$ technologische Prozesse, mittels derer gewisse Erzeugnisse ein und derselben oder verschiedener Typen produziert werden. Sei $x_j$ der geplante Produktionsausstoß für den $j$-ten technologischen Prozeß. Zur Herstellung einer Produkteneinheit im $j$-ten Prozeß ist eine Menge $c_{ij}$ an Rohstoff vom Typ $i$ erforderlich. Die der Planungsbehörde (der operierenden Seite) zur Verfügung stehende Rohstoffmenge vom Typ $i$ werde durch die Größe $a_i^0$ beschränkt. Daher haben wir die Restriktionen

$$\sum_{j=1}^{n} c_{ij} x_j \leqq a_i^0; \qquad i = 1, \ldots, m\,. \tag{2}$$

Als Effektivitätskriterium setzen wir die Gesamtproduktionskosten an, die in der Gestalt

$$W = \sum_{j=1}^{n} d_j x_j \tag{3}$$

geschrieben werden können, wo $d_j$ die Produktionskosten für eine Einheit im $j$-ten Prozeß darstellen. Die Aufgabe bei der Planung besteht darin, $W$ zu minimieren.

In diesem Modell treten weder zufällige noch unbestimmte unkontrollierbare Faktoren auf (und das bedeutet, die Informiertheit von Operationsforscher und operierender Seite ist dieselbe); allerdings können sie anfallen, wenn zum Beispiel die $d_j$ nicht exakt bekannt sind. Die Kosten sind die Aktivitäten, die Strategien bestehen in der Auswahlmöglichkeit der Größen $x_j$. Also haben wir hier $\tilde{X} = \overline{X} = \{x_j\}$. Dieses Modell liefert ein typisches Beispiel für lineare Optimierungsprobleme.

II. Die Approximation von Funktionen durch Polynome, ein traditionelles mathematisches Problem.

Gegeben sei die auf dem Intervall [0, 1] definierte Funktion $f(x)$. Sie soll durch Polynome $P_n(t)$ höchstens $n$-ten Grades approximiert werden. Aktivitäten sind die Polynomgrade, Strategien die Auswahl ihrer Koeffizienten.

Das Operationsziel ist nicht konkretisiert, solange nicht angegeben wurde, was man unter einer Approximation versteht. Zuerst wird eine Approximation im Mittel bestrachtet, bei der der Fehler die Gestalt

$$\int_0^1 [f(t) - P(t)]^2 \, dt = \int_0^1 \left[ f(t) - \sum_{i=0}^{n} x_i t^i \right] dt = W(\bar{x}) \tag{4}$$

annimmt und minimiert werden soll. In diesem Fall treten wiederum keine unkontrollierbaren Faktoren auf.

Eine Approximation, bei der der Fehler einfach als

$$|f(t) - P(t)| = W \tag{5}$$

angenommen wird, stellt eine allgemeinere Fragestellung dar. In diesem Falle ist der Wert $t$, für den $f(t)$ angenähert ausgedrückt werden soll, gewöhnlich nicht im voraus bekannt, und das heißt, er ist ein typischer unkontrollierbarer, naturgegebener unbestimmter Faktor.

Ein Polynom zu bestimmen kann beispielsweise dann notwendig sein, wenn man zur näherungsweisen Bestimmung eines bekannten $f(t)$ ein Programm entwirft, um die Untersuchung abzukürzen usw. Eine mögliche und vielleicht interessante Aufgabe ist jene mit ungenau bekanntem $f(t)$.

III. Ein schematisches Modell für numerische Suchverfahren. Von der über dem Intervall [0, 1] definierten Funktion $f(t)$ sei apriori bekannt, daß sie einer Lipschitz-Bedingung mit dem Koeffizienten $k$ genügt, d. h. daß $|f(x) - f(x')| \leqq k\,|x - x'|$ gilt. Gefordert ist, daß das Minimum (Maximum) dieser Funktion näherungsweise bestimmt wird.

Aktivität ist hier die durch eine Größe $T$ beschränkte Maschinenzeit. Für jede Berechnung eines Wertes $f(x)$ werde die Zeit $\Delta$ benötigt. [Das beschränkt sogar die Klasse für $f(x)$.] Dann beträgt die maximal mögliche Anzahl von Punkten $x$, in denen die Funktion bestimmt wird $T/\Delta$, was man auch als Definition für die Aktivitäten ansetzen kann.[1])

Die Strategien stellen die Wahl der Werte $x_i$ für $0 \leqq x_i \leqq 1$ und $i \leqq T/\Delta$ dar. Als Näherungswert für $\min f(x) = f(x_0)$ und Realisierungsort $x_0$ wird $\min\limits_{1 \leqq i \leqq T/\Delta} f(x_i) = f(x_{i_0})$ angesetzt. Fehler bei der Ermittlung des Extremums ist der Vektor

$$\{\,|f(x_0) - f(x_{i_0})|\,; \quad |x_i - x_{i_0}|\}\,, \tag{6}$$

der in diesem Modell auch Phasenvektor ist.

Das Effektivitätskriterium bleibt bei einer solchen Aufgabenstellung bisher ungeklärt, weil nicht klar ist, welcher Komponente man in (6) bei der Fehlerminimierung den Vorzug geben soll.

Man kann natürlich Kriterien von der Art

$$W = \sqrt{[f(x_0) - f(x_{i_0})]^2 + (x_0 - x_{i_0})^2}\,;$$
$$W = |f(x_0) - f(x_{i_0})| + |x_0 - x_{i_0}|$$

benutzen.

---

[1]) Es ist offenbar unmöglich, ohne eine Einschränkung der betrachteten Funktionen zu arbeiten. Sogar die Stetigkeit der Funktionen ohne Gleichgradigkeit für die ganze Familie kann das Problem nicht sinnvoll machen. Setzt man nämlich die Gleichgradigkeit nicht voraus, so kann man unabhängig davon, wie die Anzahl der Punkte $f(x_i)$ gewählt wurde, stets eine stetige Funktion derart angeben, daß sich $\min\limits_{x} f(x)$ von $\min\limits_{x_i} f(x_i)$ um einen beliebig großen Wert sowohl vom Funktionswert als auch vom Ort des Extremums unterscheidet. Insbesondere auch deshalb wurde die Lipschitz-Bedingung vorausgesetzt.

Ein Kriterium allgemeinerer Gestalt ist zum Beispiel

$$W = \lambda |f(x_0) - f(x_{i_0})| + (1 - \lambda) |x_0 - x_{i_0}| \tag{7}$$

mit $0 \leqq \lambda \leqq 1$. Es ist auch sinnvoll, das Kriterium

$$W = \max \{\lambda |f(x_0) - f(x_{i_0})|, \quad (1 - \lambda) |x_0 - x_{i_0}|\} \tag{8}$$

zu betrachten. Die Größen $\lambda$ und $1 - \lambda$ heißen Bedeutsamkeitskoeffizienten oder *Gewichte* für die bei (6) gemachten Fehler.

Es sind allerdings auch andere Fragestellungen möglich. So kann das Kriterium beispielsweise die Gestalt

$$W = |x_0 - x_{i_0}|$$

mit der unerläßlichen Bedingung

$$|f(x_0) - f(x_{i_0})| \leqq \varepsilon_0$$

haben. Hier ist $\varepsilon_0$ die bei der Ermittlung des Minimums vorgegebene Genauigkeit.

Man kann auch eine sich davon stark unterscheidende Frage stellen, wenn die zur Ermittlung des Extremums mit vorgegebener Genauigkeit erforderliche Maschinenzeit zum Kriterium gemacht wird.

In allen diesen Fällen sind die Funktionswerte $f(x)$ und $\lambda$, sofern $\lambda$ nicht fixiert ist (ein unbestimmter Faktor vom Typ III) unbestimmte Faktoren. Weil wir es aber in den Kriterien nur mit $f(x_i)$, $x_0$ und $f(x_0)$ zu tun haben, genügt es, diese (eventuell zusammen mit $\lambda$) als unbestimmte Faktoren anzusetzen.

Abschließend bemerken wir, daß man dann, wenn man das Problem endgültig konkretisieren will, präzisieren muß, ob es notwendig ist, sämtliche Werte $x_0$ oder mindestens einen davon zu bestimmen. Der Einfachheit halber werden wir annehmen, daß es genügt, mindestens einen zu ermitteln. Im allgemeinen ist es bei „abgeschlossenen" Operationen (d. h. bei solchen, die nicht mit anderen Operationen verbunden sind) stets ausreichend, mindestens eine Lösung zu ermitteln, weil alle vom Standpunkt der betrachteten Operation aus gleich teuer sind.

IV. Ein Modell für offensive Aktionen gegen Verteidiger bei militärischen Operationen. Gegeben seien $N$ Angriffskeile und $n$ Verteidigungsstellungen. Man verfüge über $k$ mögliche Durchbruchsabschnitte durch die Linie der Verteidigungsstellungen für die Angriffskeile; $i$ sei der Index für die Durchbruchsabschnitte. Wir setzen voraus, daß eine im Abschnitt $i$ aufgebaute Verteidigungsstellung in der Lage ist, $p_i$ Angriffskeile zu vernichten, die auf diesen Ort vorstoßen. Die Offensivseite ist bestrebt, die Gesamtmenge der die Verteidigungsstellen durchbrechenden Angriffskeile zu vergrößern. Wir bezeichnen mit $x_i$ die Menge der Angriffskeile, denen im $i$-ten Abschnitt der Durchbruch gelingt, und mit $y_i$ die Menge der in diesem Abschnitt gelegenen Verteidigungsstellungen.

Effektivitätskriterium für die Operationen der Angriffskeile wird offensichtlich

$$\sum_{i=1}^{k} \max\,[x_i - p_i y_i;\, 0] \tag{9}$$

unter den Restriktionen

$$x_i \geqq 0, \quad \sum_{i=1}^{k} x_i = N, \quad y_i \geqq 0, \quad \sum_{i=1}^{k} y_i = n\,. \tag{10}$$

Fixierter unkontrollierbarer Faktor ist hier die Größe $n$. Die Angriffsstrategie besteht in der Auswahl der Größen $x_i$. Zufälligkeit und naturbedingte Unbestimmtheit treten nicht auf. Es ist ein aktiver Gegner vorhanden, dessen Strategien $\{y_i\}$ gewöhnlich in der Vorausplanung der Operation unbestimmte Faktoren sind. Die operierende Seite — der Angreifer — kann eventuell eine Information über $\{y_i\}$ im Moment der militärischen Aktion erhalten und ausnutzen. Somit können die Strategien Funktionen $x_i(y_1, \ldots, y_k)$ sein.

V. Ein Produktionsmodell für den Export. Gegeben seien $n$ Fabrikatstypen, die mit dem Index $i$ durchnumeriert werden und die zum Preis $p_i$ pro Einheit des Fabrikats auf den Außenhandelsmarkt geworfen werden können. Der äußere Markt ist natürlich beschränkt sowohl durch die Menge $k_i$ der Fabrikate vom Typ $i$, die er jährlich aufnehmen kann, als auch durch die Geldsumme $C$, die die Käufer pro Jahr zum Erwerb von Fabrikaten jeglicher Art ausgeben können.

Wir setzen weiterhin voraus, daß der Produktionsvektor $\overline{X}$, der aus $x_i$ Einheiten des $i$-ten Fabrikates im Jahr besteht, einen Aufwand oder das Vorhandensein von $m$ Einheiten sogenannter Produktionsfaktoren $g_j(X)$ (Geld, Arbeitskraft, Einrichtungen usw.) erfordert, wobei dem ersten Index $j (j = 1)$ das Geld zugeordnet sei. Der Vektor $\overline{V} = \{V_1, \ldots, V_m\}$ sei der Vektor der jährlichen Kosten für die Produktionsfaktoren. Schließlich setzen wir voraus, daß ein Konkurrent existiert, der in der Lage ist, $y_i$ Einheiten vom Fabrikat $i$ herzustellen und es zum Preis $r_i$ anzubieten. Wir nehmen an, daß $r_i \neq p_i$ gilt.

Operationsziel ist, den Gewinn zu vergrößern, d. h. die Größe

$$\min\left\{\sum_{i=1}^{n} p_i \min\,[x_i;\, k_i - \tilde{y}_i];\ \max\left(C - \sum_{i=1}^{n} r_i, \tilde{y}_i;\, 0\right)\right\} - g_1(x_1, \ldots, x_n)\,, \tag{11}$$

mit

$$\tilde{y}_j = \min\left[k_i;\, y_i \max\left(\frac{p_i - r_i}{|r_i - p_i|}\,;\, 0\right)\right]. \tag{12}$$

Dabei müssen die Bedingungen

$$g_j(x_1, \ldots, x_n) \leqq V_j; \qquad j = 1, \ldots, m\,, \tag{13}$$

erfüllt sein.

Bei diesem Problem können $p_i$ und $r_i$ als gegeben angesehen werden. Dann sind die Strategien die Vektoren $\overline{X} = \{x_1, \ldots, x_n\}$; die unbestimmten Faktoren seien die vom Konkurrenten ausgewählten $y_i$. In diesem Falle müssen die

Produktionsmöglichkeiten des Gegners dadurch eingeschränkt werden, daß Funktionen $g_j^{\mathrm{I}}$ und Restriktionen $V_j^{\mathrm{I}}$ eingeführt werden, die analog zu $g_j$ und $V_j$ sind.

Auch die Vektoren $\{p_i\}$ und $\{r_i\}$ können zu Strategien der operierenden Seite und des Konkurrenten werden. Das letztere ist besonders wahrscheinlich, wenn das Ziel des Konkurrenten darin besteht, den Gewinn der operierenden Seite zu verringern. Im Normalfalle jedoch kann das Ziel des Konkurrenten analog geschrieben werden wie unter (11)—(12).

Wir bemerken, daß das formulierte Problem weit entfernt ist von gewöhnlichen linearen oder nichtlinearen Optimierungsproblemen, mit denen man oft ökonomische Probleme beschreibt.

VI. **Ein Modell zur Abschätzung der Zuverlässigkeit für ein nicht reparierbares System.** Gegeben sei ein gewisses System (zum Beispiel ein Funkmeßsystem), das aus $n$ Geräten mit den Indices $i$ besteht und sich nur in einem von zwei Zuständen befinden kann, nämlich im arbeitsfähigen oder im nichtarbeitsfähigen. Dasselbe gelte auch für die einzelnen Geräte. Wir setzen voraus, daß die Geräte hintereinander geschaltet sind, d. h. die Arbeitsunfähigkeit (das außer Gefecht Setzen) eines Gerätes zieht nach sich, daß das gesamte System außer Gefecht gesetzt wird. Umgekehrt kann das System seine Arbeitsfähigkeit nur einbüßen, wenn ein Gerät ausfällt.

Bezeichnen wir mit $t_i$ den Augenblick, in dem das $i$-te Gerät ausfällt, so kann man das Effektivitätskriterium, das zeigt, ob sich das System im Moment $t$ in arbeitsfähigem Zustand befand oder in $[0, t]$ seine Arbeitsfähigkeit verloren hatte, offensichtlich in der Gestalt

$$\left.\begin{aligned} W(t) &= 1 \quad \text{für} \quad t < \min_{1 \leqq i \leqq n} [t_i]; \\ W(t) &= 0 \quad \text{für} \quad t \geqq \min_{1 \leqq i \leqq n} [t_i], \end{aligned}\right\} \tag{14}$$

schreiben, wobei 1 Arbeitsfähigkeit bedeutet. Allerdings wird als Kriterium auch die Zeit verwendet, in der das System störungsfrei arbeitet. Sie ist gleich

$$T = \min_{1 \leqq i \leqq n} [t_i]. \tag{15}$$

Die Größen $t_i$ nimmt man gewöhnlich als Zufallsgrößen mit Verteilungsgesetzen $p_i(t)$ an, die die Wahrscheinlichkeit dafür angeben, daß das Gerät bis zum Zeitpunkt $t$ nicht außer Gefecht gesetzt wird. Also sind hier unkontrollierbare Faktoren vorhanden, jedoch gibt es bisher nur eine Strategie, weil der Aufbau des Systems vollständig vorgegeben ist.

Eine Zuverlässigkeitssteigerung, d. h. eine Erhöhung der Arbeitsfähigkeit des Systems zum gegebenen Moment $t_0$ oder eine Verlängerung der Arbeitszeit $T$ wird gewöhnlich dadurch erreicht, daß man die Geräte oder das ganze System verdoppelt. Verschiedene Verdoppelungsverfahren bilden dann auch die Strategien des Systemkonstrukteurs, d. h. der operierenden Seite. Zur Verdoppelung muß man über die entsprechenden Aktivitäten verfügen. Das sind entweder Ersatzgeräte (Reserven) in Gestalt des Vektors $\{n_i^0\}$ oder Geldmittel $C$ für ihren Erwerb bei Gerätekosten $r_i$. Wir führen Beispiele für einige Verdopplungsverfahren an.

A. *Verdopplung des ganzen Systems durch (gleichzeitigen) parallelen Anschluß einiger Systeme mit den Indices 1 bis m bei der Arbeit.*

Ein verdoppeltes System wird im Ganzen natürlich nur dann außer Gefecht gesetzt, wenn alle einzelnen Systeme ausgefallen sind. Daher haben wir anstelle von (14)

$$\left.\begin{array}{lll} W(t) = 1 & \text{für} & t < \max\limits_{1 \leqq j \leqq m} \min\limits_{1 \leqq i \leqq n} t_{ij}\,; \\ W(t) = 0 & \text{für} & t \geqq \max\limits_{1 \leqq j \leqq m} \min\limits_{1 \leqq i \leqq n} t_{ij} \end{array}\right\} \tag{16}$$

oder auch

$$T = \max_{1 \leqq j \leqq m} \min_{1 \leqq i \leqq n} t_{ij}\,. \tag{17}$$

Dabei müssen die Bedingungen

$$m \sum_{i=1}^{n} r_i \leqq C \tag{18}$$

oder auch

$$m \leqq n_i^0;\ 1 \leqq i \leqq n \tag{19}$$

erfüllt sein.

B. *m-fache Verdopplung des gesamten Systems, jedoch mittels „kalter Reserve", d. h. in dem Moment, in dem das vorangegangene System ausfällt, wird das folgende in die Arbeit eingeschaltet.*

In diesem Fall erhalten wir unter Beibehaltung von (18) oder (19)

$$\left.\begin{array}{lll} W(t) = 1 & \text{für} & t < T\,, \\ W(t) = 0 & \text{für} & t \geqq T\,, \end{array}\right\} \tag{20}$$

aber es ist

$$T = \sum_{j=1}^{m} \min_{1 \leqq i \leqq n} t_{ij}\,. \tag{21}$$

Die Strategie besteht hier in der Zeitpunktwahl, indem das $j$-te verdoppelte System eingeschaltet wird. Der Zeitpunkt ist gleich dem Moment, in dem das $(j-1)$-ste System ausfällt. Also ist hier in voller Übereinstimmung mit der allgemeinen Definition für eine Strategie die Strategie eine Funktion der künftigen Information der operierenden Seite über die unkontrollierbaren Größen $\min\limits_{1 \leqq i \leqq n} t_{ij}$.

C. *Die $m_i$-malige Verdopplung eines jeden einzelnen Gerätes im System durch Parallelschaltung der Geräte, so daß das verdoppelte Gerät im Ganzen dann und nur dann ausfällt, wenn sämtliche parallel arbeitenden Geräte ausfallen.*

In diesem Fall bleibt (20) natürlich gültig, jedoch haben wir anstelle von (17)

$$T = \min_{1 \leqq i \leqq n} \left[ \max_{1 \leqq j \leqq m_i} t_{ij} \right], \tag{22}$$

und die Restriktionen nehmen die Gestalt

$$\sum_{i=1}^{n} m_i r_i \leqq C, \quad m_i \leqq n_i^0; \qquad 1 \leqq i \leqq n\,, \tag{23) (24}$$

an. Bei den Restriktionen (23) ist die Auswahl der Größen $m_i$ nicht eindeutig und geht folglich in die Strategie des Konstrukteurs ein.

D. *„Kalte Reserve" von Geräten.*

In diesem Fall gilt offenbar

$$T = \min_{1 \leq i \leq n} \left( \sum_{j=1}^{m_i} t_{ij} \right) \tag{25}$$

wobei (23) und (24) erhalten bleiben. Hier wird ebenfalls vorausgesetzt, daß Informationen ausgenutzt werden, jedoch diesmal über alle $t_{ij}$.

Die Beschreibung der für den Konstrukteur denkbaren Strategien kann man abschließen, indem man darauf hinweist, daß es möglich ist, die oben angeführten Verfahren zu kombinieren und die Geräte nicht nur parallel zu schalten und nach dem Ausfallen des vorangehenden in Betrieb zu nehmen, sondern eine gewisse zeitliche gegenseitige Verschiebung der Geräte beim Einschalten einzuplanen.

Wie schon gesagt sind die $t_{ij}$ zufällige, unkontrollierbare Faktoren. Das beschreibt die Situation vollständig, falls die Verteilungsgesetze $p_i(t)$ bekannt sind. Die Kenntnis von $p_i(t)$ ist äquivalent zu der der mittleren Arbeitszeit des Gerätes:

$$\bar{t}_i = \int_0^\infty p_i(t)\,\mathrm{d}t\,, \tag{26}$$

falls, wie man in der Zuverlässigkeitstheorie gewöhnlich voraussetzt,

$$p_i(t) = \mathrm{e}^{-t/\bar{t}_i} \tag{27}$$

gilt. Ist das jedoch nicht der Fall, so fixiert eine Kenntnis von $\bar{t}_i$ und der Varianz für die Arbeitszeit

$$D_i = 2\int_0^\infty t p_i(t)\,\mathrm{d}t - \bar{t}_i^2 \tag{28}$$

$p_i(t)$ nicht eindeutig. Unter anderem erhält man aus Experimenten normalerweise $\bar{t}_i$, $D_i$ und vielleicht nur noch irgendeine Charakteristik für $p_i(t)$.

Ist daher das Gesetz $p_i(t)$ apriori überhaupt nicht bekannt oder wird es durch eine genügend große Parametermenge charakterisiert, so tritt eine „naturbedingte" Unbestimmtheit auf, die sich aus der Unbestimmtheit von $p_i(t)$ ergibt, dessen Variationsbereich zum Beispiel dadurch eingeschränkt ist, daß man $\bar{t}_i$ und $D_i$, d. h. die Gleichungen (26) und (28) kennt. Die zahlreiche Literatur über Zuverlässigkeitstheorie umgeht in ihren Modellen bisher diese Seite, die eine Möglichkeit für das Auftreten unbestimmter Faktoren einschließt.

VII. Beschuß eines einzigen Zieles durch eine Geschoßsalve mit Kontaktwirkung. Wir bemerken, daß unter dem Ziel hier nicht das Operationsziel verstanden wird, sondern einfach ein Objekt, auf das der Beschuß gelenkt wird. Diese Operation wird vor allem dadurch gekennzeichnet, daß eine sogenannte Geschoßstreuung auftritt, d. h. eine zufällige Abweichung der Geschoßflugbahnen von der idealen. Diese Abweichungen kommen daher, daß sich eine Menge relativ kleiner Zufallsgrößen aufsummiert (wie etwa die Abweichung der Geschoßform und des Laufes vom Ideal, eine Streuung in der Pulvercharakteristik und in den atmosphärischen Bedingungen usw.). Daher muß ein dem zentralen Grenzwertsatz aus der Wahrscheinlichkeitstheorie folgendes differentielles Geschoßverteilungsgesetz dem GAUSSschen Normalverteilungsgesetz nahe kommen. Das wird auch durch die Praxis bestätigt.

Das Vorhandensein zufälliger Faktoren führt dazu (darüber wird im folgenden ausführlich zu sprechen sein), daß es wünschenswert ist, solche wahrscheinlichkeitstheoretische Effektivitätskriterien zu verwenden, wie die Wahrscheinlichkeit dafür, daß mindestens ein Geschoß ins Ziel trifft, die Wahrscheinlichkeit für das Einschlagen sämtlicher Geschosse, den mathematischen Erwartungswert für die Anzahl treffender Geschosse usw.

Wir werden die Wahrscheinlichkeit dafür, daß das $i$-te Geschoß (aus einer Gesamtheit von $n$ Geschossen) ins Ziel einschlägt mit $P_i(x_{1i}-y_{1i};\, x_{2i}-y_{1i})$ bezeichnen, wo $(y_{1i}, y_{2i})$ die Koordinaten für das „Zentrum" des Ziels in einem gewissen kartesischen Koordinatensystem sind und $(x_{1i}, x_{2i})$ die Koordinaten des Visierpunktes im gleichen Koordinatensystem, d. h. des idealen Geschoßeinschlagpunktes, der mit dem Zentrum der normalen Geschoßstreuung übereinstimmt. Für $P_i$ haben wir den Ausdruck

$$P_i(x_{1i}-y_{1i}, x_{2i}-y_{2i}) = \frac{1}{2\pi\sigma_1\sigma_2} \iint\limits_S e^{\frac{[u+(y_{1i}-x_{1i})]^2}{2\sigma_1^2} - \frac{[v+(y_{2i}-x_{2i})]^2}{2\sigma_2^2}}\, du\, dv\,,$$

wo $S$ der vom Ziel eingenommene Platz ist, $u$, $v$ die Koordinaten der Punkte im Koordinatensystem mit Zentrum in $(y_{1i}, y_{2i})$ und $\sigma_1^2$ bzw. $\sigma_2^2$ die Varianzen für die Geschoßabweichungen von der Koordinatenachse sind.

Nimmt man $(x_{1i}, x_{2i})$ und $(y_{1i}, y_{2i})$ als fest vorgegeben an, so kann man wegen der in der Praxis beobachtbaren Unabhängigkeit der Abweichungen der einzelnen Geschosse die Wahrscheinlichkeit für mindestens einen Treffer in der folgenden Gestalt schreiben:

$$P = 1 - \prod_{i=1}^{n} [1 - P_i(x_{1i}-y_{1i};\, x_{2i}-y_{2i})] \tag{29}$$

Die Treffwahrscheinlichkeit für alle Geschosse lautet

$$P_l = \prod_{i=1}^{n} P_i(x_{1i}-y_{1i};\, x_{2i}-y_{2i}) \tag{30}$$

und die mathematische Erwartung für die Anzahl der Treffer

$$M = \sum_{i=1}^{n} P_i(x_{1i}-y_{1i};\, x_{2i}-y_{2i})\,. \tag{31}$$

Gegenwärtig werden in der Theorie des Schießens meist nicht die Kriterien (29)—(31) angewandt, sondern die sogenannte Wahrscheinlichkeit für eine Beschädigung des Zieles, d. h. die Zerstörungswahrscheinlichkeit oder die Wahrscheinlichkeit dafür, daß sein Funktionieren in Mitleidenschaft gezogen wird, das Unbrauchbarmachen des Zieles. Eine solche Richtung entwickelte sich im Anschluß an eine Arbeit von A. N. Kolmogorow.

Für eine Berechnung der Beschädigungswahrscheinlichkeit ist ein bedingtes Gesetz $G(m)$ für die Beschädigung des Zieles grundlegend, das die Beschädigungswahrscheinlichkeit für das Ziel unter der Bedingung angibt, daß $m$ Einschläge erfolgen.

Das einfachste von A. N. Kolmogorow angegebene charakteristische Gesetz lautet

$$G(m) = 1 - (1 - \alpha)^m , \tag{32}$$

wo $\alpha$ die Wahrscheinlichkeit für die Beschädigung des Zieles ist, wenn ein Geschoß einschlägt. Das Gesetz (32) heißt außerdem noch Gesetz für die Beschädigung eines Zieles bei Fehlen einer Schadenshäufung durch einschlagende Geschosse. Damit wird die Tatsache ausgedrückt, daß dann, wenn das Ziel nicht durch vorangegangene Einschläge beschädigt wurde, seine Beschädigungswahrscheinlichkeit durch nachfolgende Einschläge nicht von der Zahl der vorangegangenen Treffer abhängt.

Unter diesen Bedingungen ist natürlich die Wahrscheinlichkeit dafür, daß das Ziel bei $n$ Treffern nicht beschädigt wird, gleich dem Produkt der Wahrscheinlichkeiten $1 - \alpha P_i$.

Somit erhalten wir, falls (32) erfüllt ist, für die Zielbeschädigungswahrscheinlichkeit

$$W = 1 - \prod_{i=1}^{n} [1 - \alpha P_i(x_{1i} - y_{1i}; x_{2i} - y_{2i})] . \tag{33}$$

Ist $\alpha = 1$, d. h. führt ein Treffer zur Beschädigung des Ziels, so wird (33) in (29) verwandelt.

Bei dieser Aufgabe, die Problem zur künstlichen Wahl einer Geschoßstreuung genannt wird, sind die Strategien die Auswahlregeln für die anvisierten Punkte $(x_{1i}, x_{2i})$ bei jedem Beschuß. Allerdings hängt die Lösung dieser Aufgabe davon ab, was dem Operationsforscher bekannt ist und der operierenden Seite über den unkontrollierbaren Faktor, d. h. die Lage des Zieles $(y_{1i}, y_{2i})$ im Augenblick des $i$-ten Beschusses bekannt wird. Der Operationsforscher kann sich hier mit sämtlichen vorher durchgerechneten Fällen beschäftigen.

A. Die Lage des Zieles gehört zu den fixierten Faktoren (wenn das Ziel beispielsweise unbeweglich ist und seine Koordinaten vorher sorgfältig ausgemessen wurden). Dann ist eine Lösung der Aufgabe für ein symmetrisches Ziel trivialerweise $x_{1i} = y_{1i}$, $x_{2i} = y_{2i}$.

B. Die Lage des Zieles wird mit einem Meßfehler bestimmt. Dann stellt sich die Lage des Zieles im fixierten Koordinatensystem als zufällig dar, denn $(y_1, y_2)$ wird gleich den bekannten gemessenen Werten plus Meßfehler. Als Strategien können hier die Funktionen der Meßwerte (aber nicht der wahren Werte) dienen.

Im einfachsten Fall, wenn die Lage des Ziels unveränderlich ist und die Messung nur einmal ausgeführt wird, fallen alle zufälligen Punkte $(y_{1i}, y_{2i})$ miteinander zusammen. Dieser Fall heißt Schema zweier Beschußfehlergruppen: die erste Gruppe enthält die Fehler beim Anvisieren, die unabhängigen Abweichungen bei der Streuung der Geschosse (die in den $P_i$ enthalten sind). Die Sachlage ändert sich nicht grundsätzlich, wenn das Ziel zwar nicht unbeweglich ist, sich aber auf einer bekannten Trajektorie bewegt, die durch die Ausgangslage bestimmt wird. In den restlichen Fällen verkompliziert sich das Schema. Darüber kann man ausführlicher im Buch von E. S. Wentzel [30] nachlesen.

C. Es ist nur ein Lagebereich für das Ziel bekannt, d. h. es ist bekannt, daß $a_1 \leqq y_{1i} \leqq b_1$; $a_2 \leqq y_{2i} \leqq b_2$ gilt. Hier haben wir es mit einem unbestimmten Faktor zu tun. Diesem wichtigsten Fall wurde die ihm zustehende Aufmerksamkeit bisher nicht zuteil.

D. Kann sich das Ziel auf einer beliebigen Trajektorie bewegen, die nur durch die Geschwindigkeit des Zieles beschränkt ist, findet jedoch eine Ziel-Lagebestimmung nicht bei jedem Beschuß statt, so werden sowohl unbestimmte, als auch zufällige Faktoren auftreten. Werden übrigens auch die Messungen stetig durchgeführt, so führt die Berechnung möglicher Zielverschiebungen (eines Manövrierens) während der Geschoßflugzeit dazu, daß sowohl zufällige, als auch unbestimmte Faktoren auftreten.

Mit der angeführten Aufgabe ohne Berechnung unbestimmter Faktoren befassen sich relativ viele Arbeiten. Allerdings ist es bei militärischen Aktionen unrichtig und sogar unmöglich, nicht mit einem vorsätzlich handelnden Gegner zu rechnen, wenn man auf die eine oder andere Weise von der angreifenden operierenden Seite her einem Manövrieren des Zieles begegnen kann.

VIII. Die lineare Verarbeitung (Filtration) bei der Koordinatenvermessung sich bewegender Objekte. Dieses Problem, das eine lange Geschichte hat und dem die Theorie der automatischen Steuerung zugrunde liegt, werden wir gleich in diskreter Form darlegen, was die große Breite seines Auftretens nicht sehr beeinträchtigt.

Der Einfachheit halber betrachten wir die Bewegung eines Objekts, das durch eine Koordinate $y(t)$ charakterisiert werden kann, die wir nur in diskreten Augenblicken $t_i$ betrachten, also mit $y_i$ bezeichnen werden. Als Meßergebnis der operierenden Seite sind nicht die $y_i$, sondern die Größen $y_i + \xi_i$ bekannt, wobei $\xi_i$ zufällige Meßfehler sind. Um die Genauigkeit der Kenntnis von $y_i$ zu vergrößern wird vorausgesetzt, daß lineare Meßwertfiltration angewandt wird, indem als Näherungswerte für die Größen $y_i$ die Werte

$$\bar{y}_i = \sum_{j=1}^{i} \varrho_j(y_j + \xi_j) + \varrho_0 y_a$$

eingeführt werden, wo die $\varrho_j$ (nicht notwendig positive) gewichtete Filtrationskoeffizienten sind. Hier drückt $y_a$ eine (bis zur Messung) apriori-Annahme über die Größe $y_i$ aus. Als Filtrationsfehler kann man wie stets bei Messungen oder Approximationen $|\bar{y}_i - y_i|$ oder, was bequemer ist,

$$(\bar{y}_i - y_i)^2 = W \tag{34}$$

wählen.

Im Hinblick darauf, daß zufällige unkontrollierbare Größen $\xi_i$ vorhanden sind, verwendet man oft ein Mittel des Kriteriums (34) nach dieser Zufälligkeit. Nimmt man an, daß die Größen $\xi_i$ unabhängig sind und die mathematische Erwartung Null haben (keine systematischen Meßfehler), so erhält der Ausdruck für das Effektivitätskriterium schließlich die Gestalt

$$\bar{W} = \left(\sum_{j=1}^{i} \varrho_j y_j + \varrho_0 y_a - y_i\right)^2 + \sum_{j=1}^{i} \varrho_j^2 D_j \,, \tag{35}$$

wo $D_j$ die Varianz von $\xi_j$ ist.

Die Strategien der operierenden Seite sind hier die Auswahlmöglichkeiten für die Größen $\varrho_j$. Diese Auswahl hängt natürlich von der Größe $i$ ab, die im allgemeinen der erste unbestimmte Faktor ist, wenngleich er auch fixiert sein kann. Das ist eine typische naturgegebene Unbestimmtheit.

Zweiter unkontrollierbarer Faktor ist das Änderungsgesetz für $y_j$. Wie auch im vorangegangenen Fall gibt es hier viele praktisch sinnvolle Varianten.

A. $y_j$ ist zufällig mit Erwartungswert Null (oder, was dasselbe ist, mit konstantem Erwartungswert), mit bekannten Varianzen und Korrelationen zwischen den $y_j$ für verschiedene $j$. Über diese Fragestellungen kann man sich in Arbeiten von Kolomgorow und Wiener unterrichten. Einfachster Fall wird hier derjenige, in dem sämtliche $y_i$ ein und dieselben sind (vollständige Abhängigkeit) und Korrelationen völlig fehlen.

B. $y_j$ ist nicht zufällig. Die Abhängigkeit der $y_j$ von $j$ gehört zu einer bestimmten Funktionenklasse. Die Funktionen dieser Klasse hängen von $k$ Parametern $a_s$ ab, die Werte der $a_s$ sind jedoch unbekannt. Zum Beispiel gilt in der Aufgabe von Sade und Ragosin

$$y_j = \sum_{s=0}^{k-1} a_s j^s \,.$$

Bei diesem etwas künstlichen aber immerhin doch wichtigen Fall handelt es sich um vollkommen unbestimmte Faktoren. Um allzu große Fehler zu vermeiden, muß gefordert werden, daß die ersten Glieder in (35) nicht von $a_s$ abhängen. Das führt zu den Bedingungen

$$\sum_{j=1}^{i} \varrho_j j^s - i^s = 0; \qquad 0 \leqq s \leqq k - 1 \,.$$

Es ist auch klar, daß darum, weil $y_i - y_a$ unbekannt ist, notwendig $\varrho_0 = 0$ gilt. Daher führt die Aufgabe auf die Minimierung des zweiten Teils von (35) unter den obigen Bedingungen.

C. Die $y_j$ stellen eine Bewegung des Objekts mit eingeschränkten Möglichkeiten dar, wie zum Beispiel mit beschränkter Geschwindigkeit oder Beschleunigung. Dann sind diese unbestimmten Faktoren den Bedingungen

$$|y_i - y_{i-1}| \leqq K \tag{36}$$

oder

$$|(y_i - y_{i-1}) - (y_{i-1} - y_{i-2})| \leqq K_1 \tag{37}$$

unterworfen. Natürlich kann man auch $|y_a - y_i| \leqq K_0 \leqq \infty$ annehmen.

Ein solcher Fall drückt relativ richtig aus, was bei einem frei manövrierfähigen Objekt geschieht. Insbesondere kann man auch einem bewußt handelnden Gegner der operierenden Seite entgegenwirken. Man darf jedoch nicht denken, daß das betrachtete Modell nur für die militärische Forschung interessant ist. Eine Betrachtung der Variante C wurde erst in jüngster Zeit begonnen (man vergleiche beispielsweise Arbeiten des Autors und solche von D. S. Irger).

Eine Kombination der angegebenen Varianten kann ein Modell mit sehr breiten Möglichkeiten erzeugen, um reale Aktionen abzubilden.

IX. Ein Modell zur Wahl der Schußweite in Duellsituationen. Operierende Seite (Duellant) und Gegner können immer nacheinander einen Schuß aufeinander abgeben. Ziel der operierenden Seite ist eine Beschädigung des Gegners. Fügt der Gegner dem Duellanten einen Schaden zu, so kann der Duellant den nächsten Schuß nicht mehr ausführen.

Gegeben ist die Abhängigkeit der Beschädigungswahrscheinlichkeit $g(D)$ des Duellanten durch den Gegner und umgekehrt diejenige $p(D)$ des Gegners durch den Duellanten jeweils als Funktion der Schußweite, wenn der entsprechende Schuß erfolgt.

Effektivitätskriterium ist die volle (absolute) Beschädigungswahrscheinlichkeit des Gegners, die man in der Gestalt

$$\left.\begin{array}{lll} W = p(D_1) & \text{für} & D_1 \geqq D_2; \\ W = p(D_1)\,[1 - g(D_2)] & \text{für} & D_1 < D_2 \end{array}\right\} \tag{38}$$

schreiben kann, wo $D_1$ und $D_2$ die Schußweiten von Duellant und Gegner sind. Strategie der operierenden Seite ist die richtige Wahl von $D_1$, und $D_2$ ist ein unbestimmter Faktor, der vom Gegner gewählt wird (seine Strategie).

Duellsituationen, die durch gleiche Effektivitätskriterien charakterisiert werden, sind hinreichend weit und nicht nur bei der Kriegsführung verbreitet. Sie treten immer auf, wenn die Wahl eines Zeitpunktes zur Ausführung irgendeiner Aktion prinzipiell von Bedeutung ist. So führt in Zuverlässigkeitsmodellen die Verwendung einer kalten Reserve auf Duellsituationen, falls eine Arbeitsunterbrechung, die eine vorgegebene Dauer überschreitet, im System nicht zulässig ist. Die Rolle des „Gegners" wird hier von der Natur erfüllt, die den Ausfallmoment für ein Gerät „wählt".

Zum Abschluß dieser relativ kurzen Liste für Beispiele von Operationsmodellen, die eine gewisse praktische Bedeutung haben, bemerken wir, daß das Auftreten unbestimmter Faktoren weit verbreitet ist und sogar eine zwangsläufige auftretende Erscheinung ist. Die relative Einfachheit der Modelle darf uns nicht täuschen. Eine Untersuchung ist bei der Mehrzahl durchaus nicht einfach.

## § 3. Über Ziele, Kriterien und die Unvollständigkeit von Modellen sowie über die Vereinigung von Operationen

Man kann zwei Arten von Zielen und entsprechenden Effektivitätskriterien unterscheiden[1]).

I. „Qualitative" Ziele, die nur entweder erreicht oder nicht erreicht werden können. Sämtliche Ergebnisse bei der Operation, die zum Erreichen des Zieles führen, sind gleich gut. Genauso sind alle Resultate, die nicht dazu führen, daß das Ziel erreicht wird, gleich unbefriedigend.

Dabei dürfen die Effektivitätskriterien nur zwei Werte annehmen (natürlich, gleichgültig welche): 1 (im Erfolgsfalle) und 0 (im entgegengesetzten Fall) oder 1 und $-\infty$ (wenn man unterstreichen möchte, daß es völlig unannehmbar ist, ein Ziel nicht zu erreichen). Ein solches Operationsziel stellt die Erhaltung der Arbeitsfähigkeit eines Systems im VI. Modell des vorangegangenen Paragraphen dar.

Bei einem „qualitativen" Ziel kann die Definition des Zieles diejenige des Effektivitätskriteriums vorausbestimmen. Die scheinbare Einfachheit des Effektivitätskriteriums ist irreführend, weil die funktionale Abhängigkeit der Größen des Kriteriums von Strategien und unkontrollierbaren Faktoren relativ kompliziert sein kann.

II. Eine quantitative Definition des Zieles besteht darin, daß danach gestrebt wird, den Wert einer gewissen Größe zu vergrößern (oder zu verkleinern), dessen Abhängigkeit von Phasenkoordinaten auch das Effektivitätskriterium für die Operation bildet. Somit sieht die Formulierung des Kriteriums hier so aus, als ob sie eine Definition des Operationszieles nach sich zöge. Alle weiter oben angeführten Beispiele für Modelle (außer VI) gehören zu dieser Klasse, und das ist nicht zufällig.

Oft ist es so, daß das Anfangsziel einer Operation qualitativ formuliert wird. Jedoch gestalten beispielsweise vorhandene zufällige Faktoren auch den Ausgang der Operation zufällig. Daher geht man zu einem anderen „erreichbareren" Operationsziel über, das sich gewöhnlich schon als Ziel vom zweiten Typ erweist und auf der Grundlage des Anfangszieles gebildet wurde. Weiter unten wird darüber ausführlicher gesprochen werden.

Es treten oft verwirrende Formulierungen vom ersten Typ auf, die, wenngleich sie auch der Form nach kategorischen qualitativen Charakter tragen,

---

[1]) Diese Einteilung fällt im wesentlichen mit der im Buch von R. Isaacs [19] gegebenen zusammen.

unfruchtbar sind im Hinblick darauf, daß Zusammenhänge zwischen den Phasenkoordinaten (und umso mehr zwischen den kontrollierbaren und den unkontrollierbaren Faktoren) und dem zweiwertigen Ergebnis der Operation fehlen. So ist zum Beispiel das Ziel, das im Gewinnen eines Krieges besteht, in Wirklichkeit nicht das Ziel, sondern es bleibt nur eine unbestimmte Losung, die für die Operationsforschung untauglich ist. In diesen Fällen führt das Fehlen eines äquivalenten mathematischen Ausdrucks für die Losung entweder zu einem Zustand der Unbestimmtheit oder dazu, daß ein gewisses Kriterium vom zweiten Typ eingeführt wird, das keinen kategorischen Charkter trägt. Eine derartige Situation braucht durchaus nicht immer durch die Schuld des Operationsforschers einzutreten. Sie drückt eher ein ungenaues Verständnis vom Ziel der operierenden Seite im Ganzen aus.

Folge einer unbestimmten Situation sind oft unvollständig formulierte Operationsmodelle, in denen ein einheitliches Effektivitätskriterium im obigen Sinne herrscht. Anstelle dessen tritt eine Vektorfunktion $\overline{\omega}(\bar{x}, \bar{y}) = \{\omega_i(\bar{x}, \bar{y})\}$ der kontrollierbaren und der unkontrollierbaren Faktoren auf, die gewöhnlich einfach aus allen Phasenkoordinaten oder einem Teil davon besteht. Es ist offensichtlich, daß man jede Koordinate des Vektors $\omega_i(\bar{x}, \bar{y})$ vergrößern (oder verkleinern) möchte; es bleibt jedoch unklar, welche Wertkombination der Koordinaten des Vektors man einer anderen vorziehen soll, wenn es nicht möglich ist (und das ist meistens so), sie gleichzeitig zu vergrößern oder zu verkleinern.

Der Übergang von einem unvollständig formulierten Modell zum gewöhnlichen, korrekten ist nichts anderes als ein Prozeß, bei dem die Vektorfunktion $\overline{\omega}(\bar{x}, \bar{y})$ zur gewöhnlichen Funktion $W(\bar{x}, \bar{y})$ gebündelt wird. Welche Bündelungsmethoden werden gewöhnlich verwendet? Diese Frage berührt die allgemeinere Fragestellung nach Methoden zur Vereinigung von Operationen zu einer umfassenderen Operation oder, was dasselbe ist, berührt die Frage nach Zerlegungsmethoden für Operationen in kleinere sehr eng und ist sogar eine Teilfrage davon.

Die Vereinigung von $s$ Operationen besteht in einer Vereinigung von Aktivitäten, Strategien, unkontrollierbaren Faktoren, von Phasenkoordinaten und der *Einführung eines gemeinsamen einheitlichen Kriteriums für die vereinigte Operation.* Die Vereinigung der Aktivitäten ist einfach eine Addition der entsprechenden Vektoren $A_j^0$ $(j = 1, \ldots, s)$. Dafür werden über die Einführung von Nullkoordinaten (falls dies nötig ist) sämtliche Vektoren auf ein und dieselbe Dimension gebracht. Die unkontrollierbaren Faktoren, d. h. die Vektoren $\overline{Y}^{(i)}$ $(i \leqq s)$ werden noch formaler vereinigt, in dem man setzt:

$$\overline{Y} = \{y_1^{(1)}, \ldots, y_{m_1}^{(1)}, y_1^{(2)}, \ldots, y_{m_2}^{(2)}, \ldots, y_1^{(s)}, ,,\ldots, y_{m_s}^{(s)}\} .$$

Die Vereinigung von Strategien wird durch die Neubildung von Vektoren

$$\{x_{11}, \ldots, x_{n_1 1}, x_{12}, \ldots, x_{n_2 2}, x_{1s}, \ldots, x_{n_s s}, \overline{A}_1, \ldots, \overline{A}_s\} = \overline{X}$$

aus den Vektoren $\overline{X}^{(j)} = \{x_{1j}, \ldots, x_{n_j j}\}$ bewerkstelligt, wo $\{\overline{A}_j\}$ eine beliebige Zerlegung der Gesamtaktivitäten $\sum_{j=1}^{s} \overline{A}_j^0$ nach den Komponentenoperationen ist, die nicht unbedingt den früheren Aktivitätenvorräten entsprechen müssen. In der allgemeinen Gestalt werden die Strategien wieder als $\overline{X}(\overline{Y})$ geschrieben.

Es versteht sich, daß auch Fälle auftreten können, in denen die Verteilung der Aktivitäten sich bei der Vereinigung nicht ändern kann, jedoch ist dies ein untypischer Fall für eine vorsätzliche Vereinigung.

Es kann auch so sein, daß sich die Aktivitäten bei der Vereinigung von Operationen im Vergleich mit einer Operation nicht vermehren. Im allgemeinen Schema ist das äquivalent dazu, daß $A_j^0 = 0$ für alle $j$ bis auf eines gesetzt wird. Offensichtlich vereinigt man nach einem derartigen Prinzip auch die Phasenkoordinaten.

Wenn ein einheitliches Kriterium für eine vereinigte Operation aufgestellt werden soll, kann man sich zwei verschiedene Situationen vorstellen.

1. Das Gesamtkriterium hat die Gestalt $W_c = F(W_1, \ldots, W_s)$, wo $W_j$ der Wert des Kriteriums für die $j$-te Komponentenoperation ist, d. h., das Kriterium für die Gesamtoperation ist nur eine Funktion der Kriterien der einzelnen Operationen.

2. Das Gesamtkriterium kann nur als Funktion der Phasenkoordinaten der neuen Operation dargestellt werden und führt nicht zu einer Funktion der einzelnen Kriterien.

Im zweiten Fall hat die vereinigte Operation in ihrem Ziel nichts mit den einzelnen Operationen gemein, sondern ist eine neue Operation, die lediglich auf den Aktivitäten der „früheren" Einzeloperationen beruht. Es ist daher natürlich, daß man unter der Vereinigung von Operationen nur den ersten Fall verstehen kann. So werden wir es im Folgenden auch halten. Formal gesehen kann man natürlich auch eine Vereinigung unendlich vieler Operationen untersuchen.

Wir werden eine Reihe elementarer Verfahren zur Vereinigung (Bündelung) von Kriterien betrachten, d. h. Funktionen $W_c = F(W_j)$, die relativ häufig in der Praxis der Operationsforschung auftreten. Dabei werden wir zwangsläufig in den Bereich der mathematischen Logik eindringen müssen, wenngleich auch in sehr oberflächlicher Weise.

I. Die Summierung oder das „ökonomische" Vereinigungsverfahren, wobei das Ziel der vereinigten Operationen in der Maximierung eines Summenkriteriums vom Typ

$$W_c = \sum_{j=1}^{s} \lambda_j W_j \tag{39}$$

besteht. Es wird im allgemeinen nicht vorausgesetzt, daß die $\lambda_j$ positiv sind, obgleich meist die $\lambda_j$ zusammen mit den $W_j$ nichtnegativ sind.

Nach diesem Prinzip wurde zum Beispiel das Kriterium im Beispiel IV (Formel (9)) gebildet. Hier ist $\lambda_j = 1$, und unter den einzelnen Operationen werden die Operationen der Angriffskeile gegen die einzelnen Lagepunkte der Verteidigungsstellungen verstanden.

Analog sind die Kriterien im Beispiel I und in der Formel (4) gebildet. Im letzteren Fall wird ein Integral äquivalent zu (39) von der Form

$$W_c = \int W(u)\,\lambda(u)\,du \tag{39^1}$$

verwendet, das man bei der Bündelung der von einem stetigen Parameter abhängenden Kriterien erhält (d. h. bei der Vereinigung unendlich vieler Operationen).

Diese weitverbreitete Modifikation von (39) erhält man beispielsweise, wenn man über die von zufälligen Parametern abhängenden Effektivitätskriterien mittelt. Dann gelten $\lambda(u) \geqq 0$ und $\int \lambda(u)\,du = 1$. Ist in (39) eine Operation von der Art, daß sie stets erfüllt ist, so kann man dies zum Beispiel durch das Kriterium $W_{s+1} \equiv 1$ charakterisieren, so daß wir als Spezialfall von (39) ($\lambda_{s+1}$ wird der Bequemlichkeit halber mit $\lambda_0$ bezeichnet)

$$W_c = \sum_{j=1}^{s} \lambda_j W_j + \lambda_0$$

erhalten. Wenn wir $\lambda_0 = 0$ setzen, kehren wir wieder zu (39) zurück.

Das betrachtete Vereinigungsverfahren führt auf ein Operationsziel vom zweiten (quantitativen) Typ, selbst wenn die Ziele für die Einzeloperationen vom ersten Typ, d. h. $W_j = 0; 1$ gewesen wären. Vereinigt man Kriterien vom ersten Typ nach (39), so kann für eine Reihe von Komponentenoperationen die Notwendigkeit, deren Einzelziele zu erreichen, d. h. 1 zu erhalten, gewählt werden. Dann muß man für diese Operationen $\lambda_j > 0$ und $W_j = -\infty; 1$ wählen.

II. Ein Verfahren zum Übergang zu einem Ziel vom ersten Typ durch Zerlegen der Vektoren $\{W_j\}$ in erfüllte und nicht erfüllte. Als erfüllt gelten nur Vektoren $\{W_j\}$, für die

$$W_j \geqq W_j^0; \quad 1 \leqq j \leqq s, \tag{40}$$

gilt. Dabei erhält das Kriterium für die vereinigte Operation selbstverständlich die Form

$$\begin{aligned} W_c &= 1, \text{ falls (40) erfüllt ist,} \\ W_c &= 0 \text{ oder } = -\infty \text{ in den restlichen Fällen.} \end{aligned} \tag{41}$$

*Diese Variante kann sogar für $s = 1$ angewenet werden und bedeutet dann, daß das Ziel, W zu vergrößern, ersetzt wurde durch das Ziel, zu erreichen, daß die Ungleichung $W \geqq W_0$ gilt.*

Gewöhnlich ist es schwierig, überzeugende Argumente dafür anzugeben, welche Wahl des Vektors $\{W_j^0\}$ man bevorzugt, und deshalb muß dann, wenn ein derartiges Verfahren zur Vereinigung angewendet wird, besonders unterstrichen werden, daß es notwendig ist, das Prinzip einer freien Kriterienwahl für die operierende Seite anzuwenden.

III. Ein Verfahren, um die einzelnen Ziele nacheinander zu erreichen. Hier beginnt eine Berechnung, wie weit die folgende Operation erfüllt ist, erst dann, wenn schon das absolute Maximum für die Effektivitätskriterien der vorangegangenen Einzeloperationen erreicht wurde. Ist $W_j \geqq 0$, so setzt man das Eregbnis der Gesamtoperation dabei natürlich gleich der Summe der erzielten Resultate bei den berechneten Operationen. Formal kann man dieses Vereinigungsverfahren (bei $W_j \geqq 0$) in der Form

$$W_c = W_j + \sum_{i=1}^{j-1} \sup W_i \tag{42}$$

schreiben, wenn $j$ den Bedingungen $W_l = \sup W_l$ für $l \leqq j-1$, $W_j < \sup W_j$ genügt und $W_i$ die kleinste obere Schranke für die möglichen Werte des Effektivitätskriteriums bezeichnet.

Typisch ist die Anwendung einer derartigen Vereinigung auf Fälle, bei denen alle Einzeloperationen bis auf eventuell die letzte Ziele vom ersten Typ sind; dann gilt $\sup W_i = 1$. Gewöhnlich wird solche Vereinigung von Zielen praktisch realisiert, wenn die Gewißheit besteht, daß man Informationen darüber gewinnt (für die rechtzeitige Umstellung auf die folgende Einzeloperation), ob die kleinste obere Schranke des Kriteriums der vorangegangenen Operation erreicht wurde, wenngleich die besagte Vereinigung formal auch beim Fehlen derartiger Informationen definiert ist. Es gelingt oft, ökonomische Anstrengungen und militärische Aktionen mit diesem Verfahren, das die Ziele der einzelnen Operationen vereinigt, zu beschreiben. Beispiel: Die Organisation der allmählichen Vernichtung eindringender Abteilungen oder die Besetzung von Stützpunkten.

IV. Logische Vereinigung von Zielen. Die Kriterien der einzelnen Operationen seien vom ersten Typ mögen nur die Werte 0 und 1 annehmen. Dann werden häufig Elementaraktivitäten über den Zielen (Kriterien) angewendet:

a) ein dem gegebenen $j$-ten Ziel gegenüberliegendes Ziel bedeutet, daß darauf hingearbeitet wird, daß das $j$-te Ziel nicht erfüllt wird. Für die Kriterien gilt

$$\overline{W} = 1 - W_j\,, \tag{43}$$

b) das Gesamtziel besteht darin, daß alle Einzelziele erfüllt werden (Konjunktion):

$$W_c = \prod_{j=1}^{s} W_j\,; \tag{44}$$

c) das Gesamtziel besteht darin, daß mindestens ein Einzelziel erfüllt wird (Disjunktion):

$$W_c = 1 - \prod_{j=1}^{s} (1 - W_j)\,. \tag{45}$$

Diese Aktionen sind in der mathematischen Logik üblich und bilden bekanntlich ein vollständiges System BOOLEscher Operationen. (s. z. B. W. M. GLUSCHKOW [14], Kap. II, § 3). Das bedeutet, daß ein beliebiger Zusammenhang

$W_c = F(W_1, \ldots, W_s)$, wobei $W_c$ und $W_j$ nur die Werte 0; 1 annehmen, in Gestalt einer endlichen Anzahl sich nacheinander wiederholender Aktionen a), b) und c) beschrieben werden kann. Damit sind auch alle möglichen Zusammenhänge zwischen dem Gesamtkriterium und den einzelnen Kriterien beschrieben, falls sowohl die einzelnen, als auch die Gesamtoperation vom ersten Typ sind, d. h. qualitativen Charakter besitzen. Ein Beispiel dafür, daß eine derartige Vereinigung angewendet wird, stellt das Modell VI dar, wenn als einzelne Kriterien nicht Arbeitszeit, sondern arbeitsfähiger oder nicht arbeitsfähiger Zustand der Geräte selbst auftreten. Hierbei ergibt die Hintereinanderschaltung der Geräte ein Beispiel für eine Konjunktion (sämtliche Aggregate müssen arbeiten), während die Verdopplung des Systems im Ganzen ein Beispiel für eine Disjunktion von Konjunktionen ist (es muß mindestens ein System arbeiten, in dem sämtliche Geräte arbeiten müssen).

Schließlich gibt die geräteweise Verdoppelung ein Beispiel für eine Konjunktion einer Disjunktion (mindestens ein Gerät von jedem Typ muß arbeiten).

V. Verallgemeinerte logische Bündelung von Kriterien. Eine direkte Verallgemeinerung der Aktionen aus dem vorangegangenen Punkt stellt das folgende dar: anstelle von (43) werden die antagonistischen Interessen $W_n = - W_j$ gesetzt, anstelle von (44)

$$W_c = \min_{1 \leq j \leq s} W_j \lambda_j; \quad \lambda_j \geqq 0\,, \tag{46}$$

und anstelle von (45)

$$W_c = \max_{1 \leq j \leq s} W_j \lambda_j; \quad \lambda_j \geqq 0\,. \tag{47}$$

Diese Vereinigungsverfahren sind auf beliebige Zieltypen (Kriterien) anwendbar. Der Ausdruck (46) geht sofort in (44) über, falls sämtliche $W_j$ nur die Werte 0;1 annehmen und $\lambda_j = 1$ gilt. Genau in diesem Fall ist auch (47) äquivalent zu (45).

Der Gebrauch der Operationen Minimum und Maximum ist in vielen oben gebrachten Modellen sichtbar. Besonders markant ist das Beispiel VI, in dem als Kriterium die Arbeitsdauer des Systems gewählt wird (s. z. B. (15), (17) usw.).

VI. Zufällige und unbestimmte Bündelung. Zum Gesamtkriterium wird ein Einzelkriterium in Abhängigkeit davon gewählt, welchen Wert der unkontrollierbare Faktor $j$ annimmt, d. h.

$$W_c = W(j) = W_j\,.$$

Im allgemeinen Fall können Einzelkriterien durch stetige zufällige oder unbestimmte Größen erklärt sein, und wir erhalten

$$W_c = W(\alpha) = W_\alpha\,. \tag{48}$$

Ungeachtet der scheinbaren Tautologie stellt insbesondere dieser Fall einen Weg für das Eindringen zufälliger und unbestimmter Faktoren in die Operationsforschung dar und drückt gerade die Unsicherheit der operierenden Seite bei der Wahl eines Operationskriteriums aus.

Kann insbesondere die operierende Seite den Gewichtskoeffizienten $\lambda_j$ der einzelnen Operationen in den Vereinigungsverfahren I und V nicht genau bestimmen, so werden diese $\{\lambda_j\}$ diejenigen unbestimmten Faktoren, von denen die Rede ist.

Von unserem Standpunkt aus vergrößert die Unsicherheit der operierenden Seite bei der Kriterienwahl die Gesamtheit der zufälligen oder unbestimmten Faktoren, die durch die operierende Seite nicht kontrollierbar sind, was die Auswahl der Strategien zweifellos erschwert und ihre Effektivität vermindert.

Es muß unterstrichen werden, daß bei einem derartigen Vereinigungsverfahren die Kriterien $W_j$ so erscheinen, als wären sie von gleichem Gewicht. Sind aber alle gleich, so ist entweder $W_j$ oder $W_{j+1}$ zu vergrößern, wenn die Vergrößerung eindeutig ist. Besteht auch darin keine Sicherheit, so muß man gleichzeitig unbestimmte Gewichtskoeffizienten für die Einzelkriterien einführen, d. h. anstelle von (48)

$$W_c = \lambda(\alpha)\, W_\alpha \,. \tag{48¹}$$

schreiben.

Die aufgezählten Methoden zur Vereinigung von Kriterien sind auch auf den Fall einer unvollständig formulierten Operation anwendbar. Hier muß man die Funktionen $\omega_i(x, y)$ als Einzelkriterien betrachten.

## § 4. Die Vollständigkeit des Systems elementarer Aktivitäten über Kriterien (Bündelungsmethoden)

Wir werden zeigen, daß die im vorangegangenen Teil eingeführten Elementenaktivitäten die ganze Breite möglicher eindeutiger Abhängigkeiten des $W_c$ von $W_j$ ausdrücken können, sofern man alle möglichen Kombinationen dieser Aktivitäten verwendet. Dieser Umstand folgt aus einigen Ergebnissen, die sofort abgeleitet werden sollen.

**Satz I:** *Falls die eindeutige Funktion $W_c = F(W_1, \ldots, W_s)$ sowie jedes $W_j$ nur endlich viele endliche zulässige Werte annimmt, kann die Abhängigkeit der Funktion $W_c$ von den $W_j$ als endliche Anzahl von Aktivitäten des Typs* IV *(d. h.* (43)—(45)) *und der Typen* I *und* II ((39) *und* (41)) *dargestellt werden.*

Beweis: Seien $W_{ij}$ die in wachsender Reihenfolge durchnumerierten zulässigen diskreten Werte für das $j$-te Kriterium ($i = 1, \ldots, i_j$). $W_c$ nimmt offenbar ebenfalls nur endlich viele Werte an, die wir der Größe nach geordnet mit $W_{ck}$ ($k = 1, \ldots, N$) bezeichnen wollen.

Wir führen die Funktionen

$$\bar{\omega}_{ck} = 0 \quad \text{falls} \quad W_c < W_{ck} \,;$$
$$\bar{\omega}_{ck} = 1 \quad \text{falls} \quad W_c \geqq W_{ck}$$

ein. Da $\bar{\omega}_{ck}$ eine Funktion von $W_c$ ist, ist es auch eine Funktion der $W_j$.

Offenbar haben wir

$$W_c = \sum_{k=1}^{N} (W_{ck} - W_{ck}) \, \overline{\omega}_{ck-1}(W_c) \tag{49}$$

mit $W_{c0} = 0$. Also wird $W_c$ aus den $\overline{\omega}_{ck}$ nach der Regel I (39) gebildet.

Analog mögen die $\overline{W}_{ij}(W_j)$ durch die Gleichungen

$$\begin{aligned} \overline{W}_{ij} &= 0, \quad \text{falls} \quad W_j < W_{ij}, \\ \overline{W}_{ij} &= 1, \quad \text{falls} \quad W_j \geqq W_{ij}, \end{aligned} \qquad i = 1, \dots, \overline{i}_j \tag{50}$$

definiert werden.

Somit werden die Funktionen $\overline{W}_{ij}$ aus den $W_j$ nach dem Verfahren II gebildet. Gleichzeitig gilt

$$W_j = \sum_{i=1}^{\overline{i}_1} (W_{ij} - W_{i-1j}) \, \overline{W}_{ij}(W_j) \, . \tag{51}$$

Also können die $\overline{\omega}_{ck}$, die Funktionen von $W_j$ sind, als Funktionen $\overline{W}_{ij}(W_j)$ geschrieben werden. Da die $\overline{\omega}_{ck}$ und die $\overline{W}_{ij}$ Boolesche Variable sind (d. h. nur die Werte 0 und 1 annehmen), kann die Abhängigkeit der $\overline{\omega}_{ck}$ von $\overline{W}_{ij}$ nach dem bereits erwähnten Satz der mathematischen Logik als Folge von Aktivitäten des Typs IV dargestellt werden[1]).

Da nun aber auch $\overline{W}_{ij}$ selbst durch die $W_j$ nach dem Verfahren II ausgedrückt werden kann und $W_c$ durch $\overline{\omega}_{ck}$ nach (49), d. h. nach der Regel I, ist der Satz bewiesen. Der Satz I erschöpft hier die Ergebnisse, die eine exakte Darstellung der Abhängigkeit $F(W_j)$ in Gestalt endlich vieler Elementaraktivitäten betreffen. Der folgende behauptet die Möglichkeit einer approximativen Darstellung, allerdings mit beliebig vorgegebener Genauigkeit.

**Satz II:** *Die Funktion* $W_c = F(W_1, \dots, W_s)$ *möge eine endliche Anzahl* $N$ *von Werten* $W_{ck}$ *annehmen, und* $W_j$ *sei beliebig aber beschränkt. Dann existiert zu jedem* $\varepsilon > 0$ *eine Menge* $M$ *von Vektoren* $\{W_j\}$ *und eine Funktion* $F^*(W_1, \dots, W_s)$, *die aus endlich vielen Aktivitäten* I, II *und* IV *gebildet wird, so daß gilt:*

(1) $F(W_j) = F^*(W_j)$ *falls* $\{W_j\} \in M$;

(2) $F^*(W_j)$ *durchläuft alle* $N$ *Werte* $W_{ck}$, *wenn* $\{W_j\}$ *die Menge* $M$ *durchläuft und nimmt auch für beliebige* $\{W_j\}$ *keine anderen Werte an;*

(3) $M$ *bildet ein* $\varepsilon$*-Netz auf der beschränkten Menge aller* $\{W_j\}$, *d. h. für beliebiges* $\{W_j\}$ *gibt es ein* $\{W_j'\} \in M$, *das von* $\{W_j\}$ *nicht weiter als um* $\varepsilon$ *entfernt ist.*

---

[1]) Die Funktion $\overline{\omega}_{ck}[\overline{W}_{ij}(W_j)]$ kann stets bis auf $\overline{\omega}_{ck}(\overline{W}_{ij})$ für unabhängige $\overline{W}_{ij}$, die die Werte 0; 1 annehmen, definiert werden. Dafür genügt es zum Beispiel, $\overline{\omega}_{ck}(\overline{W}_{ij}) = 0$ zu setzen, falls für mindestens ein $j$ der Vektor $(\overline{W}_{1j}, \dots, \overline{W}_{\overline{i}_j j})$ nicht der Vektor $\{\overline{W}_{ij}(W_j)\}$ ist. Der Vektor $(\overline{W}_{1j}, \dots, \overline{W}_{\overline{i}_j i})$ ist offenbar dann und nur dann ein Vektor $\{\overline{W}_{1j}(W_j), \dots, \overline{W}_{ij}(W_j)\}$ für irgendein $j$, wenn $\overline{W}_{1j} \geqq \overline{W}_{2j} \geqq \cdots \geqq \overline{W}_{\overline{i}_j j}$ gilt.

Beweis: Sei $M_k$ die Menge derjenigen Vektoren $\{W_j\}$, für die $F(W_j) = W_{ck}$ gilt. Da $M_k$ beschränkt ist, kann man darin stets ein $\varepsilon$-Netz $M_k$ aussondern, das aus endlich vielen Vektoren $\{W_{jl}^{(k)}\}$, $l = 1, \ldots, m_k$, besteht. Für ein gegebenes $j$ numerieren wir alle $W_{jl}^{(k)}$ in wachsender Reihenfolge nach den Größen $W_{jr}$, wo $r = 1, \ldots, n_j \leqq \sum_{k=1}^{N} m_k$ ist. Wir führen

$$\overline{\omega}_{jr}(W_j) = \begin{cases} 1, & W_j \geqq W_{jr}, \\ 0, & W_j < W_{jr} \end{cases}$$

ein und bilden die neuen Variablen

$$\tilde{W}_j = \sum_{r=1}^{n_j} (W_{jr} - W_{jr-1})\, \overline{\omega}_{jr}(W_j)\,.$$

Für

$$\{W_j\} \in M = \sum_{k=1}^{N} M_k^*$$

gilt offensichtlich $\{\tilde{W}_j\} = \{W_j\}$. Wir lassen die Definition von $\tilde{W}_j$ genauso, wenn die $\overline{\omega}_{jr}$ unabhängige Variable sind, die nur die Werte 0 und 1 annehmen.

Die Funktion $F_1(\tilde{W}_j)$ definieren wir durch die Gleichung

$$F_1(\tilde{W}_j) = \begin{cases} F(\tilde{W}_j), & \{\tilde{W}_j\} \in M\,, \\ W_{c1}, & \{\tilde{W}_j\} \notin M\,. \end{cases}$$

Die Funktion $F_2(\overline{\omega}_{jr}) = F_1(\tilde{W}_j)$ erfüllt offensichtlich die Bedingungen von Satz I und ist daher als endliche Anzahl von Aktionen I, II und IV darstellbar.

Genauso verhält es sich auch mit der Funktion

$$F^*(W_j) = F_2[\overline{\omega}_{jr}(W_j)]\,,$$

d. h. $\overline{\omega}_{jr}(W_j)$ wird nach Verfahren II gebildet. Weil $F^*(W_j) = F_1(\tilde{W}_j(W_j)) = F(W_j)$ für $\{W_j\} \in M$ gilt und diese Funktion nur die Werte $W_{ck}$ annimmt, falls all diese Werte schon auf der Menge $M$ angenommen wurden, und da $M$ ein $\varepsilon$-Netz bildet, ist der Satz bewiesen.

Da eine beliebige gleichmäßig stetige Funktion mit beliebig vorgegebener Genauigkeit als stückweise konstante Funktion dargestellt werden kann, kann man sich im Grunde analog zum eben Gesagten überzeugen, indem man den Beweis leicht verändert, daß gilt:

**Satz III:** *Ist die Funktion $W_c = F(W_j)$ gleichmäßig stetig auf einem Parallelepiped zulässiger Werte $\{W_j\}$, so läßt sie sich beliebig genau als endliche Anzahl von Aktivitäten der Typen* I, II *und* IV *darstellen.*

Wenn auch diese Sätze die Frage nicht ganz erschöpfend behandeln, so überzeugen sie doch vom Gesichtspunkt der Praxis aus hinreichend von der Vollständigkeit des Operationensystems I, II und IV. Weil nun aber Aktivitäten vom Typ V solche von Typ IV einschließen, wie oben gezeigt, wurde damit auch die Vollständigkeit des Systems I, II und V bewiesen.

Man kann hingegen auch eine bedeutend stärkere Behauptung beweisen.

**Satz IV:** *Ist $W_c = F(W_j)$ $(j \leqq s)$ stetig im Bereich $-\infty < W_j^0 \leqq W_j \leqq W_j^I < \infty$, so gibt es für jedes beliebige $\varepsilon$ endlich viele Koeffizienten $a_{lkj}$; $c_{lk}(l \leqq l_0;\ k \leqq k_0 \leqq \leqq s + 2)$; so daß in diesem Bereich*

$$\left| F(W_j) - \min_{1 \leqq l \leqq l_0} \max_{1 \leqq k \leqq k_0} \left( \sum_{j=1}^{s} a_{lkj} W_j + c_{lk} \right) \right| \leqq \varepsilon$$

*gilt.*

Beweis: Der Beweisgang hängt von der Größe $s$ nicht ab. Daher beschränken wir uns der Einfachheit halber auf den Fall $s = 2$.

Wir zerlegen den rechteckigen Bereich der Punkte $(W_1, W_2)$ in so kleine Rechtecke, daß die Differenz zwischen Maximum und Minimum von $F(W_1, W_2)$ in diesen Rechtecken kleiner als $\varepsilon$ wird. Danach zerlegen wir jedes Rechteck diagonal in zwei Dreiecke. Somit wurde der Variationsbereich für $(W_1, W_2)$ in Dreiecke zerlegt, in deren Innerem die Änderung von $W_c$ den Wert $\varepsilon$ nicht überschreitet.

Wir legen durch die drei Ecken eines Dreiecks entsprechenden Punkte $(W_1, W_2, W_c)$ des Raumes die Ebene

$$W_c = a_{b11} W_1 + a_{b12} W_2 + c_{b1}\,, \tag{52}$$

wo $b$ die Nummer des Dreiecks bezeichnet. Im Innern des Dreiecks unterscheidet sich diese Ebene von $F(W_1, W_2)$ um nicht mehr als $\varepsilon$.

Sei nun $R_b$ der Winkel zwischen der $b$-ten Ebene und der positiven Achse von $W_c$. Mit $R$ bezeichnen wir $\frac{1}{2} \min\limits_b R_b$. Wir legen in jedes Punktepaar des Raumes $(W_1, W_2, W_c)$, das den Ecken des $b$-ten Dreiecks entspricht, die Ebenen

$$W_c = a_{bk_1} W_1 + a_{bk_2} W_2 + c_{bk}; \qquad k = 2, 3, 4, \tag{53}$$

wobei jede mit der positiven Achse $W_c$ den Winkel $R$ bildet, und einen spitzen Winkel mit der Außennormalen in der Ebene $(W_1, W_2)$ zu derjenigen Seite des $b$-ten Dreiecks hin, die durch das entsprechende Eckenpaar geht. Dann ist die über dem $b$-ten Dreieck gelegene Ebene (52) höher als die restlichen drei Ebenen, die $k = 2, 3, 4$ entsprechen, und die Funktion

$$\max_{l \leqq k \leqq 4} [a_{bk_1} W_1 + a_{bk_2} W_2 + c_{bk}] = f_b(W_1, W_2)$$

stellt eine dreikantige „Schale" dar, deren Boden ein Teil der Ebene (52) ist, die auf dem $b$-ten Dreieck liegt. Die Seitenflächen sind Stücke der Ebene (53). Ferner liegt nach der Definition von $R$ die Funktion $f_b(W_1, W_2)$ über einem Dreieck mit der Nummer $b_1 \neq b$ und höher als die Ebene $a_{b_111} W_1 + a_{b_112} W_2 + c_{b_11}$. Das bedeutet jedoch, sie liegt auch höher als $f_{b_1}(W_1, W_2)$. Daher fällt

$$\min_b f_b(W_1, W_2) = \min_b \max_k [a_{bk1} W_1 + a_{bk2} W_2 + c_{bk}]$$

über dem $b$-ten Dreieck mit dem entsprechenden Ebenenstück von (52) zusammen und unterscheidet sich von $F(W_1, W_2)$ überall um nicht mehr als $\varepsilon$, was bewiesen werden sollte.

Wie aus dem Beweis ersichtlich, ist die approximative Beschreibung von $F(W_j)$ nichts anderes als eine andere Formulierung der stückweisen linearen Approximation.

Bemerkung zum Satz IV

1. Bei der Formulierung des Satzes kann man natürlich nach entsprechender Koeffizientenänderung in der Linearform statt des Minimax auch das Maximin nehmen. Um sich davon zu überzeugen, genügt es, Satz IV für $F_1(W_j) = -F(W_j)$ und die Gleichung

$$\min_b \max_k \left[-\sum_{j=1}^{s} a_{bkj} W_j - c_{bk}\right] = -\max_b \min_k \left[\sum_{j=1}^{s} a_{bkj} W_j + c_{bk}\right]$$

anzuwenden.

2. In der gegenwärtigen Mathematik, insbesondere in der linearen und nichtlinearen Optimierung wie auch in der Spieltheorie haben konvexe (konkave) Funktionen $f(x_1, \ldots, x_n)$ eine große Bedeutung, die so definiert werden, daß sie die Ungleichung

$$f[\lambda x_1 + (1-\lambda) y_1, \ldots, \lambda x_n + (1-\lambda) y_n] \leqq \lambda f[x_1, \ldots, x_n] + (1-\lambda) f[y_1, \ldots, y_n] \quad (54)$$

für beliebige $\lambda$ aus dem Intervall [0, 1] erfüllen. Für konkave Funktionen gilt die umgekehrte Ungleichung.

Man überzeugt sich leicht davon, daß die Funktionen

$$\max_k \left[\sum_{j=1}^{s} a_{bkj} x_j + c_{bk}\right]$$

konvex sind. Es gilt nämlich

$$\max_k \left[\sum_j a_{bkj} [\lambda x_j + (1-\lambda) y_j] + c_{bk}\right]$$

$$= \max_k \left[\lambda \left(\sum_j a_{bkj} x_j + c_{bk}\right) + (1-\lambda) \left(\sum_j a_{bkj} y_j + c_{bk}\right)\right]$$

$$\leqq \lambda \max_k \left(\sum_j a_{bkj} x_j + c_{bk}\right) + (1-\lambda) \max_k \left(\sum_j a_{bkj} y_j + c_{bk}\right)$$ [1]

Hieraus folgt, daß jede in einem beschränkten Bereich stetige Funktion $F(x_j)$ beliebig genau durch $\min_b f_b(x_j)$ angenähert werden kann, wobei sämtliche $f_b(x_j)$ konvex sind, d. h., $F(x_j)$ ist annähernd gleich dem Minimum, genommen über einer endlichen Familie konvexer Funktionen. Selbstverständlich kann

[1]) Vollständig analog wird bewiesen, daß Funktionen der Gestalt $\max_k f_k(\bar{x})$ konvex sind, falls sämtliche $f_k(\bar{x})$ konvex sind.
Genauso ist $\min_k \varphi_k(\bar{x})$ konkav, wenn alle $\varphi_k(\bar{x})$ konkav sind.

man stets annehmen, daß dann, wenn man die stückweise linearen konvexen Funktionen glättet, die $f_b(x_j)$ hinreichend glatt sind, wenn das gefordert wird.

3. Satz IV kann auch für eine angenäherte Darstellung der Abhängigkeit des Effektivitätskriteriums von den kontrollierbaren und den nichtkontrollierbaren Faktoren ausgenutzt werden. Somit kann ein beliebiges stetiges Effektivitätskriterium als Minimax einer Familie linearer Funktionen oder als Minimum einer Familie konvexer Funktionen dargestellt werden.

Eine Analyse der Modellbeispiele aus § 2 zeigt, wie weit die Operationen Maximum und Minimum bei der Formulierung von Kriterien angewandt werden, was die praktische Bedeutung von Satz IV noch verstärkt.

Wir möchten unsere Aufmerksamkeit auch noch darauf richten, daß beispielsweise

$$|X - Y| = \max\{X - Y;\ Y - X\}$$

gilt.

4. Wie in den Bedingungen des Satzes ausgesagt ist, gilt $k_0 \leqq s + 2$, d. h. $k_0$ hängt nicht wesentlich von der Genauigkeit und dem Darstellungsbereich ab.

Erfüllt die Funktion $F(W_j)$ eine Lipschitz-Bedingung in sämtlichen Argumenten, so gilt

$$l_0 \leqq \frac{K}{\varepsilon},$$

wie man leicht versteht, wenn man den Beweis des Satzes durchsieht.

Diese Ungleichung beschreibt zusammen mit $k_0 \leqq s + 2$ hinreichend genau den möglichen Schwierigkeitsgrad für die approximative Beschreibung der Kriterien durch die Aktivitätensummation sowie die Maximum- und Minimumbildung. Somit zeigen die Sätze I—IV hinlänglich überzeugend, daß die im § 3 gegebenen elementaren Verfahren zur Vereinigung von Kriterien vollständig sind, falls $W_c = F(W_j)$ gilt. Gilt jedoch $W_c = F(W_j, \alpha)$, $\alpha$ ein unkontrollierbarer Parameter, so erhalten wir eine Bestätigung dafür, daß die Vereinigungsverfahren auch dann vollständig sind, wenn unkontrollierbare Faktoren auftreten, falls man für fixiertes $\alpha$ das bereits Gesagte anwendet und es mit den elementaren Vereinigungen vom Typ VI zusammenbringt.

Schließlich wollen wir bemerken, daß die angenäherte Darstellung der Kriterien nach Satz IV hin und wieder ein bequemes Forschungsinstrument sein kann. Allerdings existiert kein mathematisches Verfahren, um eine solche Darstellung zu erhalten, wenn man von den Eigenschaften der Funktion $F(W_j)$ ausgeht. Es dürfte interessant sein, entsprechende Untersuchungen durchzuführen. Für's erste jedoch kann man die Aufmerksamkeit auf das folgende richten.

Ist bekannt, daß $F(W_j)$ für alle $W_j$ größer ist als gewisse Linearformen $\sum_{j=1}^{s} a_{ij} W_j + b_i$, dann ist $F(W_j)$ offensichtlich größer als $\max_i \left(\sum_{j=1}^{s} a_{ij} W_j + b_i\right)$, so daß die letztere Funktion als approximative untere (garantierende) Schätzung für das Kriterium $F(W_j)$ angesehen werden kann.

Genauso gilt, daß dann, wenn $F(W_j)$ für alle $W_j$ kleiner als mindestens eine der besagten Linearformen ist, $F(W_j)$ kleiner ist als

$$\min_i \sum_{j=1}^{s} (a_{ij} W_j + b_i) .$$

Genauso können leicht auch untere Abschätzungen vom Typ des Maximums von Linearformen und analoge obere Abschätzungen gewonnen werden.

In der Praxis mögen Überlegungen existieren, die es ermöglichen, derartige Abschätzungen unmittelbar zu erhalten.

## § 5. Beispiele für die Bündelung von Kriterien mit den Verfahren I und V

Die Tatsache, daß ein allgemeiner Satz wie Satz IV existiert, vergrößert nur noch das Interesse an verschiedenen Spezialfällen, bei denen Summenkriterien durch die Verfahren I und V exakt ausgedrückt werden können. Wir werden einige Beispiele angeben, deren praktische Bedeutung klar wird, wenn man Unbestimmtheitsfragen vom dritten Typ betrachtet. Wir bemerken insbesondere, daß ähnliche Ausdrücke auch für Bündelungsverfahren vom Typ III und Verfahren vom Typ II in der Variante $W_c = 1;\ -\infty$ existieren.

A. Man verifiziert leicht, daß

$$\inf_{\lambda_i \geqq 0} \sum_{i=1}^{s} \lambda_i (W_i - W_i^0) = -\infty$$

gilt, falls mindestens ein $W_{i_1} < W_{i_1}^0$ oder, was dasselbe ist, $\min\limits_{1 \leqq i \leqq s} (W_i - W_i^0) < 0$. Ebenso offensichtlich ist die Gleichung

$$\min_{\lambda_i \geqq 0} \sum_{i=1}^{s} \lambda_i (W_i - W_i^0) = 0$$

erfüllt, falls $W_i \geqq W_i^0$ für alle $i$ gilt oder, was äquivalent dazu ist, $\min\limits_{1 \leqq i \leqq s} (W_i - W_i^0) \geqq 0$. Hieraus ist klar, daß

$$W_c = 1 + \inf_{\lambda_i \geqq 0} \sum_{i=1}^{s} \lambda_i (W_i - W_i^0) = \inf_{\bar\lambda \geqq 0} \left( \sum_{i=1}^{s} \lambda_i W_i + 1 - \sum_{i=1}^{s} \lambda_i W_i^0 \right)$$

eine Beschreibung des Vereinigungsverfahrens II durch I und V ist, wobei

$$\lambda_0 = 1 - \sum_{i=1}^{s} \lambda_i W_i^0$$

gilt, und $\bar\lambda \geqq 0$ bedeutet $\lambda_i \geqq 0$ für $1 \leqq i \leqq s$.

Wie man sich leicht überlegt, genügt es, in dieser und in allen weiteren analogen Formeln einen diskreten (jedoch unendlichen) Satz von $\lambda_i$ zu wählen, also beispielsweise $\lambda_i = n$ mit $n = 0, 1, 2, \ldots$ zu setzen.

B. In der Praxis wird die Bündelung von Kriterien $W_i = F_i(\overline{X}, \overline{Y})$ oft über ein „Hauptkriterium" $W_1 = F_1(\overline{X}, \overline{Y})$ realisiert, das möglichst stark vergrößert werden soll. Dabei wird von der restlichen $W_i$ gefordert, daß

$$W_i \geqq W_i^0; \quad i = 2, \ldots, s,$$

unbedingt erfüllt wird. Ein solches Verfahren ist eine Verallgemeinerung des Bündelungsverfahrens II und kann durch das einheitliche Gesamtkriterium

$$W_e = \begin{cases} W_1 = F_1(\overline{X}, \overline{Y}) & \text{falls} \quad \min\limits_{2 \leqq i \leqq s} (W_i - W_i^0) \geqq 0, \\ -\infty & \text{falls} \quad \min\limits_{2 \leqq i \leqq s} (W_i - W_i^0) < 0 \end{cases}$$

beschrieben werden. Genauso, wie im vorangegangenen Fall überzeugt man sich leicht davon, daß für dieses Kriterium

$$W_e = \inf_{\overline{\lambda} \geqq 0} \left[ W_1 + \sum_{i=2}^{s} \lambda_i W_i - \sum_{i=2}^{s} \lambda_i W_i^0 \right]$$

mit $\overline{\lambda} = \{\lambda_2, \ldots, \lambda_s\}$ gilt.

C. Sämtliche $W_i$ seien nichtnegativ, und $\sup W_i = \sup F_i(\overline{X}, \overline{Y})$ sei ein endliches Supremum für die Kriterien bei vorgegebenen Variationsbereichen $X$ und $Y$. Für jedes $i$ bilden wir nach Verfahren II (s. Punkt A) das Kriterium

$$\Phi_i = \inf_{\lambda_i \geqq 0} \lambda_i (W_i - \sup W_i) + 1,$$

und weiter für jedes $k \leqq s$ nach Verfahren I das Kriterium

$$\tilde{W}_k = \sum_{i=1}^{k-1} \sup W_i \Phi_i + W_k,$$

wo die Zahlen $\sup W_i$ die Rolle der $\lambda_i$ spielen. Sei schließlich $\overline{\lambda}_k = \{\lambda_{1k}, \ldots, \lambda_{k-1k}\}$, dann gilt

$$W_e = \max_{1 \leqq k \leqq s} \tilde{W}_k$$

$$= \max_{1 \leqq k \leqq s} \inf_{\overline{\lambda}_k} \left[ \sum_{i=1}^{k-1} \sup W_i \lambda_{ik} W_i + W_k + \sum_{i=1}^{k-1} \sup W_i (1 - \sup W_i \lambda_{ik}) \right].$$

Diese Formel wurde nach dem Vorbild von Satz IV gebildet, nur mit dem Unterschied, daß für jedes $k$ die Koeffizienten der Linearform unendlich viele Werte durchlaufen.

Es wird behauptet, daß das beschriebene $W_e$ dasselbe ist wie das Vereinigungsverfahren III. Wird nämlich für gegebene $\overline{X}$ und $\overline{Y}$ das $\sup W_i$ für $i \leqq k_0 - 1$ angenommen und gilt $W_{k_0} < \sup W_i$, so ist das Kriterium nach dem Vereinigungsverfahren III offenbar gleich

$$\sum_{i=1}^{k_0-1} \sup W_i + W_{k_0}.$$

Dann gilt aber offensichtlich auch für das oben beschriebene $W_c$ für $k \leqq k_0$

$$\inf_{\bar{\lambda}_k}\left[\sum_{i=1}^{k-1} \sup W_i \lambda_{ik} (W_i - \sup W_i) + \sum_{i=1}^{k-1} \sup W_i + W_k\right] = \sum_{i=1}^{k-1} \sup W_i + W_k ,$$

und für $k \geqq k_0 + 1$, wie man leicht sieht, wegen $W_{k_0} < \sup W_{k_0}$

$$\inf_{\bar{\lambda}_k}\left[\sum_{i=1}^{k-1} W_i \lambda_{ik} (W_i - \sup W_i) + \sum_{i=1}^{k-1} \sup W_i + W_k\right] = -\infty .$$

Daher erhalten wir, weil $W_i$ und das heißt auch $\sup W_i$ nicht negativ ist, daß $W_c = \sum_{i=1}^{k_0-1} \sup W_i + W_{k_0}$ gilt. Wenn umgekehrt in dem Ausdruck für $W_c$ für gegebene $\bar{X}$ und $\bar{Y}$, d. h. für gegebene $W_i$ das Maximum über $k$ bei $k = k_1$ angenommen wird, so kann dies offensichtlich nur dann eintreten, wenn $W_{k_1} < \sup W_{k_1}$ und $W_i = \sup W_i$ für $i < k_1$ gilt. Das genügt jedoch, um sich von der Genauigkeit von $W_c$ im gegebenen Punkt sowie des Vereinigungsverfahrens III zu überzeugen.

D. Ist im Vereinigungsverfahren I über die $\lambda_i$ nichts außer $\lambda_i \geqq 0$, $\sum_{i=1}^{s} \lambda_i = 1$ bekannt, so ist, wie aus dem Weiteren folgt, die Vereinigung $W_c = \min_{\bar{\lambda}} \sum_{i=1}^{s} \lambda_i W_i$ von Interesse. Offenbar gilt

$$W_c = \min_{\bar{\lambda}} \sum_{i=1}^{s} \lambda_i W_i = \min_{1 \leqq i \leqq s} W_i ,$$

d. h., $W_c$ ist gleich einem der Bündelungsverfahren V.

Eine unmittelbare Verallgemeinerung davon stellt die Gleichung

$$W_c = \min_{\bar{\lambda}} \sum_{i=1}^{s} \lambda_i W_i = \min_{1 \leqq i \leqq s} \frac{W_i}{W_i^0},$$

dar, falls

$$\lambda_i \geqq 0 \quad \text{und} \quad \sum_{i=1}^{s} \lambda_i W_i^0 = 1$$

gelten.

Sei nun

$$\lambda_i \geqq \lambda_i^0 \geqq 0, \quad \sum_{i=1}^{s} \lambda_i W_i^0 = 1, \quad \sum_{i=1}^{s} \lambda_i^0 W_i^0 = r < 1 .$$

Setzt man dann $\lambda_i^{(1)} = \dfrac{\lambda_i - \lambda_i^0}{1 - r}$, zieht in Betracht, daß $\sum_{i=1}^{s} \lambda_i^{(1)} W_i^0 = 1$ gilt und nutzt lediglich die gewonnene Gleichung aus, so erhält man

$$W_c = \min_{\bar{\lambda}} \sum_{i=1}^{s} \lambda_i W_i = \sum_{i=1}^{s} \lambda_i^0 W_i + (1 - r) \min_{\bar{\lambda}_1} \sum_{i=1}^{s} \lambda_i^{(1)} W_i$$
$$= \sum_{i=1}^{s} \lambda_i^0 W_i + (1 - r) \min_{1 \leqq i \leqq s} \frac{W_i}{W_i^0} .$$

Ist $r = 0$, so gilt auch $\lambda_i^0 = 0$, und der betrachtete Fall geht in den vorangegangenen über. Ist umgekehrt $r = 1$, so erhalten wir das Bündelungsverfahren I für vorgegebene $\lambda_i = \lambda_i^0$.

E. Die im vorangegangenen Punkt aufgezeigten Zusammenhänge ändern sich, wenn einzelne Kriterien nach ihrer „Wichtigkeit" (Präferenz) festgelegt werden, d. h. wenn zusätzliche Restriktionen $\lambda_i \geqq \lambda_{i+1} \geqq 0$ auftreten und $\sum_{i=1}^{s} \lambda_i = 1$ beibehalten wird.

Wenn wir dabei $\lambda_{s+1} = 0$ setzen, erhalten wir

$$W_c = \min_{\bar{\lambda}} \sum_{i=1}^{s} \lambda_i W_i = \min_{\bar{\lambda}} \sum_{i=1}^{s} (\lambda_i - \lambda_{i+1}) \sum_{j=1}^{i} W_j = \min_{\bar{\varrho}} \sum_{i=1}^{s} \varrho_i \sum_{j=1}^{i} W_j$$

mit

$$\varrho_i = \lambda_i - \lambda_{i+1} \geqq 0, \quad \sum_{i=1}^{s} i\varrho_i = \sum_{i=1}^{s} \sum_{j=i}^{s} \varrho_j = \sum_{i=1}^{s} \lambda_i = 1\,.$$

Daher ergibt sich aus dem vorangegangenen Punkt für $\lambda_i \geqq \lambda_{i+1} \geqq 0$ und $\sum_{i=1}^{s} \lambda_i = 1$ die Formel

$$W_c = \min_{\bar{\lambda}} \sum_{i=1}^{s} \lambda_i W_i = \min_{1 \leqq i \leqq s} \frac{\sum_{j=1}^{i} W_j}{i}\,.$$

Verallgemeinern wir das auf den Fall $\sum_{i=1}^{s} \lambda_i W_i^0 = 1$ mit $\lambda_i \geqq \lambda_{i+1} \geqq 0$, so haben wir infolge

$$\sum_{i=1}^{s} \varrho_i \sum_{j=1}^{i} W_j^0 = \sum_{j=1}^{s} W_j^0 \sum_{i=j}^{s} \varrho_i = \sum_{j=1}^{s} W_j^0 \lambda_j = 1$$

die Formel

$$W_c = \min_{\bar{\lambda}} \sum_{i=1}^{s} \lambda_i W_i = \min_{1 \leqq i \leqq s} \frac{\sum_{j=1}^{i} W_j}{\sum_{j=1}^{i} W_j^0}\,.$$

Gilt schließlich

$$\lambda_i \geqq r_i \cdot \lambda_{i+1} \geqq 0\,, \qquad \sum_{i=1}^{s} \lambda_i W_i^0 = 1\,,$$

so bekommen wir

$$\mu_i \geqq \mu_{i+1}\,, \qquad \sum_{i=1}^{s} \left[ W_i^0 \sum_{j=1}^{s-1} r_j \right] \mu_i = 1\,,$$

falls wir $\mu_i = \lambda_i \prod_{j=i}^{s-1} r_j$ $(i \leqq s-1)$, $\mu_s = \lambda_s$ einführen[1]). Daher gilt für diesen Fall

$$W_c = \min_{\bar{\lambda}} \sum_{i=1}^{s} \lambda_i W_i = \min_{\bar{\mu}} \sum_{i=1}^{s} \mu_i \left[\prod_{j=1}^{s-1} r_j\right] W_i = \min_{1 \leqq i \leqq s} \frac{\sum_{j=1}^{i} \left(\prod_{m=j}^{s-1} r_m\right) W_j}{\sum_{j=1}^{i} \left(\prod_{m=j}^{s-1} r_m\right) W_j^0}.$$

F. Sei $\lambda_i \geqq 0$ und $\sum_{i=1}^{s} \lambda_i = 1$. Wir wollen beweisen, daß die Gleichung

$$W_c = \min_{\bar{\lambda}} \max_{1 \leqq i \leqq s} \lambda_i W_i = \frac{1}{\sum_{i=1}^{s} \frac{1}{W_i}}$$

gilt. Dazu überzeugen wir uns zuerst davon, daß die das Minimax in $W_c$ realisierenden Werte $\lambda_i^0$ die Bedingung $\lambda_i^0 W_i = \lambda_1^0 W_1$ erfüllen müssen. Wäre das nämlich nicht der Fall, so gäbe es ein $i_1$, für das

$$\max_{1 \leqq i \leqq s} \lambda_i^0 W_i > \lambda_{i_1}^0 W_{i_1}$$

gilt. Wählt man dann jedoch ein hinreichend kleines $\Delta$ und subtrahiert es von allen $\lambda_{i'}^0$ (die Anzahl der $i'$ sei gleich $m$), die $\max_{1 \leqq i \leqq s} \lambda_i^0 W_i$ realisieren, so erhält man neue $\lambda_{i'}' = \lambda_{i'}^0 - \Delta$. Bildet man $\lambda_{i_1}' \lambda_{i_1}^0 = + m\Delta$ und setzt man die restlichen $\lambda_i' = \lambda_i^0$ für $i \neq i'$ und $i \neq i_1$ ohne Änderung ein, so erhält man für hinreichend kleines $\Delta$ einen neuen Vektor $\bar{\lambda}'$, für den

$$\max_{1 \leqq i \leqq s} \lambda_i' W_i < \max_{1 \leqq i \leqq s} \lambda_i^0 W_i$$

gilt, was der Voraussetzung über die $\lambda_i^0$, die $\min_{\bar{\lambda}} \max_{1 \leqq i \leqq s} \lambda_i W_i$ realisieren, widerspricht. Also gilt $\lambda_i^0 W_i = \lambda_1^0 W_1 = c = W_c$.

Hieraus ergibt sich $\lambda_i^0 = \frac{c}{W_i}$ und $1 = \sum_{i=1}^{s} \lambda_i^0 = c \sum_{i=1}^{s} \frac{1}{W_i}$. Somit ist $W_c = c = \frac{1}{\sum_{i=1}^{s} \frac{1}{W_i}}$, was auch bewiesen werden sollte.

Analog kann man sich ebenfalls davon überzeugen, daß die Gleichung

$$W_c = \max_{\bar{\mu}} \min_{1 \leqq i \leqq s} \mu_i W_i = \frac{1}{\sum_{i=1}^{s} \frac{1}{W_i}}$$

---

[1]) Der Kürze halber wird im folgenden formal $\prod_{j=s}^{s-1} r_j = 1$ gesetzt.

gilt. Diese letztere Gleichung bedeutet wegen des schon früher Gesagten noch folgendes: Sei $\sum_{i=1}^{s} \frac{\lambda_i}{\mu_i} = 1$ und $\sum_{i=1}^{s} \mu_i = 1$ für $\mu_i \geqq 0$ und $\lambda_i \geqq 0$. Dann erhält man

$$W_c = \max_{\overline{\mu}} \min_{\overline{\lambda}} \sum_{i=1}^{s} \lambda_i W_i = \max_{\overline{\mu}} \min_{1 \leq i \leq s} \mu_i W_i = \frac{1}{\sum_{i=1}^{s} \frac{1}{W_i}}.$$

## § 6. Über Modelle mit vektoriellem Effektivitätskriterium

Mit dem in den §§ 3 und 4 Gesagten könnte man sich auch auf die Betrachtung unvollständig formulierter Modelle (Modelle mit ungebündeltem vektoriellem Kriterium $\{w_i(x, y)\}$) beschränken, wenn man annimmt, daß diese Modelle gewöhnliche mit einem Kriterium sind, die jedoch solche speziellen unkontrollierbaren Faktoren enthalten, die mit Unlösbarkeit oder Ungenauigkeit bei der Formulierung durch die operierende Seite verbunden sind. Jedoch wird der Frage nach der Menge der Kriterien in der gegenwärtigen Literatur eine beträchtliche Aufmerksamkeit geschenkt. Im Zusammenhang damit muß man unbedingt noch einige Worte sagen.

Die Erwägungen über die Wahl rationeller Wirkungen bei der „Menge“ der Kriterien kann man in drei Gruppen einteilen:

a) Als Ergebnis terminologischer Ungenauigkeit werden dem Effektivitätskriterium oft auch die Aktivitäten zugerechnet, und man nennt den entsprechenden Vektor ebenfalls Kriterium. Wie jedoch im Punkt B § 5 betont, werden die Aktivitäten vorgegeben, beschränkt, aber niemals optimiert, wenn sie nicht zusammen mit dem Ausgangskriterium in ein kompliziertes, nach Verfahren III gebildetes Effektivitätskriterium eingehen. In allen diesen Fällen ist das Effektivitätskriterium eindeutig und wird so wie im § 5 ausgedrückt.

b) Relativ unbestimmte Auseinandersetzung über Kompromisse zwischen verschiedenen Komponenten des Vektors der Kriterien, die im wesentlichen dazu dienen, ein eindeutiges Kriterium einzuführen. Es ist nicht sinnvoll, bei diesem Fall zu verweilen.

c) In ökonomischen Untersuchungen wird versucht, den Begriff einer rationellen Strategienwahl in der Menge der Kriterien einzuführen, der analog ist zum gewöhnlichen Begriff einer optimalen Wahl (Maximum für ein eindeutiges Kriterium), den man dann antrifft, wenn unkontrollierbare Faktoren (außer fixierten) fehlen. Es wird insbesondere der Begriff eines effektiven (in anderen Quellen eines extremalen) Vektors $\{w_j(\bar{x}_0)\}$ unter allen zulässigen Kriterienvektoren $\{w_j(\bar{x})\}$ eingeführt. Den Vektor $\bar{x}_0$ kann man Effektivitätspunkt nennen.

*Ein Vektor $\{w_j(\bar{x}_0)\}$ heißt effektiv, falls unter allen möglichen Kriterienvektoren kein $\{w_j(\bar{x})\}$ derart existiert, daß $w_j(\bar{x}) \geqq w_j(\bar{x}_0)$ für alle $j$ gilt und diese Ungleichung für mindestens ein $j$ streng erfüllt wird.*

Es wird auch manchmal angeboten, die effektiven Vektoren als rationale Auswahl in der Kriterienmenge vorzuschlagen. Wir werden zeigen, daß diese Fragestellung im wesentlichen äquivalent ist zum Fall eines eindeutigen Kriteriums, wenn unbestimmte Faktoren vorliegen.

Ein Kriterienvektor $\{w_j(\bar{x}_1)\}$ soll stark uneffektiv heißen, falls ein $\bar{x}_2$ existiert, so daß $w_j(\bar{x}_1) < w_j(\bar{x}_2)$ für alle $j$ gilt.

**Satz V.** *Sei $\{w_j(\bar{x}_0)\}$ ein effektiver Vektor mit $w_j(\bar{x}_0) > 0$ für alle $j$. Dann ist er optimal für gewisse $\lambda_j > 0$; ($\sum \lambda_j = 1$) bei dem eindeutigen Kriterium* $\min\limits_j \lambda_j w_j(\bar{x})$. *Umgekehrt kann ein stark uneffektiver Vektor das Maximum für kein $\lambda_j > 0$ realisieren.*

Beweis. Sei $\{w_j(\bar{x}_0)\}$ ein effektiver Vektor. Wir setzen $\lambda_j = 1/w_j(\bar{x}_0)$. Dann ist $\min\limits_j \bar{\lambda}_j w_j(\bar{x}_0) = 1$. Für beliebiges $\bar{x} \neq \bar{x}_0$ gibt es ein $j_0$ derart, daß $w_{j_0}(\bar{x}) \leqq w_{j_0}(\bar{x}_0)$ gilt. Doch dann ist $\bar{\lambda}_{j_0} w_{j_0}(\bar{x}) \leqq 1$ und folglich

$$\min_j \bar{\lambda}_j w_j(\bar{x}) \leqq 1 = \min_j \bar{\lambda}_j w_j(\bar{x}_0)\,.$$

Das bedeutet, daß $\bar{x}_0$ das Maximum für das Kriterium $\min \lambda_j w_j(\bar{x})$ für $\lambda_j = \bar{\lambda}_j$ realisiert. Dividiert man dieses Kriterium durch $\sum \bar{\lambda}_j$, so hat man auch den ersten Teil der Behauptung bewiesen.

Sei nun $\{w_j(\bar{x}_1)\}$ stark uneffektiv. Dann existiert ein $\bar{x}_2$ derart, daß $\lambda_j w_j(\bar{x}_1) < \lambda_j w_j(\bar{x}_0)$ für beliebige $\lambda_j > 0$ gilt und folglich $\min\limits_j \lambda_j w_j(\bar{x}_1) < \min\limits_j \lambda_j w_j(\bar{x}_2)$. Das bedeutet aber, daß $\bar{x}_1$ kein Maximalpunkt von $W(\bar{x}) = \min\limits_j \lambda_j w_j(\bar{x})$ für irgendein $\lambda_j > 0$ sein kann.

Das Beispiel $w_1(x_1, x_2) = x_1 + x_2$; $w_2(x_1, x_2) = x_2 + A - x_1$ mit $x_{1,2} \geqq 0$ und $x_{1,2} \leqq A$ zeigt, daß Probleme existieren, bei denen es unendlich viele effektive Vektoren gibt. Hier ist jeder Vektor $\bar{x}_0 = (x_1^0, A)$ Effektivitätspunkt. Ist nämlich $x_1 + x_2 \geqq x_1^0 + A$, $A + x_2 - x_1 \geqq A - x_1^0 + A$ und wäre mindestens eine Ungleichung streng erfüllt, so erhielte man bei Subtraktion dieser Ungleichung $x_2 > A$, was aber unmöglich ist. Gleichzeitig sind auch die $\lambda_j$ unbestimmt.

Ein anderes Beispiel mit unendlich vielen effektiven Vektoren kann man aus dem Modell IV gewinnen, wenn man für die Verteidiger als Kriterienvektor den Vektor $\{-\,\mathrm{xam}\,[x_i - p_i y_i; 0]; 1 \leqq i \leqq k\}$ der Menge der vernichteten Keile des Angreifers nimmt.

Sind die $x_i$ fixiert, so sind alle Kriterienvektoren, die die Ungleichungen $y_i < x_i/p_i$ erfüllen, effektiv; dann wird nämlich der Kriterienvektor in der Gestalt

$$\{-\,[x_i - p_i y_i]\} = \{p_i y_i - x_i\}$$

dargestellt, und für $\sum\limits_{i=1}^{k} y_i = n$ muß die Vergrößerung einer Komponente dieses Vektors unmittelbar zur Verkleinerung einer anderen Anlaß geben.

Der Satz V behauptet, daß man sämtliche effektiven Vektoren[1]) erhält, wenn man die Maxima für einen gewissen Satz von Vektoren $\{\lambda_j\}$ mit $\lambda_j > 0$ durchmustert. Daraus wird auch klar, daß der Begriff des effektiven Vektors, wenn er nicht eindeutig ist, keinen besonderen Sinn hat, weil nicht gesagt ist, wie man eine Auswahl unter ihnen vornehmen soll, und gleichzeitig ist auch klar, daß sie bei verschiedenen $\lambda_j$ nicht mit gleichen Preisen belegt sind. Wenn wir die Auswahltheorie bei Anwesenheit unbestimmter Faktoren weiterentwickeln, wird es möglich sein, diese Schwierigkeit zu überwinden.

Wir bemerken, daß man im Buch von KARLIN [20] ein Resultat findet, das dem Satz V ähnelt und auf dem ersten elementaren Vereinigungsverfahren für Kriterien beruht, wobei vorausgesetzt wird, daß die Funktionen $w_j(x)$ konvex sind (s. Kap. 7, S. 254). Dieses Ergebnis beinhaltet das folgende Lemma.

**Lemma:** *Sei $\bar{x}_0$ ein Effektivitätspunkt für das Kriteriensystem $\{w_j(\bar{x})\}$ $(j \leqq r)$ und erfülle ein Restriktionensystem $f_i(\bar{x}) \geqq 0$; ferner seien die Funktionen $w_j(\bar{x})$ und $f_i(\bar{x})$ konkav. Dann existiert ein Vektor $v = (v_1, \ldots, v_r)$ $\left(v_j \geqq 0, \sum_{j=1}^{r} v_j = 1\right)$, so daß $\bar{x}_0$ das Maximum der Funktion*

$$g(\bar{x}) = \sum_{j=1}^{r} v_j w_j(\bar{x})$$

*unter den Nebenbedingungen $f_i(\bar{x}) \geqq 0$ realisiert wird.*

Den Beweis werden wir nicht führen. Vom Gesichtspunkt der Probleme in diesem Abschnitt ist der Satz V interessanter, weil an die Kriterien $w_j(\bar{x})$ und die Menge der zulässigen $\bar{x}$ keinerlei Bedingungen gestellt werden; $w_j(\bar{x})$ und $f_i(\bar{x})$ können beliebige Funktionen sein.

## § 7. Einige allgemeine Prinzipien in der Operationsforschung

Wir wollen einige Ergebnisse anführen, die vorangegangene Urteile über die Modellierung von Operationen betreffen.

1. Das Effektivitätskriterium im Modell ist eindeutig, das Streben nach einer Vergrößerung desselben ist mathematisch mit dem Operationsziel äquivalent. Allerdings kann es von speziellen unbestimmten Faktoren abhängen, die Unklarheit im Ziel der operierenden Seite oder unzureichendes Studium der Fakten ausdrücken. Der Begriff des effektiven Ergebnisvektors hat schwerlich eine große Bedeutung, obwohl er im Vergleich mit der Optimierung eines skalaren Effektivitätskriteriums bei Vorhandensein unbestimmter Faktoren absolut nichts Neues ergibt.

2. Den Bündelungsmethoden für den Ergebnisvektor (Kriterienvektor) können bei der Vereinigung von Operationen in umfassenderer Weise Operationen zugrunde gelegt werden, die darin bestehen, daß Maximum und Minimum von

[1]) Es ist leicht zu erreichen, daß die Realisierungen seiner Maxima nur Effektivitätspunkte sind, wenn man das eindeutige Kriterium modifiziert.

Ergebnissen gewählt und diese mit Gewichtskoeffizienten summiert werden. Fügt man diesem die Zerlegungsmethode für Resultate in befriedigende und unbefriedigende hinzu, so erhält man das vollständige System der Bündelungsmethoden. Um ein System qualitativer Kriterien, die nur die Werte 0; 1 annehmen, zu bündeln, kann man anstelle von Maximum und Minimum die logischen Operationen der Konjunktion und der Disjunktion anwenden.

3. Die operierende Seite verfügt über eine gewisse Menge von Aktivitäten und Verfahren zu deren Verwendung (Strategien). Ziel der Operationsforschung ist es, die Effektivität von Strategien abzuschätzen (d. h. die Größe für das Effektivitätskriterium bei gegebenem Wirkungsverfahren) und rationelle Strategien auszuwählen.

4. Die Größe des Effektivitätskriteriums hängt auch noch von der Situation der Operation ab, und zwar von den durch die operierende Seite nicht kontrollierbaren Faktoren. Geht man von der Informiertheit des Operationsforschers aus, so muß man die unkontrollierbaren Faktoren in die folgenden Kategorien zerlegen:

a) fixierte, deren Werte bekannt sind;

b) zufällige mit bekanntem Verteilungsgesetz;

c) unbestimmte, bezüglich derer nur ihr Variationsbereich bekannt ist.

Die unbestimmten Faktoren kann man der Reihe nach unterteilen in „naturgegebene", die dadurch entstehen, daß die Prozesse nicht hinreichend studiert sind, Faktoren, deren Verhalten sich daraus erklärt, daß Ziel oder Kriterium nicht genau in ihrem Verhalten bekannt sind und Faktoren, die die Handlungen eines denkenden „Gegners" ausdrücken, der das Ziel der operierenden Seite nicht verfolgt.

5. Die operierende Seite kann in dem Moment, in dem die Operation untersucht wird, oder dann, wenn die Operation ausgeführt wird, über eine ergänzende, dem Operationsforscher unbekannte Information über die unkontrollierbaren Faktoren verfügen. Daher muß der Forscher im allgemeinen auch Strategien betrachten, die Funktionen des konkreten Inhalts dieser möglichen Informationen sind. Also ist die Strategie der operierenden Seite im allgemeinen Fall vom Gesichtspunkt des Operationsforschers aus Funktion bisher nicht erhaltener aber zu erwartender Informationen.

6. Ein richtig formuliertes Modell muß alle existierenden unkontrollierbaren Faktoren berücksichtigen, sogar wenn das dazu führt, daß die Untersuchung beträchtlich komplizierter wird. Das ist bei ökonomischen und militärischen Operationen besonders wesentlich. Indessen werden gegenwärtig bei der Modellierung im Grunde nur fixierte und zufällige Faktoren studiert.

Wir fügen diesem noch einige praktisch offensichtliche Ansichten hinzu, mit deren mathematischem Ausdruck (der nicht immer trivial ist) man sich oft auseinanderzusetzen hat.

7. Eine Vergrößerung des Aktivitätenvektors kann nur dazu beitragen, daß das Gelingen bei der Ausführung einer Operation wahrscheinlicher wird, wenn

man die Vergrößerung vernünftig anwendet. Es ist nämlich stets möglich, einen Aktivitätenzuwachs nicht zu verwenden. Diese praktisch offensichtliche Behauptung kann allerdings in Widerspruch zum mathematischen Modell und sogar zur realen Operation selbst geraten, wenn darin nicht vorausgesehen wird, daß es möglich ist, die Aktivitäten unvollständig auszunutzen, d. h. Reserven zu schaffen. In mathematischen Modellen spiegelt sich dieser Umstand leicht darin wider, daß in der Problemstellung beschränkte Aktivitäten $A \leqq A^0$ (d. h. $a_i \leqq a_i^0$) vorgesehen werden und nicht die volle Ausnutzung $A = A^0$. Bei realen Operationen kann die Möglichkeit, daß Reserven gebildet werden, durchaus nicht immer leicht gewährleistet werden.

8. Wenn man die Strategienmenge nach demselben Verfahren vergrößert, so kann das auch nur dazu führen, daß sich die Erfolgschancen vergrößern. Aus dieser These folgt nebenbei, daß es vorteilhaft ist, die Vereinigung von Operationen zu betrachten, falls dabei klar ist, wie man das Effektivitätskriterium modifizieren soll. Tatsächlich wird dabei die Strategienmenge umfassender als es einfach die „Summe“ der Strategien ist, und zwar deshalb, weil es möglich ist, Aktivitäten aus einem Teil der Operation in einen anderen zu übertragen (s. § 3). Folglich kann man auf diese Kosten einen Gewinn erhalten. So verhält es sich besonders bei ökonomischen Untersuchungen, bei denen sich das Kriterium (der Gewinn) im wesentlichen nicht ändert, sondern eine Variation bei den Zuordnungen Grundinhalt der Strategien ist. Hieraus resultiert auch, daß es vorteilhaft ist, Unternehmen zusammenzulegen usw. Im Buch von G. Riwett und R. L. Ackoff [29] werden viele Beispiele dafür gebracht, daß es vorteilhaft ist, den Kreis der untersuchten Zusammenhänge zu erweitern, d. h. die Operation zu erweitern.

9. Eine Vergrößerung der Informiertheit der operierenden Seite (und des Operationsforschers) über die unkontrollierbaren Faktoren kann nur die Erfolgschancen für die Aktionen der operierenden Seite bei vernünftiger Anwendung dieser Informationen vergrößern.

Der folgende Punkt ist ein Grundpostulat, das wir im folgenden stets benutzen und vollständig durchsprechen werden.

10. Bei gegebenem Effektivitätskriterium muß eine Effektivitätsabschätzung für Strategien (und eine Auswahl daraus) so durchgeführt werden, daß garantierte (maximal garantierte) Größen für das Effektivitätskriterium bei vorgegebener Informiertheit des Operationsforschers und bei der Bildung der betrachteten Strategien vorausgesetzter Informiertheit der operierenden Seite über den Zustand der Operation gewonnen werden.

Somit orientiert sich der Operationsforscher vorsichtshalber an den ungünstisten Werten für die unkontrollierbaren Faktoren. Ein solches Verhalten des Operationsforschers erweist sich als gesetzmäßig, zumindest schon deshalb, weil er nicht das Recht hat, eine Lösung zu verantworten, die häufig auch nicht so sehr für ihn, sondern für die operierende Seite ein Risiko in sich birgt. Jene räumt dem Forscher gewöhnlich solche Rechte natürlich nicht ein.

Wenn der Operationsforscher eine Untersuchung selbständig durchführt, muß er vorsichtig sein. Wenn jedoch auch diese Vorsicht zu einem in irgendeinem Sinne unbefriedigenden Resultat führt, so wird der Forscher darüber die operierende Seite in Kenntnis setzen. Diese wählt dann die eine oder andere, vielleicht auch eine Risikolösung.

11. Selbstverständlich hängt der Begriff des garantierten Resultats in erster Linie von dem gewählten Kriterium ab. So garantiert ein garantiertes Resultat in Form einer zweistündigen mittleren Arbeitszeit eines Systems radio-elektronischer Apparate (bei einem Kriterium, das als mathematische Erwartung für die Zeit störungsfreien Arbeitens angesetzt wird) nichts im Sinne einer störungsfreien Arbeitszeit selbst. Die letztere ist zufällig und kann sich dabei in der vorliegenden Operation als beliebig klein erweisen.

Das Gesamtrisiko, das die operierende Seite einzugehen bereit ist, ist somit nur im selbstgewählten Effektivitätskriterium und in den Voraussetzungen bezüglich der möglichen Informiertheit über die Situation der Operation eingeschlossen. Dieses Risiko geht die operierende Seite oft ein, aber der Operationsforscher muß es nicht selbständig eingehen. Er löst die Frage nach Ziel und Kriterium nicht selbst.

Der Übergang von dem Quadrat des Kriteriums (5) zum Kriterium (4), in dem über $t$ gemittelt wird, stellt ein weiteres Beispiel dafür dar, wie das Risiko in ein Kriterium eingeführt werden kann. Somit liquidiert dieser Übergang jegliche Garantie für das einzelne $t$.

Außer dem „Risiko" existiert in einem Kriterium natürlich stets ein Element des Risikos auch bei den gewählten Ausgangsdaten, beispielsweise in den Beschränkungen für unbestimmte Faktoren. Es ist klar, je weitläufiger die Untersuchung in der entsprechenden Ausnutzung des Prinzips des garantierten Resultats ist, umso kleiner wird das Risiko. Somit bietet es sich an, Risiko und Untersuchung des Operationsmodells zu trennen. Ein Risiko verbleibt in der Wahl des Kriteriums, bei der Modellbildung überhaupt und in der angenommenen wirklichen Information. Bei diesen Elementen kann der Operationsforscher im allgemeinen kein selbständiges Risiko eingehen. Seine Tätigkeit beschränkt sich darauf, das Modell objektiv und gewissenhaft zu untersuchen.

Wenn man das Prinzip der Gewinnung eines garantierten Resultats systematisch und folgerichtig anwendet, so gestattet dies, eine relativ harmonische Theorie über die Lösungswahl aufzubauen. Ein Spezialfall davon ist die gewöhnliche Optimierung, die man erhält, falls zufällige und unbestimmte Faktoren fehlen.

Zum Abschluß des vorliegenden Abschnitts verweilen wir noch kurz bei der Frage nach dem Einfluß der Untersuchungszeit bei ökonomischen und militärischen Modellen auf die Konstruktion des Modells und auf die Vorteile der Untersuchung. So beschäftigt sich die Untersuchung militärischer Operationen vor den eigentlichen Kampfhandlungen gewöhnlich damit, die Taktik für den Einsatz bereits vorhandener, fertiggestellter Waffen auszuwählen. Gleichzeitig erlaubt die vorangehende Planung dieser Operationen, die Frage nach einer rationellen Waffentypenwahl zu stellen. Somit wird der Begriff Strategie hier erweitert und nimmt die Gestalt einer Suche nach rationeller Anwendung der Zuordnung an, die die Freiheit zur Verteidigung läßt.

Es ist daher klar, daß eine sehr zeitige Planung zu einer sehr erfolgreichen Zuordnungsrealisierung führen muß, wie relativ zufällig die Waffentypenwahl und die folgende detaillierte Verfahrensuntersuchung und ihrer Anwendung auch sein mögen. Andererseits vollzieht sich natürlich eine sehr späte Untersuchung unter Bedingungen, die sehr genaue Vorstellungen über die Situation erfordern, d. h. über die Werte der unkontrollierbaren Faktoren.

Ein Ausweg aus diesem scheinbaren Widerspruch ist einfach. Man muß beide Typen untersuchen. Die zeitigen Untersuchungen müssen rationelle Waffentypen und deren Charakteristiken ergeben und die sehr späten deren Anwendungsverfahren präzisieren (die natürlich auch in einer frühen Untersuchungsetappe zusammen mit der Waffenwahl als Teil des Gesamtstrategiebegriffes ausgesucht wurden).

Das Gesagte bezieht sich in vollem Umfang auch auf ökonomische Untersuchungen, bei denen die Rolle der Waffentypen etwa vom Maschinenpark gespielt wird, wogegen die technologischen Prozesse und die Fabrikationstypen in der Anwendungsrolle auftreten.

Nicht uninteressant ist noch der Umstand, daß zeitige, sehr umfassende Untersuchungen sich mathematisch als einfacher erweisen und Grundlösungen für die folgenden exakteren Untersuchungen liefern können. Letztere können sich bereits lediglich in der Umgebung einer solchen Grundlösung abspielen, natürlich, falls nicht eine sehr starke Situationsänderung aufgetreten war.

Am Beispiel von Modell I werden wir zeigen, wieweit sehr zeitige Untersuchungen auch sehr einfach sein können. So wie das Modell selbst vorgegeben ist, drückt es eine späte Untersuchung mit großer Restriktionenanzahl (2) bezüglich der Rohstoffvorräte, des Maschinenparks usw. aus. Wie bekannt, komplizieren viele Restriktionen die numerische Lösung linearer Optimierungsprobleme beträchtlich.

Eine frühzeitige Planung technologischer Prozesse kann man als Materialbeschaffungsplanung (oder Maschinenankaufplanung) deuten. Die vorhandenen Mittel, die zum Materialeinkauf ausgegeben werden können, werden dann zu natürlichen Restriktionen in der Form

$$\sum_{i=1}^{m} \varrho_i a_i^0 \leqq B\,, \tag{55}$$

wobei (2) und das Kriterium (3) beibehalten werden. Hier ist $\varrho_i$ der Preis pro Einheit vom Material $i$, und $B$ sind die vorhandenen Mittel.

Wir suchen nun optimale Strategien in der Gestalt $\{x_1, \ldots, x_n, a_1^0, \ldots, a_m^0\}$. Für ein in dieser Weise gestelltes Problem müssen die optimalen $a_i^0$ und $x_j$ so beschaffen sein, daß sämtliche Beziehungen in (2) zu Gleichungen werden. Befände sich nämlich in der optimalen Strategie für ein gewisses $i_1$ eine Ungleichung, so könnte man durch Verkleinern von $a_{i_1}^0$ alle diejenigen $a_i^0$ vergrößern, für die

Gleichungen stehen. Dann könnte man jedoch auch sämtliche $x_j$ vergrößern, und das bedeutet auch die Zahlungen (das Effektivitätskriterium). Das jedoch widerspricht der Voraussetzung, daß die Strategie optimal ist. Also haben wir

$$\sum_{j=1}^{n} c_{ij} x_j = a_i^0 .$$

Substituiert man diese Ausdrücke in (55), so kommt man zum Problem

$$\max \left\{ \sum_{j=1}^{n} d_j x_j \,\middle|\, \sum_{j=1}^{n} \left( \sum_{i=1}^{m} \varrho_j c_{ij} \right) x_j \leqq B;\; x_j \geqq 0 \right\}. \tag{56}$$

Setzt man $\bar{x}_j = x_j \sum_{i=1}^{m} \varrho_i c_{ij}$, so wird das Problem transformiert in

$$\max \left\{ \left( \sum_{j=1}^{n} \frac{d_j}{\sum_{i=1}^{m} \varrho_j c_{ij}} \right) \bar{x}_j \,\middle|\, \bar{x}_j \geqq 0;\; \sum_{j=1}^{n} \bar{x}_j \leqq B \right\}.$$

Aber hier wird das Maximum offensichtlich für $\bar{x}_{j_0} = B$, $\bar{x}_j = 0$; $j \neq j_0$ angenommen mit

$$\max_{1 \leq j \leq n} \frac{d_j}{\sum_{1}^{m} \varrho_i c_{ij}} = \frac{d_{j_0}}{\sum_{i=1}^{m} \varrho_i c_{ij_0}} . \tag{57}$$

Dabei ist

$$x_{j_0}^{\mathrm{opt}} = B \Big/ \sum_{i=1}^{m} c_{ij_0} \varrho_i ;\; x_j^{\mathrm{opt}} = 0 \quad \text{für} \quad j \neq j_0 ,$$

$$a_i^{0\,\mathrm{opt}} = c_{ij_0} B \Big/ \sum_{k=1}^{m} c_{kj_0} \varrho_k .$$

Das Maximum für das Kriterium ist hingegen gleich

$$d_{j_0} B \Big/ \sum_{i=1}^{m} c_{ij_0} \varrho_i .$$

Also ist die Lösung tatsächlich einfach. Sie kann auch genau so bleiben, wenn bestimmte Rohstoffvorräte auftreten und auch die Frage nach rationellem Einkauf in hinreichend großen Mengen zu beantworten ist. In diesem Fall wird (55) beibehalten, aber anstelle von (2) haben wir

$$\sum_{j=1}^{n} c_{ij} x_j \leqq a_i^0 + \bar{a}_i , \tag{57'}$$

wo $\{\bar{a}_i\}$ die Rohstoffvorräte sind.

Werden die Einkäufe in hinreichend großen Mengen getätigt, so müssen sich die Beziehungen in (57′) für eine optimale Lösung wiederum als Gleichungen darstellen. Dann erhält das Problem die Gestalt

$$\max \left\{ \sum_{j=1}^{n} d_j x_j \,\middle|\, \sum_{j=1}^{n} \left( \sum_{i=1}^{m} \varrho_i c_{ij} \right) x_j = B + \sum_{i=1}^{m} \varrho_i \bar{a}_i \right\},$$

und die Lösung lautet wie schon vorher beschrieben, nur mit dem einen Unterschied, daß man für $B$ die Größe $B + \sum_{i=1}^{m} \varrho_i \bar{a}_i$ einsetzen muß und daß

$$a_i^{0\,\mathrm{opt}} = \frac{c_{ij_0}(B + \sum \varrho_{i_1} \bar{a}_{i_1})}{\sum_{i_1=1}^{m} c_{i_1 j_0} \varrho_{i_1}} - \bar{a}_i = \frac{c_{ij_0} B + \sum_{i_1=1}^{m} \varrho_i \,[c_{ij_0} \bar{a}_{i_1} - c_{i_1 j_0} \bar{a}_i]}{\sum_{i_1=1}^{m} c_{i_1 j_0} \varrho_i}$$

gilt. Offenbar ist $a_i^{0\,\mathrm{opt}} \geqq 0$.

Haben sich jedoch nach dem Rohstoffeinkauf die Preise im Vergleich mit denen, die zum Zeitpunkt der Untersuchung der Operation galten, geringfügig geändert, so kann die operierende Seite manchmal eine entsprechende Änderung in der Lösung bei der Wahl der $x_j$ ausführen (aber nicht bei $a_j^0$). Es ist klar, daß man bei kleinen Änderungen von $d_j$ auch $x^{\mathrm{opt}}$ näherungsweise ungeändert belassen kann. Sind die Variationen der $d_j$ groß, muß man auch die $x_j^{\mathrm{opt}}$ etwas abändern. Der Nachteil dieser Änderung besteht natürlich darin, daß man nun anstelle eines nichtverschwindenden $x_j$ zwei nichtverschwindende $x_j$ nehmen muß (entsprechend zwei effektiveren $j$ gegenüber dem vorangegangenen $d_j$). Es ist klar, daß man das entsprechende lineare Optimierungsproblem für zwei Variable leicht lösen kann.

Das angeführte Beispiel zeigt gleichzeitig auch, daß es sich entgegen der traditionellen Ansicht als einfacher erweisen kann, eine umfangreichere Operation zu betrachten, als eine sehr kleine. Eine solche Tendenz wird immer dann zu bemerken sein, wenn sich eine Erweiterung der Operation mathematisch als Verkleinerung der Restriktionenzahl charakterisieren läßt, die den Strategien oder Aktivitäten auferlegt werden.

KAPITEL II

# EFFEKTIVITÄTSABSCHÄTZUNGEN FÜR STRATEGIEN (LÖSUNGEN)

## § 8. Über Effektivitätsabschätzungen bei vorhandenen unkontrollierbaren Faktoren

Wie schon gesagt wird der Wert des Effektivitätskriteriums $W = F(\overline{X}, \overline{Y})$ für eine gegebene Strategie die Effektivität der Strategie genannt. Wenn wir für's erste alle unkontrollierbaren Faktoren durch den Vektor $\overline{Y}$ bezeichnen, so können wir im allgemeinen Fall eine Strategie als Funktion $\overline{X}(\overline{Y})$ darstellen (wenn wir voraussetzen, daß die operierende Seite eine Information über $\overline{Y}$ besitzt).

Wird über $\overline{Y}$ keine Information vorausgesetzt, oder kann sie nicht verwendet werden, so ist $\overline{X}(\overline{Y}) = \overline{X}$, d. h. $\overline{X}$ hängt nicht von $\overline{Y}$ ab.

Werden die unkontrollierbaren Faktoren auf fixierte $\overline{Y}_0$ zurückgeführt, so wird die Effektivität der Strategie $\overline{X}(\overline{Y})$ natürlich die Zahl $F[\overline{X}(\overline{Y}_0), \overline{Y}_0] = W$ bedeuten, und diese Zahl kann vom Operationsforscher bestimmt werden. Diese Berechnung wird gewöhnlich auch Effektivitätsbestimmung genannt. Dieses Ergebnis wird dadurch garantiert, daß Informationen über $Y_0$ verfügbar sind.

Im allgemeinen ist $\overline{Y}$ allerdings für den Operationsforscher nicht fixiert, und deshalb hängt die Effektivität im allgemeinen von unkontrollierbaren Faktoren ab, die dem Operationsforscher unbekannt sind. Unter diesen Bedingungen sind Mitteilungen über die Effektivität von Strategien, die der Forscher geben (prognostizieren) kann, Mitteilungen über das Verhalten dieser Funktion $W(\overline{Y}) = F[\overline{X}(\overline{Y}), \overline{Y}]$.

Eine derartige Einstellung zur Effektivität von Strategien ist jedoch für die operierende Seite, die wissen möchte, ob eine Strategie zufriedenstellend ist oder nicht, gewöhnlich unbequem. Meist ist es schwierig, solche Schlüsse über die Funktion zu ziehen. Das ist besonders deutlich zu sehen für Ziele von Operationen derartigen Typs mit einem Kriterium, das nur die Werte 0; 1 annimmt, wenn die Effektivität, abhängig von den für $\overline{Y}$ zugelassenen Werten, beide Werte annimmt. Ob eine Strategie zufriedenstellend ist oder nicht, hängt von den unkontrollierbaren Faktoren ab.

Es wird daher gewünscht, die Effektivität einer Strategie durch eine Zahl zu charakterisieren. Muß der Forscher die Charakteristik geben, so ist es natürlich, daß eine derartige Abschätzung auf dem Prinzip des garantierten Ergebnisses beruhen muß.

Ist über $\bar{Y}$ nichts bekannt, außer seinem Variationsbereich $N$, so ist

$$W = \inf_{\bar{Y} \in N} W(\bar{Y}) \tag{58}$$

eine solche eindeutige Effektivitätsabschätzung.

Das kann man wie folgt ausdrücken:

*Die Größe* (58) *ist ein eindeutiges Bündelungsverfahren für ein Kriterium, das von einem unbestimmten Faktor abhängt, den sich ein Operationsforscher leisten kann.* (*Der Spezialfall V für Vereinigungsverfahren.*)

Man darf nicht annehmen, daß so eine Abschätzung gewöhnlich „mit Rückversicherung" geschieht, sondern man muß die gesamte Information des Operationsforschers über $\bar{Y}$ in Betracht ziehen, wenn man die Menge $N$ bestimmt.

Ist nämlich $\bar{Y}$ das Handlungsergebnis eines aktiven Gegners, so wird $\bar{Y}$ von ihm entsprechend seinen Zielen *ausgewählt* werden. Sind die gegnerischen Ziele denen der operierenden Seite entgegengesetzt, so wird er danach streben, die Kriteriumsgröße $F(\bar{X}, \bar{Y})$ zu verkleinern. Ist ihm jedoch auch noch die Strategie $\bar{X}(\bar{Y})$ bekannt, so wird der $\bar{Y}$ natürlich so wählen, daß (58) realisiert wird oder daß man dieser Größe hinreichend nahe kommt. Daher ist (58) bewußt exakt, falls $\bar{Y}$ von einem Gegner gewählt wird, der über $\bar{Y}(\bar{X})$ informiert ist und ein Ziel verfolgt, das dem Ziel der operierenden Seite entgegengesetzt ist.

Habe nun der Gegner ein nicht entgegengesetztes Ziel. Dann werden seine Interessen ebenfalls durch ein gewisses Effektivitätskriterium

$$W_n = F_n(\bar{X}, \bar{Y}) \tag{59}$$

ausgedrückt.

Ist dem Operationsforscher dieses gegnerische Kriterium bekannt, so kann er, indem er $N$ präzisiert, die Abschätzung (58) verbessern, wenn er auf der Position des garantierten Resultates verharrt.

Ist also dem Operationsforscher bekannt, daß der Gegner die Strategie $\bar{X}(\bar{Y})$ kennt, so kann er davon ausgehen, daß der Gegner bestrebt sein wird, die Funktion

$$W_n(\bar{Y}) = F_n(\bar{X}(\bar{Y}), \bar{Y})$$

zu maximieren, d. h., er wird $\bar{Y}_1$ so wählen, daß

$$W_n(\bar{Y}_1) = \max_{\bar{Y}} W_n(\bar{Y}) \tag{60}$$

gilt, falls dieses Maximum für ihn zulässig ist.

Sei $E$ die Menge aller zugelassenen $\bar{Y}_1$[1]. Dabei muß der Forscher, um die Effektivität der Strategie $\bar{X}(\bar{Y})$ abzuschätzen,

$$\underline{W}_1 = \min_{\bar{Y}_1 \in E} W(\bar{Y}_1) \tag{61}$$

[1]) Im folgenden werden wir unter der Bezeichnung $N$ die Menge aller a priori möglichen bzw. zugelassenen $\bar{Y}$ verstehen, sozusagen die Menge der „physikalisch" möglichen $\bar{Y}$.

wählen. Das Minimum wird hier über alle $\overline{Y}_1$ genommen, die (60) genügen, weil dem Forscher die Motive zur Auswahl eines $\overline{Y}_1$ aus allen das Maximum von (60) realisierenden Werten unbekannt sind.

Daß man das Prinzip des garantierten Resultats auf diese Unbestimmtheit anwendet, bedeutet auch, daß das Minimum über alle $\overline{Y}_1 \in E$ genommen wird. Somit muß man im vorliegenden Fall in (58) $E$ anstelle von $N$ wählen. Allerdings wird (61) nur dann garantierte Abschätzung, wenn garantiert ist (dem Forscher genau bekannt oder eventuell auch mit einem von der operierenden Seite gewählten Risiko), daß der Gegner sich an das Kriterium (59) hält, daß dem Gegner $\overline{X}(\overline{Y})$ bekannt ist und daß er sich durch nichts davon abhalten läßt, um (60) zu erreichen.

Ist nur eine dieser Bedingungen nicht erfüllt, so ist es dem Forscher unmöglich, auch (61) anzuwenden. Dies kann im allgemeinen zu Fehlern führen. Sei beispielsweise (59) ungenau bekannt und seien die restlichen Bedingungen erfüllt. Ein derartiger Fall kann in der Gestalt

$$W_n = F_n(\overline{X}, \overline{Y}, \alpha) \tag{62}$$

ausgedrückt werden, wo $\alpha$ ein unbestimmter Faktor ist, dessen Variationsbereich $[0; 1]$ ist.

Dann wird der Gegner danach streben,

$$\max_{\overline{Y}} F_n(\overline{X}(Y), \overline{Y}, \alpha) = \max_{\overline{Y}} W_n(\overline{Y}, \alpha) = W_n[\overline{Y}_1(\alpha), \alpha]$$

zu erhalten, wo $\overline{Y}_1(\alpha) \in E(\alpha)$ gilt. Die garantierte Effektivitätsabschätzung wird natürlich zu

$$\inf_{0 \leqq \alpha \leqq 1} \inf_{\overline{Y}_1 \in E(\alpha)} W(\overline{Y}_1). \tag{63}$$

Enthält $\sum_{\alpha \in [0,1]} E(\alpha)$ (oder kommt es nahe an) ein (58) realisierendes $\overline{Y}$, so ergibt die Anwendung von (63) und die Information (62) im Vergleich zur über die Ausgangsmenge $N$ gewählten Beziehung (58) nichts Neues.

Auch die Voraussetzung, daß der Gegner $\overline{X}(\overline{Y})$ kennt, ist wesentlich. Wir betrachten zum Beispiel den Fall, daß

$$W_n = F_n(\overline{X}, \overline{Y}) = F(\overline{X}, \overline{Y}) = W \tag{64}$$

gilt, d. h. daß der „Gegner" dasselbe Ziel verfolgt wie die operierende Seite auch. Dann streben beide danach, $\max_{\overline{X}, \overline{Y}} F(\overline{X}, \overline{Y})$ zu erreichen. Dieses Maximum werde in einigen Punkten $(\overline{X}_t, \overline{Y}_t)$ angenommen, die die Menge $T$ bilden, und die Strategie $X_1$ der operierenden Seite sei von $\overline{Y}$ unabhängig. Weiterhin möge der „Gegner" diese Strategie nicht kennen. Dann wird die gegnerische Wahl schwer verstehbar, und man kann bestenfalls eine Effektivität von $X_1$ in Gestalt der

Größe

$$W = \min_{t \in T} F(\overline{X}_1, \overline{Y}_t) \tag{65}$$

garantieren.

Es kann vorkommen, daß diese Größe sehr weit vom natürlichen $\max_{\overline{X}, \overline{Y}} F(\overline{X}, \overline{Y})$ und sogar von dem mit (58) zusammenfallenden entfernt ist. Sei zum Beispiel

$$0 \leqq X \leqq 1;\ 0 \leqq Y \leqq 1;\ W = -(X - Y)^2,$$

d. h. beide Seiten streben danach, sich anzunähern, haben jedoch keinen Treffpunkt bestimmt (keiner von beiden weiß, woher der andere kommt). Dann ergibt (58) offenbar $-1$ für $N = [0; 1]$ bei $X_1 = 0$, gleich, wie groß (65) ist.

*Somit nützt es niemandem, nur einfach gegen ein gemeinsames Ziel zu streben. Man muß noch Informationen über seine Handlungen (Strategien) austauschen, sonst braucht eine Gemeinsamkeit im Ziel um nichts besser zu sein als deren Gegenteil.*

Ist nicht gewiß, ob (59) hinreichend genau bekannt ist, und ob der Gegner $\overline{X}(\overline{Y})$ kennt, so sind entweder konkrete Untersuchungen nötig, oder man muß sich unbedingt über (58) orientieren, wobei in $N$ alle möglichen Variationen von $\overline{Y}$ in Rechnung gestellt werden. Bei militärischen Operationen oder bei einer konkreten Ökonomie ist es unwahrscheinlich, daß (59) bekannt ist. Daher wird eine typische Effektivitätsabschätzung (wenngleich diese auch nicht eindeutig möglich ist) die Abschätzung (58) sein. Diese Feststellung behält ihre Bedeutung insgesamt auch für „naturgegebene“ Undeterminiertheiten (und damit auch für Unbestimmtheit von dritten Typ), wenn das Verhalten der unbestimmten Faktoren einem Gegner mit unbestimmtem Ziel, der natürlich uninformiert ist, gleichgesetzt werden kann. Deshalb ist auch hier die Abschätzung (58) zweckmäßig.

Das Gesagte kann man auch noch in folgender Weise ausdrücken: ist das gegnerische Ziel (und in diesem Sinne auch die „Natur“) unbekannt oder besteht keine Gewißheit über die Kenntnis seiner $\overline{X}(\overline{Y})$, so ist es zweckmäßig anzunehmen, daß entgegengesetzte Interessen existieren, was natürlich eine schlechte Variante ist.

Es bleibt übrig, daß man zu verstehen sucht, was eine Gewißheit ergeben kann, wenn beim Gegner Informationen über $X(Y)$ fehlen. Alles hängt davon ab, ob das gegnerische Ziel genau bekannt ist. Ist das nicht der Fall, so bleibt die gegnerische Wahl aus der gesamten Menge $N$ vollständig unbestimmt, und deshalb muß man (58) anwenden.

Also bestätigt sich von neuem, daß (58) für naturbedingte Indeterminiertheiten, die durch kein bestimmtes Ziel charakterisiert werden können, vernünftig ist. Ist jedoch das gegnerische Ziel bekannt und vernünftig, so kann man dann, wenn beim Gegner Informationen über $\overline{X}(\overline{Y})$ fehlen, $\overline{Y}_0$ nach folgenden Überlegungen wählen:

a) man nimmt an, daß unabhängig davon, wie $\overline{Y}$ gewählt wurde, die operierende Seite $\overline{X}_1(\overline{Y})$ so wählte, daß

$$F(\overline{X}_1(\overline{Y}), \overline{Y}) = \max_{\overline{X}(Y)} F[\overline{X}(\overline{Y}), \overline{Y}]$$

gilt;

b) dann wird $\overline{Y}_0$ nach der Bedingung

$$F_n[X_1(\overline{Y}_0), \overline{Y}_0] = \max_{\overline{Y}} F_n[\overline{X}(\overline{Y}), \overline{Y}]$$

ausgewählt. Ist dann $E$ die Menge aller derartigen $\overline{Y}_0$, so wird

$$\min_{\overline{Y}_0 \in E} F[\overline{X}(\overline{Y}_0), \overline{Y}_0]$$

die Effektivitätsabschätzung unserer Strategie $\overline{X}(\overline{Y})$.

Berücksichtigt man, daß solch ein Fall prinzipiell möglich ist, so kann man auch im Grunde alles auf dem typischen Fall (58) aufbauen und braucht sich nicht auf zweifelhafte Hypothesen über Information und gegnerisches Verhalten zu stützen.

Im folgenden wird gezeigt werden, daß es für die Auswahl „optimaler" $\overline{X}(\overline{Y})$ von wesentlicher Bedeutung sein kann, wenn man weiß, ob der Gegner informiert ist oder nicht, wenn man etwa bestimmt, wie zweckmäßig sogenannte gemischte Strategien angewandt werden. Jedoch wird auch in diesen Fällen eine Effektivitätsabschätzung genauso nach (58) ausgeführt.

Wir wollen nochmals unterstreichen, daß (58) formal sämtliche übrigen untersuchten Fälle umfaßt, wenn man die kleinste obere Schranke nicht über alle a priori möglichen $Y$ wählt, sondern nur über diejenigen, die unseren Angaben über Ziele, Vernunft und gegnerische Informiertheit entsprechen.

Also können diese verschiedenen Fälle als Verfahren zur Einschränkung der Menge aller möglichen gegnerischen Strategien (Variationsmenge für die unbestimmten Faktoren) behandelt werden, und zwar auf der Grundlage der vom Forscher angenommenen Daten über Ziele, Vernünftigkeit und gegnerische Informiertheit. Das Gesagte klingt sehr erschöpfend, wenn es sich um einen Gegner handelt und keine Zufälligkeiten auftreten. In den anderen Fällen scheint es jedoch, daß die Effektivitätsabschätzung verbessert werden kann.

Gibt es jedoch viele Gegner, und verfolgt jeder von ihnen seine eigenen Ziele, ohne daß Informationen ausgetauscht und Verbände (Koalitionen) gebildet werden, so kann man tatsächlich erwarten, wie Untersuchungen von Nash über nichtkooperative Spiele[1]) zeigen, daß die Resultate verbessert werden können, jedoch sind diese Ergebnisse in der Regel instabil und können nicht unter die garantierten gerechnet werden.

Die Untersuchungen in dieser Richtung, die von grundlegendem Interesse für Konkurrenz-Ökonomien sind, wurden noch nicht genügend ausgearbeitet und

[1]) Der Artikel von Nash befindet sich im Sammelband [36].

werden in diesem Buch nicht betrachtet. Man muß allerdings anmerken, daß dann, wenn nur sichere Kenntnisse über die Ziele der zahlreichen Gegner fehlen oder wenn sie Koalitionen eingehen können, der ungünstigste Fall für die operierende Seite (der einer garantierten Abschätzung entspricht) die Koalition aller Gegner ist, d. h. im wesentlichen ein Gegner. Aber diese Variante wurde bereits untersucht.

Bevor wir dazu übergehen, zufällige Faktoren zu betrachten, möchten wir nochmals bemerken, daß die operierende Seite im Ganzen von garantierten Abschätzungen ausgehen kann, wobei die Effektivitätsfunktionen $W(\overline{Y})$ in einer Zahl gebündelt werden. Allein, wie dies auch getan wird, im wesentlichen wird ein neues Effektivitätskriterium eingeführt, das auf altbekannte, früher dargelegte Weise gebildet wird, indem man ein Bündelungsverfahren für Kriterien anwendet. Nach einer derartigen Bündelung kann der Wert des Kriteriums auch ermittelt werden und ist unabhängig von den unbestimmten Faktoren. Als Beispiel für derlei Aktivitäten kann diese oder jene Mitteilung von $W(\overline{Y})$ über $\overline{Y}$ dienen.

Als weiteres Beispiel kann der Satz von L. Hurwicz zur Effektivitätsabschätzung folgender Größe dienen:

$$W^* = \alpha \max_{\overline{Y}} W(\overline{Y}) + (1 - \alpha) \min_{\overline{Y}} W(\overline{Y}); \quad 0 \leqq \alpha \leqq 1\cdot$$

(die Vereinigungsverfahren I und V für Kriterien werden angewendet). Dabei bleibt $\alpha$ beliebig und muß von der operierenden Seite gewählt werden, jedoch nicht vom Operationsforscher. Riskiert die operierende Seite nicht, $\alpha$ festzulegen, so ist $\alpha$ für den Forscher ein unbestimmter Faktor, und er wählt den ungünstigsten Fall $\alpha = 0$, d. h. kehrt zu (58) zurück.

Wir gehen nun dazu über, zufällige $\overline{Y}$ zu betrachten. Schon die Tatsache, daß $\overline{Y}$ als zufällig nachgewiesen wird, kann als eine gewisse Information gelten, die zu besseren Resultaten als (58) führen kann. Bleibt jedoch das Effektivitätskriterium wie vorher und ändern sich die Menge $N$ oder der Garantiebegriff nicht, so ergibt eine Kenntnis des Verteilungsgesetzes für $\overline{Y}$ kein neues garantiertes Resultat. In der Tat bleiben dabei die (58) realisierenden $\overline{Y}$ zulässig, wenngleich vielleicht auch „unwahrscheinlich". Daher werden die Vorteile im Sinne einer Effektivitätsabschätzung bei Kenntnis der Verteilungsgesetze für $\overline{Y}$ gewöhnlich auf folgenden beiden Wegen genutzt.

1. Die Menge $N$ wird durch eine kleinere Menge $N^*$ ersetzt, so daß für die Wahrscheinlichkeit gilt: $P[\overline{Y} \in N^*] \geqq 1 - \beta, \beta$ hinreichend klein. Das verwendete $\beta$ wird jedesmal konkret geschätzt. Also bleibt hier alles unverändert, nur in (58) wird $N$ durch $N^*$ ersetzt, und die Garantie wird so verstanden, daß es wenig wahrscheinlich ist, daß $\overline{Y}$ über die Grenzen von $N^*$ hinausgeht. Diese wahrscheinlichkeitstheoretische Garantie hat nur dann einen wirklichen Sinn, wenn die Operation wiederholt werden kann (was durchaus nicht immer der

Fall sein muß). Außerdem müssen wir bemerken, daß bei in $N$ relativ gleichmäßigen Verteilungsgesetzen die Auszahlung bei Ersetzen von $N$ durch $N^*$ effektiv klein wird, wenn $\beta$ klein ist. Umgekehrt kann die Auszahlung groß werden, wenn Verteilungsgesetze mit deutlich ausgedrückter Ungleichmäßigkeit auftreten. Sei es so oder so, auch hier wird die Abschätzung selbst wieder nach (58) ausgeführt, und wir brauchen sie nicht einzeln zu untersuchen. Die Zufälligkeit unterscheidet sich hier im wesentlichen nicht von der Indeterminiertheit.

2. Der zweite Weg besteht darin, daß das Effektivitätskriterium gegenüber dem zu Beginn der Untersuchung gewählten geändert wird. Wie schon gesagt muß der Operationsforscher eine solche Änderung in der Regel nicht selbst durchführen.

Ergibt die Abschätzung (58) unannehmbare Resultate und existiert keine andere Strategie, die über (58) hinreichend zufriedenstellende Resultate liefern würde, so kann es vorkommen, daß es dringend erforderlich wird, das Effektivitätskriterium zu ändern. Eine solche Situation begegnet einem besonders oft beim ersten Operationszieltyp, wenn (58) die Abschätzung 0 ergibt. Dann muß die operierende Seite entweder von der Ausführung der Operation Abstand nehmen oder das Effektivitätskriterium so ändern, daß sie sich von der dem ersten Zieltyp eigenen Bestimmtheit abkehrt.

Gegenwärtig besteht die Änderung des Kriteriums gewöhnlich darin, daß über die Zufälligkeiten gemittelt wird. Also wird zugleich mit dem Kriterium einem bestimmten Risiko zugestimmt. Wenn die Operation vielfach wiederholt wird, wird ein derartiges Risiko auch als zulässig angesehen.

Im allgemeinen, wenn der Vektor $\bar{y}$ der unkontrollierbaren Faktoren aus dem Vektor $\bar{y}_1 = \{y_{11}, \ldots, y_{1k}\}$ der zufälligen Faktoren und dem Vektor $\bar{y}_2$ der unbestimmten Faktoren besteht, erhält das neue Kriterium die Gestalt[1])

$$\overline{W} = \overline{F}[\bar{x},(\bar{y}), \bar{y}] = \int \cdots \int F[\bar{x}(\bar{y}_1, \bar{y}_2), \bar{y}_1, \bar{y}_2] \, df_1(y_{11}) \cdots df_k(y_{1k}) \,. \tag{66}$$

Hierbei sind die $f_i(y_{1i})$ die Verteilungsgesetze für die Größen $y_{1i}$. Für das neue Kriterium wird die Effektivitätsabschätzung zu

$$\inf_{\bar{y}_2} \overline{F}[\bar{x}(\bar{y}), \bar{y}] \,. \tag{67}$$

Hängt die Strategie $\bar{x}(\bar{y})$ nur von $\bar{y}_2$ ab, so hängt das Kriterium $\overline{W} = \overline{F}[\bar{x}(\bar{y}), \bar{y}]$ nicht von $\bar{y}_1$ ab, d. h. es bekommt die Form $\overline{F}[\bar{x}(\bar{y}_2), \bar{y}_2]$, was aber bedeutet, daß man ein Modell ohne Zufälligkeit erhalten hat.

Es muß noch bemerkt werden, daß stets

$$\inf_{\bar{y}_2} \overline{F}[\bar{x}(\bar{y}), y] \geqq \inf_{\bar{y}_1 \bar{y}_2} \overline{F}[\bar{x}(\bar{y}), \bar{y}]$$

1) Im folgenden wird auch die allgemeinere Beschreibung von $\overline{W}$ in der Form eines $k$-dimensionalen Stieltjes-Integrals bezüglich eines von den $y_{1j}$ abhängigen Wahrscheinlichkeitsmaßes verwendet werden.

gilt. Die rechte Seite dieser Ungleichung kann als garantierte Abschätzung für den Wert (66) mit unbekannten $f_i(y_{1i})$ behandelt werden, die insbesondere beliebige Treppenfunktionen sein können.

Somit führt eine Vergrößerung der Informiertheit über $\bar{y}_1$ (Kenntnis der Verteilungsgesetze) zu einer bestimmten Vergrößerung der erwarteten Effektivität, was in Wirklichkeit eine neue Deutung des Effektivitätskriteriums ist.

Bei der Ableitung von (66) und (67) wurde ausgenutzt, daß die Vektoren $\bar{y}_1$ und $\bar{y}_2$ unabhängig sind. Ist das jedoch nicht so, wie beispielsweise wenn der den Vektor $\bar{y}_2$ steuernde Gegner $\bar{y}_1$ kennt, dann muß man offenbar statt (67) die neue Abschätzung

$$\int \cdots \int \min_{\bar{y}_2} F[\bar{x}(\bar{y}_1, \bar{y}_2), \bar{y}_1, \bar{y}_2] \, df_1(y_{11}) \cdots df_k(y_{1k}) \tag{68}$$

anwenden, in der im Vergleich mit (67) die Folge der Mittelungen über die Aktionen mit der Minimumbildung vertauscht wurde. Diese Operationen sind in der Regel nicht vertauschbar, und (68) ist bekanntlich stets nicht größer als (67). Dieser Sachverhalt ist ein Spezialfall von Prinzip 9 aus § 7, das die Rolle der Informiertheit betrifft, jedoch nur wenn es auf einen vernünftigen Gegner angewendet wird, der den Zielen der operierenden Seite entgegengesetzte Interessen verfolgt.

Die Einführung eines neuen Effektivitätskriteriums über (66) kann man am Beispiel VI aus § 2 illustrieren. Wählt man das Kriterium (14) und Verteilungsgesetze für unabhängige Größen $t_i$ in der Gestalt $[1 - p_i(t_i)]$, so führt die Anwendung von (66) auf (14) zur Wahrscheinlichkeit $\bar{W}_1(t)$ dafür, daß das System bis zum Zeitpunkt $t$ nicht ausfällt; diese wird durch die Formel

$$W_1(t) = \int_{t<\min t_i} \cdots \int d[1 - p_1(t_1)] \cdots d[1 - p_n(t_n)] = \prod_{i=1}^{n} \int_{t}^{\infty} d[1 - p_i(t)] = \prod_{i=1}^{n} p_i(t) \tag{69}$$

ausgedrückt. Entsprechend haben wir anstelle von (15)

$$\bar{T}_1 = \int_0^\infty \cdots \int_0^\infty \min_{1 \le i \le n} [t_i] \, d[1 - p_1(t_1)] \cdots d[1 - p_n(t_n)] \, .$$

Andererseits ist das Verteilungsgesetz (15) für die Größen $T_1$ offensichtlich $1 - \bar{W}_1(t)$. Hieraus erhalten wir

$$\bar{T}_1 = \int_0^\infty t \, d[1 - \bar{W}_1(t)] = \int_0^\infty \bar{W}_1(t) \, dt = \int_0^\infty \prod_{i=1}^{n} p_i(t) \, dt \, . \tag{70}$$

Die Formeln (69) und (70) gehören zu einem nichtverdoppelten System. Anstelle von (16) und (17) erhalten wir

$$\bar{W}_2(t) = 1 - \left[1 - \prod_{i=1}^{n} p_i(t)\right]^m ; \quad \bar{T}_2 = \int_0^\infty \left\{1 - \left[1 - \prod_{i=1}^{n} p_i(t)\right]^m\right\} dt \, . \tag{71}$$

Weiter kann man anstelle von (21)

$$\bar{T}_3 = m\bar{T}_1 \tag{72}$$

und statt (20) die rekurrente Formel

$$\overline{W}_{3i}(t) = 1 - \int_0^t [1 - \overline{W}_{3i-1}(t - \tau)]\, \mathrm{d}\left[1 - \prod_{j=1}^{n} p_j(\tau)\right] \tag{73}$$

erhalten, wobei $\overline{W}_{3i}(t)$ das Kriterium für $i$-fache Verdoppelung ($i = 1, \ldots, m$) bedeutet; $\overline{W}_{30} = 0$.

Eine Mittelung von (20) bei (22) und (22) selbst ergibt für geräteweise Parallelschaltung

$$\overline{W}_4(t) = \prod_{i=1}^{n} \{1 - [1 - p_i(t)]^{m_i}\}; \quad \overline{T}_4 = \int_0^{\infty} \prod_{i=1}^{n} \{1 - [1 - p_i(t)]^{m_i}\}\, \mathrm{d}t\,. \tag{74}$$

Schließlich haben wir für eine „kalte" Reservierung von Geräten

$$\overline{W}_5(t) = \prod_{i=1}^{n} p_{im}(t); \quad p_{ij}(t) = 1 - \int_0^t [1 - p_{ij-1}(t - \tau)]\, \mathrm{d}[1 - p_i(\tau)]\,. \tag{75}$$

Hier ist $p_{ij}$ die Wahrscheinlichkeit dafür, daß $j$ Geräte vom Typ $i$, die dem vorangehenden bei einem Ausfall nacheinander folgen würden, nicht ausfallen. Anstelle von (25) haben wir

$$\overline{T}_5 = \int_0^{\infty} \prod_{i=1}^{n} p_{im}(t)\, \mathrm{d}t\,. \tag{76}$$

Es sollte noch bemerkt werden, daß die mittlere Arbeitszeit eines $m$-mal im „kalten" Verfahren verdoppelten Gerätes von Typ $i$ wie folgt aussieht:

$$\overline{T}_{im} = m \int_0^{\infty} p_i(t)\, \mathrm{d}t\,. \tag{77}$$

Die Formeln (69)—(77) sind die grundlegenden Formeln für die Zuverlässigkeitstheorie, wobei (71)—(76) Effektivitätsabschätzungen für die verschiedenen Verdoppelungsstrategien A—D aus Beispiel VI darstellen.

Genau dieselbe Mittelung wie für Kriterien vom ersten Typ erhält man auch für die Effektivitätskriterien aus Beispiel VII. Bekanntlich kann man jede Größe als zufällig ansehen, wenn man etwa eine nicht zufällige Größe $a$ als Zufallsgröße mit dem Verteilungsgesetz $F(x) = 0$ für $x < a$; $F(x) = 1$ für $x \geqq a$ darstellt. Ist die Größe $a$ unbestimmt, so kann man sie als zufällig ansetzen, allerdings mit einem Verteilungsgesetz, in dem ein unbestimmter Faktor auftritt.

Diese Behandlung erlaubt anzunehmen, daß sämtliche unkontrollierbaren Faktoren zufällig sind, wobei jedoch in ihren Verteilungsgesetzen unbestimmte Faktoren zu finden sind. Freilich ergibt eine derartige Behandlung nichts Neues. Sie kann jedoch methodologisch bequem sein, zumindest deshalb, weil die Frage aufgeworfen wird, welche Rolle die Informiertheit der operierenden Seite bezüglich der Verteilungsgesetze der zufälligen Faktoren spielt. Diese Frage wird im § 11 gebührend behandelt; hier wollen wir nur unterstreichen, daß auch bei einer derart allgemeinen Behandlung der unkontrollierbaren Faktoren die Formel (67) offenbar gültig bleibt, dabei aber einen noch allgemeineren Klang gewinnt.

Hängt die betrachtete Strategie $\bar{x}(\bar{y})$ nicht von zufälligen Faktoren ab und gibt es überhaupt keine unbestimmten Faktoren, dann gilt $\bar{x}(\bar{y}) = \bar{x}$, und nach dem in (66) gemittelt worden ist, erhält man ein Operationsmodell ohne zufällige und unkontrollierbare Faktoren. Dann wird die Aufgabe, die Effektivität abzuschätzen, zu einer reinen Rechenaufgabe mit dem Zweck, die Größe (66) zu bestimmen.

Genau so lautet nämlich die Fragestellung bei der sogenannten Analyse von automatischen Steuersystemen nachdem dort über die Meßfehler gemittelt worden ist.

Analog ist die Situation auch bei der gegenwärtigen Effektivitätstheorie für Beschuß, in der in der Regel das Vorhandensein unbestimmter Faktoren ignoriert wird. Die Kompliziertheit der entsprechenden Berechnungen wird insgesamt durch die Kompliziertheit bei der Beschreibung der Effektivitätskriterien bestimmt, die in der Regel mehrfache Integrale enthalten.

In den restlichen Fällen kann sich die Effektivitätsbestimmung als noch bedeutend schwieriger erweisen. Zwei Umstände bestimmen diese Schwierigkeit: die mögliche Kompliziertheit in der Abhängigkeit von $\bar{x}(\bar{y})$, aber auch daß unbestimmte Faktoren vorhanden sind und es im Zusammenhang damit nötig ist, das Minimum in (67) oder (58) oder durch noch kompliziertere Rechnungen nach (68) zu finden.

Damit zusammenhängend ist es schwierig, allgemeine Empfehlungen zur Methode bei der Effektivitätsabschätzung in konkreten Modellen zu geben, ausschließlich des Hinweises darauf, daß man die Integrale und Minima mit numerischen Methoden bestimmen kann. Allerdings sind die gewöhnlichen numerischen Extremumsuchmethoden (etwa Gradientenverfahren) längst nicht immer anwendbar, weil es sich im gegebenen Fall um das globale Minimum handelt. Ein lokales Minimum garantiert überhaupt nichts. Dieser Einwand bezieht sich in bedeutend geringerem Maße auf Modifikationen zufälliger Extremumsuchverfahren. Möglicherweise sollte man die Aufmerksamkeit auch noch darauf lenken, daß sich der numerische Schwierigkeitsgrad bei der Minimumbestimmung nicht prinzipiell von dem bei Integralberechnungen unterscheidet. Jedenfalls ist das so für hinreichend glatte Funktionen, wenn man eine Zerlegung der Bereiche in kleine Teile mit hinreichend kleiner Schwankung der Funktionen innerhalb dieser anwendet.

Geht man von dieser These aus, so ist es nur natürlich, auch die Operationen Wahl des Minimums oder des Maximums als ebenso „elementar" wie die Integration anzusehen. Die Häufigkeit, mit der sie gegenwärtig in der Mathematik und in der Praxis angewandt werden, spricht zweifellos zugunsten einer solchen Vergrößerung der Anzahl „elementarer" Operationen.

Wir müssen unsere Aufmerksamkeit noch darauf lenken, daß uns für die Effektivitätsabschätzung nicht $\bar{y}$ sondern besonders der Wert des Minimums selbst interessiert.

Eine gewisse Konkretisierung der Gestalt der Kriterien stellt deren Beschreibung in Satz IV dar. Für diese Beschreibung besitzen wir auch eine gewisse Reglementierung für die Effektivitätsabschätzung (58).

**Satz VI:** *Gilt* $\bar{y} \in D_y$ *und*

$$F(\bar{x}, \bar{y}) = \min_{1 \leq l \leq l_0} \max_{1 \leq k \leq k_0} \left[ \sum_{j=1}^{m} a_{lkj} y_j + \sum_{i=1}^{n} c_{lki} x_i + d_{lk} \right] = \min_l \max_k F_{lk}(\bar{x}, \bar{y}) .$$

*so ist*

$$\min_{\bar{y} \in D_y} F[\bar{x}(\bar{y}), \bar{y}] = \min_{1 \leq l \leq l_0} \min_{1 \leq k \leq k_0} \left\{ \min_{\bar{y} \in D_y^*(l,k)} F_{lk}\big(\bar{x}(\bar{y}), \bar{y}\big) \right\},$$

*wobei* $D_y^*(l, k)$ *aus denjenigen* $\bar{y} \in D_y$ *besteht, für die*

$$F_{lk}[\bar{x}(\bar{y}), \bar{y}] \geqq \max_{k'} F_{lk'}\big(\bar{x}(\bar{y}), \bar{y}\big)$$

*gilt.*

Der Satz behauptet mit anderen Worten, daß ein Auffinden von $\min_{\bar{y} \in D_y} F\big(\bar{x}(\bar{y}), \bar{y}\big)$ dazu führt, daß unter $l_0 k_0$ Minima der Funktionen $F_{lk}$ für $\bar{y}$, die durch die Bedingungen

$$\bar{y} \in D_y; \; F_{lk}[\bar{x}(\bar{y}), \bar{y}] \geqq F_{lk'}[\bar{x}(\bar{y}), \bar{y}]; \; 1 \leqq k' \leqq k_0$$

beschränkt sind, das minimale gefunden werden muß.

Beweis: Es ist

$$\min_{\bar{y} \in D_y} F[\bar{x}(\bar{y}), \bar{y}] = \min_{\bar{y} \in D_y} \min_{1 \leq l \leq l_0} \max_{1 \leq k \leq k_0} F_{lk}[\bar{x}(\bar{y}), \bar{y}]$$
$$= \min_{1 \leq l \leq l_0} \min_{\bar{y} \in D_y} \max_{1 \leq k \leq k_0} F_{lk}[\bar{x}(\bar{y}), \bar{y}] .$$

Jedoch ist $\max_{1 \leq k \leq k_0} F_{lk}[\bar{x}(\bar{y}), \bar{y}]$ gleich $F_{lk_1}[\bar{x}(\bar{y}), \bar{y}]$, wo $k_1$ so gewählt wurde, daß $F_{lk_1}[\bar{x}(\bar{y}), \bar{y}] \geqq F_{lk}[\bar{x}(\bar{y}), \bar{y}]$ für alle $k \neq k_1$ gilt.

Nun stellt das Minimum von $\max_k F_{lk}[\bar{x}(\bar{y}), \bar{y}]$ über den Bereich $D_y$ das minimale unter den Minima der Funktionen $\max_k F_{lk}[\bar{x}(\bar{y}), \bar{y}]$ dar, entsprechend gewählt über den $l_0$ Bereichen

$$D_y^*(l, k_1) = \{\bar{y} \in D_y | \; F_{lk_1}[\bar{x}(\bar{y}), \bar{y}] \geqq F_{lk'}[\bar{x}(\bar{y}), \bar{y}]; \; 1 \leqq k' \leqq k_0\} .$$

Aber in jedem dieser Bereiche ist die Funktion $\max_k F_{lk}$ auch

$$F_{lk_1}\big(\bar{x}(\bar{y}), \bar{y}\big) .$$

Vereinigt man das Gesagte, so ist der Beweis beendet. Wie man sieht, ist dieser Satz nur dann nützlich, wenn die Funktionen $\bar{x}(\bar{y})$ und der Bereich $D_y$ hinreichend einfach sind, so daß es relativ leicht ist, $\min_{\bar{y} \in D_y^*(l,k)} F_{lk}[\bar{x}(\bar{y}), \bar{y}]$ zu finden.

Wird beispielsweise $D_y$ durch lineare Ungleichungen

$$\sum_{j=1}^{m} b_{tj} y_j \leqq \overline{b_t}; \; t = 1, \ldots, t_0 ,$$

beschrieben und hängt $\bar{x}$ nicht (oder linear) von $\bar{y}$ ab, so behauptet der Satz, daß man $l_0 k_0$ lineare Optimierungsprobleme

$$\min\left[\sum_{j=1}^{m} a_{lkj} y_j + \sum_{i=1}^{n} c_{lki} x_i + d_{lk}\right]; \ \sum_{j=1}^{m} b_{tj} y_j \leqq \bar{b}_t, \ t \leqq t_0;$$

$$\sum_{j=1}^{m} a_{lk'j} y_j + \sum_{i=1}^{n} c_{lk'i} x_i + d_{lk'} \leqq \sum_{j=1}^{m} a_{lkj} y_j + \sum_{i=1}^{n} c_{lki} x_i + d_{lk}; \ 1 \leqq k' \leqq k_0$$

lösen muß. Sind $l_0$ und besonders $k_0$ nicht groß bei kleinem $t_0$, so wird die Anzahl der Probleme und, was die Hauptsache ist, die Schwierigkeit, jedes zu lösen, ebenfalls nicht groß. Sind insbesondere $\bar{x}$ und $\bar{y}$ skalar, so ist $k_0 \leqq 4$ und $t_0 \leqq 2$, und eine Lösung des Problems bringt nach der Effektivitätsabschätzung sogar für große $l_0$ keine Schwierigkeiten mit sich.

## § 9. Effektivitätsvergleich für Strategien

Bei Kriterien vom ersten Typ, die nur die beiden Werte 1 und 0 annehmen (das Ziel wird erreicht bzw. nicht erreicht), wird eine Effektivitätsabschätzung oft angewandt um abzuwägen, welcher Vorrat an Aktivitäten nötig ist, damit die Effektivitätsabschätzung 1 ergibt (das Ziel erreicht wird). Allerdings ist die Effektivitätsabschätzung bei solchen Bedarfsforschungen oft nicht garantiert. Selbst wenn sich der Bedarf als beliebig erweist, ist der Erfolg der Operation nicht garantiert. Das Schlimmste ist dabei, daß diese Tatsache verschleiert bleibt.

Ist das Effektivitätskriterium ein Kriterium vom zweiten Typ, d. h. nimmt es eine stetige Menge von Werten oder eben einfach viele Werte an, so ist die Effektivitätsabschätzung für sich selbst nicht von besonderem praktischem Interesse.

Der grundlegende Sinn von Effektivitätsabschätzungen besteht hier darin, daß man auf ihrer Grundlage die Kosten zweier Strategien abschätzen kann. Ist das Effektivitätskriterium fixiert, so kann man die Effektivität zweier Strategien $\bar{X}_1(\bar{Y})$ und $\bar{X}_2(\bar{Y})$ sozusagen auf zwei Ebenen vergleichen.

1. Ist $F(\bar{X}_1(\bar{Y}), \bar{Y}) > F(\bar{X}_2(\bar{Y}), \bar{Y})$ für alle $\bar{Y} \in N$, so kann man sagen, daß die erste Strategie absolut besser ist als die zweite. Die absolut schlechtere von zwei Strategien kann zweifellos verworfen werden. Es scheint, daß eine solche Überlegenheit einer Strategie über eine andere untypisch ist, aber sie begegnet einem gar nicht so sehr selten. So werden wir uns beispielsweise im folgenden davon überzeugen können, daß die geräteweise Verdoppelung absolut nicht schlechter ist als die Verdopplung im Ganzen.

Genau so ist wiederum offensichtlich, daß *dann, wenn exakte und rechtzeitige Informationen* über den Zeitpunkt vorliegen, zu dem ein Gerät ausfallen wird, die kalte Reservierung absolut besser ist als die Parallelschaltung. Es ist sogar leicht zu verstehen, daß dann, wenn man gewiß ist, daß die operierende Seite für $Y$ über hinreichend vollständige Informationen verfügt, der Operationsforscher stets eine dritte Strategie $\overline{X}_3(\overline{Y})$ konstruieren kann, die absolut gesehen nicht schlechter ist, als die beiden gegebenen Strategien $\overline{X}_1(\overline{Y})$ und $\overline{X}_2(\overline{Y})$. Dafür genügt es, $\overline{X}_3(\overline{Y})$ wie folgt zu definieren:

$$\overline{X}_3(\overline{Y}) = \overline{X}_1(\overline{Y}) \quad \text{falls} \quad F[\overline{X}_1(\overline{Y}), \overline{Y}] \geqq F[\overline{X}_2(\overline{Y}), \overline{Y}];$$

$$\overline{X}_3(\overline{Y}) = \overline{X}_2(\overline{Y}) \quad \text{falls} \quad F[\overline{X}_1(\overline{Y}), \overline{Y}] < F[\overline{X}_2(\overline{Y}), \overline{Y}] .$$

2. In der Regel ist es allerdings unmöglich, eine hinreichend vollständige Information über $\overline{Y}$ zu erwarten und noch weniger, daß man sich über einen absoluten Vorzug einer Strategie gegenüber einer anderen sicher wird. So ist es zum Beispiel schwer, den absoluten Vorrang einer Strategie $\overline{X}_1$ über $\overline{X}_2$ einzuschätzen, wenn beide nicht von $\overline{Y}$ abhängen. Daher muß man als typisch ansehen, daß Strategien über die Ergebnisse verglichen werden, die ihre Effektivitätsabschätzungen nach (58) ergeben. Also kann man eine Strategie $\overline{X}_1(\overline{Y})$ dann für besser als $\overline{X}_2(\overline{Y})$ halten, wenn

$$\inf_{\overline{Y} \in N} F[\overline{X}_1(\overline{Y}), \overline{Y}] > \inf_{\overline{Y} \in N} F[\overline{X}_2(\overline{Y}), \overline{Y}]$$

gilt. Ein solcher Effektivitätsvergleich ist immer möglich. Er benötigt auch nicht, daß eine hinreichende Informiertheit der operierenden Seite über $\overline{Y}$ vorausgeetzt wird.

*Im Unterschied zur Effektivitätsabschätzung für eine Strategie gestattet ein Effektivitätsvergleich, eine Reihe von Operationen über einem Kriterium auszuführen, ohne das Ergebnis beim Vergleich zu wechseln.*

So braucht sich zum Beispiel der Vergleich beider Typen nicht zu ändern, wenn man dem Kriterium eine Konstante hinzufügt oder es mit einer positiven Konstante multipliziert. Im Zusammenhang damit wollen wir die Aufmerksamkeit auf den folgenden einfachen Satz lenken.

**Satz VII.** *Die Ergebnisse beim Effektivitätsvergleich von Strategien bleiben ungeändert bei einer beliebigen monotonen Abbildung des Kriteriums, d. h., ist $\varphi(u)$ eine monoton wachsende Funktion, so folgt aus*

$$\inf_{\overline{Y}} F[\overline{X}_1(\overline{Y}), \overline{Y}] > \inf_{\overline{Y}} F[\overline{X}_2(\overline{Y}), \overline{Y}]$$

*die Ungleichung*

$$\inf_{\overline{Y}} \varphi\{F[\overline{X}_0(\overline{Y}), \overline{Y}]\} > \inf_{\overline{Y}} \varphi\{F[\overline{X}_2(\overline{Y}), \overline{Y}]\}$$

*und umgekehrt. Auch der absolute Vorrang bleibt erhalten.*

Der Beweis ist nahezu offensichtlich.

Sei $u_s = \inf_{\overline{Y}} F[\overline{X}_s(\overline{Y}), \overline{Y}]$; $s = 1, 2$ und $u_1 > u_2$. Dann existiert ein $\overline{Y}_0$, so daß für beliebiges $\overline{Y}_1$ gilt

$$u_2 < F[\overline{X}_2(\overline{Y}_0), \overline{Y}_0] \leqq u_1 \leqq F[\overline{X}_1(\overline{Y}_1), \overline{Y}_1] .$$

Hieraus folgt

$$\inf_{\bar{Y}} \varphi\{F[\bar{X}_2(\bar{Y}), \bar{Y}]\} < \varphi\{F[\bar{X}_2(\bar{Y}_0), \bar{Y}_0]\} \leqq \inf_{\bar{Y}_1} \varphi\{F[\bar{X}_1(\bar{Y}_1), \bar{Y}_1]\}.$$

Die umgekehrte Behauptung ist eine einfache Folgerung aus der Monotonie der inversen Funktion $\varphi^{-1}$. Werden die Anforderungen an $\varphi$ in der Weise abgeschwächt, daß sie lediglich nicht fallend sein soll, so bleibt uns noch die folgende Eigenschaft erhalten: beim Übergang zu $\varphi[F]$ ist die erste Strategie nicht schlechter als die zweite.

Dieser Satz kann manchmal nützlich sein, weil er gestattet, das Effektivitätskriterium ein wenig bequemer zu gestalten, wenn das Minimum gesucht wird. So kann man zum Beirpiel das nicht-analytische Kriterium $|X - Y|$ (Modellbeispiel II) in das differenzierbare Kriterium $(X - Y)^2$ verwandeln.

Satz VII behauptet im wesentlichen, daß Minimumbildung und monotone Funktion vertauschbar sind. Diese Eigenschaft bleibt nicht erhalten, wenn man anstelle der Operation Minimumbildung die elementare Operation I (Summation) wählt. Dabei ist die Mittelung von (66) für ein monoton gebildetes Kriterium durchaus nicht gleichwertig damit, wenn man das gemittelte Kriterium (66) genau derselben monotonen Abbildung unterwirft. Also gilt i. a.

$$\int_0^1 [X(t) - Y(t)]^2 \, dt \neq \left[\int_0^1 | X(t) - Y(t)| \, dt\right]^2.$$

Ebenso ist das Minimum mit der Summation nicht vertauschbar. Insbesondere deshalb vertauscht die Abbildung eines Kriteriums nach (66) im allgemeinen die Effektivitätsvergleichsergebnisse [(58) ist nicht äquivalent zu (67)]. Das folgende Problem stellt ein Beispiel für eine derartige Nichtäquivalenz dar.

Der Gegner möge auf unser Territorium in den Abschnitten A und B vordringen können, wobei seine sämtlichen Streitkräfte entweder nur auf A oder nur auf B konzentriert werden. Sei nun bekannt, daß die Wahrscheinlichkeit für einen Durchbruch bei A gleich 0,75 und bei B gleich 0,25 ist. Die operierende Seite möge ferner über $2n$ Einheiten zum Widerstand gegen den Durchbruch verfügen; jede kann $m$ Einheiten der gegnerischen Streitkräfte außer Gefecht setzen.

Das Ziel der operierenden Seite besteht darin, mehr gegnerische Einheiten außer Gefecht zu setzen. Es werden zwei Strategien angewandt:

a) Aufteilung der Streitkräfte der operierenden Seite in zwei Gruppen zu $n$ Einheiten, die in den Abschnitten A und B stationiert sind.

b) Alle $2n$ Einheiten der Streitkräfte der operierenden Seite werden im Abschnitt A konzentriert.

Schätzt und vergleicht man die Effektivitäten der Strategien nach (58), ohne daß über die Zufälligkeit gemittelt wird, so wird die garantierte Effektivität der ersten Strategie offenbar zu $m \cdot n$. Die zweite Strategie garantiert nur 0, da für sie der ungünstigste Fall ein Durchbruch des Gegners bei B ist, wo keine Streitkräfte der operierenden Seite konzentriert sind.

Mittelt man dagegen das Kriterium über die Zufälligkeiten, d. h. berücksichtigt man die gegnerischen Durchbruchswahrscheinlichkeiten in den Abschnitten A und B, so zeigt sich, daß die Effektivität der ersten Strategie dieselbe ist, d. h. gleich $m \cdot n$, gleichzeitig aber ergibt sich für die zweite die Größe

$$m \cdot 2n \cdot 0{,}75 = 1{,}5\, mn\,.$$

Also ist dann, wenn über die Zufälligkeiten nicht gemittelt wird, die erste Strategie vorteilhaft, nach einem Mitteln dagegen die zweite.

Zusammenhängend mit dem Gesagten ist es manchmal zweckmäßig, beim Vergleich von Strategien nach dem Mittelwertkriterium (66) zu sagen, daß $X_1(\bar{Y})$ im Mittel besser als $X_2(\bar{Y})$ sei, um diesen Vergleich vom Vergleich nach (58) zu unterscheiden. Ebenso kann man von einer absoluten Überlegenheit im Mittel reden. Ist allerdings die Frage nach der Vertauschbarkeit eines Anfangs-Mittelwertkriteriums gelöst, so wird ein Strategienvergleich nach (67) zum einzigen uns interessierenden Vergleich, und der Terminus „im Mittel" kann weggelassen werden.

Zum Schluß wollen wir unsere Aufmerksamkeit wieder darauf lenken, daß sowohl (58) als auch (66) nichts anderes sind, als Bündelungsoperationen für Effektivitätskriterien nach unbestimmten und zufälligen Faktoren entsprechend elementaren Operationen vom Typ V und I aus § 3. Dies unterstreicht nochmals, daß die gesamte Operationsforschung auf der Grundlage einer sukzessiven Ausnutzung elementarer Aktionen über Kriterien ausgeführt wird, die in dem oder jenem Sinne einen Ausschluß des Einflusses unkontrollierbarer Faktoren zur Aufgabe haben.

## § 10. Beispiele für die Effektivitätsabschätzung von Strategien

Zur Illustration bringen wir einige Effektivitätsabschätzungen für Strategien in den Modellen aus § 2. Wir werden die Numerierung der Modelle beibehalten.

Modell I. Ist die Strategie bereits in der Gestalt $\{x_j\}$ vorgegeben und ist bekannt, daß sie durch Rohstoffbeschränkungen möglich ist, so ist die Effektivitätsabschätzung für sie einfach gleich $W = \sum_{j=1}^{n} d_j x_j$, weil es hier weder zufällige noch unbestimmte Faktoren gibt. Es ist allerdings bequem, einen solchen Strategiebegriff zu verwenden, daß der für sie maximal mögliche Produktionsumfang unmittelbar bestimmt werden kann und damit die Frage nach seiner Zuverlässigkeit selbst gar nicht mehr steht. Mit diesem Ziel nehmen wir als Strategie anstelle des Vektors $\{x_j\}$ einen Vektor mit den Koordinaten $p_i = \dfrac{x_i}{\sum_{j=1}^{n} x_j}$.
Dann gilt auch $p_j \geqq 0\,,\ \sum_{j=1}^{n} p_j = 1$.

Der maximale Produktionsumfang mit der Strategie $\{p_j\}$ wird offenbar durch die Größe $||x|| = \sum_{i=1}^{n} x_i$ definiert, die die maximale Norm für den Vektor $\{x_j\}$ mit gegebenem prozentualem Produktionsanteil $\{p_j\}$ ist. Aus der Bedingung (2) erhalten wird

$$||x|| = \min_{1 \leqq i \leqq m} \frac{a_i^0}{\sum_{j=1}^{n} c_{ij} p_j},$$

und die Effektivitätsabschätzung für die Strategie $\{p_j\}$ führt auf die Definition der Größe

$$W(p_j) = \left(\sum_{j=1}^{n} d_j p_j\right) \cdot \min_{1 \leqq i \leqq m} \frac{a_i^0}{\sum_{j=1}^{n} c_{ij} p_j}.$$

Ungeachtet des Fehlens unbestimmter Faktoren im Kriterium ist die Situation bei der Minimumschätzung interessant. Die Restriktionen (2) selbst erweisen sich in gleichem Sinne als äquivalent zum Vorhandensein unbestimmter Faktoren.

In der neuen Schreibweise erscheint das lineare Optimierungsproblem als Maximierung der Funktion $W(p_j)$ unter den Restriktionen $p_j \geqq 0$, $\sum_{j=1}^{n} p_j = 1$, d. h. es ist ein gewöhnliches Extremsuchproblem für eine Funktion mit den Variablen $p_1, \ldots, p_{n-1}\left(p_n = 1 - \sum_{j=1}^{n-1} p_j\right)$, die in dem einfachen Bereich $\sum_{j=1}^{n-1} p_j \leqq 1$, $p_j \geqq 0$ gegeben sind. Die Kompliziertheit besteht lediglich darin, daß $W(p_j)$ nicht differenzierbar ist.

Modell II. Gegeben sei ein Polymon $p(t)$ mit dem Kriterium (5). Nach (58) wird die Effektivität des Polynoms $p(t)$ gleich[1])

$$\begin{aligned} \min_{0 \leqq t \leqq 1} \{-|f(t) - p(t)|\} &= \min_{0 \leqq t \leqq 1} \{-\max [f(t) - p(t); p(t) - f(t)]\} \\ &= \min_{0 \leqq t \leqq 1} \{\min [p(t) - f(t); f(t) - p(t)]\} \\ &= \min \left\{\min_{0 \leqq t \leqq 1} [p(t) - f(t)]; \min_{0 \leqq t \leqq 1} f(t) - p(t)]\right\} \\ &= \min \left\{-\max_{0 \leqq t \leqq 1} [f(t) - p(t)]; \min_{0 \leqq t \leqq 1} [f(t) - p(t)]\right\}. \end{aligned} \tag{78}$$

Um die Effektivität abzuschätzen, muß man also Maximum und Minimum der Differenz $f(t) - p(t)$ suchen. Eine derartige Behandlung erlaubt, eine Untersuchung des nicht überall differenzierbaren Absolutbetrages $|f(t) - p(t)|$ zu umgehen.

1) Hier kommen wir zum berühmten Tschebyschew-Problem, das eines der ersten Beispiele für Probleme mit unbestimmten Faktoren darstellt.

Bezeichnen wir mit $t_i$ ($i = 1, \ldots, l-1$) alle Lösungen der Gleichung $f'(t) - p'(t) = 0$, fügen wir $t_0 = 0$ und $t_l = 1$ hinzu und ist $f(t)$ differenzierbar, so erhalten wir noch einen Ausdruck für die Effektivität von $p(t)$:

$$\min_{0 \leq t \leq 1} \{-|f(t) - p(t)|\} \min \left\{ \min_{0 \leq i \leq l} [p(t_i) - f(t_i)];\ \min_{0 \leq i \leq l} [f(t_i) - p(t_i)] \right\}$$

$$= \min_{0 \leq i \leq l} \{\min [p(t_i) - f(t_i); f(t_i) - p(t_i)]\} = \min_{0 \leq i \leq l} [-|f(t_i) - p(t_i)|] .$$

Um die Effektivität verschiedener Polynome zu vergleichen, kann man, wie schon früher bemerkt, auch das Kriterium $[f(t) - p(t)]^2$ benutzen. Dann stellt die Größe $\min_{0 \leq t \leq 1} [f(t) - p(t)]^2$ ein Maß zum Vergleich von Strategien dar. Allerdings vergrößert sich dabei die Anzahl der Punkte $t_i$, die als Wurzeln des abgeleiteten Kriteriums definiert sind.

Modell III. Sei $[x_1, \ldots, x_N]$ eine Strategie, die im voraus gewählt wurde, ohne Information über $f(x_i)$ (die unbestimmten Faktoren) zu verwenden, die der operierenden Seite beim Extremumsuchprozeß zugänglich werden.

Wegen der LIPSCHITZ-Bedingung haben wir offensichtlich

$$f(x) \geqq f(x_i) - k\,|x - x_i| \tag{79}$$

für beliebiges $i$, d. h.

$$f(x) \geqq \max_{1 \leq i \leq N} [f(x_i) - k\,|x - x_i|] .$$

Die Effektivität der Strategie $[x_1, \ldots, x_N]$ schätzen wir für zwei Randfälle von Kriterien (7) ab, d. h. für $\lambda = 0$ und $\lambda = 1$.

Im ersten Fall hat das Kriterium die Gestalt

$$W = -|x_{i_0} - x_0|$$

mit $f(x_{i_0}) = \min_{1 \leq i \leq N} f(x_i)$ und $f(x_0) = \min_{0 \leq x \leq 1} f(x)$. Nach (58) ergibt sich die Effektivitätsabschätzung

$$\underline{W} = \inf_{x_0; x_{i_0}} \{-|x_{i_0} - x_0|\} = -\sup_{x_0; x_{i_0}} |x_{i_0} - x_0| . \tag{80}$$

Wie auch die Gesamtheit der Punkte $[x_1, \ldots, x_N]$ mit $x_0 \neq 0$, $x_N \neq 1$ beschaffen sei, man kann stets fast konstante Funktionen derart wählen, daß die Punkte $x_0$ und $x_1$ (oder $x_N$) an verschiedenen Enden der Strecke $[0, 1]$ liegen, wobei $x_1$ oder $x_{N_0}$ für diese Funktionen auch die Größen $x_{i_0}$ werden. In der Tat, wählt man zum Beispiel die Funktion $f(x) = \varepsilon x + 1$ für $x < x_N$ und $f(x) = -k_1(x - x_N) + \varepsilon x_N + 1$ für $x > x_N$ und $\varepsilon x_N < k_1 [1 - x_N]$, so gilt $f(x_1) = \min_{1 \leq i \leq N} f(x_i)$ und $\min_{0 \leq x \leq 1} f(x) = f(1)$. Hieraus folgt, daß für $0 \leqq x_1 < x_N < 1$ die garantierte Effektivitätsabschätzung (80) für die Strategie das Resultat

$$-\max [1 - x_1; x_N] \leqq -0{,}5$$

ergibt, gleich wie $x_1$ und $x_N$ sowie die Anzahl der Punkte $N$ beschaffen sind.

Also kann man bei der Definition von $x_0$ einen Fehler garantieren, nur nicht kleiner als 0,5, falls $0 < x_1 < x_N < 1$ ist. Zeigen wir jedoch $x_N = 1$ und $x_0 = 0$, so können wir uns davon überzeugen, daß $x_0 = 1 - \frac{\Theta}{2}$ ist, aber $x_{i_0} = 0$, falls man die Funktion

$$f(x) = \varepsilon x + 1 \quad \text{falls} \quad x \leqq 1 - \Theta;$$

$$f(x) = -k(x - 1 + \Theta) + \varepsilon(1 - \Theta) + 1 \quad \text{falls} \quad 1 - \Theta < x \leqq -\frac{\Theta}{2};$$

$$f(x) = k\left(x - 1 + \frac{\Theta}{2}\right) + \varepsilon(1 - \Theta) + 1 - k\frac{\Theta}{2}\,;\ 1 - \frac{\Theta}{2} \leqq x \leqq 1$$

zugrundegelegt. Das ergibt für die kleinste obere Fehlerschranke 1 in der Definition von $x_0$, weil $\Theta$ beliebig war, d. h. die ganze Länge des Segments, auf dem das Extremum gesucht wird.

Aus dem Gesagten wird klar, daß für Kriterien mit $\lambda = 0$ sämtliche Strategien relativ uneffektiv sind. Vergrößert man die Menge der Punkte, so erhöht sich die Genauigkeit bei der Suche nach der Extremstelle durchaus nicht. Folglich ist es noch nötig, die Indeterminiertheit, d.h. die betrachtete Funktionenklasse, einzuengen, indem man hinreichende Steilheit für sie im Bereich des Extremums voraussetzt oder, was natürlich ist, ihre Unimodalität (d. h. es gibt nur ein lokales Minimum). Im letzteren Falle verifiziert man leicht, daß der Fehler $|x_{i_0} - x_0|$ das max $[x_1; x_2 - x_1; \ldots; x_N - x_{N-1}]$ sogar dann nicht überschreitet, wenn die Einschränkungen (79) nicht auferlegt werden.

Anders verhält es sich bei Kriterien mit $\lambda = 1$, d. h. wenn

$$W = -|f(x_{i_0}) - f(x_0)|$$

gilt. Liege $x_0$ irgendwo zwischen $x_1$ und $x_N$, etwa zwischen $x_i$ und $x_{i+1}$. Dann haben wir wegen (79)

$$f(x_0) \geqq \max\,[f(x_i) - k(x_0 - x_i);\ f(x) - k_{i+1}(x_{i+1} - x_0)]\,. \tag{81}$$

Sind $f(x_i)$ und $f(x_{i+1})$ fixiert, so besitzt die rechte Seite der Ungleichung einen kleinsten Wert, falls $x_0$ im Schnittpunkt der Geraden $z = f(x_i) - k(x - x_i)$ und $z = f(x_{i+1}) - k(x_{i+1} - x)$ liegt, d. h. falls

$$x_0 = \frac{f(x_i) - f(x_{i+1})}{2k} + \frac{x_{i+1} + x_i}{2}$$

gilt. Dabei ist die rechte Seite von (81) gleich

$$\frac{f(x_i) + f(x_{i+1})}{2} - \frac{k}{2}(x_{i+1} - x_i)\,.$$

Hieraus folgt, daß stets

$$f(x_0) \geqq \frac{f(x_i) + f(x_{i+1})}{2} - \frac{k}{2}(x_{i+1} - x_i)$$

$$\geqq \min_j f(x_j) - \frac{k}{2}(x_{i+1} - x_i) = f(x_{i_0}) - \frac{k}{2}(x_{i+1} - x_i)$$

gilt. Da andererseits stets

$$\min_{0 \leq x \leq 1} f(x) = f(x_0) \leqq f(x_{i_0})$$

gilt, ist

$$|f(x_0) - f(x_{i_0})| \leqq \frac{k}{2} (x_{i+1} - x_i) .$$

Ebenso offensichtlich ist für $x_0 \in [0, x_1]$

$$|f(x_0) - f(x_{i_0})| \leqq k(x_1 - 0) ,$$

und für $x_0 \in [x_N, 1]$

$$|f(x_0) - f(x_{i_0})| \leqq k(1 - x_N)$$

und folglich, falls unbekannt ist, wo $x_0$ liegt,

$$|f(x_0) - f(x_{i_0})| \leqq k \max [x_1 - 0; 1 - x_N; \tfrac{1}{2} (x_{i+1} - x_i); \tfrac{1}{2} (x_N - x_{N-1})] .$$

Diese Abschätzung ist scharf, d. h. man kann stets Werte für die unbestimmten Faktoren $f(x_i)$ angeben, für die diese Ungleichung als Gleichung erfüllt wird. Ist dafür $\frac{1}{2}(x_{i_1+1} - x_{i_1})$ die maximale, rechtsstehende Differenz, so genügt es,

$$f(x_{i_1+1}) = f(x_{i_1}) = \min_{1 \leq i \leq N} f(x_i), \quad x_0 = \frac{x_{i_1+1} + x_{i_1}}{2} ,$$

$$f(x_0) = f(x_{i_1}) - k \frac{x_{i_1+1} - x_{i_1}}{2}$$

zu wählen und die restlichen $f(x)$ so, daß die Lipschitz-Bedingung erfüllt wird. Analog kann man auch dann vorgehen, wenn sich $x_1 - 0$ oder $1 - x_N$ als maximal erweisen.

Alles, was hier gesagt wurde, läßt sich in der Behauptung zusammenfassen, daß für das Kriterium $W = - |f(x_{i_0}) - f(x_0)]|$ die garantierte Effektivitätsabschätzung gleich

$$\underline{W} = - k \max \left[ x_1, 1 - x_N; 0{,}5 \max_{1 \leq i \leq N-1} (x_{i+1} - x_i) \right] \tag{81'}$$

ist. Hier wächst die Effektivität einer Strategie, wenn man sie vernünftig wählt mit wachsendem $N$, d. h., es vergrößert sich die Genauigkeit von $\min f(x)$ zusammen mit wachsender Aktivitätenmenge $N$.

Modell IV. Die Strategie $\{x_i^0\}$ sei fixiert. Da sämtliche Glieder der Summe (9) stets nichtnegativ sind, ist es für den Gegner, der danach strebt, (9) zu mininieren, sinnvoll, nur dann $y_i > x_i^0/p_i$ zu wählen, wenn $\sum_{i=1}^{k} \frac{x_i^0}{p_i} < \sum_{i=1}^{k} y_i = n$ gilt. In diesem Fall wird die Effektivitätsabschätzung für die Strategie $\{x_i^0\}$ gleich 0. In den restlichen Fällen, d. h. bei $n \leqq \sum_{i=1}^{k} \frac{x_i^0}{p_i}$ überschreiten die für die operierende Seite ungünstigsten $y_i$ nicht $x_i/p_i$. Dann jedoch erlangt (9) die

Gestalt

$$\sum_{i=1}^{k} (x_i - p_i y_i) = N - \sum_{i=1}^{k} p_i y_i .$$

Das Minimum für diesen Ausdruck bei $y_i \leqq x_i/p_i$ erhält man auf folgende Weise.

Die Numerierung sei so gewählt, daß $p_i \geqq p_{i+1}$ gilt. Dann ist es für den Gegner vor allem bequem, $y_1$ bis $y_1^{(\min)} = x_1^0/p_1$ zu vergrößern, falls $n \geqq x_1^0/p_1$ ist oder bis $n$ im entgegengesetzten Fall.

Allgemein ist $y_i^{(\min)} = x_i^0/p_i$ für $i < i_0$, wobei

$$\sum_{i=1}^{i_0} \frac{x_i^0}{p_i} > n \geqq \sum_{i=1}^{i_0-1} \frac{x_i^0}{p_i}$$

gilt und

$$y_{i_0}^{(\min)} = n - \sum_{i=1}^{i_0-1} \frac{x_i^0}{p_i}\,; \quad y_i^{(\min)} = 0 \qquad \text{für} \qquad i > i_0 .$$

Entsprechend der Effektivitätsabschätzung nach (58) erhalten wir

$$\underline{W} = x_i^0 - p_{i_0}\left[n - \sum_{i=1}^{i_0-1} \frac{x_i^0}{p_i}\right] + \sum_{j=i_0+1}^{k} x_j^0 . \tag{82}$$

Wir nehmen nun an, daß die operierende Seite (nicht der Operationsforscher), die ihre Aufmerksamkeit auf den nach $p_i$ schwächsten $k$-ten Punkt richtet, über $y_k$ Informationen besitzt und die Strategie $x_i^0 = 0$ für $i \leqq k - 2$, $x_{k-1}^0 = N$ für $y_k > n/2$, $x_{k-1}^0 = 0$ für $y_k \leqq n/2$; $x_k^0 = 0$ für $y_k > n/2$; $x_k^0 = N$ für $y_k \leqq n/2$ wählt.

Dann gilt offensichtlich auch $y_i^{(\min)} = 0$ für $i \leqq k - 2$, und das Effektivitätskriterium erhält die Gestalt

$$\max\,[N - x_k^0(y_k) - p_{k-1}\,(n - y_k); 0] + \max\,[x_k^0(y_k) - p_k y_k; 0]$$

mit $x_k^0(y_k) = 0$. $N$ ist abhängig davon, ob $y_k > n/2$ oder $y_k \leqq n/2$. Ist $y_k > n/2$, so ist das Kriterium gleich $\max\,[N - p_{k-1}\,(n - y_k); 0]$, und sein Minimum wird für $y_k = n/2 + 1$ angenommen, d. h. ist gleich

$$\max\,[N - p_{k-1}\,(n/2 - 1); 0] .$$

Ist jedoch $y_k \leqq n/2$, so haben wir das Kriterium $\max\,[N - p_k\, y_k; 0]$ mit dem Minimum (für $y_k = n/2$) $\max\,[N - p_k\, n/2; 0]$. Also ergibt sich als Effektivitätsabschätzung für diese Strategie die Größe

$$\min\left\{\max\left[N - p_{k-1}\left(\frac{n}{2} - 1\right); 0\right]; \ \max\left[N - p_k \frac{n}{2}\,; 0\right]\right\}.$$

Vergleicht man diesen Ausdruck mit (82) für $x_k = N$; $x_i = 0$; $i \neq n$, so überzeugt man sich leicht davon, daß das Auftreten von Informationen über $y_k$ die garantierte Effektivität von Strategien bedeutend vergrößert, wenn man sie mit einer a-priori-Strategie vergleicht, die all ihre Kräfte auf den bezüglich $p_i$ schwächsten Punkt konzentriert.

Modell VII. Sind die Zielkoordinaten zufällig und ändern sie sich nicht während der Beschußzeit, so führt das nach der Regel (66) gemittelte Kriterium (33) auf eine Effektivitätsabschätzung, die besagt, daß das Integral

$$W = 1 - \int_{-\infty}^{\infty} \int_{-\infty}^{\infty} \prod_{i=1}^{n} [1 - \alpha p_i (x_{1i} - y_1; x_{1i} - y_2)] \varphi_\Gamma(y_1, y_2)\, dy_1\, dy_2 \quad (83)$$

berechnet werden muß, wobei $\varphi_\Gamma(y_1 y_2)$ das differentielle Verteilungsgesetz für die Lage des Ziels ist (es wird gewöhnlich die Normalverteilung angenommen).

Hier wird vorausgesetzt, daß die operierende Seite keine neuen Informationen über $(y_1, y_2)$ erhält. Wir wollen daran erinnern, daß die Zufälligkeit von $y_1, y_2$ nicht unbedingt bedeutet, daß die Lage des Ziels wirklich zufällig ist, sondern oft einfach zum Ausdruck bringt, daß die von der operierenden Seite ausgeführten Lagemessungen zufällige Fehler aufweisen.

Wir schon in § 2 gesagt, heißt dieser Fall Schema zweier Fehlergruppen, und die Formel (83) ist die Effektivitätsabschätzung für den Beschuß beim Schema mit zwei Fehlergruppen. Mit einer ähnlichen Effektivitätsabschätzung für Schemen mit zwei Fehlergruppen kann man sich im schon erwähnten Buch von E. S. Wentzel bekanntmachen.

Dcr Fall des Beschusses mit Einschießen ist komplizierter. Bekannt werden die Größen $x_{1i} - y_1 + u_i$ und $x_{2i} - y_2 + v_i$, wobei $u_i$ und $v_i$ Zufallsgrößen sind, die die Streuung des $i$-ten Geschosses charakterisieren. Diese Information erlaubt, die Größen $y_1$ und $y_2$ exakt bis auf Fehler $u_i$ und $v_i$ zu beurteilen und den folgenden Beschuß gemäß diesen Informationen einzurichten.

Gewöhnlich wählt man als ungefähre Daten über $y_1$ und $y_2$ beim $k$-ten Beschuß die Größen $\frac{1}{k-1} \sum_{i=1}^{k-1} (y_1 + u_i) = y_1 + \frac{1}{k-1} \sum_{i=1}^{k-1} u_i$ und analog für $y_2$. Da die Varianz für die Größen $\frac{1}{k-1} \sum_{i=1}^{k-1} u_i$ gleich $\sigma_i^2/(k-1)$ ist, werden mit wachsendem $k$ alle Angaben über $y_1$ präzisiert, und das kann man auch zur Wahl von $x_{1k}$ und $x_{2k}$ für $k \geqq 2$ ausnutzen.

Gewöhnlich kann man die Größen $u_i$ und $v_i$ annähernd gleich den Zufallsgrößen für die individuellen Abweichungen der Geschosse von den berechneten Bahnen setzen, falls natürlich die eigentlichen Meßfehler für die Abweichungsgrößen der Treffer vom Zentrum des beschossenen Objekts vernachlässigt werden. Wählt man dann die Strategien in der natürlichen Form

$$x_{1k} = y_1 + \frac{\sum_{i=1}^{k-1} u_i}{k-1} \quad \text{und} \quad x_{2k} = \frac{\sum_{i=1}^{k-1} u_i}{k-1} + y_2$$

mit beliebigen $x_{11}$ und $x_{21}$, so erhält die Effektivität einer solchen Strategie[1]) anstelle von (83) die Gestalt

$$W = 1 - \int_{-\infty}^{\infty} \cdots \int_{-\infty}^{\infty} \prod_{i=2}^{n} \left[ 1 - \alpha p_i^0 \left( \frac{\sum_{j=1}^{i-1} u_j}{i-1} + u_i ; \frac{\sum_{j=1}^{i-1} v_j}{i-1} + v_i \right) \right]$$

$$\times \left[ 1 - \alpha p_1^0 (x_{11} - y_1 + u_1 ; x_{21} - y_2 + v_1) \right]$$

$$\times \varphi_\Gamma(y_1, y_2) \prod_{i=1}^{n} \frac{1}{2\pi\sigma_1\sigma_2} e^{-\frac{u_i^2}{\sigma_2^2} - \frac{v_i^2}{\sigma_1^2}} dy_1 \, dy_2 \, du_1 \, dv_1 \ldots du_n \, dv_n , \tag{84}$$

wo die Größen $p_i^0$ gleich 0 oder 1 sind je nachdem, ob das Punkt-Argument das Ziel trifft oder nicht.

Somit kann man hier wegen des Zusammenhangs zwischen den $x_{1i}$, $x_{2i}$ und den individuellen Fehlern beim Beschuß niemals das Kriterium (33) mitteln das durch aufeinanderfolgende Mittelung von Kriterien des Typs 0;1 (erreicht, nicht erreicht) gewonnen wurde. Man muß dieses Anfangskriterium für eine gegebene Strategie unmittelbar mitteln.

Erinnern wir uns, daß selbst die $p_i$ in (83) durch eine analoge Mittelwertbildung, d. h. durch Integration gewonnen wurden, so sehen wir, weshalb es so sehr schwierig ist, (84) zu bestimmen. Es ist nämlich notwendig, ein nicht zerfallendes $2n$-faches Integral zu berechnen. Hier ist es angebracht, Monte-Carlo-Methoden anzuwenden, für die dieser Umstand bei einer numerischen Effektivitätsberechnung gar nicht so wesentlich ist.

Ein „Einschießen" einzuführen ist natürlich auch bei a priori unbestimmter Lage des Ziels zweckmäßig. Die Formel (84) bleibt dann im allgemeinen ungeändert. Man muß nur anstelle des Integrals über $(y_1, y_2)$ mit differentiellem Verteilungsgesetz $\varphi_\Gamma(y_1, y_2)$ das Minimum bezüglich $(y_1, y_2)$ finden. Allerdings basieren derartige Effektivitätsabschätzungen für Strategien wesentlich auf der Voraussetzung, daß das Ziel sich nicht fortbewegt. Bei beweglichem Ziel ist das Einschießen komplizierter; es wird mit einer zu lösenden Filtrationsaufgabe gekoppelt (Beispiel VIII).

Gibt es kein Einschießen und ist das Ziel unbeweglich ($y_1$, $y_2$ unbestimmt), dann wird die Effektivität nach (58) so abgeschätzt, daß sich die Größe

$$\underline{W} = \min_{y_1, y_2} \left\{ 1 - \prod_{i=1}^{n} [1 - \alpha p_i(x_{1i} - y_1 ; \; x_{2i} - y_2)] \right\} \tag{85}$$

ergibt. Wird jedoch vorausgesetzt, daß sich das Ziel von Beschuß zu Beschuß nach dem Gesetz

$$|y_{1i} - y_{1i-1}| \leqq \Delta_1 ; \; |y_{2i} - y_{2i-1}| \leqq \Delta_2 ; \; a_1 \leqq y_{11} \leqq b_1 ; \; a_2 \leqq y_{21} \leqq b_2 \tag{86}$$

---

[1]) Also ist eine Strategie hier eine Funktion der zukünftigen Informationen über die Werte der zufälligen Faktoren $y_1$ und $y_2$, die mit zusätzlichen zufälligen Fehlern erhalten werden.

verschieben kann, so gilt

$$\underline{W} = \min_{y_{11};\, y_{21},\, \ldots,\, y_{n1},\, y_{n2}} \left\{1 - \prod_{i=1}^{n} [1 - \alpha p_i (x_{1i} - y_{1i};\ x_{2i} - y_{2i})]\right\} \tag{86'}$$

unter den Restriktionen (86).

Modell VIII. Wir betrachten nur den Fall eines sich unbestimmt bewegenden Objekts (Fall C) unter den Restriktionen (36) und bei $|y_i - y_a| \leqq K_0$. Das Kriterium (35) überführen wir in die Form

$$- W = \left[\sum_{j=1}^{i} y_j \left(\sum_{l=1}^{j} \varrho_l - \sum_{l=1}^{j-1} \varrho_l\right) + \varrho_0 y_a - y_i\right]^2 + \sum_{j=1}^{i} \varrho_j^2 D_j$$

$$= \left[\sum_{j=1}^{i-1} (y_j - y_{j+1}) \sum_{l=1}^{j} \varrho_l + (y_i - y_a)\left(\sum_{l=1}^{i} \varrho_l - 1\right)\right.$$

$$\left. + \left(\varrho_0 + \sum_{l=1}^{i} \varrho_l - 1\right) y_a\right]^2 + \sum_{j=1}^{i} \varrho_j^2 D_j .$$

Wegen der Beschränkungen von $y_j - y_{j+1}$ und $y_i - y_a$ wird klar, daß die ungünstigsten $y_j - y_{j+1} = \pm K$ und das ungünstigste $y_i$ sich natürlich aus der Gleichung $y_i - y_a = \pm K$ bestimmen läßt, wobei die Vorzeichen von $y_j - y_{j+1}$ und $y_i - y_a$ mit den Vorzeichen von

$$\sum_{l=1}^{j} \varrho_l \Big/ \left(\varrho_0 + \sum_{l=1}^{i} \varrho_l - 1\right) y_a ; \quad \left(\sum_{l=1}^{i} \varrho_l - 1\right) \Big/ \left(\varrho_0 + \sum_{l=1}^{i} \varrho_l - 1\right) y_a$$

übereinstimmen müssen, falls

$$y_a\left(\varrho_0 + \sum_{l=1}^{i} \varrho_l - 1\right) \neq 0$$

gilt. Ist jedoch $y_a\left(\varrho_0 + \sum_{l=1}^{i} \varrho_l - 1\right) = 0$, so müssen die $y_j - y_{j+1}$ Vorzeichen haben, die mit $\sum_{l=1}^{j} \varrho_l \Big/ (y_i - y_a)\left[\sum_{l=1}^{i} \varrho_l - 1\right]$ übereinstimmen, falls $(y_i - y_a) \times \left(\sum_{l=1}^{i} \varrho_l - 1\right) \neq 0$ gilt, und schließlich müssen die Vorzeichen von $(y_j - y_{j+1}) \sum_{l=1}^{j} \varrho_l$ einheitlich sein, falls $(y_i - y_a)\,(\Sigma\, \varrho_l - 1) = 0$ ist. Daher ergibt die Effektivitätsabschätzung nach (58)

$$- \underline{W} = \left[\left|\varrho_0 + \sum_{l=1}^{i} \varrho_l - 1\right| |y_a| + K_0 \left|\sum_{l=1}^{i} \varrho_l - 1\right| + K \sum_{j=1}^{i-1} \left|\sum_{=1}^{j} \varrho_l\right|\right]^2 + \sum_{j=1}^{i} \varrho_j^2 D_j . \tag{87}$$

Ist insbesondere $K_0$ sehr groß oder genauer $K_0 \to \infty$, so muß die Strategie die Bedingung

$$\sum_{l=1}^{i} \varrho_l = 1 \tag{88}$$

erfüllen, damit unendlich große Fehler vermieden werden. Dabei werden alle Strategien mit $\varrho_0 \neq 0$ nicht besser als Strategien mit denselben $\varrho_j$, aber mit $\varrho_0 = 0$. Also genügt es, wenn bei $K_0 = \infty$ nur Strategien mit $\varrho_0 = 0$ betrachtet werden, wobei (88) erfüllt sein muß. Unter diesen Bedingungen verwandelt sich (87) in die Effektivitätsabschätzung

$$- \underline{W} = K^2 \left[ \sum_{j=1}^{i-1} \left| \sum_{=1}^{j} \varrho_l \right| \right]^2 + \sum_{j=1}^{i} \varrho_j^2 D_j . \tag{89}$$

## § 11. Über Effektivitätsabschätzungen unter zufälligen unkontrollierbaren Faktoren

Sämtliche unkontrollierbaren Faktoren mögen als zufällig angesehen werden. Erweist sich dabei eine Mittelung nach (66) als zweckmäßig, so muß man unbedingt die Verteilungsgesetze der entsprechenden zufälligen Faktoren kennen, wenn man diese Mittelung ausführen möchte. Sind diese Gesetze nicht hinreichend genau bekannt, so treten neue unbestimmte Faktoren auf, wie schon im § 2 (Modell VI) bemerkt wurde, und mit ihnen auch die Notwendigkeit entsprechender garantierter Abschätzungen gemäß (58).

Man kann auf drei verschiedene Arten über das Verteilungsgesetz $f(z)$ einer Zufallsgröße $z$ informiert sein.

1) $f(z)$ ist hinreichend genau bekannt. Das ist der wünschenswerte Fall, aber er ist relativ selten und zwar insbesondere, wenn man neue Fragen untersucht, was für die Operationsforschung typisch ist.

2) Der Verteilungsgesetztypus ist bekannt, d. h. die Funktion $f(z, \bar{\alpha})$, allein die Werte für den Parametervektor $\bar{\alpha}$, die das Verteilungsgesetz eindeutig festlegen, sind unbekannt oder nicht hinreichend genau bekannt (etwa für die Normalverteilung ist die Varianz unbekannt). Bei einem hinreichend allgemeinen Fall können die Informationen über $\bar{\alpha}$ in Form der Ungleichung

$$\bar{\alpha}_0 < \bar{\alpha} < \bar{\alpha}_1$$

geschrieben werden, wo die Vektoren $\bar{\alpha}_0$ und $\bar{\alpha}_1$ bekannt sind. Insbesondere auch auf diesen Fall bezieht sich die Darstellung einer unbestimmten Größe $x$ als eine zufällige, jedoch mit unbestimmtem Verteilungsgesetz.

Tatsächlich ist die Gestalt des Verteilungsgesetzes hier bekannt: $f(z) = 0$ für $z < \bar{\alpha}$ und $f(z) = 1$ für $z \geqq \bar{\alpha}$. Jedoch ist hier der Parameter $\bar{\alpha}$ nicht bekannt, sondern eingeschränkt durch Ungleichungen der angegebenen Art oder allgemein

$$\bar{\alpha} \in E ,$$

wo $E$ eine vorgegebene Menge ist.

3) Der Verteilungsgesetztypus ist unbekannt, aber eine endliche Anzahl seiner Charakteristiken ist bekannt oder beschränkt. Als solche treten gewöhnlich entweder Werte $f(z_i)$ in einigen Punkten $z_i$ oder die Momente des Ver-

teilungsgesetzes

$$\int z^i \, df(z) = M_i; \quad i = 0, 1, \ldots.$$

auf. Die Einschränkungen für die Unbestimmtheit von $f(z)$ (d. h. die Informationen über das Verteilungsgesetz) sehen hier wie folgt aus: $f(z)$ ist eine nicht fallende Funktion, und für $1 \leqq j \leqq m$, $0 \leqq i \leqq n$ gilt

$$0 \leqq a_j \leqq f(z_j) \leqq b_j \leqq 1; \quad 0 \leqq c_i \leqq \int z^i \, df(z) \leqq d_i \, . \tag{90}$$

Dieser können natürlich auch weitere Bedingungen hinzugefügt werden: $f(z) = 0$ für $z < z_0$ oder $f(z) = 1$ für $z > \bar{z}$ oder andere analoge Bedingungen, die den zulässigen Variationsbereich für $z$ beschreiben.

Zusammengefaßt können alle diese Informationsarten über das Verteilungsgesetz in Form der Ungleichungen

$$\underline{r}_l \leqq \int r_l(z) \, df(z) \leqq \bar{r}_l; \quad l \leqq l \leqq l_0 \, , \tag{91}$$

geschrieben werden, wo die $r_l(z)$ bekannte Funktionen sind, und zwar erhalten wir insbesondere für $r_l(z) = 1$ bei $z \leqq z_j$ und $r_l(z) = 0$ für die restlichen $z$ die erste Restriktionengruppe in (90).

Also muß man sich bei der Effektivitätsabschätzung in Modellen mit zufälligen Faktoren mit den verschiedenen Genauigkeitsgraden befassen, in denen die Verteilungsgesetze bekannt sind, und dieser Umstand ist ein wesentliches Moment, das die Effektivitätsabschätzung erschwert und zum Auftreten unbestimmter Faktoren führt. Übrigens basiert die Effektivitätsabschätzung gewöhnlich ohne besonderen Grund darauf, daß der günstigste erste Fall von Informiertheit über die Verteilungsgesetze gewählt wird.

Alle anderen Fragestellungen kommen den angegebenen drei Typen so oder so nahe. Wir führen Beispiele an.

1. Manchmal werden anstelle der ersten Gruppe in den Bedingungen (90) (oder zusammen mit ihnen) Restriktionen für das differentielle Verteilungsgesetz $f(z)$ vorgegeben:

$$0 \leqq f'(z) \leqq N \, . \tag{92}$$

Setzt man $\varphi(z) = f'(z)$ als auf dem Intervall [0, 1] definierte Funktion mit beschränkter Schwankung an, die an den Enden den Wert 0 annimmt, so gilt

$$\int_0^1 z^i \, df(z) = \int_0^1 z^i \varphi(z) \, dz = -\frac{1}{i+1} \int_0^1 z^{i+1} \, d\varphi(z),$$

$$f(z_j) = \int_0^{z_j} \varphi(z) \, dz = \int_0^{z_j} (z_j - z) \, d\varphi(z) \, .$$

Führt man nun die entsprechende partielle Integration auch in (66) aus, so sieht man, daß in diesem Fall das Problem im wesentlichen dasselbe ist wie im Fall 3), wobei $f(z)$ durch $\varphi(z)$ ersetzt wurde. Die Bedingung $0 \leqq \varphi(z) \leqq N$ ersetzt dabei $0 \leqq f(z) \leqq 1$, und die Monotonie von $f(z)$ wird durch die Beschränktheit der Variation von $\varphi(z)$ ersetzt.

Eine Effektivitätsabschätzung für die Strategien kann unter den Restriktionen (92) auf bekannten Lemmata vom Typ des NEYMAN-PEARSONschen Lemmas beruhen. Diese Lemmata werden im folgenden gebracht. Einige dieser Ergebnisse wurden im wesentlichen früher von A. A. LJAPUNOW erhalten, allerdings in einer weniger geeigneten Form.

2. In der Zuverlässigkeitstheorie hat man oft $f(t) = 1 - p(t)$ ($p(t)$ die Wahrscheinlichkeit für das störungsfreie Arbeiten eines Elements im Zeitpunkt $t$) und verwendet die Verweigerungsintensität $\lambda(t) = f'(t)/[1 - f(t)]$.

Nach der Erfahrung erhält man außer Moment-Charakteristika für $f(t)$ noch Integralcharakteristika für $\lambda(t)$, und zwar die mittlere Verweigerungsintensität in Form der Ungleichung

$$\underline{\lambda} < \int_{t_1}^{t_2} \lambda(t)\, dt < \bar{\lambda}\,.$$

Diese Ungleichung zieht jedoch

$$\underline{\lambda} < \ln \frac{1 - f(t_1)}{1 - f(t_2)} < \bar{\lambda}$$

oder

$$e^{\underline{\lambda}} f(t_2) - f(t_1) > e^{\underline{\lambda}} - 1\,, \quad e^{\bar{\lambda}} f(t_2) - f(t_1) < e^{\bar{\lambda}} - 1$$

nach sich.

Es ist offensichtlich, daß diese Bedingung wiederum eine Bedingung vom Typ (91) ist. So entspricht zum Beispiel die linke Seite der ersten Ungleichung $r(t) = e^{\underline{\lambda}} - 1$ für $t < t_1$; $r(t) = e^{\underline{\lambda}}$ für $t_1 \leqq t \leqq t_2$ und $r(t) = 0$ in den übrigen Punkten.

3. Wenn man in der Statistik auf dem Wege der Erfahrung die Vektoren $\bar{\alpha}$ oder $f(z_j)$ und die Momente $M_i$ gewinnt, nutzt man zur Abschätzung der gemessenen Größen in beträchtlichem Maße die Vertrauensgrenzen und die entsprechenden Vertrauenswahrscheinlichkeiten aus. Dabei werden die Ungleichungen (90) oder $\bar{\alpha}_0 < \bar{\alpha} < \bar{\alpha}_1$ nicht als zuverlässige Ereignisse erklärt, sondern als Ereignisse, die eine bestimmte (Vertrauens-)Wahrscheinlichkeit haben.

Bezeichnen wir eine gewisse Vertrauenswahrscheinlichkeit als hinreichend dafür, daß Zuverlässigkeit vorliegt, so können die Ungleichungen (90) oder $\bar{\alpha}_0 < \bar{\alpha} < \bar{\alpha}_1$ bei entsprechenden Vertrauensgrenzen als verbindliche Ungleichungen betrachtet werden, und wir kommen zur dritten Informationsvariante über Verteilungsgesetze.

Es ist allerdings möglich, wenn auch ohne besonderen Effekt, die Kenntnisse der Vertrauenswahrscheinlichkeiten anders auszunutzen, und zwar: Meßfehler, wie zum Beispiel die Größen $\bar{\alpha}$ (oder $M_i$) kann man als zufällig ansehen, und die Vertrauenswahrscheinlichkeit ist das Verteilungsgesetz für diese Fehler. Damit treten neue Zufälligkeiten auf, und zwar $\bar{\alpha}$ oder $M_i$ und $f(z_j)$, und man muß von neuem sämtliche Mittelwertsbildungen über den Kriterien wiederholen, indem man die hinzugefügten zufälligen Faktoren in Rechnung stellt. Im Ergebnis kehren wir zu den angegebenen drei Typen von Problemstellungen zurück.

Hängt das Verteilungsgesetz $f(z, \alpha)$ nur von dem einen zufälligen Parameter $\alpha$ mit Verteilungsgesetz $\Phi(\alpha, \beta)$ ab, so führt der Mittelwert des bedingten Verteilungsgesetzes für $f(z, \alpha)$:

$$\bar{f}(z, \beta) = \int f(z, \alpha)\, d\Phi(\alpha, \beta)$$

dazu, daß ein neues (nicht bedingtes) Verteilungsgesetz $\bar{f}(z, \beta)$ betrachtet wird, das von einem bekannten oder unbekannten Parameter $\beta$ abhängt.

Ist die Funktion $\Phi(\alpha, \beta)$ bekannt, so ist (bei bekanntem $f(z, \alpha)$) auch die Form des Gesetzes $\bar{f}(z, \beta)$ bekannt. In anderen Fällen von Informiertheit über $\Phi(\alpha)$ (genau so wie bei bekanntem $\Phi(\alpha, \beta)$) kann manchmal auch ein anderer Weg zweckmäßig sein, um die Probleme auf die drei angegebenen Typen zurückzuführen.

Da $f(z, \alpha)$ bekannt ist, wird das Kriterium (66) nach einer Mittelung über $z$ zu einer Funktion nur von $\alpha$. Aber bei einer Mittelung über $\alpha$ wiederholen sich alle drei Probentypen eben auch.

Seien nun $f(z_j) = a_j = \bar{a}_j + \varepsilon$ selbst erfahrungsgemäß gemessen mit feststehenden Werten $\bar{\alpha}_j$ und Verteilungsgesetz $\Phi(\varepsilon_j')$ sowie den Momenten $M_i = \bar{m}_i + \Delta m_i$. Fixiert man dann $\varepsilon_j'$ und $\Delta m_i$, so müssen dann, wenn man die Effektivität abschätzen will, in erster Linie sämtliche $f(z)$ definiert werden, die (66) unter den Bedingungen minimieren, daß $M_i$ und $f(z_j)$ genau bekannt sind (weil $\varepsilon_j$ und $\Delta m_i$ fixiert sind).

Es zeigt sich, daß die gewonnene garantierte Effektivitätsabschätzung nur von $\varepsilon_j$ und $\Delta m_i$ abhängt und daß man zu den angegebenen drei Problemtypen zurückkommt, wenn man über diese Größen mittelt. Somit ist es sinnvoll, drei Problemtypen bei einer Effektivitätsabschätzung zu betrachten, die darauf zurückgeführt werden können, daß (67) gesucht wird, wobei in $f(z)$ Unbestimmtheiten auftreten, die für die drei aufgeführten Typen von Informiertheit erhalten bleiben; m. a. W. wird

$$\inf \int \cdots \int W[x(\bar{y}_1), \bar{y}_1]\, df_1(y_{11}) \cdots f_k(y_{1k})$$

für Funktionen $f_i(y_{1i})$ gesucht, die durch Informationen der drei angegebenen Typen eingeschränkt sind.

Außerdem wollen wir bemerken, daß es oft vorkommt, daß anstelle der Momente $M_i$ die zentralen Momente bekannt sind, zum Beispiel anstelle von $M_2$ die Dispersion $D = M_2 - M_1^2$. Sind dabei die zentralen Momente exakt bekannt, so ist es auch $M_2$, und die Aufgabe, die Effektivität abzuschätzen, ändert sich nicht. Sind aber $M_1$ und $D$ nur beschränkt, so kann die Aufgabe, die Effektivität abzuschätzen, zunächst als Problem mit exakt bekanntem $M_1$ und beschränktem $M_2$ (zufolge von $D$) dargestellt werden, und danach wird bereits eine zweite Minimierung über die möglichen Werte von $M_1$ ausgeführt. Es ist natürlich auch möglich, das Problem anders zu beschreiben, jedoch kann dann der Variationsbereich für $M_1$ und $M_2$ nicht als direktes Produkt der Variationsbereiche von $M_1$ und $M_2$ angesehen werden, was nach sich zieht, daß sich die Effektivitätsabschätzung entsprechend verkompliziert, ohne sich wesentlich zu ändern.

Die Gestalt des Verteilungsgesetzes $f(z, \alpha)$ (und mehr noch das vollständige Gesetz) kann entweder aus einem lang andauernden und massiven Experiment bekannt werden, was aber beispielsweise bei neuen Verfahren in der Technik unmöglich ist oder aus mathematischen und allgemeinen physikalischen Betrachtungen. Zum letzteren zählt, daß man Bedingungen angibt, die erfüllt sein müssen, damit man asymptotische Gesetze aus der Wahrscheinlichkeitstheorie, d. h. sogenannte Grenzwertsätze, anwenden kann.

Wir wollen nun die hauptsächlichsten Grenzwertsätze aufzählen, die zur Zeit am häufigsten verwendet werden, um in der Praxis Effektivitäten abzuschätzen und zu vergleichen.

I. Das Normalverteilungsgesetz. Das Gesetz kann angewandt werden, wenn die Zufallsgröße Summe einer großen Anzahl unabhängiger Zufallsgrößen ist, deren Varianzen klein bezüglich der Gesamtvarianzen sind. Es wird für die Charakteristika von Meß- und Streuungsprozessen beim Schießen verwendet. Allerdings kann beispielsweise eine Messung mit einer Lehre sicher nicht dadurch charakterisiert werden. Dasselbe bezieht sich natürlich auch auf das Schießen mit selbstzielenden Geschossen.

II. Das POISSON-Gesetz für das Auftreten von $m$ Ereignissen

$$P(m) = \frac{a^m}{m!}\,e^{-a}\,, \tag{93}$$

wo $a$ der Mittelwert für die Anzahl der Auftritte ist.

Das POISSONsche Gesetz tritt entweder als Grenzwert eines binomialen Verteilungsgesetzes auf, das bei der Wiederholung unabhängiger Versuche vorkommt oder auch als Charakteristik eines einfachen Ereignisstromes (zum Beispiel von Anrufen aus einer Telefonzelle), d. h. eines ordinären Stromes, der das Auftreten zweier Ereignisse im selben Moment und ihre Nachwirkungen (die Wahrscheinlichkeit für das Auftreten von Ereignissen in einem beliebigen Zeitintervall hängt nicht davon ab was früher war) ausschließt.

Die POISSON-Verteilung wird besonders in der Bedienungstheorie angewendet, aber auch in Arbeiten über die Effektivität beim Schießen. Ihre Ausnutzung in der Schießtheorie wurde mit dem Umstand verknüpft, daß das Gesetz (32) dann, wenn gleichzeitig $m \to \infty$ und $\alpha \to 0$ strebt und $\alpha m = a$ gilt, gegen

$$1 - e^{-a} = 1 - p(0)$$

strebt.

Allerdings wird oft sowohl in der Praxis der Bedienungstheorie als auch bei einer Reihe schießtheoretischer Fragen das POISSONsche Gesetz ohne eine hinreichende Begründung und manchmal auch einfach falsch angewendet, wenn etwa gewisse Voraussetzungen zur Anwendung nicht erfüllt sind, wie z. B. bei abhängigen Ereignissen. Diese Abhängigkeit kann die gewöhnliche Abhängigkeit von Zufallsgrößen sein, wie sie beispielsweise beim erwähnten Schema zweier Schießfehlergruppen zu finden ist. Besonders häufig tritt sie jedoch auf, wenn der Gegner der operierenden Seite einen Ereignisstrom organisiert. Im ersten

Falle kann man anstelle von (93) wenigstens Gesetze vom Typ

$$P(m) = \int \frac{a^m}{m!} e^{-a} \, d\varphi(a); \quad \bar{a} = \int a \, d\varphi(a) \tag{94}$$

verwenden, wobei $\varphi(a)$ das Verteilungsgesetz und $\bar{a}$ der Mittelwert für die Auftrittszahl ist. Man muß dabei allerdings das Gesetz $\varphi(a)$ kennen, trotzdem ist es unbequemer, (94) auszunutzen als (93). Eine Anwendung von (93), um organisierte gegnerische Aktionen zu charakterisieren, hat a priori im allgemeinen keinerlei Sinn.

III. Die Exponentialverteilung

$$f(t) = 1 - P(t) = 1 - e^{-\lambda t}; \quad T = \frac{1}{\lambda} \tag{95}$$

nimmt einen hervorragenden Platz in der Zuverlässigkeitstheorie ein, um die Zeit $t$ zu charakterisieren, zu der ein System oder ein Gerät ausfallen wird. Es ist ein Grenzwertsatz, der die Zuverlässigkeit $P(t)$ eines unverdoppelten Systems bei einer großen Anzahl in ihrer Verweigerung unabhängiger Geräte charakterisiert. Das ist aus Formel (69) gut ersichtlich.

Sei $n \to \infty$ mit $P_i(t) = 1 - |P_i'(0)| t_0 + o\,[|P_i'(0)| t]$; und seien weiterhin $|P_i'(0)| \neq 0$ und $\sum_{i=1}^{n} |P_i'(0)| = A$. Dann gilt offensichtlich

$$\lim_{n\to\infty} P(t) = \lim_{n\to\infty} \underline{W}_1(t) = \lim_{n\to\infty} \prod_{i=1}^{n} [1 - |P_i'(0)| t_0 + o\,|P_i'(0)|\, t)] = e^{-At}.$$

Ein analoges asymptotisches Verhalten ergibt sich auch für kleine $t$ und fixierte $P_i(t)$, falls $t \sum_{i=1}^{n} |P_i'(0)|$ bei wachsendem $n$ fixiert bleibt.

Die Zuverlässigkeit für ein verdoppeltes System wird allerdings auch asymptotisch nicht durch (95) ausgedrückt. Die Vervielfachung eines Systems im ganzen erfordert, daß man die Normalverteilung mit relativ kleiner Varianz anwendet.

Die geräteweise Parallelschaltung vom Typ (74) wird asymptotisch gut durch das Weibullsche Gesetz

$$f(t) = 1 - e^{-\lambda t^k}; \quad k \geqq 1, \tag{96}$$

charakterisiert, das eine unmittelbare Verallgemeinerung von (95) darstellt, sich aber für $k > 2$ erheblich davon unterscheidet. Die Anwendung von (95) wird auch dadurch beschränkt, daß man voraussetzt, daß die Verweigerungen durch Geräte unabhängig sind.

Oft wird (95) völlig unbegründet verwendet, um die Zuverlässigkeit von Geräten (Elementen) zu charakterisieren, die durchaus nicht immer komplizierte Systeme darstellen. Es ist zum Beispiel bekannt, daß einfache mechanische automatische Einrichtungen recht weit von der Verteilung (95) entfernt sind.

Aus dem Gesagten kann man leicht den Schluß ziehen, daß bei einer kleinen Anzahl experimenteller Daten sehr oft keine hinreichende Begründung vorliegt, um die Gestalt des Verteilungsgesetzes oder gar die Verteilung selbst vollständig festzulegen. Daher ist die dritte Fragestellung mit Restriktionen vom Typ (90) oder (91), bei der in sehr geringem Maße an eine a-priori-Kenntnis der Verteilungsgesetze appelliert wird, von großer Bedeutung.

Indem wir bemerken, daß der Vektor $\overline{\alpha}$ in $f(z, \overline{\alpha})$ praktisch gewöhnlich von geringer Dimension ist und daß eine Effektivitätsabschätzung nach (67) für $\overline{\alpha}_0 \leqq \overline{\alpha} \leqq \overline{\alpha}_1$ dabei ein vergleichsweise einfaches Minimumsuchproblem mit geringer Variablenanzahl ist, gehen wir dazu über, die Hauptaufgabe mit Restriktionen vom Typ (91) und mit im übrigen unbekanntem Verteilungsgesetz $f'(z)$ eingehender zu betrachten.

Da $\bar{x}(\bar{y})$ eine fixierte Strategie ist, deren Effektivität abgeschätzt werden soll, kann man das uns interessierende Problem, eine garantierte Effektivität abzuschätzen, in der Gestalt

$$\overline{\overline{W}} = \inf_{\{F_i(z_i)\}} \int \cdots \int W(z_1, \ldots, z_m)\, \mathrm{d}F_1(z_1) \cdots \mathrm{d}F_m(z_m) \tag{97}$$

unter der Bedingung, daß $F_i(z_i)$ eine nicht abnehmende Funktion ist mit

$$c'_{ik} \leqq \int a_{ik}(z_i)\, \mathrm{d}F_i(z_i) \leqq c_{ik}\,; \quad k = 1, \ldots, \bar{k}_i; \quad i = 1, \ldots, m\,, \tag{98}$$

beschreiben, wenn man die gegenseitigen Abhängigkeiten vernachlässigt. In dieser Beschreibung ist auch die Bedingung $\int \mathrm{d}F_i(z_i) = 1$ eingeschlossen.

Sind die zugelassenen Variationsbereiche für alle $z_i$ endliche Intervalle $[z_i^0, z_i']$, so gilt $F_i(z_i^0) = 0$, $F_i(z_i') = 1$. Sind dabei die $a_{ik}(z_i)$ stückweise stetig und beschränkt, sowie $W(z_1, \ldots, z_m)$ stetig, so kann das Infimum durch das Minimum ersetzt werden, weil das Infimum einer auf endlichen Intervallen gegebenen Familie monotoner Funktionen $F(z_i)$ angenommen wird.

Das gewonnene Variationsproblem ist nicht klassisch und kann als optimales Steuerungsproblem angesehen werden. Man kann es jedoch wesentlich vereinfachen, wenn man auf die Unabhängigkeit der $z_1, \ldots, z_m$ verzichtet. Man kann es auch als stetiges lineares Optimierungsproblem behandeln. Um sich davon zu überzeugen, daß eine derartige Betrachtungsweise rechtmäßig ist, wenden wir uns dem konkreten Fall zu, indem wir jedes $[z_i^0, z_i']$ durch die Punkte $z_{i1}, \ldots, z_{in} = z_i'$ in $n$ Intervalle zerlegen und mit $p_{ij}$ den Zuwachs $F_i(z_{ij}) - F_i(z_{ij-1})$ bezeichnen. Unter $F_i(z_{ij})$ wollen wir den linksseitigen Limes verstehen. Offensichtlich gilt $p_{ij} \geqq 0$.

Sind die Funktionen $a_{ik}(z_i)$ beschränkt und verfügen sie nur über endlich viele Unstetigkeitsstellen erster Art, ist ferner $W(z_1, \ldots, z_m)$ stetig, so kann Problem (97) zufolge den Eigenschaften des Stieltjes-Integrals angenähert als

$$\overline{\overline{W}} = \min_{\{p_{ij}\}} \sum_{\substack{1 \leqq j_1 \leqq n \\ \vdots \\ 1 \leqq j_m \leqq n}} W(z_{1j_1}, \ldots, z_{mj_m}) \prod_{i=1}^{m} p_{ij_i} \tag{99}$$

mit den Restriktionen

$$p_{ij} \geqq 0; \quad c'_{1k} \leqq \sum_{i=1}^{n} a_{ik}(z_{ij})\, p_{ij} \leqq c_{ik} \tag{100}$$

geschrieben werden. Unter diesen Restriktionen sei auch $\sum_{j=1}^{n} p_{ij} = 1$ enthalten.

Wir führen nun $x_{j_1, j_2, \ldots, j_m} = \prod_{i=1}^{m} p_{ij_i}$ ein. Dann gilt

$$p_{1j_1} = \sum_{\substack{1 \leqq j_2 \leqq n \\ \vdots \\ 1 \leqq j_m \leqq n}} x_{j_1, j_2, \ldots, j_m},$$

denn es ist

$$\sum_{j_2, \ldots, j_m} \prod_{i=1}^{m} p_{ij_i} = p_{1j_1} \sum_{j_2, \ldots, j_m} \prod_{i=2}^{m} p_{ij_i} = p_{1j_1} \prod_{i=2}^{m} \sum_{j_i=1}^{n} p_{ij_i} = p_{1j_1}.$$

Analog haben wir

$$p_{ij_i} = \sum_{j_k,\ k \neq i}^{n} x_{j_1, \ldots, j_m}.$$

Offensichtlich verwandeln sich die Bedingungen $\sum_{i=1}^{n} p_{ij} = 1$ in die Bedingung

$$\sum_{j_1, \ldots, j_m} x_{j_1, \ldots, j_m} = 1.$$

Erfüllen umgekehrt die Variablen $x_{j_1, \ldots, j_m}$ die Eigenschaften $x_{j_1, \ldots, j_m} \geqq 0$ und $\sum_{j_1, \ldots, j_m}^{n} x_{j_1, \ldots, j_m} = 1$, so erhalten wir, wenn wir

$$p'_{ij} = \sum_{j_k=1,\ k \neq i}^{n} x_{j_1, \ldots, j_{i-1}, j, j_{i+1}, \ldots, j_m}$$

einführen, daß $p'_{ij} \geqq 0$ und $\sum_{j=1}^{n} p'_{ij} = 1$ für alle $i$ gilt. Dabei kann man allerdings niemals behaupten, daß $x_{j_1, \ldots, j_m} = \prod_{i=1}^{m} p_{ij_i}$ gilt, was der Unabhängigkeit der $z_1, \ldots, z_m$ entspräche. Nichtsdestoweniger schreiben wir das Problem analog zu (99) und (100) als

$$\min_{\{x_{ji}\}} \sum_{\substack{1 \leqq j_i \leqq n \\ 1 \leqq i \leqq m}} W(z_{1j_1}, \ldots, z_{mj_m})\, x_{j_1, j_2, \ldots, j_m} \tag{101}$$

mit den Restriktionen

$$x_{j_1, \ldots, j_m} \geqq 0;$$

$$c'_{ik} \leqq \sum_{j=1}^{n} a_{ik}(z_{ij}) \sum_{1 \leqq j \leqq n} x_{j_1, \ldots, j_{i-1}, j, j_{i+1}, \ldots, j_m} \leqq c_{ik}; \tag{102}$$

$$1 \leqq i \leqq m; \quad 1 \leqq k \leqq \bar{k}_i.$$

Auch dies ist ein typisches nichtlineares Optimierungsproblem, lediglich mit ungewöhnlichen Indices. Charakteristisch ist hier, daß die Variablenzahl die Anzahl der Restriktionen mit den Konstanten $c_{ik}$ beträchtlich überschreitet. Für hinreichend große $n$ wird das offenbar wünschenswert, um das Ausgangs-Variationsproblem mit den Variablen $z_i$ hinlänglich genau auszudrücken.

Die Gesamtzahl der Restriktionen (mit Ausnahme der Nichtnegativitätsbedingungen für die Variablen in (101) — (102)) ist gleich $r = \sum_{j=1}^{m} \bar{k}_j - (m - 1)$.

Hier wird $(m - 1)$ subtrahiert, weil sämtliche $m$ Bedingungen $\sum_{j=1}^{n} p_{ij} = 1$ sich in genau eine Bedingung $\sum_{1 \leqq j_k \leqq m} x_{j_1, \ldots, j_m} = 1$ verwandeln. Wegen des oben über den Zusammenhang von Problem (101) — (102) mit Problem (99) — (100) Gesagten ist klar, daß das erste von beiden in den Restriktionen weniger einschränkend als das zweite ist, und das bedeutet, auch sein Minimum ist nicht größer als das von (99) — (100). Der reale Sinn von Problem (101) — (102) ist leicht einzusehen.

Die Größen $x_{j_1, \ldots, j_m}$ sind offenbar die Wahrscheinlichkeiten dafür, daß der Vektor $\{z_i\} = \bar{z}$ in die entsprechenden Bereiche $z_{ij_{i-1}} < z_i < z_{ij_i}$ $(1 \leqq i \leqq m)$ fällt. Sie behalten ihren Sinn auch dann bei, wenn die Größen $z_i$ abhängig sind. Also kann (101) — (102) als allgemeine approximative Beschreibung des Effektivitätsschätzproblems für Strategien bei beliebig voneinander abhängigen Faktoren[1]) betrachtet werden, dessen Verteilungsgesetz nur durch die Ungleichungen (98) eingeschränkt wird.

Wenn wir das Problem in dieser Art gestellt sehen, können wir anstelle von (98) beliebige andere lineare Restriktionen setzen, in denen die Funktionen $a(\bar{z})$ schon beliebige Funktionen des Vektors $\bar{z}$ sein dürfen. Insbesondere kann man natürlich Einschränkungen für die gemischten Momente des Vektors $\bar{z}$ betrachten. All das Gesagte zieht keinerlei Änderungen in (101) — (102) nach sich mit der Ausnahme, daß (102) durch allgemeinere Ungleichungen vom Typ

$$c_s' \leqq \sum_{\substack{1 \leqq j_i \leqq n \\ 1 \leqq i \leqq m}} a_s(z_{1j_1}, \ldots, z_{mj_m})\, x_{j_1, \ldots, j_m} \leqq c_s; \qquad s = 1, \ldots, r, \tag{102'}$$

ersetzt wird. Im Weiteren werden wir insbesondere die solcherart gestellte Aufgabe untersuchen.

Für große $n$ vereinfacht der folgende Satz aus der linearen Optimierung Probleme vom Typ (101) — (102′) ein wenig.

**Satz VIII.**[2]) *Gegeben sei das lineare Optimierungsproblem*

$$\min \left\{ \sum_{i=1}^{n} d_i x_i; \quad x_i \geqq 0; \quad c_j' \leqq \sum_{i=1}^{n} a_{ij} x_i \leqq c_j \right\}$$

*mit* $j = 1, \ldots, k < n$. *Existiert dann eine Lösung dieses Problems und ist die Lösungsmenge beschränkt, so gibt es auch eine Lösung, bei der nur* $k$ *Variable* $x_i$ *positive Werte haben.*

---

[1]) Davon überzeugt man sich leicht, wenn man das entsprechende allgemeine $m$-dimensionale Slieltjes-Integral betrachtet, genommen über das vom Verteilungsgesetz für den Vektor $\bar{z}$ definierte Wahrscheinlichkeitsmaß.

[2]) In der Theorie der linearen Optimierung wird dieser Satz oft für einseitige Restriktionen bewiesen. Da aber zweiseitige Restriktionen als zwei einseitige geschrieben werden können, so ist der Satz VIII scheinbar eine einfache Folgerung aus dem entsprechenden Satz der linearen Optimierung (s. Karlin [20]). Allerdings wäre dabei möglich, daß man nur behauptet, daß die von Null verschiedenen $x_i$ nicht mehr als $2k$ sind und nicht $k$, wie im Satz VIII ausgesagt wurde. Der Beweis bleibt jedoch praktisch ungeändert.

Wir bemerken sogleich, daß wegen $0 \leqq x_{j_1, \ldots, j_m} \leqq 1$ die Lösungsmenge in (99) beschränkt ist.

Die praktische und methodologische Bedeutung dieses Satzes ist klar. Wir wollen ihn beweisen. Dazu müssen wir an einige Grundbegriffe aus der Theorie der konvexen Mengen erinnern, die im folgenden noch mehrmals benötigt werden.

Eine Menge $X$ von Punkten $\bar{x} = \{x_1, \ldots, x_n\}$ des $n$-dimensionalen Raumes $E$ heißt konvex, falls sie zusammen mit den Punkten $\bar{x}^{(1)}$ und $\bar{x}^{(2)}$ sämtliche Punkte enthält, die sich als $\lambda\bar{x}^{(1)} + (1 - \lambda)\,\bar{x}^{(2)}$ für $0 \leqq \lambda \leqq 1$ darstellen lassen.

*Extremalpunkt einer konvexen Menge* $X$ heißt ein Punkt $\bar{x}^0$, den man nicht in der Gestalt $\lambda\,\bar{x}^{(1)} + (1 - \lambda)\,\bar{x}^{(2)}$ darstellen kann, wenn $\bar{x}^{(1)}$ und $\bar{x}^{(2)}$ verschieden sind und zur Menge $X$ gehören und $0 < \lambda < 1$ gilt. Ist $X$ eine beschränkte, abgeschlossene Menge, so besitzt sie mindestens einen Extremalpunkt. Solch ein Punkt ist beispielsweise ein vom Koordinatenursprung am weitesten entfernter Punkt $\bar{x}^0 \in X$.

Wäre nämlich $\bar{x}^0 = \lambda\bar{x}^{(1)} + (1 - \lambda)\bar{x}^{(2)}$ mit $\bar{x}^{(1)} \neq \bar{x}^{(2)}$, $0 \leqq \lambda \leqq 1$, so hätten wir

$$
\begin{aligned}
||\bar{x}^0||^2 &= \sum_{i=1}^{n} (x_i^0)^2 = \sum_{i=1}^{n} [\lambda x_i^{(1)} + (1 - \lambda)\, x_i^{(2)}]^2 \\
&= \sum_{i=1}^{n} [\lambda^2 (x_i^{(1)})^2 + 2\lambda\,(1 - \lambda)\, x_i^{(1)}\, x_i^{(2)} + (1 - \lambda)^2\, (x_i^{(2)})^2] \\
&< \sum_{i=1}^{n} \left[\lambda^2 (x_i^{(1)})^2 + 2\lambda\,(1 - \lambda)\, \frac{(x_i^{(1)})^2 + (x_i^{(2)})^2}{2} + (1 - \lambda)^2\, (x_i^{(2)})^2\right] \\
&= \lambda \sum_{i=1}^{n} (x_i^{(1)})^2 + (1 - \lambda) \sum_{i=1}^{n} (x_i^{(2)})^2 .
\end{aligned}
$$

Die Ungleichung wird streng erfüllt, weil $x_i^{(1)} \neq x_i^{(2)}$ für mindestens ein $i$ und $0 < \lambda < 1$ gilt. Daraus folgt jedoch, daß $||\bar{x}^0||$ kleiner ist als die größte unter den $||\bar{x}_i^{(1)}||$, $||\bar{x}_i^{(2)}||$, d. h., $\bar{x}^0$ ist nicht ein Punkt, der vom Koordinatenursprung maximale Entfernung hat.

Wir bemerken zuerst, daß die Menge $s$ der zulässigen Punkte, d. h. der Punkte, die $x_i \geqq 0$, $c_j' \leqq \sum_{i=1}^{n} a_{ij}\, x_j \leqq c_j$ erfüllen, konvex ist. Seien nämlich $\bar{x}^{(1)} = \{x_j^{(1)}\}$ und $\bar{x}^2 = \{x_j^{(2)}\}$ Punkte aus $s$. Dann ist auch für $\bar{x} = \lambda\bar{x}^{(1)} + (1 - \lambda)\bar{x}^2$ mit $0 \leqq \lambda \leqq 1$ die Beziehung

$$\lambda x_i^{(1)} + (1 - \lambda)\, x_i^{(2)} \geqq 0 ,$$

$$\sum_{i=1}^{n} a_{ij}\, [\lambda x_i^{(1)} + (1 - \lambda)\, x_i^{(2)}] = \lambda \sum_{i=1}^{n} a_{ij} x_i^{(1)} + (1 - \lambda) \sum_{i=1}^{n} a_{ij} x_i^{(2)} \leqq c_j .$$

erfüllt. Genauso steht es mit den zweiten Restriktionen.

Die Lösungsmenge $s_0$ für lineare Optimierungsprobleme ist ebenfalls konvex, weil dann, wenn für $\bar{x}^{(1)}$ und $\bar{x}^{(2)}$ das Minimum unseres Problems angenommen wird, dieses wegen der Linearität der zu minimierenden Funktion auch für $\bar{x} = \lambda\bar{x}^{(1)} + (1-\lambda)\,\bar{x}^{(2)}$ mit $\lambda$ beliebig aus der Strecke $[0; 1]$ angenommen wird. Es ist auch offensichtlich, daß $s$ und $s_0$ abgeschlosen sind; $s_0$ ist nach Voraussetzung beschränkt.

Nun wird behauptet, daß ein Extremalpunkt von $s_0$ (der, wie gezeigt wurde, existiert, wenn $s_0$ eine nichtleere Menge ist) auch Extremalpunkt von $s$ ist.

Sei dazu $\bar{x}^0$ ein Extremalpunkt von $s_0$; $\bar{x}^0$ ist natürlich zulässig, d. h. er gehört zu $s$. Wäre $\bar{x}^0$ kein Extremalpunkt von $s$, so existierten *verschiedene* Punkte $\bar{x}^{(1)} \in s$ und $\bar{x}^{(2)} \in s$, so daß $\bar{x}^0 = \lambda\bar{x}^{(1)} + (1-\lambda)\bar{x}^{(2)}$ $(0 < \lambda < 1)$ gilt. Dann hätten wir jedoch

$$\sum_{i=1}^{n} d_i x_i^{(0)} = \lambda \sum_{i=1}^{n} d_i x_i^{(1)} + (1-\lambda) \sum_{i=1}^{n} d_i x_i^{(2)} .$$

Hieraus folgt (wegen $0 < \lambda < 1$), daß

$$\sum_{i=1}^{n} d_i x_i^{(1)} = \sum_{i=1}^{n} d_i x_i^{(2)} = \sum_{i=1}^{n} d_i x_i^{(0)}$$

gilt oder, falls die ersten beiden Summen untereinander nicht gleich sind, daß die kleinere der beiden tatsächlich kleiner als die dritte ist. Im ersten Fall realisieren $\bar{x}^{(1)}$ und $\bar{x}^{(2)}$ das Minimum ebenfalls und gehören daher zu $s_0$. Dann ist $\bar{x}^0$ kein Extremalpunkt im Gegensatz zur Voraussetzung. Im zweiten Fall dagegen realisiert $\bar{x}^0$ nicht den kleinsten Wert, gehört also nicht zu $s_0$. Diese Widersprüche beweisen das Geforderte.

Zum Beweis des Satzes bleibt noch zu zeigen, daß ein beliebiger Extremalpunkt $\bar{x}^0$ von $s$ nur $k$ von Null verschiedene Koordinaten $x_i^{(0)}$ besitzt.

Wir setzen das Gegenteil voraus, d. h. daß es einen Extremalpunkt $\bar{x}_0 \in s$ gibt, der mindestens $\bar{k} + 1 \leqq n$ positive Koordinaten $(x_i^{(0)} > 0$ für $i \leqq \bar{k} + 1)$ besitzt (eine Umindizierung für die Werte führen wir nicht ein), wobei $\bar{k} \geqq k$ ist. Seien $c_l^0$ $(l = 1, \ldots, k)$ die Werte für die Summen $\sum_{i=1}^{n} a_{il} x_j^{(0)}$ die nach Voraussetzung $(\bar{x}_0 \in s)$ die Ungleichungen $c_l^1 \leqq c_l^0 \leqq c_l$ erfüllen.

Wir betrachten das System

$$\sum_{i=1}^{\bar{k}+1} a_{il} x_i = 0; \qquad l = 1, \ldots, k .$$

Weil in diesem homogenen System die Variablenzahl den Rang der Matrix (der nicht größer als $k$ ist) überschreitet, existiert eine nichttriviale Lösung $\{x_j^{(1)}\}$ $(j \leqq \bar{k} + 1)$ des Systems. Wir ergänzen diesen Punkt durch die Koordinaten $x_j^{(1)} = 0$ für $j \geqq \bar{k} + 1$ bis zur vollen Dimension und bezeichnen ihn mit $\bar{x}^{(1)}$. Wegen $x_i^0 \geqq 0$ und $x_i^0 > 0$ für $i \leqq \bar{k} + 1$ gibt es stets ein $\varepsilon$, so daß sämtliche Koordinaten der Punkte $\bar{x}^{(0)} + \varepsilon\bar{x}^{(1)}$ und $\bar{x}^{(0)} - \varepsilon x^{(1)}$ nicht negativ sind.

Offenbar gilt sogar

$$\sum_{j=1}^{n} a_{jl}(x_j^{(0)} \pm \varepsilon x_j^{(1)}) = \sum_{j=1}^{\bar{k}+1} a_{jl}(x_j^{(0)} \pm \varepsilon x_j^{(1)}) = c_l^0 ,$$

und wegen $c_l^1 \leqq c_l^0 \leqq c_l$ sind die Punkte $\bar{x}^{(0)} \pm \varepsilon\bar{x}^{(1)}$ zulässig, d. h. sie gehören zu $s$. Aber es ist $\bar{x}^{(0)} = \frac{1}{2}(\bar{x}^0 + \varepsilon x^{(1)}) + \frac{1}{2}(\bar{x}^0 - \varepsilon x^{(1)})$, dies widerspricht der Voraussetzung, daß $\bar{x}^0$ ein Extremalpunkt sein soll, weil $\bar{x}^{(0)} + \varepsilon\bar{x}^{(1)}$ und $\bar{x}^{(0)} - \varepsilon\bar{x}^{(1)}$ verschieden sind (die $x_j^{(1)}$ sind nicht alle gleich Null).

Somit hat ein beliebiger Extremalpunkt von $s$ und das heißt ein beliebiger Extremalpunkt von $s_0$ nicht mehr als $k$ nichtverschwindende Koordinaten. Damit ist der Satz bereits vollständig bewiesen.

Offensichtlich ändert sich der Beweis nicht, wenn man anstelle der Bedingungen $c_j' \leqq \sum_{i=1}^{n} a_{ij}x_i \leqq c_j$ die allgemeineren Bedingungen $\sum_{i=1}^{n} a_{ij}x_i \in E_j$ betrachtet, wo $E_j$ beliebige abgeschlossene und beschränkte Mengen auf der Zahlengeraden sind. Analoge Änderungen können natürlich auch in den Problemen (99) — (100) und (101) — (102) vorgenommen werden.

Wenn wir auf (101) — (102) zurückkommen, sehen wir, daß die Probleme für beliebiges $n$ eine Lösung besitzen, die höchstens $r$ Größen $x^0_{j_1,j_2,\ldots,j_m}$ enthalten, die von Null verschieden sind. Geht man zum Limes für $n \to \infty$ über, so kann man den folgenden Satz erhalten, wenn man sich der Beschränktheit der $z_i$ bedient.

**Satz IX.** *Ändern sich die $z_i$ in beschränkten Intervallen und sind $W(\bar{z})$ sowie $a_{ik}(\bar{z})$ stetig, so besitzt das Effektivitätsschätzproblem bei unbestimmtem Verteilungsgesetz $F(\bar{z})$, das Restriktionen vom Typ* (98) *genügt, eine diskrete Lösung, und zwar eine Lösung derart, daß die Anzahl der Punkte $\bar{z} = (z_1, \ldots, z_m)$, die eine nichtverschwindende Wahrscheinlichkeit besitzen, $r = \sum_{i=1}^{m} \bar{k}_i - (m-1)$ nicht überschreitet.*

Wie schon gesagt, gilt dieser Satz auch, wenn der Abhängigkeit der $z_i$ keine Einschränkungen auferlegt werden und die Restriktionen (98) durch

$$\int a_{ik}(z_i)\, \mathrm{d}F_i(z_i) \in E_{ik}\,,$$

wo die $E_{ik}$ abgeschlossene Mengen auf der Zahlengeraden sind oder durch noch allgemeinere Restriktionen ersetzt werden können, die man beim Grenzübergang aus (102′) erhält.

Für den Fall $m = 1$ wurde dieser Satz erstmals in einer Arbeit von È. G. Dawydow auf der Grundlage der Theorie der konvexen Mengen formuliert und streng gewiesen (sogar in allgemeinerer Gestalt).

Wir wollen den strengen Beweis für den Satz IX skizzieren. $F_0(\bar{z})$ realisiere die Effektivitätsabschätzung (d. h. das Minimum bezüglich $F(\bar{z})$, gemittelt nach $\bar{z}$ Kriterien). Dann kann $F_0(\bar{z})$ durch ein geeignetes diskretes Verteilungsgesetz ersetzt werden, d. h. $(z_{1j_1}, \ldots, z_{mj_m})$ und $x_{j_1,\ldots,j_m} (i \leqq j_i \leqq n)$ so, daß die Effektivität bei diskreter Verteilung für $n \to \infty$ gegen die Effektivität für $F_0(\bar{z})$ strebt. Aber dann strebt das Minimum in Problem (101) — (102) erst recht gegen die Effektivität bei $F_0(z)$, falls $n \to \infty$. Für ein fixiertes $n$ existiert wegen Satz VIII ein $F_n(\bar{z})$, welches Problem (101) — (102) löst und so, daß nur die Punkte $\bar{z}^{(1)}(n), \ldots, \bar{z}^{(s)}(n), \ldots, \bar{z}^{(r)}(n)$ (die nicht notwendig alle voneinander verschieden sind) von Null verschiedene Auftrittswahrscheinlichkeiten $p_s(n)$ haben. Weil $\bar{z}^{(s)}(n)$ und $p_s(n)$ beschränkt sind, kann man für $1 \leqq s \leqq r$ stets eine Teilfolge $n'$ auswählen, so daß für $n' \to \infty$ gilt $\bar{z}^{(s)}(n') \to \bar{z}_0^{(s)}$ und $p_s(n') \to p_s^0$, sowie $\sum_{s=1}^{r} p_s^0 = 1$.

Wegen der Stetigkeit von $W$ und dem $a_{ik}$ zeigt der entsprechende Grenzübergang, daß das von den Wahrscheinlichkeiten $p_s^0$ auf $\bar{z}_0^{(s)}$ definierte $\tilde{F}_0(\bar{z})$ dieselbe Effektivität ergibt wie auch $F_0(\bar{z})$, d. h. die uns interessierende Effektivitätsabschätzung realisiert.

Geht die Änderung der $z_i$ in unbeschränkten Intervallen vor sich oder sind $W(\bar{z})$ und die $a_{ik}(\bar{z})$ stückweise stetig, so erhalten wir den folgenden Satz, wenn wir Satz IV für beschränkte Intervalle, sowie die Stetigkeit der Funktionen anwenden und deren Grenzen gegen die Unstetigkeitsstellen oder gegen unendlich streben lassen.

**Satz X.** *Bei unbestimmtem $F(\bar{z})$, das durch* (98) *eingeschränkt wird, kann die untere Effektivitätsgrenze als untere Grenze für diskrete $F_i(\bar{z})$ gewonnen werden, deren jedes nicht mehr als r Punkte mit nichtnegativer Wahrscheinlichkeit definiert.*

Es ist deshalb bequem, die Sätze IX und X anzuwenden, weil man nur das Minimum selbst kennen muß, will man die Effektivität abschätzen und nicht das dieses Realisierende $F(z)$. Es genügt sogar, wenn man wenigstens eine Realisierung für das Minimum kennt und das ist als das in gewissem Sinne einfachste erwünscht. Der Satz IX gewährleistet insbesondere auch diese Möglichkeit.

Wir wollen uns den Fall ansehen, bei dem $c_k' = c_k$ und $m = 1$ ist. Dann darf die Gesamtheit der Punkte $z_j$ mit von Null verschiedenen Wahrscheinlichkeiten nicht größer sein als $r = \bar{k}_1$, aber auch nicht kleiner, denn sonst könnten die Gleichungen

$$\sum_{j=1}^{r} a_{ik}(z_j)\, p_j = c_k$$

niemals erfüllt werden.

Dann sind jedoch entweder die $p_j$ bei fixierten $z_j$ eindeutig bestimmt oder das System hat überhaupt keine Lösung. Somit überführen wir, indem wir $p_i(z_i)$ bestimmen, das Variationsproblem in ein Minimumsuchproblem für eine Funktion von den $r$ Varaiablen $z_j$.

Wie aber soll man trotz allem die Effektivität bei unabhängigen $z_1, \ldots, z_m$ abschätzen, d. h. wie soll man Problem (97) — (98) lösen? Man kann sich in diesem Fall zwei Varianten vorstellen.

1. Wenn man die das Minimum realisierenden Verteilungen $F_2^0(z_2), \ldots, F_m^0(z_m)$ fixiert und die Sätze IX und X für $F_1(z_1)$ und das über $z_2, \ldots, z_m$ gemittelte $W$ anwendet, erhält man $F_1^0(z_1)$ mit der Gesamtheit der Punkte $z_1$ mit von Null verschiedenen Wahrscheinlichkeiten nicht größer als $\bar{k}_1$. Setzt man dieses Verfahren fort, so kann man letzten Endes behaupten, daß es möglich ist, im vorliegenden Fall die Effektivitätsabschätzung auf diskreten $F(\bar{z})$ zu suchen. Also

können höchstens $\bar{k}_1 \cdot \bar{k}_2 \cdot \ldots \cdot \bar{k}_m$ Punkte $(z_{1j_1}, \ldots, z_{mj_m})$ mit $1 \leqq j_i \leqq \bar{k}_i$ endliche Wahrscheinlichkeiten haben, wobei die Auftrittswahrscheinlichkeiten für diese Punkte $x_{j_1, \ldots, j_m} = p_{1j_1} \cdot \ldots \cdot p_{mj_m}$ sind. Somit unterliegen hier die Größen $z_{ij_i}$ und $p_{ij_i}$ für $j_i \leqq \bar{k}_i$ einer Bestimmung dadurch, daß Probleme vom Typ (99) — (100) gelöst werden, wobei $n$ durch $n_i = \bar{k}_i$ ersetzt wird.

2. Wir ersetzen die Unabhängigkeitsforderung für die $z_i$ angenähert dadurch, daß sie unkorreliert sein sollen. Das bedeutet, daß man im Prinzip die Sätze IX und X anwenden kann, wobei man die Unkorreliertheitsbedingungen in die Anzahl der Restriktionen (102′) einschließt. Analysiert man einen derartigen Weg, so zeigt sich: Möchte man hier die Sätze IX und X anwenden, so benötigt man auch eine genaue Kenntnis der ersten Momente, sonst kann man in der Form (102) niemals beschreiben, daß die Korrelationskoeffizienten gleich Null sind.

Wir bemerken ferner, daß die angegebene angenäherte Überführung unseres Problems mit stetigen $z_i$ auf das Problem (101) — (102) gestattet, numerische Methoden aus der Theorie der linearen Optimierung anzuwenden, wenn man die Effektivität abschätzen möchte, wobei Unbestimmtheiten in $F(\bar{z})$ auftreten. Da die Effektivitätsabschätzung nur eine Kenntnis des Minimums selbst erfordert und nicht die ihrer Realisierungen, kann man auch zum Dualproblem übergehen, wenn dies irgendwelche Vorteile verspricht.

Das ist jedoch nur dann praktisch effektiv, wenn vergleichsweise kleine $m$, $\bar{k}_i$ und ersichtlich auch $n$ auftreten. Bei großen $m$ ist es schwer, die Effektivität numerischer Methoden anzusetzen; richtiger ist es hier, Wege zu suchen, um asymptotische Verfahren anzuwenden, wie zum Beispiel Grenzwertsätze.

Somit ist die Effektivitätsabschätzung für Strategien nur dann ein relativ einfaches Rechenproblem, wenn die Verteilungsgesetze für die Zufallsfaktoren hinreichend genau bekannt sind und außer den zufälligen keine anderen unkontrollierbaren Faktoren auftreten. In allen übrigen Fällen erfordert eine Effektivitätsabschätzung die Lösung von globalen Minimumsuchproblemen.

Früher wurde auf die Bedeutung der Lemmata von NEYMAN-PEARSON sowie von BELLMAN hingewiesen. Das erste davon bezieht sich auf das folgende Problem.

Seien $f(t) \geqq 0$ und $g(t) \geqq 0$ auf $[0; T]$ gebene und integrierbare Funktionen, wobei $g(t)$ normiert sein soll:

$$\int_0^T g(t)\, dt = 1 .$$

In der Klasse der integrierbaren, fast überall den Restriktionen $W \leqq \varphi(t) \leqq M$ mit

$$\int_0^T \varphi(t)\, g(t)\, dt \leqq \alpha ; \qquad 0 < \alpha < M ,$$

unterworfenen Funktionen $\varphi(t)$ sei ein $\varphi_0(t)$ zu ermitteln, für das

$$\int_0^T \varphi_0(t)\, f(t)\, dt = \max_{\varphi} \int_0^T \varphi(t)\, f(t)\, dt$$

gilt.

Lemma von NEYMAN-PEARSON: Die Lösung des angegebenen Problems hat die Gestalt

$$\varphi_0(t) = M\,, \quad \text{falls} \quad \frac{f(t)}{g(t)} > k\,,$$

$$\varphi_0(t) = 0\,, \quad \text{falls} \quad \frac{f(t)}{g(t)} < k\,.$$

*Die Größe $k$ und $\varphi_0(t)$ auf der Menge aller Punkte mit $f(t) = k\,g(t)$ werden so definiert, daß*

$$\int_0^T \varphi_0(t)\,g(t)\,dt = \alpha$$

*gilt.*

Beweis. Wir erklären zuerst, wie $k$ und $\varphi_0(t)$ praktisch bestimmt werden.

Für jedes $k_1$ findet sich eine Menge $E_{k_1}$, auf der $f(t) > k_1 g(t)$ gilt, und ferner wird

$$v(k_1) = \int_{E_{k_1}} M g(t)\,dt$$

betrachtet. Die Funktion $v(k_1)$ wächst nicht und ist von rechts stetig, d. h., es gilt

$$v(k_1) = \lim_{\substack{k' \to k_1 \\ k' > k_1}} v(k')\,; \quad E_{k_1} \supset E_{k'}\,.$$

Sei $K$ die Menge aller derjenigen $k_1$, für die $v(k_1) \geqq \alpha$ gilt. Die Größe $k$ wird definiert als $k = \sup\limits_{k_1 \in K} k_1 \geqq 0$. Wir setzen

$$\varepsilon = \alpha - \int_{E_k} M g(t)\,dt\,.$$

Offensichtlich ist $\varepsilon \geqq 0$, denn $v(k_1)$ ist von rechts stetig. Weiter gilt $\varepsilon \leqq \leqq v(k - 0) - v(k)$. Die Funktion $\varphi_0$ auf der Menge $E_k^0$ mit $f(t) = kg(t)$ wird so definiert, daß

$$\int_{E_k^0} \varphi_0(t)\,g(t)\,dt = \varepsilon$$

gilt.

Wegen der angegebenen Grenzen für $\varepsilon$ kann man das stets tun. Die Funktion $\varphi_0$ erfüllt zusammen mit $k$ auch alle Forderungen des Satzes. Schneiden sich die Funktionen $f(t)$ und $k_1 g(t)$ in nur endlich vielen Punkten, dann ist $\varepsilon$ gleich Null, und die gesamte Konstruktion vereinfacht sich.

Der Beweis dafür, daß $\varphi_0(t)$ das geforderte Maximum realisiert, ist elementar. Wir haben

$$\int_0^T [f(t) - kg(t)]\,[\varphi(t) - \varphi_0(t)]\,dt \leqq 0\,,$$

weil auf der Menge $E_k$

$$f(t) - kg(t) > 0 \quad \text{und} \quad \varphi(t) - \varphi_0(t) = \varphi(t) - M < 0$$

und auf der Menge $E_k^0$

$$f(t) - kg(t) = 0\,,$$

in den restlichen Punkten hingegen

$$f(t) - kg(t) < 0;\ \varphi(t) - \varphi_0(t) = \varphi(t) \geqq 0$$

gilt.

Aus der angegebenen Ungleichung folgt jedoch

$$\int_0^T f(t)\,\varphi(t)\,dt - \int_0^T f(t)\,\varphi_0(t)\,dt$$

$$\leqq k\left[\int_0^T g(t)\,\varphi(t)\,dt - \int_0^T g(t)\,\varphi_0(t)\,dt\right] = k\left[\int_0^T g(t)\,\varphi(t)\,dt - \alpha\right].$$

Weil nach Voraussetzung $\int_0^T g(t)\,\varphi(t)\,dt \leqq \alpha$ erfüllt ist, gilt

$$\int_0^T f(t)\,\varphi(t)\,dt \leqq \int_0^T f(t)\,\varphi_0(t)\,dt\,.$$

Das sollte jedoch bewiesen werden.

Ein allgemeines Lemma werden wir ohne Beweis angeben.[1])

Lemma. *Seien $g_1(t), \ldots, g_n(t)$ linear unabhängige integrierbare Funktionen; sei $f(t)$ ebenfalls integrierbar und erfülle die Funktion $\varphi(t)$ die Bedingung $0 \leqq \varphi(t) \leqq m$. Wir bezeichenn mit $\bar{c}$ die Menge derjenigen Punkte $[c_1, \ldots, c_n]$ des n-dimensionalen Raumes, die für ein $\varphi(t)$ in der Gestalt*

$$c_i = \int_0^1 \varphi(t)\,g_i(t)\,dt$$

*dargestellt werden können.*

*Ist dann $[c_1^*, \ldots, c_n^*]$ ein innerer Punkt der Menge $\bar{c}$, so existieren Konstanten $\lambda_1, \ldots, \lambda_n$ derart, daß $\varphi^*(t)$ das Integral $\int_0^1 \varphi(t)\,f(t)\,dt$ für $c_i^* = \int_0^1 \varphi(t)\,g_i(t)\,dt$ $(1 \leqq i \leqq n)$ dann und nur dann maximiert, wenn für fast alle $t$*

$$\varphi^*(t) = m\,, \quad \textit{falls} \quad f(t) > \sum_{i=1}^n \lambda_i g_i(t)\,,$$

$$\varphi^*(t) = 0\,, \quad \textit{falls} \quad f(t) < \sum_{i=1}^n \lambda_i g_i(t)$$

*gilt.*

## § 12. Garantierte Zuverlässigkeitsschätzungen

Die Zuverlässigkeit von Geräten und Systemen wird durch zufällige unkontrollierbare Faktoren bestimmt, etwa durch den Zeitpunkt, in dem Geräte ausfallen (s. Beispiel VI, § 2 und § 7). Daher ist es sinnvoll, hier die im vorangegangenen Paragraphen dargelegten Erwägungen anzuwenden.

[1]) Siehe Bellman, Glicksberg, Gross [2].

Wie bereits gesagt, wird in der Zuverlässigkeitstheorie als Verteilungsgesetz für den Geräte-Ausfall das Gesetz (95) weitgehend verwendet. Das erklärt sich daraus, daß analytische Berechnungen bei der Zuverlässigkeitsschätzung nach dem Gesetz (95) einfach sind. Jedoch kann seine unkritische Anwendung zu wesentlichen Fehlern führen. So erhalten wir, falls das tatsächliche Gesetz für alle Geräte die Gestalt $1 - pe^{-\lambda_1 t} - (1-p)\,e^{-\lambda_2 t}$ hat, nach (69) für die Zuverlässigkeit eines Systems aus $n$ Geräten die Formel

$$p_n(t) = [p\,e^{-\lambda_1 t} + (1-p)\,e^{-\lambda_2 t}]^n = p^n\,e^{-n\lambda_1 t}\left[1 + \frac{1-p}{p}\,e^{-(\lambda_2-\lambda_1)t}\right]^n;$$

für $\lambda_2 > \lambda_1$, $1 - p < p$ und große $n$ gilt:

$$p_n(t) \approx p^n\,e^{-n\lambda_1 t}\,e^{\frac{(1-p)n}{p}e^{-(\lambda_2-\lambda_1)t}}.$$

Sei nun $n(1-p) = A$, $n\lambda_1 = B$ und $n$ klein. Dann ist

$$p^n \simeq e^{-A};\ p \simeq 1,\ \lambda_1 \simeq 0,$$

$$p_n(t) \approx e^{-A[1-e^{-\lambda_2 t}]}\,e^{-Bt} \leqq e^{A/2}e^{-Bt}$$

(das letztere für alle $t \geqq 1/\lambda_2$). Hingegen ergibt das Gesetz (95) für beliebiges $\lambda$

$$p_n(t) = e^{-\lambda n t}.$$

Damit diese Funktion nicht von $n$ abhängt, muß man $\lambda n = c$ und $p_n(t) = e^{-ct}$ setzen. Es ist unmöglich, eine Verwandschaft zwischen dieser Formel und dem Ausdruck $e^{-A/2}e^{-Bt}$ über die Auswahl von $c$ für irgendein großes Variationsintervall von $t$ festzustellen. Das beweist auch, daß es nicht möglich ist, mittels (95) bei der Zuverlässigkeitsschätzung eines Systems mit großem $n$ eine hinreichend gute Approximation für das Ausgangsgesetz $1 - p\,e^{-\lambda_1 t} - (1-p)\,e^{-\lambda_2 t}$ zu finden.

Einer unbegründeten Übertreibung der Zuverlässigkeit kann man nur über den Ansatz entgehen, der sich auf den garantierten Abschätzungen gründet, die auf Informationen über das Verteilungsgesetz $F_i(t) = 1 - p_i(t)$ für den Ausfallzeitpunkt derjenigen Geräte beruhen, die wir im Augenblick des Ausfalls als unabhängig ansehen.

Die Formeln (69), (71) und (74) zeigen, daß bei gegebener Arbeitszeit $t = t_0$ das Effektivitätsminimum eines Systems nach dem Verteilungsgesetz $1 - p_i(\tau)$ für beliebige Formen von Serien- und Parallelschaltung gleichzeitig mit dem Minimum der $p_i(t_0)$ selbst erreicht wird. Folglich genügt es, garantierte Abschätzungen für $p(t_0)$ selbst (der Index $i$ wird weggelassen) bei Informationen vom Typ (91) zu gewinnen, der sich aus der Erfahrung ergibt.

Die beste Information über $p(t_0)$ für gegebenes $t_0$ wird die direkte sein. Das ist jedoch nicht immer möglich, weil sich $t_0$ ändern kann oder zum Zeitpunkt, in dem das Experiment über den einzelnen Geräten organisiert wird, unbekannt ist.

Eine typische Information ist eine Abschätzung für den Wert von $p(t_i)$ für gewisse $t_i$, die a priori nicht mit $t_0$ zusammenhängen:

$$c_j' \leqq p(t_i) \leqq c_i ; \; i = 1, 2, \ldots, k , \tag{103}$$

sowie eine Information über die mathematische Erwartung für die Arbeitszeit eines Gerätes

$$T_2 \leqq \overline{T} = \int t \, \mathrm{d}\{1 - p(t)\} \leqq T_1 . \tag{104}$$

Weniger verwendet in der Zuverlässigkeitstheorie, jedoch offensichtlich nicht weniger notwendig, ist eine Information über die Varianz der Arbeitszeit

$$D_2 \leqq D = \int t^2 \, \mathrm{d}[1 - p(t)] - \overline{T}^2 \leqq D_1 . \tag{105}$$

In allen Fällen gilt unbedingt

$$\int \mathrm{d}[1 - p(t)] = 1 \tag{105'}$$

für $p(0) = 1$.

Nehmen wir an, daß wir zunächst nur über Informationen vom Typ (103) verfügen. Dann folgt aus der Monotonie von $p(z)$, daß für $c_i \geqq \max\limits_{j>i} c_j'$ und nur unter dieser Bedingung eine Lösung des Problems existiert und gleich

$$p_-(t, t_i, c_i') = \min p(t) = \begin{cases} 1 & \text{für} \quad t = 0 , \\ \max\limits_{j \geqq i+1} c_j' & \text{für} \quad t_i < t \leqq t_{i+1} , \\ 0 & \text{für} \quad t > t_k \end{cases}$$

ist. Dieses Ergebnis stimmt vollständig mit den Sätzen IX und X überein.

Sei nun zugleich mit (103) noch (104) gegeben. Damit ist dafür, daß (103) und (104) sich nicht widersprechen, notwendig, daß

$$\int p_-(t, t_i c_i') \, \mathrm{d}t \leqq T_1 \tag{106}$$

erfüllt ist. Wir erhalten nämlich für beliebiges, (103) erfüllendes $p(t)$

$$T_1 \geqq \overline{T} = \int t \, \mathrm{d}[1 - p(t)] = \int p(t) \, \mathrm{d}t \geqq \int p_-(t, t_i, c_i') \, \mathrm{d}t .$$

Sei (106) erfüllt. Dann ist wiederum $p_-(t, t_i, c_i')$ die untere Grenze von $p(t)$. Zunächst ist offensichtlich, daß diese Grenze nicht unter $p_-(t, t_i, c_i')$ liegen kann. Nun konstruieren wir $p_\tau(t)$ auf die folgende Weise:

$$p_\tau(t) = \begin{cases} p_-(t, t_i, c_i') & \text{falls} \quad t \leqq t_k , \\ \dfrac{T_1 - \int p_-(t, t_i, c_i') \, \mathrm{d}t}{\tau} , & \text{falls} \quad t_k < t \leqq t_k + \tau \\ 0 & \text{falls} \quad t > t_k + \tau . \end{cases}$$

Wir betrachten so große $\tau$, daß $p_\tau(t_k + \tau) < c_k'$ gilt. Dann haben wir für monotones $p_\tau(t)$

$$\overline{T} = \int_0 p_\tau(t) \, \mathrm{d}t = \int^{t_k} p_\tau(t) \, \mathrm{d}t + \int_{t_k}^{t_k+\tau} p_\tau(t) \, \mathrm{d}t =$$

$$= \int p_-(t, t_i, c_i') \, \mathrm{d}t + T_1 - \int p_-(t, t_i, c_i') \, \mathrm{d}t = T_1 ,$$

d. h. die Bedingungen (104) wie auch (103) sind erfüllt. Darüber hinaus gilt offenbar $p_\tau(t) \to p_-(t, t_i, c_i')$ für $\tau \to \infty$. Das beweist auch, daß $p_-(t, t_i, c_i')$ die gesuchte untere Grenze[1]) ist.

Also erhält man die folgende Aussage.

**Satz XI.** *Fügt man den Bedingungen* (103) *die Bedingung* (104) *hinzu, so vergrößert sich die garantierte Zuverlässigkeitsabschätzung für nicht mehr eingeschränkte $p(t)$ nicht. Sind insbesondere alle $c_i' = 0$, so gibt eine Kenntnis von* (104) *für beliebige $T_2$ keinerlei Zuverlässigkeitsgarantie, d. h., es existieren $p(t)$, die Null beliebig nahe kommen und* (104) *erfüllen.*

Seien jetzt (104) und (105) gegeben. Wir beginnen mit dem Fall, daß $\overline{T}$ und $D$ exakt bekannt sind. Dann ergibt sich

**Satz XII.** *Für fixierte $t$, $\overline{T}$ und $D$ ist die untere Grenze von $p(t)$ gleich*

$$p_-(t, \overline{T}, D) = \begin{cases} \dfrac{(\overline{T} - t)^2}{(\overline{T} - t)^2 + D} & \text{für} \quad t < \overline{T}\,, \\ 0 & \text{für} \quad t \geqq \overline{T}\,. \end{cases}$$

Diese Aussage kann man beweisen, indem man Satz X anwendet, jedoch ist ein direkter Beweis einfacher.

Da ein beliebiges $p(t)$ hinreichend genau durch eine Funktion mit stetiger Ableitung approximiert werden kann, beschränken wir uns darauf, daß ein stetiges $p'(t)$ vorliegt. Dann gilt

$$\overline{T^2} + D = \int t^2 \, |p'(t)| \, dt\,,$$

$$\left[\int_\tau^\infty (t - \tau)\, |p'(t)| \, dt\right]^2 \leqq \int_\tau^\infty (t - \tau)^2 \, |p'(t)| \, dt \times \int_\tau^\infty |p'(t)| \, dt \leqq p(\tau) \int_0^\infty (t - \tau)^2 |p'(t)| \, dt$$

und ferner

$$\overline{T} - \tau = \int_0^\infty (t - \tau)\, |p'(t)| \, dt \leqq \int_\tau^\infty (t - \tau)\, |p'(t)| \, dt\,.$$

Ist $\overline{T} - \tau \geqq 0$, so erhält man hieraus

$$\begin{aligned} (\overline{T} - \tau)^2 &= \left[\int_0^\infty (t - \tau) |\, p'(t)| \, dt\right]^2 \leqq \left[\int_\tau^\infty (t - \tau)\, |p'(t)| \, dt\right]^2 \\ &\leqq p(\tau) \int_0^\infty (t - \tau)^2 \, |p'(t)| \, dt = p(\tau)\, [D + \overline{T^2} - 2\tau\overline{T} + \tau^2] \\ &= p(\tau)\, [D + (\overline{T} - \tau)^2]\,, \end{aligned}$$

und daraus folgt

$$p(\tau) \geqq \frac{(\overline{T} - \tau)^2}{D + (\overline{T} - \tau)^2}\,.$$

[1]) Die Konstruktion von $p_\tau(t)$ wird offensichtlich in Übereinstimmung mit Satz $X$ durchgeführt.

Wir wollen beweisen, daß diese Ungleichung scharf ist, d. h. wir wollen solche $\bar{p}(t)$ finden, für die die Differenz zwischen rechter und linker Seite beliebig klein wird. Die $\bar{p}(t)$ haben die Gestalt

$$\bar{p}(t) = 1 \quad \text{für} \quad t \leqq \tau < \overline{T},$$

$$\bar{p}(t) = b \quad \text{für} \quad \tau < t \leqq t_1,$$

$$\bar{p}(t) = 0 \quad \text{für} \quad t > t_1,$$

$t_1$ und $b$ werden aus den Erhaltungsbedingungen für $\overline{T}$ und $\overline{T^2} + D$ bestimmt:

$$\tau + b(t_1 - \tau) = \overline{T}; \; \tau^2 + b(t_1^2 - \tau) = \overline{T^2} + D.$$

Hieraus folgt

$$t_1 + \tau = \frac{\overline{T^2} + D - \tau^2}{\overline{T} - \tau}, \quad t_1 - \tau = \frac{(\overline{T} - \tau)^2 + D}{\overline{T} - \tau} > \overline{T} - \tau > 0,$$

$$b = \frac{\overline{T} - \tau}{t_1 - \tau} = \frac{(\overline{T} - \tau)^2}{(\overline{T} - \tau)^2 + D}.$$

Setzt man $\tau < t_0 < \overline{T} < t_1$, so hat man

$$\bar{p}(t_0) = b = \frac{(\overline{T} - \tau)^2}{(\overline{T} - \tau)^2 + D}.$$

Läßt man $\tau$ gegen $t_0$ streben, so erhält man das Geforderte.

Es bliebe die Existenz für $t \geqq \overline{T}$ beliebig nahe an 0 gelegener $\bar{p}_1(t)$ zu beweisen und zwar ungeachtet dessen, daß $\overline{T}$ und $D$ fixiert sind. Aber das werden genau dieselben $\bar{p}(t)$ werden, nur für $\tau \to \overline{T}$. Dann gilt auch $\bar{p}(t) = b \to 0$, für $t \geqq \overline{T}$.

Da $\dfrac{(\overline{T} - \tau)^2}{(\overline{T} - \tau)^2 + D}$ bei fixiertem $D$ mit $\overline{T}$ monoton wächst und bei fixiertem $\overline{T}$ mit wachsendem $D$ fällt, wird die garantierte Schätzung für $p(t)$ unter den Bedingungen (104) und (105) zu

$$p(t) = \begin{cases} \dfrac{(T_2 - t)^2}{(T_2 - t)^2 + D_1}, & \text{falls} \quad t \leqq T_2, \\ 0, & \text{falls} \quad t > T_2. \end{cases} \tag{107}$$

Seien nun $\overline{T}$, $D$ und die Ungleichungen (103) für $p(t)$ gegeben. Dann gilt offenbar

$$p(t) \geqq \max\,[p_-(t, \overline{T}, D);\; p_-(t, t_i, c_i')]. \tag{108}$$

Daher muß sein

$$c_i \geqq p(t_i) \geqq \max\,[p_-(t_i, \overline{T}, D);\; p_-(t_i, t_i, c_i')] \geqq c_i'. \tag{109}$$

Ferner haben wir

$$\left.\begin{aligned} \overline{T} &= \int p(t)\,\mathrm{d}t \geqq \int \max\,[p_-(t, \overline{T}, D);\; p_-(t, t_i, c_i')]\,\mathrm{d}t\,, \\ \overline{T}^2 + D &= 2\int tp(t)\,\mathrm{d}t \geqq 2\int t\max\,[p_-(t, \overline{T}, D);\; p_-(t, t_i, c_i')]\,\mathrm{d}t\,, \end{aligned}\right\} \tag{110}$$

(109) und (110) sind notwendige Verträglichkeitsbedingungen für (103) und für die gegebenen $\overline{T}$ und $D$.

Die Ungleichung (108) gibt eine garantierte Zuverlässigkeitsabschätzung, die allerdings, wie man sieht, nicht scharf ist, d. h. keine Minima der Funktion $p(t)$ ergibt, die alle Restriktionen des Problems erfüllen. Nichtsdestoweniger kann man sie mit einiger Vorsicht in jedem Falle anwenden, in dem kein exaktes Resultat verlangt wird.

Wir wollen nun die garantierte Abschätzung für eine eingeschränktere Klasse von Verteilungen $p(t)$ betrachten. Als derartige Klasse wählen wir eine unmittelbare Verallgemeinerung der Verteilung (95), und zwar sämtliche in der Gestalt

$$p(t) = \int_0^\infty \mathrm{e}^{-\lambda t}\,\mathrm{d}f(\lambda)\,,\quad \int_0^\infty \mathrm{d}f(\lambda) = 1 \tag{111}$$

darstellbaren $p(t) = 1 - F(t)$ mit monotonem $f(\lambda)$. Solche $p(t)$ erhält man beispielsweise, wenn $\lambda$ von zufälligen Arbeitsbedingungen abhängt.

Die Beschränkung von $p(t)$ durch die Darstellung (111) gestattet, garantierte Abschätzungen bei einer Information zu erlangen, die im allgemeinen Fall gar nichts garantiert.

Sei etwa das Verhalten von $p(t)$ in der Nähe von $t = 0$ bekannt, und zwar sei bekannt, daß $p'(0) = -a < 0$ gilt. Dann besteht die garantierte Abschätzung darin, daß das Minimum von (111) bezüglich $f(\lambda)$ unter der Bedingung

$$a = \int_0^\infty \lambda\,\mathrm{d}f(\lambda) \tag{112}$$

aufgesucht wird.

Aus Satz X folgt, daß es genügt, das Minimum auf diskreten Verteilungen von $\lambda$ in der Gestalt

$\lambda_1$ hat die Wahrscheinlichkeit $p$,
$\lambda_2$ hat die Wahrscheinlichkeit $1 - p$

zu suchen. Für solche $f(\lambda)$ ergibt (112)

$$p\lambda_1 + (1 - p)\,\lambda_2 = a;\quad p = \frac{a - \lambda_2}{\lambda_1 - \lambda_2}. \tag{113}$$

Es ist notwendig, daß man unter diesen Bedingungen das Minimum des Ausdrucks

$$\frac{a - \lambda_2}{\lambda_1 - \lambda_2}\,\mathrm{e}^{-\lambda_1 t} + \left(1 - \frac{a - \lambda_2}{\lambda_1 - \lambda_2}\right)\mathrm{e}^{-\lambda_2 t} \tag{114}$$

gewinnt. Sei $\lambda_2 = a + \varepsilon_2$, $\lambda_1 = a + \varepsilon_1$. Wir wählen jetzt $\varepsilon_i = k_i u$ und betrachten, wie man sich denken kann, den Ausdruck (114) als Funktion von $u$, d. h.

wir untersuchen die Funktion

$$\frac{k_2}{k_2 - k_1} e^{-(a+k_1 u)t} + \frac{k_1}{k_1 - k_2} e^{-(a+k_2 u)t} . \tag{115}$$

Die Ableitung von (115) nach $u$ ist gleich

$$e^{-at} \frac{k_2 k_1 t}{k_2 - k_1} [e^{-k_2 ut} - e^{-k_1 ut}] . \tag{116}$$

Nach Voraussetzung gilt jedoch

$$p = \frac{k_2}{k_2 - k_1} \geqq 0 \quad \text{und} \quad 1 - p = \frac{k_1}{k_1 - k_2} \geqq 0 . \tag{117}$$

Hieraus folgt, daß $k_2$ und $k_1$ sicher verschiedene Vorzeichen haben. Wählen wir zum Beispiel $k_2 > 0 > k_1$, so erhalten wir unmittelbar, daß die Ableitung (116) für $u > 0$ positiv ist. Daraus folgt, daß der Wert der uns interessierenden Funktion für $u = 0$ kleiner ist als der Wert für $u > 0$. Analog verhält es sich auch für $k_2 < 0 < k_1$.

Weil $k_1$ und $k_2$, und das bedeutet auch $\varepsilon_1$ und $\varepsilon_2$, beliebig sind, erhalten wir, daß (114) stets größer als $e^{-at}$ ist. Somit ist die untere Grenze (garantierte Zuverlässigkeitsschätzung) von (111) unter der Bedingung (112) für beliebige $t$ gleich

$$e^{-at} = e^{-|p'(0)| t} . \tag{118}$$

Ist also a priori bekannt, daß die Verteilung $p(t)$ die Gestalt (111) hat, so ist vom Standpunkt garantierter Abschätzungen eine Anwendung des Exponentialgesetzes $e^{-\lambda t}$ sinnvoll, und $\lambda$ muß durch die Ableitung $p'(0)$ definiert werden, d. h. durch das Verhalten von $p(t)$ in der Nähe von $t = 0$.

Fixiert man $\bar{T}$ anstelle von $p'(0)$, so wird

$$\bar{T} = \int_0^\infty \frac{1}{\lambda} \, df(\lambda) \tag{119}$$

anstelle von (112) zur Bedingung. Auch diesmal genügt es, die untere Grenze für

$$p \, e^{-\lambda_1 t} + (1 - p) \, e^{-\lambda_2} \tag{120}$$

bei

$$\frac{p}{\lambda_1} + \frac{1 - p}{\lambda_2} = T; \qquad p = \frac{T - \frac{1}{\lambda_2}}{\frac{1}{\lambda_1} - \frac{1}{\lambda_2}}$$

zu suchen.

Läßt man $\lambda_1$ gegen 0 und $\lambda_2$ gegen $\infty$ gehen, so erhält man im Limes offensichtlich bei (119) Null für alle $t$ mit Ausnahme von $t = 0$. Also garantiert auch hier, wie im allgemeineren Fall, ein Fixieren von $\overline{T}$ noch keinerlei Zuverlässigkeit.

Das Problem kann auch für ein $p(t)$ in der Gestalt

$$p(t) = \int_k^\infty \mathrm{e}^{-Mt^k}\, \mathrm{d}f(\lambda)$$

vollkommen analog gestellt werden. Hier ist $k$ eine beliebige, fest vorgegebene Zahl.

Die zusammengestellten Materialien zeigen insgesamt hinreichend ausführlich und überzeugend, daß die garantierte Zuverlässigkeitsschätzung wächst, wenn die Informationen über das entsprechende Verteilungsgesetz zunehmen. Besonders bezeichnend ist die Tatsache, daß die Kenntnis einer nur gemittelten Arbeitszeit $\overline{T}$ vollkommen unzureichend ist, während sich die Lage radikal ändert, wenn mindestens die Varianz oder ein $p(t_i)$ bekannt ist. Diese Tatsache ist vom Blickpunkt einer Versuchsplanung, auf deren Grundlage die Zuverlässigkeit von Apparaten geschätzt werden soll, wesentlich.

Aber auch umgekehrt zeugt das vorgelegte Material davon, daß die unkritische Anwendung einer Verteilungsform $p(t)$ (beispielsweise $\mathrm{e}^{-\lambda t}$), ohne daß sie hinreichend begründet wird, zu beträchtlichen Fehlern führen kann. Ein Beispiel: Nimmt man an, daß $\mathrm{e}^{-\lambda t}$ richtig ist und kennt man $\overline{T}$, so schätzt man bei kleinen $t$ die Zuverlässigkeit für die Größe $1 - \frac{t}{\overline{T}}$. Wäre hingegen $D$ bekannt und zeigte sich, daß es klein ist, so könnte die Abschätzung von $\frac{(\overline{T} - t)^2}{(\overline{T} - t)^2 + D}$ bedeutend weitreichendere Ergebnisse für nicht zu kleine $t$ bringen. Dabei muß der garantierten Abschätzung mehr Aufmerksamkeit zuteil werden.

Wir wollen nun sehen, was das unterbreitete Material für den Vergleich von Strategien bringt, die eine gewisse Zuverlässigkeit sichern sollen, d. h. für die oben angegebenen (§§ 2 und 8) Geräte-Verdoppelungsverfahren. Der Einfachheit halber wollen wir uns auf Systeme aus einem Gerät beschränken, das entweder durch Parallelschaltung oder durch „kalte" Reservierung $n$-mal verdoppelt wird.

Seien lediglich $\overline{T}$ und $D$ bekannt. Dann folgt für eine Parallelschaltung aus der Formel (74) und dem Satz XII die garantierte Zuverlässigkeitsschätzung

$$\overline{W}(t) = 1 - \left[1 - \frac{(\overline{T} - t)^2}{(\overline{T} - t)^2 + D}\right]^n = 1 - \frac{D^n}{[(\overline{T} - t)^2 + D]^n} \qquad (121)$$

für $t \leqq \overline{T}$.

Für die „kalte" Reservierung erhalten wir vor allem, daß die mittlere Gesamtarbeitszeit für alle $n$ Geräte

$$\overline{T}_n = n\overline{T} \qquad \text{und} \qquad D_n = nD \qquad (122)$$

beträgt. Dann ergibt sich jedoch aus demselben Satz XII

$$\frac{(n\overline{T} - t)^2}{(n\overline{T} - t)^2 + nD} = \frac{\left(\overline{T} - \frac{t}{n}\right)^2}{\left(\overline{T} - \frac{t}{n}\right)^2 + \frac{D}{n}} = 1 - \frac{D/n}{\left(\overline{T} - \frac{t}{n}\right)^2 + \frac{D}{n}} \tag{123}$$

für $t \leqq \overline{T}_n$.

Hieraus läßt sich unmittelbar schlußfolgern, daß die „kalte" Reservierung für $t \geqq \overline{T}$ unzweifelhaft überlegen ist. Die Formel (123) ergibt für beliebiges $t$ und bei $n \to \infty$, daß $\overline{W}(t) \to 1$ gilt. Gleichzeitig garantiert die Parallelschaltung, d. h. (12) für beliebige $n$ keinerlei Zuverlässigkeit, sowie nur $t \geqq \overline{T}$ ist.

Diese kategorische Schlußfolgerung, daß bei vorgegebener Informiertheit die „kalte" Reservierung überlegen ist, ändert sich sogar dann nicht, wenn die den Ausfall des vorangehenden Geräts festlegenden Apparate nicht ideal arbeiten, wenn man so etwas beispielsweise mit einer gewissen Wahrscheinlichkeit voraussagt.

Wendet man das Exponentialgesetz (95) unkritisch an, so wird die Deutlichkeit beim gegebenen Vergleich verschmiert, und es können sogar entgegengesetzte Ergebnisse auftreten, weil die Parallelschaltung für $p(t) = e^{-t/\overline{T}}$ bei beliebigem $t > \overline{T}$ ebenfalls die Möglichkeit ergibt, daß $\overline{W}(t)$ für hinreichend große $n$ der 1 beliebig nahe kommt. Es gilt nämlich

$$W(t) = 1 - (1 - e^{-t/\overline{T}})^n .$$

Also kann eine Aussage über eine garantierte Schätzung zu einer für vorgegebene Informiertheit unrichtigen Systemauswahl führen, wenn es darum geht, daß seine Zuverlässigkeit sichergestellt werden soll.

Aus dem in diesem Abschnitt Gesagten könnte man schließen, daß man erst hinreichend viel an Informationen über $p(t)$ erhalten muß, ehe man die Effektivität eines Systems abschätzt und eine Konstruktionsstrategie wählt. Solch ein Schluß ist keineswegs rechtmäßig, wenn es sich darum handelt, daß man zu $\overline{T}$ ergänzende Informationen erhält, wie zum Beispiel $D$ oder $p(t_i)$, denn ein $T$ garantiert gar nichts.

Für den allgemeinen Fall ist ein derartiger Schluß im allgemeinen unrichtig, denn die Kosten für eine Informationsgewinnung können den Gewinn verschlingen, der sich ergibt, weil die Zuverlässigkeit beispielsweise einfach dadurch gesichert werden kann, daß man die „kalte" Reservierung vervielfacht.

Um derartige Fragen richtig zu stellen, ist es nötig, den Begriff eines Preises für die Information einzuführen, und das wird im folgenden in voller Übereinstimmung mit den hier angeführten Ideen zum Effektivitätsvergleich von Strategien überhaupt getan.

Zum Schluß wollen wir darauf aufmerksam machen, daß sich die Fragestellung nach garantierten Abschätzungen ändert, wenn man vom Effektivitätskriterium zur Ausfallwahrscheinlichkeit bis zum Zeitpunkt $t$, d. h. zur mittleren

Arbeitszeit, für das System übergeht. In diesem Fall ist es unmöglich, eine Zuverlässigkeitsschätzung für ein System auf die Zuverlässigkeitsschätzung der Geräte zurückzuführen, weil über $t$ Zuverlässigkeitsschätzungen von Geräten gemittelt werden, wohingegen die die oben angeführten Verteilungsgesetze realisierenden Schätzungen für verschiedene $t$ verschieden sind. Deswegen ergibt die Schätzung der mittleren Arbeitszeit, die man dadurch erhält, daß über die Schätzungen $p(t)$ vom Typ (121) gemittelt wird, gegenüber der exakten garantierten Schätzungen herabgeminderte Resultate. Eine Ausnahme bildet lediglich die „kalte" Reservierung, für die einfach die exakten Beziehungen zwischen den uns interessierenden $\bar{T}_n$ und dem bekannten $T$ bestehen.

Wir wollen die Aufmerksamkeit auf das Problem lenken, die mittlere Arbeitszeit für ein System ohne Verdoppelung, jedoch mit Elementen, die eindeutige $p_i(t)$ besitzen, zu schätzen. Sind $\bar{T}$ und $D$ bekannt, so erhält man notwendig

$$\min \bar{T}_n = \min_{p(t)} \int_0^\infty p^n(t)\, dt;$$

$$\int_0^\infty p(t)\, dt = T; \quad \int_0^\infty tp(t)\, dt = \frac{\bar{T}^2 + D}{2}.$$

Das ist ein typisches Problem, auf das das PONTRJAGINsche Maximumprinzip angewandt werden kann. Seine Lösung (s. JU. B. GERMEIER, D. S. IRGER und E. P. KALABUCHOWA [13]) bringt ein Ergebnis für die gesuchte Zuverlässigkeitsschätzung in der Gestalt

$$\left.\begin{aligned} \min \bar{T}_n &= \frac{\bar{T}}{2}\left(\frac{2n}{2n-1}\right)^n \left(\frac{\bar{T}^2}{\bar{T}^2 + D}\right)^{n-1}, \quad \text{falls} \quad D \geqq \frac{\bar{T}^2}{2n-1}, \\ \min \bar{T}_n &= \bar{T} - \sqrt{D\,\frac{(n-1)^2}{2n-1}}, \quad \text{falls} \quad D \leqq \frac{\bar{T}^2}{2n-1}. \end{aligned}\right\} \tag{124}$$

Ist hingegen nur $T$ bekannt, so verifiziert man leicht, daß $\min \bar{T}_n = 0$ gilt. Dazu genügt es, $p(t) = \frac{\bar{T}}{k}$ für $t \leqq k\bar{T}$ und gleich Null in den übrigen Punkten zu setzen und dann $k \to \infty$ zu wählen. Also garantiert die Kenntnis von $\bar{T}$ allein auch hier absolut nichts.

## § 13. Effektivitätsabschätzung bei unbestimmtem Operationskriterium (Ziel)

Wie schon früher gesagt, kann man ein unbestimmtes Ziel (Kriterium) durch spezielle unbestimmte Faktoren im Effektivitätskriterium modellieren. Es wurde auch schon bemerkt, daß sich, wenn man ein Modell untersucht, diese unbestimmten Faktoren nicht besonders von den anderen unbestimmten Faktoren unterscheiden. Der Unterschied besteht am Ende nur darin, daß man die Unbestimmtheit des Kriteriums unbedingt zu den unkontrollierbaren Faktoren hinzunehmen muß. Es scheint, daß die operierende Seite sie steuern kann. Allerdings hat in Wirklichkeit dieser Unterschied keine besondere Bedeutung. Für den Operationsforscher unterscheidet sich nämlich der zu betrachtende unbestimmte Faktor in nichts von den übrigen. In Wahrheit kann er der operierenden Seite raten, ihre Wünsche bei Bedarf zu präzisieren. Aber auch für die übrigen Unbestimmtheiten kann er anraten, daß es nötig ist, Informationen über ihren Wert einzuholen. Wird eine derartige Information gewonnen, so ist dies vom Standpunkt des Forschers her mit einer „Präzisierung der Wünsche" vollkommen äquivalent, d. h. mit der Wahl konkreter Parameter im unbestimmten Kriterium. Der Forscher weiß doch auf einer bestimmten Stufe weder, welche Auswahl unbestimmter Parameter künftig im Kriterium getroffen wird, noch kennt er den Wert der unbestimmten unkontrollierbaren Faktoren, die eine künftige Information liefern wird. Was die Gewinnung von Informationen und die schließliche Zielauswahl betrifft, so wird dieses Problem durch konkrete Untersuchungen gelöst.

Man kann auch auf einen formalen Unterschied zwischen kontrollierbaren Faktoren und unbestimmten Zielcharakteristiken (Kriterien) hinweisen. Die letzteren Größen werden auch von der operierenden Seite ausgewählt; sie gehen jedoch nicht aus dem Ziel bei der gegebenen Operation hervor. Ihre Wahl kann entweder einfach beliebig sein oder im Rahmen einer anderen, gewöhnlich umfassenderen Operation vor sich gehen. Umgekehrt sind die kontrollierbaren Faktoren entweder fixiert oder ausgehend vom Ziel der gegebenen Operation gewählt. Somit kann die Unbestimmtheit eines Kriteriums nicht durch Streben nach Vergrößerung beseitigt werden; das verbindet sie insbesondere mit den unkontrollierbaren Faktoren.

Es existiert noch ein Umstand, der einem einfachen Umgang mit unbestimmten Zielen bzw. Kriterien etwas entgegensteht. Es handelt sich darum, daß eine Reihe einzelner Kriterien $W_i = F_i(\bar{x}, \bar{y})$, aus denen zusammengefaßt das Gesamt-Effektivitätskriterium gebildet wird, möglicherweise in ihren Dimensionen unvergleichbar sind. In diesem Zusammenhang treten oft Zweifel auf, die dazu führen, daß die Möglichkeit, ein Gesamtkriterium zu bilden, verneint wird. Ungeachtet dessen, daß dies in jedem Falle eine konkrete Frage für eine konkrete Operation ist und daß schon früher allgemeine Ansichten über diese Frage geäußert wurden, ist es offensichtlich nicht überflüssig, die Aufmerksamkeit noch einmal auf das folgende zu lenken.

1. Vom formalen Standpunkt aus (und vom Standpunkt des Operationsforschers) kann die Operation nicht als gegeben angesehen werden, wenn die Gestalt des Effektivitätskriteriums nicht irgendwie bekannt ist, d. h. die Form des Zusammenhanges zwischen den $W_i$, wenngleich dieses Kriterium auch von unbestimmten Faktoren abhängen kann. Aber die Vorgabe der Kriteriumsform bedeutet schon, daß die Frage, in welchem Ausmaß die $W_i$ verglichen werden

können, schon irgendwie gelöst ist. So zeigt etwa die Wahl von $W = \sum_{i=1}^{n} \lambda_i W_i$ bereits, daß es möglich ist, Koeffizienten $\lambda_i$ zu wählen, die die Dimensionen der $W_i$ „ausgleichen". Dasselbe bezieht sich auch auf das Kriterium $W = \min\limits_{1 \leq i \leq n} \varrho_i W_i$ und alle möglichen Kombinationen dieser Vereinigungsmöglichkeiten für Kriterien.

Aber jede Form eines stetigen Kriteriums stellen wir, wie schon bewiesen wurde, in Gestalt eines Maximums der gewichteten Summe der $W_i$ dar. *Wird daher angenommen, daß ein Gesamtkriterium existiert, so muß klar sein, daß auch gewichtete Koeffizienten existieren, die unbestimmt sein können* und die Unvergleichbarkeit der Dimensionen im gewöhnlichen „linearen" Sinne beseitigen.

2. Was die nichtformalen Untersuchungen betrifft, so müssen wir unsere Aufmerksamkeit nochmals auf die reichen Möglichkeiten lenken, die die im § 3 und damit zusammenhängend im § 5 dargestellten Bündelungsmethoden bieten. So ist es bei der zweiten Bündelungsmethode a priori unnötig, Koeffizienten zu kennen, die die Dimension der Kriterien „ausgleichen". An deren Stelle treten vorgegebene $W_i^0$. Aber gemäß § 5 kann diese Bündelungsart leicht durch die gewichtete Summe und das Minimum über die in ihr nicht fixierten Koeffizienten beschrieben werden. Damit ist klar, daß auch die Kenntnis der $W_i^0$ in gewissem Sinne dazu äquivalent ist, daß man die Vergleichsmöglichkeit der $W_i$ mittels gewisser Koeffizienten anerkennt.

Das wird noch klarer sichtbar, wenn man nicht über die Schätzung sondern über den Effektivitätsvergleich von Strategien spricht. In der Tat ist ein Kriterium vom Typ

$$W = 1 \quad \text{für} \quad \min_{1 \leq i \leq n} \frac{W_i}{W_i^0} \geq 1\,,$$

$$W = 0 \quad \text{für} \quad \min_{1 \leq i \leq n} \frac{W_i}{W_i^0} < 1\,,$$

(das zweite Vereinigungsverfahren) offensichtlich ein Ergebnis dessen, daß das Kriterium $\tilde{W} = \min\limits_{1 \leq i \leq n} \frac{W_i}{W_i^0}$ mittels nicht abnehmender Funktionen gebildet wird. Wegen der Sätze aus § 9 kann man jedoch Strategien bezüglich $\tilde{W}$ vergleichen, weil die beste auch eine der besten für das Kriterium $W$ wird.

Aber $\tilde{W}$ wurde aus $W$ gebildet, indem die vollständig definierten Gewichtskoeffizienten $\frac{1}{W_i^0}$ verwendet und die einfachste Bündelung vom Typ 5 angewandt wurde. Es ist überhaupt offensichtlich, daß man dadurch, daß man die $W_i$ in gewisse charakteristische $W_i^*$ einteilt (zum Beispiel in schon erreichte Werte oder in gewünschte, die eventuell auch unerreichbar sein können) zu Teilkriterien mit einheitlicher Dimension gelangt. Zum Schluß dieser allgemeinen Bemerkungen wollen wir auf einige relativ interessante Tatsachen hinweisen, die sich auf den Fall beziehen, *daß die operierende Seite weder in der*

*Lage ist, das Ziel zum Zeitpunkt der Untersuchung noch später bis zu dem Zeitpunkt präzisieren, in dem eine Entscheidung über die Wahl der Strategie getroffen wird.* Wie bekannt hängen hier die Strategien der operierenden Seite nicht von der Unbestimmtheit des Ziels, d. h. des Kriteriums ab. Infolge unserer allgemeinen Prinzipien ist die Effektivitätsabschätzung von Strategien das Minimum des Kriteriums sowohl über diese Unbestimmtheiten, als auch über die unkontrollierbaren Unbestimmtheiten. Folglich kann man zuerst das Minimum über die Ziel-Unbestimmtheiten nehmen, wobei die restlichen unkontrollierbaren Faktoren festgehalten werden.[1])

Hängen die Strategien nicht von diesen unbestimmten Faktoren ab, so ist das damit äquivalent, daß ein neues Effektivitätskriterium nach der Formel

$$\tilde{W} = \tilde{F}(\bar{x}, \bar{y}) = \inf_{\alpha \in E} F(\bar{x}, \bar{y}, \alpha) , \tag{125}$$

eingeführt wird, wo $\alpha$ unbestimmte Faktoren sind, die die Unbestimmtheit des Ziels ausdrücken, $E$ ist die Menge ihrer möglichen Werte und $F(\bar{x}, \bar{y}, \alpha)$ das ursprüngliche Effektivitätskriterium, das die Ziel-Unbestimmtheit durch die Unbestimmtheit von $\alpha$ ausdrückt. Von diesem Standpunkt aus können fast alle Formeln aus § 5 als Definition des Kriteriums $\tilde{F}(\bar{x}, \bar{y})$ durch das Kriterium $F(\bar{x}, \bar{y}, \alpha)$ behandelt werden. Wir wollen einige solche Behandlungsweisen angeben.

A. Sind im Summenkriterium $\sum_{i=1}^{n} \lambda_i(W_i - W_i^0) + 1$ vom ersten Typ die Gewichtskoeffizienten unbestimmt, indem sie nur durch die Ungleichungen $\lambda_i \geqq 0$ eingeschränkt werden (was man bei Gewichtskoeffizienten fast sicher annehmen kann), so ist die Betrachtung einer derartigen Operation (vom Gesichtspunkt des garantierten Resultats her) äquivalent dazu, daß eine Operation mit einem Kriterium betrachtet wird, das darin besteht, daß die Ungleichungen $W_i' \geqq W_i^0$ unbedingt erfüllt werden müssen, d. h. *mit einer Operation äquivalent, bei der ein vorgegebenes vektorielles Ergebnis erreicht werden soll.*

Es muß noch bemerkt werden, daß, wenn auch den Vorzeichen der $\lambda_i$ keine Beschränkungen auferlegt werden, $W_i = W_i^0$ das einzige befriedigende Resultat ist.

B. Ist im Kriterium $\sum_{i=1}^{n} \lambda_i(W_i - W_i^0)\, \lambda_1$ genau bekannt und sind die $\lambda_2, \ldots, \lambda_n$, von denen nur $\lambda_i \geqq 0$ gefordert wird, unbekannt, so ist eine derartige Situation äquivalent zu einer Operation mit dem Kriterium $\lambda_1(W_1 - W_1^0)$ bei den notwendigen Restriktionen $W_i \geqq W_i^0$ $(i = 2, \ldots, n)$. Vergleicht man die Effektivität der Strategien, wie das aus § 9 bekannt ist, so kann man $W_1^0$ und $\lambda_1$ (falls $\lambda_1 > 0$ ist) weglassen und das Problem darauf zurückführen, daß eine Operation mit dem Kriterium $W_1$ und denselben Restriktionen untersucht wird. Daraus folgt jedoch, daß *es unnötig ist, $\lambda_1$ und $W_1^0$ konkret zu kennen. Es reicht aus, Gewißheit darüber zu haben, daß sie fixiert werden können, im Unterschied zu $\lambda_2, \ldots, \lambda_n$.*

[1]) Diese Operation kann sowohl vor als auch nach der Mittelung über die Zufälligkeiten ausgeführt werden. Das hängt von der konkreten Situation ab.

C. Sind die $\lambda_i$ im Kriterium $\sum_{i=1}^{n} \lambda_i W_i$ unbestimmt, jedoch so, daß $\lambda_i \geqq 0$; $\sum_{i=1}^{n} \lambda_i r_i = 1$ gilt, so ist diese Operation äquivalent zu einer Operation mit dem Kriterium

$$\min_{1 \leqq i \leqq n} \frac{W_i}{r_i}.$$

Diese letztere Operation kann man vom Standpunkt des Strategienvergleichs her (wie bereits bemerkt wurde) durch eine Operation ersetzen, bei der $W_i \geqq r_i$ als unbedingtes Resultat erreicht werden soll.

D. Es sei noch zusätzlich bekannt, daß $\lambda_i \geqq \lambda_i^0 \geqq 0$ gilt. Dann muß notwendig $\sum_{i=1}^{n} \lambda_i^0 r_i = d \leqq 1$ sein. Dann ist eine Operation mit einem Kriterium in Form einer gewichteten Summe äquivalent zu einer Operation mit dem Kriterium

$$\sum_{i=1}^{n} \lambda_i^0 W_i + (1 - d) \min_{1 \leqq i \leqq n} \frac{W_i}{r_i}.$$

E. Es wird eine Operation mit dem Kriterium $\max_{1 \leqq i \leqq n} \mu_i w_i$ betrachtet, in dem die Gewichtskoeffizienten durch die Bedingungen

$$\mu_i \geqq 0\,, \quad \sum_{i=1}^{n} \mu_i = 1$$

eingeschränkt werden. Das ist äquivalent zu einer Operation mit dem Kriterium

$$\frac{1}{\sum_{i=1}^{n} \frac{1}{W_i}}.$$

Ohne die restlichen Zusammenhänge aus § 5 zu wiederholen, wollen wir nur anmerken, daß ein Sonderfall der allgemeinen Formel (125) möglicherweise bequem sein könnte. Sei $F(\bar{x}, \bar{y}, \alpha)$ stetig und konkav in $\alpha$, wobei $\alpha$ aus einer konvexen, beschränkten, abgeschlossenen Menge zu nehmen ist.

Dann wird $\inf_{\alpha \in E} F(\bar{x}, \bar{y}, \alpha)$ angenommen. Wir setzen zunächst voraus, daß $F(\bar{x}, \bar{y}, \alpha)$ streng konkav ist, und es sei $\alpha_0 = \lambda\alpha_1 + (1 - \lambda)\alpha_2$, wobei $\alpha_i \in E$ $(i = 0, 1, 2,)$ und $0 < \lambda < 1$ ist. Aus der strengen Konkavität ergibt sich

$$F(\bar{x}, \bar{y}, \alpha_0) > \lambda F(\bar{x}, \bar{y}, \alpha_1) + (1 - \lambda) F(\bar{x}, \bar{y}, \alpha_2)\,.$$

Daher ist mindestens eine der Zahlen $F(\bar{x}, \bar{y}, \alpha_1)$ und $F(\bar{x}, \bar{y}, \alpha_2)$ kleiner als $F(\bar{x}, \bar{y}, \alpha_0)$. Das aber bedeutet, daß ein beliebiger Punkt $\alpha_0$, der nicht Extremalpunkt ist, das uns interessierende Minimum nicht realisieren kann. Folglich wird bei strenger Konkavität das Minimum notwendig nur in einem Extremalpunkt angenommen.

Ist $F(\bar{x}, \bar{y}, \alpha)$ einfach konkav, so ist die Funktion

$$F(\bar{x}, \bar{y}, \alpha) = F(\bar{x}, \bar{y}, \alpha) - \varepsilon \sum_{i=1}^{k} \alpha_i^2$$

mit dem Vektor $\alpha = (\alpha_1, \ldots, \alpha_k)$ für beliebig kleine $\varepsilon > 0$ streng konkav. Das folgt daraus, daß die Summe einer konkaven und einer streng konkaven Funktion selbst streng konkav ist. Die strenge Konkavität von $\varphi(\alpha) = -\sum_{i=1}^{n} \alpha_i^2$ folgt aus der Ungleichung

$$-\sum_{i=1}^{n} (\lambda\alpha_{i1} + (1-\lambda)\alpha_{i2})^2 = -\sum_{i=1}^{n} [\lambda^2\alpha_{i1}^2 + 2\lambda(1-\lambda)\alpha_{i1}\alpha_{i2} + (1-\lambda)^2\alpha_{i2}^2]$$

$$> -\sum_{i=1}^{n} [\lambda^2\alpha_{i1}^2 + \lambda(1-\lambda)(\alpha_{i1}^2 + \alpha_{i2}^2) + (1-\lambda)^2\alpha_{i2}^2]$$

$$= -\sum_{i=1}^{n} [\lambda\alpha_{i1}^2 + (1-\lambda)\alpha_{i2}^2] = \lambda\left(-\sum_{i=1}^{n} \alpha_{i1}^2\right) + (1-\lambda)\left(-\sum_{i=1}^{n} \alpha_{i2}^2\right),$$

die streng erfüllt wird, wenn $0 < \lambda < 1$ und $\alpha_{i1} \neq \alpha_{i2}$ für mindestens ein $i$ gilt (d. h. die Vektoren $\alpha_1$ und $\alpha_2$ sind ungleich). Wenn wir die schon erhaltenen Ergebnisse für streng konkave Funktionen anwenden und zum Limes für $\varepsilon \to 0$ übergehen, können wir uns davon überzeugen, daß es genügt, das Minimum in einem Extremalpunkt zu bestimmen, wenn man das Minimum einer konkaven Funktion über einer konvexen, abgeschlossenen und beschränkten Menge suchen soll. Diesen Umstand wollen wir mit einer Formel beschreiben. Für bezüglich $\alpha$ konkaves $F(\bar{x}, \bar{y}, \alpha)$ gilt

$$\tilde{W} = \tilde{F}(\bar{x}, \bar{y}) = \min_{\alpha' \in E'} F(\bar{x}, \bar{y}, \alpha'), \tag{126}$$

wo $E'$ die Menge der Extremalpunkte der Menge $E$ ist.

Die Menge $E'$ ist gewöhnlich bedeutend „kleiner" als $E$, was die Suche für $\tilde{F}$ erleichtert. Wird $E$ insbesondere durch ein lineares Ungleichungssystem beschrieben, so ist die Menge der Extremalpunkte endlich, und es führt zu dieser oder jener Auslese, wenn man $\tilde{F}$ finden soll. Das ist insbesondere der Fall bei C und D, wo $F(\bar{x}, \bar{y}, \lambda)$ linear in $\lambda$ ist. Viele andere Formeln, die in § 5 gebracht wurden, sind ebenfalls Spezialfälle von (126).

Wir müssen bemerken, daß sich dies nicht auf den Fall $E$ bezieht, weil $W = \max_{1 \leq i \leq} \mu_i w_i$ nicht konkav, sondern im Vektor $\mu$ konvex ist. Ist $F(\bar{x}, \bar{y}, \alpha)$ in $\alpha$ konvex, so fällt das globale Minimum mit jedem lokalen Minimum zusammen, und das heißt, es kann numerisch leichter gefunden werden.

Zum Abschluß wollen wir ein vielleicht ein wenig umstrittenes Beispiel für das praktische Verhalten eines unbestimmten Kriteriums in einem ökonomischen Problem bringen. Wir betrachten Modell I von diesem Gesichtspunkt aus. Dabei ist die Gestalt des Kriteriums mit $\sum_{i=1}^{n} d_i x_i$ bekannt. Allerdings kann man es niemals als bestimmt ansehen, wenn die Preise $d_i$ nicht exakt bekannt sind. Woher aber sollten sie bekannt werden? In einer konkreten Wirtschaft werden sie auf dem Markt aufgestellt. Von unserem Standpunkt aus ist dabei die Wahl der $d_i$ ebenfalls eine Strategie, aber in einer anderen, umfassenderen Operation, die die Konkurrenz in Rechnung stellt. Ein Beispiel für eine derartige Operation ist Modell V aus § 2. Werden diese Untersuchungen jedoch nicht ausgeführt und fehlt dem herausgeforderten Vertrauen die praktische Erfahrung, so können die $d_i$ nicht endgültig festgesetzt werden, und das heißt, auch das Kriterium wird unbestimmt.

Es handle sich nun um eine geplante konkurrenzlose Wirtschaft. Dann wird das Problem, wie man die Preise festsetzen soll, noch komplizierter. Es ist nötig, die Wirkungsweise des gesamtstaatlichen Wirtschaftsorganismus zu studieren, d. h. einer sehr umfassenden und komplizierten Operation. Solange solche Untersuchungen nicht mit der gebührenden Genauigkeit ausgeführt werden, bleiben die Preise $d_j$ für viele Fabrikate hinlänglich unbestimmt.

Welche minimale Information hat man aber fast immer über die Preise? Aus Nachteiligkeitserwägungen oder Rentabilitätsbetrachtungen für die Produktion erhält man leicht Restriktionen vom Typ

$$d_j \geqq d_j^0 . \tag{127}$$

Eine relativ natürliche Forderung für „richtige" Preise ist eine Forderung vom Typ

$$c \geqq \sum_{j=1}^{n} d_j k_j , \tag{128}$$

wobei $c$ die Gesamtmenge der finanziellen Mittel der Käufer und $k_j$ die Gesamtnachfrage auf den Markt nach Fabrikaten vom $j$-ten Typ ist.

Es ist vollständig natürlich, daß die festgelegten Preise danach streben werden, sich bis zu vernünftigen Grenzen zu vergrößern. Daher muß in (128) eine Gleichung stehen. Gibt es keine zusätzlichen, überzeugenden Erwägungen, so beschreiben die Bedingungen (127) und (128) die Unbestimmtheit der Preise und des entsprechenden Kriteriums in Modell I vollkommen. Man sieht leicht, daß die erhaltene Situation völlig im oben betrachteten Fall D eingeschlossen ist.

Die Bedingung

$$c \geqq \sum_{i=1}^{n} d_i^0 k_i \tag{129}$$

ist eine notwendige Bedingung für eine „ausbalancierte" Situation. Ist sie erfüllt, so muß man

$$\sum_{i=1}^{n} d_i^0 x_i + \left(c - \sum_{i=1}^{n} d_i^0 k_i\right) \min_{1 \leq j \leq n} \frac{x_j}{k_j} \tag{130}$$

unbedingt als Effektivitätskriterium wählen.[1])

[1]) Wenn man den Sinn dieses Kriteriums bespricht, darf man nicht vergessen, daß es im Grunde eingeführt wird, um Strategien zu vergleichen.

## § 14. Effektivität von Strategien, wenn Operationen mehrmals wiederholt werden. Gemischte Strategien

Eine Strategie, die darin besteht, daß eine gegebene Operation mehrmals wiederholt wird, ist ein spezieller Fall einer komplizierten Operation. Daher ist dafür all das richtig, was im § 3 zu Aktionen über Operationen gesagt wurde. Die mehrfache Wiederholung, der besonders oft auftretende Fall einer komplizierten Operation, hat aber natürlich auch ihre spezifischen Eigenschaften. Analysiert man eine Variante für die mehrfache Wiederholung, so kann man den Sinn sogenannter gewünschter Strategien (die eine Grundlage der Spieltheorie bilden) und deren praktische Bedeutung verstehen.

Die Spezifik der zu betrachtenden Variante einer komplizierten Operation besteht im Begriff der Wiederholung selbst. Mehrfach wiederholte Operationen sind umsomehr eindeutig. Sind jedoch die Operationen vollständig eindeutig, d. h. sind die Ziele (Effektivitätskriterien), die zu wählenden Strategien und die Werte für die unkontrollierbaren Faktoren eindeutig, so fallen auch die Ergebnisse zusammen. Es ist klar, daß solch ein Fall uninteressant ist und keinerlei besondere Behandlung erfordert.

Also muß ungeachtet des Wortes Wiederholung eine Variation in den Operationen oder in ihren Resultaten hinzugefügt werden. Bei „sich wiederholenden" Operationen können verschieden sein:

a) Strategien und Aktivitäten,
b) unkontrollierbare Faktoren.

Was die Ziele betrifft, so müssen sie eindeutig (wenn auch nicht identisch) sein, d. h. es muß wie stets bei komplizierten Operationen ein gemeinsames Ziel existieren, das so entwickelt wurde, als wäre es eine einzige Operation, die nicht wiederholt wird. Dieses gemeinsame Ziel aufzustellen wird natürlich nicht aus dem Rahmen der Aktionen in § 3 fallen.

Wenn Strategien, Aktivitäten und unkontrollierbare Faktoren bei der „Wiederholung" von Operationen überhaupt nicht zusammenhängen, so engt das das Problem im Vergleich zum allgemeinen Fall, wo Operationen vereinigt werden, nicht genügend ein, ja es entspricht durchaus nicht dem intuitiven Inhalt des Wortes Wiederholung. Daher ist es natürlich, sich darauf zu beschränken, *unveränderte Operationsparameter* zu betrachten, d. h. eindeutig fixierte Faktoren, eindeutige Zufallsverteilungsgesetze, die einander bei den Wiederholungen entsprechen, Faktoren (möglicherweise auch bei völliger wahrscheinlichkeitstheoretischer Unabhängigkeit derselben) von eindeutigem zulässigen Variationsbereich für die naturgegebenen Unbestimmtheiten und eindeutige Ziele, Aktivitäten und Strategienwahl eines möglichen Gegners.

Die Möglichkeiten der operierenden Seite ihrerseits werden ebenfalls standardisiert vorausgesetzt, d. h. *eindeutige Aktivitäten und Strategienwahl.* Besonders diese Deutung wird auch im folgenden im Terminus „mehrfache Wiederholung von Operationen" eingeschlossen.

Daher können viele Male wiederholte Versuche, bei militärischen Aktionen einen Frontabschnitt zu beherrschen ohne die Kräfte entsprechend zu ergänzen, von beiden Seiten nicht als mehrfach wiederholte Operationen angesehen werden; es ist einfach eine große Operation, die aus einzelnen nicht zu wiederholenden Operationen besteht. Umgekehrt kann die mehrfache Wiederholung von Aktionen, um gegnerische Flugzeuge zu überlisten (aus einem gegnerischen Flugzeugverband), sogar bei verschiedenen Verteidigern (verschiedene Strategien der operierenden Seite) unter „sich wiederholende Operation" gerechnet werden.

Eine notwendige Bedingung ist jedoch, daß bei der Wiederholung der Umfang der Strategienmenge so gewählt wird, daß er ungeändert bleibt, was praktisch bedeutet, daß (bei vorgegebener Anzahl von Wiederholungen) die Verteidigungsarten (und die gegnerischen Flugzeuge) unerschöpflich sind.

Sei $F(\bar{x}, \bar{y})$ das Effektivitätskriterium in der einzeln genommenen Operation. Nehmen dann die unkontrollierbaren Faktoren bei der $i$-ten Wiederholung ($N$ deren Gesamtzahl) die Werte $\bar{y}_i$ an, so werden die Ergebnisse der ausgeführten Operationen in der Gestalt $F(\tilde{x}, \bar{y}_i)$ $(1 \leqq i \leqq N)$ geschrieben unter der Bedingung, daß die operierende Seite während der gesamten Zeit ein und dieselbe Strategie $\tilde{x}$ wählt.

Wir wollen zugleich bemerken, daß die Strategie $\tilde{x}$ in diesem Abschnitt wieder in der allgemeinen Form als $\tilde{x} = \bar{x}(\bar{y})$ behandelt wird. Dann bedeutet die Eindeutigkeit der Strategien bei Wiederholung, daß die Funktionen $\bar{x}(\bar{y})$ eindeutig sind, aber nicht die Eindeutigkeit der Funktionswerte bei den Wiederholungen.

Wir behalten wiederum bei, daß Strategien, die keine Informationen über $\bar{y}$ verwenden, mit $\bar{x}$ bezeichnet werden. Nach der allgemeinen Strategiedefinition in einer vereinigten Operation und unter Berücksichtigung nicht veränderter Aktivitäten gewinnt die Strategie bei der Wiederholung von Operationen die Gestalt

$$\tilde{x}^0 = \bar{x}^0(\bar{y}^0), \quad \text{mit} \quad \bar{y}^0 = \{\bar{y}_1, \ldots, \bar{y}_N\} \quad \text{und} \quad \bar{x}^0 = \{\bar{x}_1, \ldots, \bar{x}_N\}\,.$$

Wir setzen voraus, daß $\bar{y}$ zufällig ist mit entsprechenden Verteilungsgesetzen für die Komponenten dieses Vektors. Wenn wir annehmen, daß die Phasenkoordinaten für die Gesamtheit aller sich wiederholenden Operationen (der komplizierten Operation) Mittelwerte für die Resultate aus (66) sind, so stellt sich heraus, daß die $W(\tilde{x})$ nicht von $\bar{y}$ abhängen und bei sämtlichen Wiederholungen eindeutig sind, d. h., wir kommen zu dem oben genannten Trivialfall, für den eine Wiederholung der Operation absolut nichts Neues ergibt. Dasselbe geschieht auch, wenn man die Ergebnisse jeder Einzeloperation sowohl für die zufälligen als auch für die unbestimmten Faktoren nach (58) bündelt.

Also muß man, um neue Effektivitätsabschätzungen für die Strategien bei mehrfacher Wiederholung zu gewinnen, als Phasenkoordinaten nicht (58) oder (66), sondern die Ausgangswerte $F(\tilde{x}, \bar{y})$ selbst wählen. Kombiniert man sie nach den Regeln aus § 3, so kann man ein Kriterium für die gesamte komplizierte Operation definieren. Dafür kann man die folgenden, sehr einfachen, die intuitive Vorstellung von wiederholten Operationen aber völlig ausdrückenden Varianten wählen:

1. Die Kriterien für die Einzeloperationen bleiben für die ganze komplizierte Operation erhalten.

Wäre $F(\bar{x}, \bar{y})$ zweideutig, d. h. wäre das Ziel der Operation nur erreichbar oder nicht, so würde ein Beibehalten des Kriteriums auch bedeuten, daß dasselbe Ziel erreicht würde oder nicht, oder, mit anderen Worten, das Ziel mindestens einer der wiederholten Operationen müßte erreicht werden. Das kann man in der Formel

$$W_0(\tilde{x}^0, \bar{y}^0) = \max_{1 \leqq i \leqq N} F(\bar{x}_i, \bar{y}_i); \ \{\bar{x}_i\} = \bar{x}^0(y^0) \tag{131}$$

schreiben. Eine derartige Beschreibung verliert ihren Sinn auch nicht im allgemeinen Fall, wenn $F(\bar{x}, \bar{y})$ im wesentlichen bedeutet, daß die operierende Seite danach strebt, das maximale Ergebnis der sich wiederholenden Operationen zu maximieren (die operierende Seite interessiert das beste Einzelergebnis).

2. In den vielen Fällen, in denen man es für unzureichend hält, daß der Erfolg mindestens einmal eintritt, strebt man danach, den Prozentsatz erfolgreicher Ergebnisse bei den Wiederholungen zu vergrößern. Dann ist natürlich ein Kriterium in der Gestalt

$$W_c(\tilde{x}^0, \bar{y}^0) = \frac{1}{N} \sum_{i=1}^{N} F(\bar{x}_i, \bar{y}_i) \tag{132}$$

üblich, das auch für beliebige Typen von $F(\bar{x}, \bar{y})$ taugt.

3. Wünscht man, in allen Teiloperationen Erfolg zu haben, so führt dies zum Kriterium

$$W_n(\tilde{x}^0, \bar{y}^0) = \min_{1 \leqq i \leqq N} F(\bar{x}_i, \bar{y}_i) \,. \tag{133}$$

Eine Kombination von (131) und (133) kann Kriterien von sehr umfassender Gestalt ergeben (s. § 3) und insbesondere Kriterien von der Art liefern, daß „der Erfolg bei mindestens $k$ von $N$ Operationen gesichert ist":

$$\max_{\substack{\{i_j\} \\ i_j < i_{j+1}}} \ \min_{1 \leqq j \leqq k \leqq N} F(\bar{x}_{i_j}, \bar{y}_{i_j}); \ i = 1, \ldots, N \,. \tag{134}$$

Allerdings werden solche Kriterien praktisch vergleichsweise selten gewählt, und daher beschränken wir uns weiter darauf, (131)—(133) zu betrachten.

Für diese gilt die allgemeine Ungleichung

$$W_n(\tilde{x}^0, \bar{y}^0) \leqq W_c(\tilde{x}^0, \bar{y}^0) \leqq W_0(\tilde{x}^0, \bar{y}^0) \,, \tag{135}$$

die der intuitiven Vorstellung entspricht, daß in mindestens einer Operation der Erfolg sehr gut erreichbar ist.

Aus den früher genannten Abwehroperationen gegenüber gegnerischen Flugzeugen kann man Beispiele für alle drei Typen gewinnen. So entspricht beispielsweise der mehrfache Versuch, ein und dasselbe gegnerische Flugzeug abzuschießen, der Formel (131). Dem mehrfachen Versuch, verschiedene Flugzeuge abzuschießen, entspricht (133), wenn es nötig ist, alle zu vernichten, und (132), wenn möglichst viele abgeschossen werden sollen.

Bei der Erdölsuche in einem vorgegebenen Gebiet genügt es, wenn wenigstens ein Bohrversuch von Erfolg gekrönt ist, das entspricht (131), und beim Kartenspiel interessiert gewöhnlich der Gesamtgewinn, was offensichtlich äquivalent zu (132) ist. Mehrfache Versuche, ein Examen abzulegen, werden gewöhnlich durch eine maximale Abschätzung charakterisiert, also (131).

Nimmt $F(\bar{x}, \bar{y})$ nur die beiden Werte 0 und 1 an und sind $\bar{y}_i = \{y_{1i}, \ldots, y_{si}\}$ Zufallsvektoren, so ergibt eine Mittelung nach (66), angewandt auf das Kriterium für die Gesamtoperation (131), offensichtlich bei unabhängigen $\bar{y}_i$ und $\tilde{x}^0 = \bar{x}^0$

$$\overline{W}_0(\bar{x}^0) = 1 - \prod_{i=1}^{N} [1 - \overline{W}(\bar{x}_i)] \,, \tag{136}$$

wo sich die $\overline{W}(\bar{x}_i)$ aus einer Mittelung für die Einzeloperationen nach (66) ergeben. Das ist die übliche Formel für die Wahrscheinlichkeit dafür, daß unter $N$ Versuchen das Ereignis mindestens einmal eintritt, wenn $\overline{W}(\bar{x}_i)$ die Wahrscheinlichkeit für sein Eintreten im $i$-ten Versuch ist.

Sind umgekehrt die $\bar{y}_i$ vollständig abhängig und ist insbesondere $\bar{y}_i = \bar{y}$, so gilt für $\bar{x}_i = \bar{x}$

$$\overline{W}_0(\bar{x}^0) = \overline{W}(\bar{x}) \,,$$

d. h., es ergeben sich keinerlei Vorteile daraus, daß die Operation wiederholt wird.

Analog hat man für (133) bei unabhängigen $\bar{y}_i$

$$\overline{W}_n(\bar{x}^0) = \prod_{i=1}^{N} \overline{W}(\bar{x}_i) \,. \tag{137}$$

Was (132) betrifft, so gilt hier für beliebiges $\tilde{x}^0 = \{\bar{x}_i(y_i)\} = \{\tilde{x}_i\}$ und ohne vorausgesetzte Unabhängigkeit

$$\overline{W}_c(\tilde{x}^0) = \frac{1}{N} \sum_{i=1}^{N} \overline{W}(\tilde{x}_i) \,. \tag{138}$$

Die Formel (138) gilt für eine beliebige Gestalt von $F(\tilde{x}, \bar{y})$, und die $\overline{W}(\tilde{x}_i)$ bleiben, indem sie den Sinn von Wahrscheinlichkeiten verlieren, mathematische Erwartung von $F(\tilde{x}, \bar{y})$. Darin besteht auch die grundsätzliche Anziehungskraft von (132), auf Grund dessen diese Variante eines Gesamtkriteriums überall und insbesondere auch in der Spieltheorie umfassend angewandt wird.

Bei allgemeinem $F(\bar{x}, \bar{y})$ ist es sogar für unabhängige $\bar{y}_i$ unmöglich, die Ausdrücke

$$\overline{W}(\tilde{x}^0) = \int \max_{1 \leq i \leq N} F(\bar{x}_i, \bar{y}_i) \, d\varphi(\bar{y}_1), \ldots, d\varphi(\bar{y}_N) , \tag{139}$$

$$\overline{W}_n(\tilde{x}^0) = \int \cdots \int \min_{1 \leq i \leq N} F(\bar{x}_i, \bar{y}_i) \, d\varphi(\bar{y}_1), \ldots, d\varphi(\bar{y}_N) \tag{140}$$

zu vereinfachen. Hier wird mit $d\varphi(\bar{y})$ kurz $\prod_{j=1}^{s} df_j(y_j)$ bezeichnet.

Sei nun $\bar{y}$ ein unbestimmter Faktor. Dann erhalten wir mit einem allgemeinen Blick auf die Effektivitätsabschätzungen

$$\underline{W}_0(\tilde{x}^0) = \min_{\{\bar{y}_i\}} \max_{1 \leq i \leq N} F(\bar{x}_i, \bar{y}_i) , \tag{141}$$

$$\underline{W}_n(\tilde{x}^0) = \min_{\{\bar{y}_i\}} \min_{1 \leq i \leq N} F(\bar{x}_i, \bar{y}_i) , \tag{142}$$

$$\underline{W}_c(\tilde{x}^0) = \min_{\{\bar{y}_i\}} \frac{1}{N} \sum_{i=1}^{N} F(\bar{x}_i, \bar{y}_i) . \tag{143}$$

Nimmt $F(\bar{x}, \bar{y})$ nur die Werte 0 und 1 an, so sieht man leicht, daß man (141) und (142) in der Gestalt

$$\underline{W}_0(\tilde{x}^0) = \min_{\{\bar{y}_i\}} \left\{ 1 - \prod_{i=1}^{N} [1 - F(\bar{x}_i, \bar{y}_i)] \right\}, \tag{144}$$

$$\underline{W}_n(\tilde{x}^0) = \min_{\{\bar{y}_i\}} \prod_{i=1}^{N} F(\bar{x}_i, \bar{y}_i) \tag{145}$$

schreiben kann.

Damit kann man die Beschreibung der Effektivitätsabschätzung für mehrfach wiederholte Operationen beenden. Wir wollen nur noch zeigen, daß der allgemeine Fall, in dem zufällige und unbestimmte Faktoren existieren, wie schon früher dadurch beschrieben wird, daß man die obigen Formeln einfach kombiniert. Wählt man bei der Wiederholung einer Operation die Standardstrategie $\tilde{x}_i = \tilde{x} = \tilde{x}(\bar{y})$, so hat die operierende Seite, wenn nur Zufallsfaktoren auftreten, die gegenüber der Wiederholung unabhängig sind, als Effektivität genau dieselbe wie wenn die Operation einmal ausgeführt wird. Genau derselbe Schluß läßt sich auch für unbestimmte Faktoren ziehen, wenn es möglich ist, alle $\bar{y}_i$ als untereinander gleich und so zu wählen, daß sie $\min_{\bar{y}} F(\tilde{x}, \bar{y})$ realisieren.

Anders wird die Situation, wenn $\tilde{x} = \bar{x}$ gilt und eine Änderung von $\bar{y}_i$ bei sich ändernden $i$ zu einer neuen Restriktion führt, wobei wir selbstverständlich nicht von $N = 1$ sprechen. Sei zum Beispiel $\bar{y}_i = \bar{y}_1 + \bar{c} \cdot i$, aber $\bar{y}_0 \leq \bar{y}_i \leq \bar{y}_0$. Dann ist klar, daß es unmöglich ist, für alle $i$ $\min_{\bar{y}} F(\tilde{x}, \bar{y})$ sicherzustellen, ungeachtet der Beibehaltung eindeutiger Grenzen $\bar{y}_0$ und $\bar{y}_0'$, wenn alle $\bar{y}_i$ variieren. In diesem Fall gilt

$$\min_{\{\bar{y}_i\}} \frac{1}{N} \sum_{i=1}^{N} F(\bar{x}, \bar{y}_i) > \min_{\{\bar{y}_i\}} F(\bar{x}, \bar{y}_i) ,$$

und man erhält eine im Vergleich mit den Einzeloperationen mittlere effektive Auszahlung.

Wendet man die Abschätzung (58) an, so kann also die Streuung der zulässigen unkontrollierbaren Faktoren eine effektive Auszahlung für die Standardstrategie nach (132) ergeben, und gleichzeitig wird bei einer Mittelung über die unabhängigen Zufälligkeiten eine derartige Auszahlung nicht beobachtet werden. Für (131) führt sogar eine zufällige aber unabhängige Streuung der unkontrollierbaren Faktoren dazu, daß die Effektivität der Standardstrategie im Vergleich mit $N = 1$ vergrößert wird, was man sehr gut aus (136) und (141) erkennt.

Im Gegensatz dazu führt eine derartige Streuung für (133) nur dazu, daß im Vergleich mit $N = 1$ (s. (137)) die Effektivität verkleinert wird. Allerdings ist die Streuung der unkontrollierbaren Faktoren unsicher und befindet sich, was die Hauptsache ist, nicht im Verfügungsbereich der operierenden Seite. Im Gegenteil, welchen Streuungsgrad (wie weit nichtstandardisiert) die gewählte Strategie erreicht, kann völlig integrierter Bestandteil der Gesamtstrategie der operierenden Seite sein. Daher ist es besonders interessant, zu analysieren, wie dieser Faktor die Effektivität beeinflußt, wenn man eine mehrfach wiederholte Operation ausführt.

Die Frage besteht darin, ob nicht die Tatsache, daß eine Operation mehrfach wiederholt wird, den Sinn des Effektivitätsvergleiches selbst so ändert, daß anstelle dessen, daß die größere Effektivität einer von zwei verglichenen Strategien behauptet wird, die Feststellung tritt, daß ein Paar dieser Strategien effektiv ist, wenn man sagt, wie oft man bei der Wiederholung der Operation die eine und wie oft man die andere anwenden soll.

Wir bleiben der Einfachheit halber bei dem Fall, daß zwei Strategien abgeschätzt werden, ohne dabei auf Informationen über $\bar{y}$ einzugehen, d. h. wenn $\bar{x}$ nur die beiden Werte $\bar{x}_1$ und $\bar{x}_2$ annehmen kann. Wir setzen voraus, daß (132) gilt und daß sich die unbestimmten Faktoren standardmäßig verhalten, so daß $\bar{y}_i = \bar{y}$ gilt. Wird dann $\bar{x}_1$ in $p_N$ Fällen unter $N$ Wiederholungen angenommen und $\bar{x}_2$ in den restlichen, so wird die Effektivitätsabschätzung nach (143) zu

$$W_e(p) = \min_{\bar{y}} [pF(\bar{x}_1, \bar{y}) + (1 - p)\, F(\bar{x}_2, \bar{y})]\,. \tag{146}$$

Falls kein $\bar{y}_0$ existiert, das gleichzeitig $F_1 = \min_{\bar{y}} F(\bar{x}_1, \bar{y})$ und $F_2 = \min_{y} F(\bar{x}_2, \bar{y})$ realisiert, so ist (146) offenbar größer als der kleinste Wert von $F_1$ und $F_2$. Bei vernünftiger Auswahl von $p$ jedoch ist (146) größer als der größte Wert unter $F_1$ und $F_2$.

Diese Behauptung ist ein Spezialfall des in § 7 erwähnten Prinzips, das darin besteht, daß die Strategienmenge nur vorteilhaft erweitert werden kann (wählt man nur $\bar{x}_1$ oder nur $\bar{x}_2$, so entspricht das $p = 1$ und $p = 0$). Der mathematische Ausdruck der uns interessierenden Behauptung ist offensichtlich

$$\begin{aligned} \max_{0 \leqq p \leqq 1} \min_{\bar{y}} [pF(\bar{x}_1, \bar{y}) + (1-p)\, F(\bar{y}_2, \bar{y})] &\geqq \max_{p=0;\, p=1} \min_{\bar{y}} [pF(\bar{x}_1, \bar{y}) + (1-p)\, F(\bar{x}_1, \bar{y})] \\ &= \max \left[\min_{\bar{y}} F(\bar{x}_1, \bar{y});\ \min_{\bar{y}} F(\bar{x}_2, \bar{y})\right]. \end{aligned} \tag{147}$$

Wenn sich $\bar{y}$ in der Zeit, in der die Operation wiederholt wird, nicht ändert, ist es demnach vorteilhaft, die beiden verglichenen Strategien mit den Häufigkeiten $p_0$ und $1 - p_0$ anzuwenden, so daß

$$\min_{\bar{y}} [p_0 F(\bar{x}_1, \bar{y}) + (1 - p_0) F(\bar{x}_2, \bar{y})] =$$
$$= \max_{p} \min_{\bar{y}} [pF(\bar{x}_1, \bar{y}) + (1 - p) F(\bar{x}_2, \bar{y})] \tag{148}$$

gilt.

Wenn man die Wiederholungen der Operation derart organisiert, sind eigentlich $\bar{x}_1$ und $\bar{x}_2$ nicht mehr die Strategien, sondern ihre Anwendungshäufigkeiten $p$ und $1 - p$. Natürlich kann man solch einen Strategienbegriff automatisch auf eine beliebige Gesamtheit von Werten $\bar{x}_j$ $(j = 1, ..., r)$ übertragen, wobei deren Anwendungshäufigkeiten $p_j$ zu Strategien werden und die Bedingung $\sum_{j=1}^{r} p_j = 1$ erfüllt sein muß.

Wann ist es nun aber möglich, daß man auf standardmäßige unbestimmte Faktoren rechnen kann? Zuerst natürlich wenn naturgegebene Unbestimmtheiten auftreten, bei denen klar ist, daß sich die Situation nicht irgendwie schnell ändern kann, wenn sie auch unbestimmt ist.

Eine rasche Veränderlichkeit, die bei unabhängigen Zufallsfaktoren vorliegt, stört eine Standardsituation jedenfalls nicht nach vorheriger Mittelung gemäß (138), so daß anstelle von $F(\bar{x}, \bar{y})$ in (143) die nur von den unbestimmten Komponenten $\bar{y}'$ aus dem Gesamtvektor $\bar{y}$ der unkontrollierbaren Faktoren abhängenden $\overline{W}(\bar{x}, \bar{y})$ erscheinen.

Ist allerdings ein aktiver Gegner vorhanden, so kann man dies vernünftigerweise nur dann annehmen, wenn dem Gegner keine Informationen[1]) darüber zu Gebote stehen, bei welcher speziellen Wiederholung der Operation die Strategie $\bar{x}_1$ und bei welcher $\bar{x}_2$ verwendet wird. Sonst kann er bei jeder Realisierung sein $\bar{y}$ wählen, das $\min_{\bar{y}} F(\bar{x}_j, \bar{y})$ realisiert, und folglich führt die Wahl $0 < p < 1$ zu dem Ergebnis

$$p \min_{\bar{y}} F(\bar{x}_1, \bar{y}) + (1 - p) \min_{\bar{y}} F(\bar{x}_2, \bar{y}) < \max [\min_{\bar{y}} F(\bar{x}_1, \bar{y}), \min_{\bar{y}} F(\bar{x}_2, \bar{y})], \tag{149}$$

das besser ist als die Auswahl derjenigen Strategie unter $\bar{x}_1$, $\bar{x}_2$, die das rechts geschriebene Maximum realisiert. Also hat es bei einem aktiven Gegner nur dann Sinn, beide Strategien zu wählen, wenn der Gegner über die Strategienwahl bei jeder Wiederholung der Operation uninformiert ist, wenngleich er auch $p$ kennt, d. h. die Häufigkeit, mit der die Strategien $\bar{x}_1$ und $\bar{x}_2$ gewählt werden.

Eine solche Voraussetzung kann sich oft als richtig erweisen, und zwar insbesondere dann, wenn die Entscheidung über die konkrete Strategienwahl von der operierenden Seite im letzten Moment getroffen wird, so daß der Gegner keine Aussicht hat, eine entsprechende Information zu erhalten oder sie aus-

---

[1]) Oder wenn wegen unzureichender Beweglichkeit diese Information nicht genutzt werden kann. Im folgenden werden wir über unzureichende Beweglichkeit nicht eingehend sprechen.

zunutzen. Allerdings garantiert sogar diese Voraussetzung die Unveränderlichkeit von $\bar{y}$ noch nicht. Der Gegner kann damit beginnen, $\bar{y}$ von Wiederholung zu Wiederholung irgendwie zu ändern, wenn dies dabei stört, daß die operierende Seite den oben angegebenen Gewinn erhält.

Werden Strategien betrachtet, die nicht von $\bar{y}$ abhängen, d. h. die keine Information über $\bar{y}$ ausnützen, so muß man in der Regel voraussetzen, daß die operierende Seite über Änderungen nicht unterrichtet wird. Kann man in diesem Fall auf einen Gewinn rechnen, wenn man beide Strategien anwendet?

Wir wollen zunächst annehmen, daß der Gegner nur über endlich viele, nämlich $k$ Strategien verfügt. Ist $k < N$, so ist garantiert, daß sich eine gegnerische Strategie frühestens nach $[N/k] + 1$ Operationen wiederholen wird. Folglich gibt es dann, wenn $N$ die Zahl $k$ beträchtlich überschreitet, einige Bedingungen dafür, daß es Sinn hat, beide Strategien $\bar{x}_1$ und $\bar{x}_2$ anzuwenden, falls natürlich der Gegner nicht über die konkrete Auswahl der Strategien $\bar{x}_1$ und $\bar{x}_2$ bei jeder Wiederholung informiert ist. Ist jedoch der operierenden Seite unbekannt, welcher speziellen Wiederholung ein und derselbe Wert von $\bar{y}$ entspricht, so kann sie nicht verstehen, wie eine vernünftige Auswahl bei der Reihenfolge im Anwenden von $\bar{x}_1$ und $\bar{x}_2$ realisiert werden soll und auf welchen effektiven Gewinn man rechnen kann.

Es ist offensichtlich, daß keine garantierte Anordnung für die gegnerischen Strategien bei den Wiederholungen existiert, folglich würde eine auf dem Kriterium (132) beruhende garantierte Einstellung von neuem dazu führen, daß man die ungünstigste Einwirkung des Gegners für jede Realisierung einer Operation annehmen müßte. Dann jedoch erhielte man (149) und also wären nur entweder $p = 0$ oder $p = 1$ vorteilhaft.

Wie immer könnten wir zu einer Effektivitätsvergrößerung gelangen, wenn der Übergang von einem Wert für $\bar{y}$ zu einem anderen zufällig wäre und man diese Zufälligkeit nach (132) mitteln könnte. Aber man kann jedenfalls a priori bei einem vernünftigen Gegner niemals behaupten, daß hier Zufälligkeit vorliegt, geschweige denn die zur Mittelung notwendigen Verteilungsgesetze kennen.

Hier allerdings kommt uns die Tatsache zu Hilfe, daß nicht die Verteilung der Werte von $\bar{y}$ bei Wiederholungen selbst wichtig ist, sondern ihre Verteilung gegenüber den Auswahlmomenten für die Strategien $\bar{x}_1$ und $\bar{x}_2$, weil sich die Wiederholungsindices beliebig ändern können, ohne daß sich das Ergebnis der komplizierten Operation ändert. Aber dann kann die operierende Seite selbst die uns interessierende Zufälligkeit organisieren, indem sie die Wiederholungsindices zufällig wählt, für die $\bar{x}_1$ oder $\bar{x}_2$ angewendet werden.

Konkret kann man dies auf zwei Wegen realisieren.

I. Die bestimmten Anwendungshäufigkeiten $p$ und $1 - p$ in den $N$ Wiederholungen werden zwar realisiert, aber der Index, bei dem $\bar{x}_1$ oder $\bar{x}_2$ gewählt wird, wird zufällig erzeugt. Wir werden zeigen, daß eine Indiceskombination $i_1, \ldots, i_{pN}$ für die Anwendung von $\bar{x}_1$ mit der Wahrscheinlichkeit $p_{i_1, \ldots, i_{pN}}$ gewählt wird, so daß die Summe dieser Wahrscheinlichkeiten gleich 1 ist.

Es ist intuitiv klar, daß man eine Gleichverteilung wählen muß, d. h.

$$p_{i_1,\dots,i_{pN}} = \text{const} = \frac{c}{C_N^{pN}}\,.$$

Aber dann erhalten wird, wenn wir (132) über diese Zufälligkeiten mitteln

$$\overline{W}_c(p, \bar{y}^0) \sum_{\{i_1,\dots,i_{pN}\}} \frac{p_{i_1,\dots,i_{pN}}}{N}\left[\sum_{\substack{i=1\\ i\in\{i_1,\dots,i_{pN}\}}}^{N} F(\bar{x}_1, \bar{y}_i) + \sum_{\substack{i=1\\ i\notin\{i_1,\dots,i_{pN}\}}}^{N} F(\bar{x}_2, \bar{y}_i)\right],$$

wo die $\bar{y}$ die vom Gegner bei der $i$-ten Wiederholung angewandten Strategien sind.

Wenn wir die Summationsordnung ändern, haben wir offenbar

$$\begin{aligned}
&\overline{W}_c(p, \bar{y}^0)\\
&= \frac{1}{N}\sum_{i=1}^{N} F(\bar{x}_1, \bar{y}_i) \sum_{\{i_1,\dots,i_{pN}\}\ni i} p_{i_1,\dots,i_{pN}} + \frac{1}{N}\sum_{i=1}^{N} F(\bar{x}_2, \bar{y}_i)\left(1 - \sum_{\{i_1,\dots,i_{pN}\}\ni i} p_{i_1,\dots,i_{pN}}\right)\\
&= \frac{1}{N}\sum_{i=1}^{N}\left\{F(\bar{x}_1, \bar{y}_i)\frac{C_{N-1}^{pN-1}}{C_N^{pN}} + F(\bar{x}_2, \bar{y}_i)\left[1 - \frac{C_{N-1}^{pN-1}}{C_N^{pN}}\right]\right\}\\
&= \frac{1}{N}\sum_{i=1}^{N}\{pF(\bar{x}_1, \bar{y}_i) + (1-p)\,F(\bar{x}_2, \bar{y}_i)\}\,.
\end{aligned} \tag{150}$$

Beachtet man, daß die Auswahl der $\bar{y}_i$ unabhängig für verschiedene $i$ getroffen wurde, dann erhält man

$$\begin{aligned}
\min_{\bar{y}_0} \overline{W}_c(p, \bar{y}^0) &= \frac{1}{N}\min_{\bar{y}_1,\dots,\bar{y}_N}\sum_{i=1}^{N}[pF(\bar{x}, \bar{y}_i) + (1-p)\,F(\bar{x}_2, \bar{y}_i)]\\
&= \frac{1}{N}\sum_{i=1}^{N}\min_{\bar{y}}\,[pF(\bar{x}_1, \bar{y}) + (1-p)\,F(\bar{x}_2, \bar{y})]\\
&= \min_{\bar{y}}\,[pF(\bar{x}_1, \bar{y}) + (1-p)\,F(\bar{x}_2, \bar{y})]\,,
\end{aligned} \tag{151}$$

d. h., man kann tatsächlich das Ergebnis (146) erreichen, ohne vorauszusetzen, daß die gegnerischen Aktionen standardgemäß erfolgen, in Wahrheit natürlich nur im Mittel.

Nun überzeugt man sich leicht davon, daß die angegebenen Werte $p_{i_1,\dots,i_{pN}}$ tatsächlich das beste Ergebnis liefern. Wenn wir insbesondere $\bar{y}_1 = \dots \bar{y}_N = \bar{y}$ setzen, erhalten wir nämlich für beliebige $p_{i_1,\dots,i_{pN}}$

$$\begin{aligned}
&\min_{\bar{y}_1,\dots,\bar{y}_N}\sum_{\{i_1,\dots,i_{pN}\}}\frac{p_{i_1,\dots,i_{pN}}}{N}\left[\sum_{\substack{i=1\\ i\in\{i_1,\dots,i_{pN}\}}}^{N} F(\bar{x}_1, \bar{y}_i) + \sum_{\substack{i=1\\ i\notin\{i_1,\dots,i_{pN}\}}}^{N} F(\bar{x}_2, \bar{y}_i)\right]\\
&\leqq \min_{\bar{y}}\sum_{\{i_1,\dots,i_{pN}\}}\frac{p_{i_1,\dots,i_{pN}}}{N}[pNF(\bar{x}_1, \bar{y}) + (1-p)\,NF(\bar{x}_2, \bar{y})]\\
&= \min_{\bar{y}}\,[pF(\bar{x}_1, \bar{y}) + (1-p)\,F(\bar{x}_2, \bar{y})] = \min_{\bar{y}_0}\overline{W}_c(p, \bar{y}_0)\,,
\end{aligned} \tag{152}$$

denn es ist $\sum_{\{i_1, \ldots, i_{pN}\}} p_{i_1, \ldots, i_{pN}} = 1$. Aber die Ungleichung (152) bedeutet auch die geforderte Behauptung.

Faßt man das Gesagte zusammen, so ergibt sich, daß die Wahl der Strategie $p$, d. h. $\bar{x}_1$ in $N_p$ Fällen und $\bar{x}_2$ in $N(1 - p)$ Fällen bei zufälliger, gleichwahrscheinlicher Indexwahl für die Wiederholungen, in denen $\bar{x}_1$ und $\bar{x}_2$ angewandt werden, für beliebige Kombinationen unbestimmter Faktoren im Mittel die Abschätzung (146) garantiert. Das gilt auch, wenn der Gegner über die konkrete (wenn auch zufällige) Indexwahl, für die $\bar{x}_1$ genommen wird, nicht informiert ist.

Völlig analog verhält es sich auch, wenn man verschiedene Strategien $\bar{x}_j$ anwendet, sofern nur $N/k$ ganzzahlig ist. Fixiert man die Größen $p_j \left( \sum_{j=1}^{k} p_j = 1 \right)$, so gelangt man anstelle von (146) zu der Abschätzung

$$W_c(\bar{p}) = \min_{\bar{y}} \left( \sum_{j=1}^{k} p_j F(\bar{x}_j, \bar{y}) \right). \tag{153}$$

In dieser Beschreibung ist $p_i$ die Anwendungshäufigkeit für $\bar{x}_i$, und dabei ist $p_i N$ sicher eine ganze Zahl. Verwendet man die Häufigkeit $p_i = 0$, so kann man natürlich $k$ beliebig wählen. Es ist jedoch stets $p_i = m_i/N$ und $\sum_{i=1}^{k} m_i = N$.

II. Die Zufälligkeit tritt bei der Wahl der Strategien $\bar{x}_1$ oder $\bar{x}_2$ für jede Wiederholung der Operation auf, und zwar unabhängig von deren Index wie auch von der vorangegangenen Wahl. Dann wird $p$ bereits als Auswahlwahrscheinlichkeit für die Strategie $\bar{x}_1$ für jede Wiederholung der Operation behandelt. Folglich zeigt sich eine von der operierenden Seite unabhängig von $N$ für jede Wiederholung der Operation künstlich geschaffene Zufälligkeit. Mittelt man $F(\bar{x}, \bar{y})$ nach dieser Zufälligkeit, so ergibt sich ein neues Effektivitätskriterium für das Strategienpaar $\bar{x}_1$ und $\bar{x}_2$ bei jeder Operation:

$$\bar{F}(p, \bar{y}) = pF(\bar{x}_1, \bar{y}) + (1 - p)\, F(\bar{x}_2, \bar{y})\,.$$

Um dies zu verallgemeinern, führen wir den Begriff Gemisch der Strategien $\bar{x}_1, \ldots, \bar{x}_k$ als Gesamtheit der Anwendungswahrscheinlichkeiten $p_i$ für die Strategien $\bar{x}_i$ ein, wobei die Bedingung $\sum_{i=1}^{k} p_i = 1$ gesichert sein muß.

Läßt man in das Gemisch sämtliche der operierenden Seite zur Verfügung stehenden Strategien eingehen, wobei auch einige mit $p_i = 0$ sein dürfen, so nennt man ein derartiges Gemisch gewöhnlich eine gemischte Strategie.

Der Begriff der gemischten Strategie kann leicht auch auf eine unendliche Menge zulässiger Werte für den Vektor $\bar{x} = \{x_1, \ldots, x_s\}$ verallgemeinert werden. Dann muß man nur Verteilungsgesetze $\varphi(\bar{x}')$ dafür vorgeben, d. h. Wahrscheinlichkeiten $p(x_1 < x_1', x_2 < x_2', \ldots, x_s < x_s')$ dafür, daß der Zufallsvektor $\bar{x}$ kleiner ist als der Vektor $\bar{x}' = \{x_s'\}$. Die gemischte Strategie heißt hier auch Verteilungsgesetz $\varphi(\bar{x}')$.

Das gemittelte Effektivitätskriterium für die gemischte Strategie gewinnt die Gestalt

$$\overline{F}[\varphi(\bar{x});\bar{y}] = \int \cdots \int F(x_1, \ldots, x_s, \bar{y})\, \mathrm{d}\varphi\,(x_1, \ldots, x_s) = \int F(\bar{x}, \bar{y})\, \mathrm{d}\varphi(\bar{x})\,. \tag{154}$$

Unter dem Integral $\int F(\bar{x}, \bar{y})\, \mathrm{d}\varphi(\bar{x})$ wird das $s$-dimensionale STIELTJES-Integral verstanden, d. h. der Limes der Summe

$$\sum_{i_1 \ldots i_s} F\,(x_{1i_1}, x_{2i_2}, \ldots, x_{si_s}, \bar{y})\, p(x_{1i_1} \leqq x_1 \leqq x_{1i_1+1}\,, \ldots, x_{si_s} \leqq x_s \leqq x_{si_s+1})\,,$$

wobei die Anzahl der Zerlegungspunkte $x_{ki}$ für den Variationsbereich jeder Koordinate $x_k$ vom Vektor $\bar{x}$ vergrößert wird. Hier bezeichnet $p$ die Wahrscheinlichkeit dafür, daß der Vektor $\bar{x}$ in ein kleines Parallelepiped fällt, das durch $\varphi(\bar{x}')$ definiert wird:

$$p = \varphi\,(x_{1i_1+1}, \ldots, x_{si_s+1}) - \sum_{j=1}^{s} p_j + \sum_{j=1}^{s-1} \sum_{l=j+1}^{s} p_{jl} -$$
$$- \sum_{j=1}^{s-2} \sum_{l=j+1}^{s-1} \sum_{k=l+1}^{s} p_{jlk} + \cdots + (-1)^s\, \varphi(x_{1i_1}, \ldots, x_{si_s})\,,$$

Hier ist $p_{jl\ldots m}$ der Wert von $\varphi(x_1', \ldots, x_s')$ für $x_j' = x_{ji_j}$, $x_l' = x_{li_l}, \ldots, x_m' = x_{mi_m}$ und für die restlichen $x_{ti_t+1}$.

Insbesondere deshalb haben wir, um das Integral eindeutig beschreiben zu können, auch die Form (154) anstelle der gewöhnlich verwendeten Form

$$\int F(x_1, \ldots, x_s)\, p(\mathrm{d}x_1 \ldots \mathrm{d}x_s)$$

benutzt. Mit dem mehrdimensionalen STIELTJES-Integral und seinen Eigenschaften kann man sich im Buch von SCHILOW und GUREWITSCH [30] bekannt machen.

Hat man die Wahrscheinlichkeitsverteilungsdichte $f(x_1, \ldots, x_s)$, so nimmt (154) die Form

$$\int \cdots \int F(x_1, \ldots, x_s, \bar{y})\, f(x_1, \ldots, x_s)\, \mathrm{d}x_1 \ldots \mathrm{d}x_s$$

an. Die Komponenten $x_i$ des Zufallsvektors $\bar{x}$ können in einer gemischten Strategie natürlich auch unabhängig sein, aber das ist nur ein Sonderfall für gemischte Strategien.

Will man den Begriff der gemischten Strategie auf den Fall verallgemeinern, daß die Werte von $\bar{x}$ eine Funktion darstellen, so ist das mit Schwierigkeiten beim Verständnis der entsprechenden Verteilungsgesetze verbunden und wird hier nicht betrachtet. Wie schon vorher gesagt wurde, werden wir derartige Funktionen durch ihre Werte auf einer diskreten Argumentenmenge ersetzen, und dann genügt es, schon definierte gemischte Strategien zu untersuchen.

Aus (154) erhalten wir (132)

$$\overline{W}_c(\varphi(\bar{x}), \bar{y}) = \frac{1}{N} \sum_{i=1}^{N} \overline{F}(\varphi(\bar{x}), \bar{y}_i) \tag{155}$$

und gelangen von da aus zu einer Effektivitätsabschätzung für gemischte Strategien in der Form

$$\underline{W}_c[\varphi(\bar{x})] = \min_{\bar{y}} \overline{F}(\varphi(\bar{x}), \bar{y}) \,. \tag{156}$$

Jetzt allerdings hat diese Abschätzung auch für $N = 1$ Sinn, und die $p_i$ werden schon nicht als Anwendungshäufigkeiten der Strategien $x_i$ bei $N$ Operationen, sondern als deren Anwendungswahrscheinlichkeiten in jeder Operation behandelt. Das unterscheidet die Anwendung gemischter Strategien wesentlich vom Verfahren I, um Zufälligkeiten einzuführen.

Im folgenden wird die ganze Zeit von gemischten Strategien die Rede sein, und wir folgen damit den in der Spieltheorie niedergelegten Traditionen. Dazu trägt auch bei, daß es sehr einfach ist, mit ihnen zu arbeiten. Das ist umso mehr zulässig, weil bei Mischung von endlich vielen Strategien (155) und (156) formal mit (153) zusammenfallen, wenn man nicht mit Differenzen zwischen Wahrscheinlichkeiten und Häufigkeiten zu rechnen hat. Allerdings sind gemischte Strategien auch für unendlich viele reine Strategien definiert, während beim Verfahren I die Anzahl der Strategien mit $p_i \neq 0$ die Zahl $N$, d. h. die Zahl der Wiederholungen für die Operationen nicht überschreiten darf.

Man sollte auch nicht den Unterschied zwischen diesen beiden Ansätzen vom Standpunkt der Praxis her vergessen. Der Ansatz I wird nämlich stets realisiert, weil das früher definierte $p$ auch den nötigen „Vorrat" an Strategien $\bar{x}_1$ und $\bar{x}_2$ für $N$ Operationen bedingt. Verwendet man allerdings gemischte Strategien, so ist die Gesamtheit der $\bar{x}_1$ and $\bar{x}_2$ zufällig, was nicht unbedingt Schwierigkeiten hervorrufen muß, wenn die Bereitstellung des "Vorrates" $\bar{x}_1$ und $\bar{x}_2$ mit irgendwelchen Arbeiten, etwa mit Fabrikation verbunden ist.

Es kann natürlich praktisch unmöglich oder aus irgendeinem Grund unerwünscht sein, eine Kombination von Strategien anzuwenden. Dann geht der Sinn, die beiden Methoden zu betrachten, nach denen künstliche Zufälligkeiten eingeführt werden können (was manchmal Randomisierung der Strategie genannt wird) verloren.

Man darf also nicht den prinzipiellen Unterschied zwischen Zufälligkeit in gemischten Strategien und der gewöhnlichen Zufälligkeit von Faktoren vergessen, der darin besteht, daß sich die erste Zufälligkeit auf die Kategorie der bewußt gewählten kontrollierbaren Faktoren und die zweite auf die unkontrollierbaren bezieht.

Somit gestattet die Anwendung gemischter Strategien, indem sie die Strategienmenge für die operierende Seite erweitert (die alten Strategien $\bar{x}$, die „reine" genannt werden, erhält man als Spezialfall der gemischten, wenn man die Auftrittswahrscheinlichkeit für eine gegebene reine Strategie $\bar{x}_0$ gleich 1 und die der restlichen $\bar{x}$ gleich Null setzt), auch damit zu rechnen, daß sich die Effektivität von $\min_{\bar{y}} F(\bar{x}, \bar{y})$ in $\min_{\bar{y}} \overline{F}[\varphi(\bar{x}), \bar{y}]$ ändert, was bei vernünftiger Wahl von $\varphi(\bar{x})$ eine Vergrößerung der zulässigen Effektivität im Hinblick auf die vergrößerte Strategienmenge ergeben muß.

Allerdings beruhen diese Hoffnungen auf zwei wesentlichen Voraussetzungen.

a) Es ist zulässig, daß das Kriterium über die (natürlichen oder künstlichen) Zufälligkeiten nach (66) gemittelt werden kann.

b) Der Gegner verfügt über keinerlei Informationen über die konkrete, wenn auch zufällige Wahl von $\bar{x}$, d. h. die unkontrollierbaren unbestimmten Faktoren können nicht nach dem Prinzip ausgewählt werden, daß $\min_{\bar{y}} F(\bar{x}, \bar{y})$ realisiert wird. Mit anderen Worten bedeutet dies, daß vorausgesetzt wird, daß Zusammenhänge zwischen $\bar{x}$ und $\bar{y}$ fehlen. Es wird allerdings nicht verneint, daß eine Kenntnis von $\varphi(\bar{x})$ möglich ist.

Wie schon in § 6 gesagt, kann manchmal ein unannehmbares Risiko auftreten, wenn man die erste Voraussetzung anwendet. *Ist eine Mittelung nach (66) unzulässig, so ist es allerdings a priori nur dann sinnvoll, ein Strategiengemisch (d. h. eine Kombination) anzuwenden, wenn sich bei mehrfach wiederholten Operationen der Gegner standardgemäß verhält.*

Die Voraussetzung b) ist noch wesentlicher, um die Effektivität gemischter und reiner Strategien zu vergleichen. Indessen wird sie in vielen Büchern über Spieltheorie als Folge zufälliger Auswahl konkreter Strategien erklärt, wenn man gewünschte Strategien anwendet. Hieraus kann, so sagt man, der Gegner erkennen, daß die Vergangenheit selbst dem Operationsforscher und sogar der operierenden Seite unbekannt ist. Diese Behauptung ist jedoch unwahr, besonders wenn die zufällige Wahl notwendigerweise hinreichend früh in Bezug auf den Gesamtverlauf der Operation getroffen werden muß.

Wir wollen jetzt ein sehr einfaches Beispiel betrachten, das einen möglichen Vorteil für die Anwendung gemischter Strategien aufzeigt.

Es gebe überhaupt nur zwei Strategien $\bar{x}_1$ und $\bar{x}_2$ und zwei Werte für die unbestimmten Faktoren $\bar{y}_1$ und $\bar{y}_2$, das Kriterium sei jedoch das KRONECKER-Symbol

$$F(\bar{x}_i, \bar{y}_j) = \delta_{ij} = \begin{cases} 1, & i = j\,, \\ 0, & i \neq j\,. \end{cases}$$

Dann gilt $\min_{\bar{y}_j} F(\bar{x}_i, \bar{y}_j) = 0$ für eine beliebige Strategie $\bar{x}_i$. Gleichzeitig garantiert eine Anwendung einer gemischten Strategie mit $p = 0{,}5$, daß man im Mittel $\overline{W}(p, \bar{y}_i) = 0{,}5$ erhält, wobei der maximal mögliche Wert für das Ausgangseffektivitätskriterium 1 ist.

Wir gehen jetzt zu der Frage über, welchen Sinn es haben kann, gemischte Strategien anzuwenden oder besser gesagt, Strategien zu kombinieren, wenn eine Operation mehrfach wiederholt wird, falls die Kriterien (131) oder (133) gelten. Wir beschränken uns auf zwei Strategien $\bar{x}_1$ und $\bar{x}_2$.

Wenden wir Kriterium (133) an, so erhalten wir für $0 < p < 1$ sogar dann, wenn sich der Gegner standardmäßig verhält, als Effektivitätsabschätzung

$$\underline{W}_n(p) = \min_{\bar{y}} \min_{1 \leq i \leq N} F(\bar{x}_{j_i}, \bar{y}) \tag{157}$$

mit $j_i = 1{,}2$. Da nun wegen $0 < p < 1$ jeder dieser Werte mindestens einmal angenommen wird, ist

$$\underline{W}_n(p) = \min\left[\min_{\bar{y}} F(\bar{x}_1, \bar{y}); \quad \min_{\bar{y}} F(\bar{x}_2, \bar{y})\right],$$

d. h., die Effektivität ist gleich der kleineren der Effektivitäten für die Strategien $\bar{x}_1$ und $\bar{x}_2$. Also ist es hier unvorteilhaft, Strategien zu kombinieren, sogar wenn man mehrfach wiederholt, und man muß die ganze Zeit ein und dieselbe Strategie anwenden, und zwar die, die für $N = 1$ die bessere ist.

Dieser Ansatz gilt auch für ein Standard-$\bar{y}$, das vom Gegner für $0 < p < 1$ in Bezug auf die bessere der Strategien $\bar{x}_1$ und $\bar{x}_2$ ausgewählt wird. Um diese zu realisieren, benötigt der Gegner keine Information über die konkrete Wahl von $\bar{x}$, wenn die Operation wiederholt wird, und sogar nicht die Kenntnis von $p$, wenn dieses weder 0 noch 1 wird. Damit ist auch klar, daß es unzweckmäßig ist, wenn die operierende Seite bei einem Kriterium (133) gemischte oder ähnliche Strategien anwendet.

Man habe nun (131), $0 < p < 1$. Dann gilt bei Standard-Verhalten eines Gegners, der $p$ kennt,

$$\underline{W}_0(p) = \min_{\bar{y}} \max_{0 \leqq i \leqq N} F(\bar{x}_{j_i}, \bar{y}) = \min_{\bar{y}} \max\left[F(\bar{x}_1, \bar{y});\; F(\bar{x}_2, \bar{y})\right].$$

Dieses Ergebnis hängt nicht von $p$ ab, wenn nur $0 < p < 1$ gilt. Nimmt man jedoch $p = 0$, $p = 1$ (d. h. reine Strategien), so wird das beste Resultat gleich

$$\max\left[\min_{\bar{y}} F(\bar{x}_1, \bar{y});\; \min_{\bar{y}} F(\bar{x}_2, \bar{y})\right],$$

falls dem Gegner wiederum $p$ bekannt ist.

Im allgemeinen ergibt die Anwendung beliebig vieler Strategien $\bar{x}_i$, wenn man sie kombiniert anwendet (alle $p_i > 0$ und $\sum p_i = 1$) für $\bar{p} = \{p_i\}$ die Effektivität

$$\underline{W}_0(\bar{p}) = \min_{\bar{y}} \max_{i} F(\bar{x}_i, \bar{y}), \tag{158}$$

während die Anwendung der besten reinen Strategie

$$\max_{i} \min_{\bar{y}} F(\bar{x}_i, \bar{y}) \tag{159}$$

erzielt.

Wir werden zeigen, daß das folgende allgemeine Lemma gilt, das im folgenden große Bedeutung hat und besagt, daß (158) nicht schlechter als (159) ist.

Lemma. *Es gilt*

$$\sup_{\bar{x}} \inf_{\bar{y}} F(\bar{x}, \bar{y}) \leqq \inf_{\bar{y}} \sup_{\bar{x}} F(\bar{x}, \bar{y}). \tag{160}$$

Beweis. Für beliebiges $\bar{x}$ und beliebiges $\bar{y}$ haben wir

$$\inf_{\bar{v}} F(\bar{x}, \bar{v}) \leqq F(\bar{x}, \bar{y}) \leqq \sup_{\bar{x}_1} F(\bar{x}_1, \bar{y}).$$

Dann folgt aber, weil $\bar{y}$ beliebig war, für fixiertes $\bar{x}$

$$\inf_{\bar{v}} F(\bar{x}, \bar{v}) \leqq \inf_{\bar{y}} \sup_{\bar{x}_1} F(\bar{x}_1, \bar{y}) = \text{const.}$$

Weil dieses für alle $\bar{x}$ gilt, ist (160) richtig.

Aus diesem Lemma folgt unmittelbar, daß es vorteilhaft ist, möglichst eine größere Strategienanzahl zu benutzen, wenn eine Operation wiederholt wird und sich der Gegner natürlich standardgemäß verhält. Dabei sind die Werte von $p_i$ gleichgültig, wenn sie nur größer als Null sind.

Wie groß der effektive Gewinn sein kann, d. h. die Differenz zwischen (158) und (159), kann man am Beispiel $F(x, y) = (x - y)^2$ für $(x_i = 0;1$ für $0 \leqq y \leqq 1$ ersehen. Hier ist

$$\max_i \min_y (x_i - y)^2 = 0\,, \quad \min_y \max_{i=1,2} (x_i - y)^2 = \frac{1}{4}$$

bei

$$\max_y \max_i (x_i - y)^2 = 1\,.$$

Bemerkung zum Lemma. Aus diesem Lemma folgt offenbar, daß es für eine beliebige Form der Zuverlässigkeitsgesetze vorteilhafter ist, die Elemente $p_i(t)$ geräteweise zu verdoppeln (s. (22) — (23)), als das System im Ganzen zu verdoppeln ((16) — (17)).

All das über die Kriterien (131) und (133) Gesagte gilt, falls keine zufälligen (natürlichen oder künstlichen) Faktoren auftreten. Ist so etwas der Fall, so kann man das Minimum über die unbestimmten Faktoren auch suchen, nachdem entsprechend gemittelt worden ist.

Zum Abschluß bringen wir noch ein Beispiel dafür, wie nützlich es ist, gemischte Strategien anzuwenden. Nach der in § 10 gebrachten Effektivitätsabschätzung für reine Strategien (81') gilt für eine beliebige reine Strategie $(x_1, \ldots, x_N)$

$$\underline{W} \leqq -k\frac{0{,}5}{N}. \tag{161}$$

Wir betrachten eine Strategie $\bar{x}(\Theta)$ in der Form

$$x_i = \frac{i-1}{N-0{,}5} + \Theta; \quad i = 1, \ldots, N\,, \tag{162}$$

wobei sich $\Theta$ in $\left[0; \dfrac{0{,}5}{N-0{,}5}\right]$ ändert. Sei nun $\Theta$ zufällig und dem Gleichverteilungsgesetz unterworfen. Um eine volle gemischte Strategie zu bilden, genügt es, sämtliche Strategien außer $\bar{x}(\Theta)$, das wegen dem gleichverteilten $\Theta$ selbst gleichverteilt ist, als unzulässig vorauszusetzen.

Wir wollen die Effektivität dieser Strategie schätzen. Sei der wahre Ort für die Realisierung des Extremums $x_0$ in $\left[0; \dfrac{0{,}5}{N-0{,}5}\right]$ gelegen. Dann überschreitet nach (81) der Fehler, wenn man die Größe des Extremums bestimmt und $\Theta$ fixiert, nicht die Größe $k\,|x_0 - \Theta|$. Bezeichnet man $\Theta_0 = \frac{0{,}5}{N - 0{,}5}$, so überzeugt man sich mühelos davon, daß der mittlere Fehler

$$\frac{k}{2\,\Theta_0}\,[x_0^2 + (\Theta_0 - x_0)^2] \leqq k\,\frac{\Theta_0}{2}$$

nicht überschreitet.

Gilt $\Theta_0 < x_0 < \frac{3}{2}\Theta_0$, so übersteigt der Fehler nach dem vorangegangenen nicht $k \cdot \min\,(x_0 - \Theta;\ \Theta + 2\Theta_0 - x_0)$, was im Mittel eine Größe ergibt, die nicht größer ist als

$$\frac{k}{2\Theta_0}\,[2\Theta_0^2 - (2\Theta_0 - x_0)^2 - (x_0 - \Theta_0)^2] \leqq \frac{3}{4}\,k\Theta_0\,.$$

Für alle anderen Werte von $x_0$ bis zu $1 - \Theta_0$ übersteigt die Fehlergröße im Mittel genauso wenig $\frac{3}{4} \cdot k\Theta_0$ und für $x_0 \geqq 1 - \Theta_0$ nicht $\frac{k\,\Theta_0}{2}$. Also wird insgesamt die Effektivitätsabschätzung für die Strategie (162) die Ungleichung

$$\underline{W} \geqq -\frac{3}{4}\,k\Theta_0 = -\frac{3}{4}\,k\,\frac{0{,}5}{N - 0{,}5}$$

erfüllen.

Vergleicht man dies mit (161), so sieht man, daß die gemischte Strategie (162) für $N > 2$ effektiver ist als eine beliebige reine Strategie (im Mittel natürlich). Für große $N$ erreicht dieser Gewinn $25^0/_0$.

## KAPITEL III

# OPTIMALE STRATEGIEN

### § 15. Der Begriff einer optimalen Strategie in Abhängigkeit von der Informiertheit

Es seien eine Menge $M$ von Strategien $\tilde{x}(\bar{z}, \bar{y}) = \tilde{x}$ und eine Menge $N$ von unbestimmten Faktoren $\bar{y}$ gegeben; $\bar{z}$ sei ein zufälliger Faktor. Wir werden annehmen, daß es gestattet ist, das Effektivitätskriterium $F(\tilde{x}, \bar{z}, \bar{y})$ nach dem Verteilungsgesetz $\bar{\varphi}(\bar{z})$ zu mitteln (ist es nicht erlaubt, derart zu mitteln, so werden die Zufallsfaktoren den unbestimmten gleichgestellt). Das gemittelte Kriterium werde mit $\overline{F}(\tilde{x}, \bar{y})$ bezeichnet.

Ist dann das Ziel des aktiven Gegners (falls einer existiert) dem Ziel der operierenden Seite entgegengesetzt oder ist das gegnerische Ziel unbekannt, so ist nach (67) die Effektivitätsabschätzung für die Strategie $\tilde{x}$

$$\inf_{\bar{y} \in N} \int F(\tilde{x}, \bar{z}, \bar{y})\, d\bar{\varphi}(\bar{z}) = \inf_{\bar{y} \in N} \overline{F}(\tilde{x}, \bar{y}) .$$

Da $\tilde{x}$ im allgemeinen von $\bar{z}$ abhängt, hängt das Ergebnis der Mittelung von der Gestalt von $\tilde{x}$ als Funktion von $\bar{z}$ ab. Entsprechend den beiden oben angegebenen Fällen für einen Strategienvergleich kann man den Begriff einer optimalen Strategie auf zwei Arten einführen.

I. Unter einer optimalen (optimalen garantierenden) Strategie $\tilde{x}_0$ in der Menge $M$ muß man eine derartige Strategie $\tilde{x}_0$ verstehen, für die das Maximum des angegebenen Effektivitätskriteriums erreicht wird, d. h.

$$\inf_{\bar{y} \in N} \overline{F}(\tilde{x}_0, \bar{y}) = \max_{\tilde{x} \in M} \inf_{\bar{y} \in N} \overline{F}(\tilde{x}, \bar{y}) = \overline{F}_g(M) . \tag{163}$$

Die Größe $\overline{F}_g$ selbst ist das optimale garantierte Resultat bei der ausgeführten Operation vom Standpunkt des Operationsforschers.

Diese Definition kann natürlich nicht durch den Terminus „optimales Paar $\tilde{x}_0, \bar{y}_0$, für das

$$\overline{F}(\tilde{x}_0, \bar{y}_0) = \max_{\tilde{x}} \inf_{\bar{y}} \overline{F}_g(\tilde{x}, \bar{y})$$

gilt" ersetzt werden, weil das Maximin eine Größe ist, die zwischen $\max_{\tilde{x}} \max_{\bar{y}} \overline{F}(\tilde{x}, \bar{y})$ und $\min_{\bar{y}} \min_{\tilde{x}} \overline{F}(\tilde{x}, \bar{y})$ liegt, und daher wird dieser Wert in unendlich vielen Punkten angenommen, die keinerlei Beziehung zur optimalen garantierenden Strategie haben. So hat beispielsweise $F(x, y) = x + y$ $(0 \leqq x \leqq 1,\ 0 \leqq y \leqq 1)$ ein Maximin gleich 1 und ein eindeutiges $x_0 = 1$, aber gleichzeitig ergeben alle Paare, die die Gleichung $x + y = 1$ erfüllen, ebenfalls Funktionswerte, die gleich dem Maximin sind, obgleich die entsprechenden $x$ auch keine optimalen garantierenden Strategien sind.

Wird die obere Grenze $\overline{F}_g(M)$ für die Größe $\inf_{\bar{y} \in N} \overline{F}(\tilde{x}, \bar{y})$ in keinem $\tilde{x} \in M$ angenommen, so gibt es keine optimale garantierende Strategie, aber für ein beliebiges $\varepsilon$ existieren stets angenäherte optimale Strategien $\tilde{x}_\varepsilon$ (sogenannte $\varepsilon$-Strategien), die die Ungleichung

$$\inf_{y \in N} \overline{F}(\tilde{x}_\varepsilon, \bar{y}) \geqq \sup_{\tilde{x} \in M} \inf_{\bar{y} \in N} \overline{F}(\tilde{x}, \bar{y}) - \varepsilon = \overline{F}_g(M) - \varepsilon \tag{163'}$$

erfüllen. Ist die Gesamtheit der Strategien in $M$ (Effektivitätsvergleich vorgegebener Strategien) endlich, so existiert stets eine optimale Strategie.

Eine optimale Strategie (und umsomehr eine $\varepsilon$-Strategie) braucht nicht eindeutig zu sein. Dann kann die Aufgabe entweder darin bestehen, daß man alle solchen Strategien sucht oder mindestens eine. Weil alle Strategien in einer gegebenen Operation für die operierende Seite a priori gleichwertig sind, genügt es, mindestens eine optimale (oder annähernd optimale) Strategie zu finden. Es kann nur dann nötig sein, sämtliche zu kennen, wenn die vorgegebene Operation Bestandteil einer anderen, umfassenderen Operation ist, von der vorausgesetzt wird, daß sie irgendwann danach untersucht wird.

II. Unter einer absolut optimalen Strategie werden wir (falls sie existiert) eine solche Strategie $\tilde{x}_a \in M$ verstehen, für die bei beliebigen $\tilde{x} \in M$ und $\bar{y} \in N$

$$F(\tilde{x}_a, \bar{y}) \geqq \overline{F}(\tilde{x}, \bar{y})$$

gilt. Mit andern Worten

$$\overline{F}(\tilde{x}_a, \bar{y}) = \max_{\tilde{x} \in M} \overline{F}(\tilde{x}, \bar{y}); \quad \bar{y} \in N\,. \tag{164}$$

Unter einer $\varepsilon$-absoluten optimalen Strategie muß man dann $\tilde{x}_a^\varepsilon \in M$ verstehen, so daß

$$\overline{F}(x_a^\varepsilon, \bar{y}) \geqq \sup_{\tilde{x} \in M} \overline{F}(x, \bar{y}) - \varepsilon \tag{164'}$$

gilt für beliebige $\bar{y} \in N$.

Es versteht sich, daß man sich stets wünscht, mindestens eine $\varepsilon$-absolut optimale Strategie zu erhalten und nicht einfach eine optimale. Als Beispiel, bei dem für kleine $\varepsilon$ die $\varepsilon$-absolut optimalen Strategien fehlen, kann man auf $\overline{F}(\bar{x}, \bar{y}) = \bar{x} \cdot \bar{y}$ mit $M = [-1{,}1] = N$ hinweisen. Hier ist $\bar{x} = 0$ eine optimale Strategie, aber eine $\varepsilon$-absolut optimale Strategie gibt es für $\varepsilon < 1$ offensichtlich nicht, weil für beliebes $\bar{x}_a \neq 0$ solche $\bar{y}_1 = -\operatorname{sign} \bar{x}_a = \bar{x}_1$ existieren, daß

$$\overline{F}(\bar{x}_a, \bar{y}_1) = -|\bar{x}_a| < 1 - 1 = F(\bar{x}_1, \bar{y}_1) - 1$$

gilt. Es ist ebenfalls klar, daß für $\bar{x}_a = 0$ und bei $\bar{y}_1 = 1, \bar{x}_1 = 1$

$$\overline{F}(0, \bar{y}_1) = 0 < F(\tilde{x}_1, \bar{y}_1) - \varepsilon$$

gilt, falls $\varepsilon < 1$ ist.

Es existiere nun $\tilde{x}_a$. Eine Effektivitätsabschätzung für $\tilde{x}_a$ wird offenbar

$$\inf_{\tilde{y} \in N} \overline{F}(\tilde{x}_a, \tilde{y}) \geqq \inf_{\tilde{y} \in N} F(\tilde{x}, \tilde{y})$$

bei beliebigem $\tilde{x} \in M$ erfüllen. Hieraus wird offensichtlich, daß

$$\inf_{\tilde{y} \in N} \overline{F}(\tilde{x}_a, \tilde{y}) = \max_{\tilde{x} \in M} \inf_{\tilde{y} \in N} F(\tilde{x}, \tilde{y}) = \overline{F}_g(M)$$

gilt.

*Also ist eine absolut optimale Strategie (falls sie existiert) einfach optimal.*

Eine analoge Behauptung gilt natürlich auch für $\varepsilon$-optimale Strategien. Hieraus folgt, daß wir dann wenn wir sämtliche optimalen Strategien suchen, unter ihnen auch die absolut optimale finden können, falls sie existiert. Weil man stets eine absolut optimale Strategie haben möchte, kommen wir hier zu einem Widerspruch zu der aufgestellten These, daß es unnötig wäre, sämtliche optimalen Strategien zu suchen. Allerdings kann man die Richtigkeit dieser These leicht wiederherstellen.

Zuerst kann man die absolut optimalen Strategien einzeln suchen, indem man sich einfach der Definition (164) bedient. Zweitens (falls man welche gefunden hat), erhält man leicht eine Operation, in der sie schon einfach optimal sind und keine anderen optimalen existieren, wenn man das Effektivitätskriterium ändert.

Dafür genügt es, das Effektivitätskriterium

$$F^*(\tilde{x}, \tilde{y}) = \overline{F}(\tilde{x}, \tilde{y}) - \sup_{\tilde{x} \in M} \overline{F}(\tilde{x}, \tilde{y}) \tag{165}$$

einzuführen. Weil stets $\overline{F}^*(\tilde{x}, \tilde{y}) \leqq 0$ gilt, ist offenbar

$$\sup_{\tilde{x} \in M} \inf_{\tilde{y} \in N} F^*(\tilde{x}, \tilde{y}) \leqq 0 .$$

Andererseits haben wir ebenso offensichtlich immer

$$\min_{\tilde{y} \in N} \sup_{\tilde{x} \in M} F^*(\tilde{x}, \tilde{y}) = 0 .$$

Es gilt das folgende

Lemma: *Ist $\tilde{x}_a$ für das Kriterium $\overline{F}(\tilde{x}, \tilde{y})$ eine absolut optimale Strategie, so ist sie optimal für $F^*(\tilde{x}, \tilde{y})$, wobei*

$$\inf_{\tilde{y} \in N} F^*(\tilde{x}_a, \tilde{y}) = \max_{\tilde{x} \in M} \inf_{\tilde{y} \in N} F^*(\tilde{x}, \tilde{y}) = \min_{\tilde{y} \in N} \max_{\tilde{x} \in M} F^*(\tilde{x}, \tilde{y}) = 0 \tag{165'}$$

*gilt. Ist umgekehrt* (165′) *erfüllt, so ist eine beliebige für $F^*(\tilde{x}, \tilde{y})$ optimale Strategie für $\overline{F}(\tilde{x}, \tilde{y})$ absolut optimal.*

Beweis. Sei $\tilde{x}_a$ für $\overline{F}(\tilde{x}, \tilde{y})$ absolut optimal. Dann haben wir wegen (164) unmittelbar $F^*(\tilde{x}_a, \tilde{y}) = 0$ für beliebige $\tilde{y} \in N$. Hieraus und aus den für $F^*(\tilde{x}, \tilde{y})$ angegebenen Eigenschaften folgt sofort (165′), und das heißt auch die erste Behauptung des Lemmas.

Sei nun umgekehrt (165′) erfüllt und $\tilde{x}_a$ für $F^*(\tilde{x}, \bar{y})$ optimal. Wegen $F^*(\tilde{x}_a, \bar{y}) \leqq 0$ folgt aus (165) $F^*(\tilde{x}_a, \bar{y}) = 0$ für beliebige $\bar{y} \in N$. Aber daraus ergibt sich $\overline{F}(\tilde{x}_a, \bar{y}) = \sup_{\tilde{x} \in M} \overline{F}(\tilde{x}, \bar{y})$ für beliebige $\bar{y} \in N$, was auch beweist, daß $\tilde{x}_a$ für $\overline{F}(\tilde{x}, \bar{y})$ absolut optimal ist.

All das Gesagte wird uns im folgenden erlauben, nicht Fragen einzeln herauszunehmen, die sich auf absolut optimale Strategien beziehen, weil sie auf einfach optimale führen. Allerdings werden trotz allem in einigen Fällen gewisse Fragen herausgehoben werden müssen, die hauptsächlich mit der Existenz absolut optimaler Strategien zusammenhängen. Wir wollen zum Problem der optimalen Auswahl zurückkehren. Der „einfachste" Fall für eine optimale Auswahl ist derjenige, für den $\tilde{x} = \bar{x}$ nicht von $\bar{y}$ abhängt, d. h. wenn nicht vorausgesetzt wird, daß Informationen über die unkontrollierbaren Faktoren (und damit auch über eventuell existierende Zufallsfaktoren) gewonnen oder ausgenutzt werden.

Diese Variante drückt eine Strategienwahl für die operierende Seite aus, die im Verlauf der gesamten Operation nicht mehr als der Operationsforscher weiß. Weil dies deren geringstmöglicher Informiertheit entspricht (wenn man nicht einkalkuliert, daß der Operationsforscher informierter ist als die gesamte operierende Seite), so wird nach den allgemeinen und a priori gegebenen Prinzipien aus § 7 das sich beim Ausführen der Operation ergebende Resultat am kleinsten sein. Diese Behauptung ist eine Folgerung der — falls $M' \supset M$ gilt — offensichtlichen Ungleichung

$$\sup_{\tilde{x} \in M} \inf_{\bar{y} \in N} \overline{F}(\tilde{x}, \bar{y}) \leqq \sup_{\tilde{x} \in M'} \inf_{\bar{y} \in N} \overline{F}(\tilde{x}, \bar{y}) .$$

Wir nehmen uns nun die Menge $M_0$ der möglichen Werte für die Vektorfunktion $\tilde{x} = \bar{x}(\bar{y})$ für alle $\bar{y} \in N$ und alle $\tilde{x} \in M$. Gehen dann in $M$ alle Funktionen $\tilde{x} = \bar{x} = \text{const}$ für $\bar{x} \in M_0$ ein (d. h. ist $M \supset M_0$, wo $M_0$ die Mengen der Strategien von der Gestalt $\tilde{x} = \bar{x}$ ist), so gilt offensichtlich

$$\overline{F}_g^0 = \overline{F}_g(M_0) = \sup_{\bar{x} \in M_0} \inf_{\bar{y} \in N} \overline{F}(\bar{x}, \bar{y}) \leqq \sup_{\tilde{x} \in M} \inf_{\bar{y} \in N} F(\tilde{x}, \bar{y}) . \tag{166}$$

Das ist aber auch der mathematische Ausdruck dafür, daß das Ergebnis mit wachsender Informiertheit der operierenden Seite wächst.

Wesentlich ist hier die Voraussetzung, daß die Menge $M_0$ (die Menge der Strategien, die nicht von $\bar{y}$ und $\bar{z}$ abhängen) in $M$ enthalten ist und daß man dann, wenn man nur von $\bar{y}$ abhängige Strategien anwendet, niemals die Menge $M_0$ aller möglichen Werte für $\bar{x}$ erweitern kann.

Letzteres kann eintreten, weil die Information etwas (im Sinne von Aktivitäten) kosten kann und infolgedessen deren Gewinnung bei der Operation die Möglichkeiten des Einflusses der operierenden Seite, die in der Menge $M_0$ ausgedrückt sind, verringern kann. Somit ist ungeachtet ihrer Einfachheit (166) keine selbstverständliche Ungleichung. Im folgenden werden wir unter $M_0$ insbesondere die maximal mögliche Menge der Strategien vom Typ $\tilde{x} = \bar{x}$ verstehen.

Die Ungleichung (166) bleibt natürlich auch dann richtig, wenn $M$, indem es nicht sämtliche Strategien aus $M_0$ umfaßt, trotzdem mindestens eine Strategie $\bar{x}_0$ aus den für $M_0$ optimalen und garantierenden enthält (oder der angenähert optimalen bei entsprechender Änderung von (166)).

Da $M_0$ die Grenzen der möglichen Aktionen der operierenden Seite (analog zu den Beschränkungen bei Steuerungen[1])) ausdrückt, muß sie stets bekannt sein. Aber damit ist auch klar, daß $x = \text{const}$ die einfachste zu realisierende Strategie ist. Daher ist es unzulässig, ein schlechteres Resultat zu erhalten, als $M_0$ geben kann. Hieraus folgt, daß eine richtig eingeschränkte (hinreichend vollständige) Strategienmenge vorsichtshalber mindestens eine optimale Strategie $\bar{x}_0$ aus $M_0$ enthalten muß.

Aber $\bar{x}_0$ kann man bestimmen, wenn man nur das Maximum $\overline{F}_g^0$ für $M_0$ findet. Also ist diese Aufgabe die erste und notwendige für das Optimum, wenn eine Operation untersucht wird. Als Folge davon tritt die Frage auf, ob es unmöglich ist, das erwartete Ergebnis im Vergleich mit (163) zu verbessern, wenn man keine konkrete Information über $\bar{y}$ verwendet. Auf den ersten Blick ist das unmöglich. Allein in der Wirklichkeit ist diese Möglichkeit zum Beispiel in den am Anfang dieses Abschnitts dargelegten Voraussetzungen über die Ziele eines vernünftigen Gegners eingeschlossen und zwar: ist dieses Ziel bekannt, so (s. § 8) kann man die Effektivitätsabschätzung für die Strategien und folglich auch das optimale Ergebnis modifizieren. So ein Weg führt auf Spiele mit nichtantagonistischen Interessen (die nicht genügend ausgearbeitet sind), und liegt etwas abseits von der Grundrichtung dieses Buches. Er wird hier nicht weiter verfolgt, wenngleich auch eine Kenntnis des gegnerischen Ziels keine direkte Information über $\bar{y}$ ist, aber jede Vergrößerung der Information über die unbestimmten Faktoren kann (in den in § 8 gegebenen Bedingungen) als Verkleinerung der Menge $N$ ausgedrückt werden.

Die andere, für uns interessantere Möglichkeit besteht darin, daß die oben eingeführten gemischten Strategien angewendet werden. Wir bilden alle möglichen gemischten Strategien $\varphi(\bar{x})$, indem wir von den reinen Strategien aus $M_0$ ausgehen. Dabei werden, wie schon gesagt, die reinen Strategien zu speziellen gemischten.

Das führt dazu, daß die Strategienmenge gegenüber $M_0$ erweitert wird und folglich das Maximum vergrößert (oder wenigstens nicht verkleinert) wird. Wir werden es für diesen Fall mit

$$\overline{F}_m = \sup_{\substack{\varphi(\bar{x}) \\ \bar{x} \in M_0}} \inf_{\bar{y} \in N} \overline{\overline{F}}[\varphi(\bar{x}), \bar{y}] \tag{167}$$

bezeichnen.

[1]) Man muß die Aufmerksamkeit darauf lenken, daß jede Menge $M$ von Strategien $\tilde{x}$ praktisch durch zwei verschiedene Faktoren eingeschränkt wird:

a) die Beschränktheit der Menge der Werte von $\bar{x}$, d. h. die Menge $M_0$; das ist gewöhnlich Ausdruck dafür, daß die Aktivitäten beschränkt sind;

b) die zulässige Gestalt der Funktion $\tilde{x} = \bar{x}(y)$, was Resultat dessen ist, daß die zu erwartenden Informationen der operierenden Seite oder der Verfahren zu ihrer Anwendung beschränkt sind.

Wir wollen uns auf den Fall beschränken, daß Informationen über die zufälligen $\bar{z}$ fehlen. Dann ist

$$\bar{\bar{F}}[\varphi(\bar{x}), \bar{y}] = \int \bar{F}(\bar{x}, \bar{y})\, d\varphi(\bar{x}) \,. \tag{167'}$$

Wie jedoch schon bekannt ist, ist die Größe (167) nur dann sinnvoll und garantiert, wenn bekannt ist, daß der Gegner nicht über Informationen verfügt, welche konkrete Strategie $\bar{x}$ die zufällige Strategie $\varphi(\bar{x})$ realisiert.

Also gilt auch hier, daß, wenngleich auch keine Information über $\bar{y}$ und die gegnerischen Ziele vorausgesetzt wird, sich die Information über den Gegner nichtsdestoweniger vergrößert. Diese Variante verdient deshalb Aufmerksamkeit, weil sie wirklichen Bedingungen in vielen Fällen entspricht. Auf jeden Fall ist klar, daß eine derartige Situation typisch ist, wenn der Gegner die Natur ist. Der Menge $M_{\mathrm{m}}$ aller gemischten Strategien entspricht auch ihre nach (163) optimale Strategie.

Da man annehmen kann, daß $\inf\limits_{\bar{y} \in N} F(\bar{x}, \bar{y})$ (und das heißt auch $\bar{F}^0_{\mathrm{m}}$) für einen vernünftigen Gegner voll realisierbar ist, wenn er Informationen über $\bar{x}$ besitzt, so kann man die Größe

$$\bar{F}_{\mathrm{m}} - \bar{F}^0_{\mathrm{g}} = Z_{\mathrm{G}} \geqq 0 \tag{168}$$

als Maß für den Preis der Informationen des Gegners über die konkrete Wahl von $\bar{x}$ bei der operierenden Seite bezeichnen. Gleichzeitig ist das auch der Preis für die Information, wie weit der Gegner uninformiert ist.

Den Fall, der einer völligen Uninformiertheit der operierenden Seite entgegengesetzt ist, stellt die Variante dar, bei der die operierende Seite $\bar{y}$ genau und vollständig kennt und diese Information mit beliebigem Mittel (eine Information über $\bar{z}$ möge fehlen) realisieren kann, ohne dabei über die Grenzen der Werte $\bar{x}$ aus $M_0$ hinauszugehen.

Verkleinert ein Gewinnen und Realisieren dieser Information die maximale Wertmenge für die Strategien von $M_0$ keinesfalls, so wird die beste Strategie für die operierende Seite bei vorgegebenem $\bar{y}$ offensichtlich das $\bar{x}_1$ sein, für das

$$\bar{F}(\bar{x}_1, \bar{y}) = \max_{\bar{x} \in M_0} \bar{F}(\bar{x}, \bar{y}) \tag{169}$$

gilt. Es stellt sich somit heraus, daß dieses $\bar{x}_1$ eine Funktion $\tilde{x}_1 = \bar{x}_1(\bar{y})$ und eine optimale Strategie ist, zu der vom Operationsforscher geraten wird, wenn eine Informiertheit der operierenden Seite über $\bar{y}$ erwartet werden kann.

Das optimale $\bar{x}_1$ wird hier mittels Maximumoperation ermittelt und nicht, wie im allgemeinen, mittels Maximin. Es erweist sich natürlicherweise als Funktion von $\bar{y}$, weil vorausgesetzt wird, daß die operierende Seite die dem Operationsforscher unbekannten Werte von $\bar{y}$ kennt.

Was den vom Forscher erwarteten (garantierten) Operationsausgang betrifft, so ist er offensichtlich gleich

$$\inf_{\bar{y} \in N} \max_{\bar{x} \in M_0} \bar{F}(\bar{x}, \bar{y}) = \bar{F}_1 \,. \tag{170}$$

Weiter oben, in Lemma (160) aus § 14 wurde bereits gezeigt, daß diese Größe stets nicht kleiner als $\overline{F}_g^0$ ist.

Ist die obere Grenze von $\overline{F}(\bar{x}, \bar{y})$ nicht erreichbar, so werden wir, indem wir $\bar{x}_1^\varepsilon$ als diejenige Strategie definieren, für die

$$\sup_{\bar{x}\in M_0} \overline{F}(\bar{x}, \bar{y}) - \varepsilon \leqq \overline{F}(\bar{x}_1^\varepsilon, \bar{y})$$

gilt, eine angenäherte $\varepsilon$-optimale Strategie $\bar{x}_1^\varepsilon(\bar{y}) = \tilde{\bar{x}}_1^\varepsilon$ erhalten, und das zu erwartende Ergebnis ist nicht kleiner als

$$\inf_{\bar{y}\in N} \sup_{\bar{x}\in M_0} \overline{F}(\bar{x}, \bar{y}) - \varepsilon = \overline{F}_1 - \varepsilon .$$

Wir wollen nun zeigen, daß stets

$$\inf_{\bar{y}\in N} \sup_{\bar{x}\in M_0} \overline{F}(\bar{x}, \bar{y}) = \overline{F}_1 \geqq \overline{F}_m \geqq \overline{F}_g^0 \tag{171}$$

gilt.

Da die zweite Ungleichung bereits bewiesen wurde, wenden wir uns der ersten zu. Wir haben $\int_{M_0} d\varphi(\bar{x}) = 1$ und

$$\overline{\overline{F}}[\varphi(\bar{x}), \bar{y}] = \int_{M_0} \overline{F}(\bar{x}, \bar{y})\, d\varphi(\bar{x}) \leqq \sup_{\bar{x}\in M_0} \overline{F}(\bar{x}, \bar{y}) \cdot \int_{M_0} d\varphi(\bar{x}) = \sup_{\bar{x}\in M_0} \overline{F}(\bar{x}, \bar{y}) .$$

Dann gilt aber

$$\inf_{\bar{y}\in N} \overline{\overline{F}}[\varphi(\bar{x}), \bar{y}] \leqq \inf_{\bar{y}\in N} \sup_{\bar{x}\in M_0} \overline{F}(\bar{x}, \bar{y}) ,$$

und, weil rechts eine Konstante steht, auch

$$\sup_{\varphi(\bar{x})} \inf_{\bar{y}\in N} \overline{\overline{F}}[\varphi(\bar{x}), \bar{y}] \leqq \inf_{\bar{y}\in N} \sup_{\bar{x}\in M_0} \overline{F}(\bar{x}, \bar{y}) , \tag{172}$$

was zu beweisen war.

Damit haben wir gleichzeitig den folgenden einfachen aber wichtigen Satz bewiesen.

**Satz XIII.** *Ist es möglich, vollständig genaue und den Bereich $M_0$ zugelassener Strategien nicht einschränkende Informationen über die unbestimmten Faktoren $\bar{y}$ zu erhalten und optimal auszunutzen, so ist es zweckmäßig, gemischte Strategien anzuwenden.*

Bemerkungen.

1. Gibt es keine unbestimmten Faktoren, so sind die Voraussetzungen des Satzes automatisch erfüllt, und folglich ist es dann unnötig, eine künstliche Zufälligkeit einzuführen.

2. Es muß unbedingt bemerkt werden, daß die Bestimmung der optimalen Strategie $\bar{x}_1(\bar{y})$ durch den Operationsforscher nicht erfordert, daß das gegnerische Ziel oder irgendeine Voraussetzung darüber bekannt sind. Es ist auch keinerlei

Voraussetzung über Kenntnis oder Unkenntnis gegnerischer Strategien bei der operierenden Seite erforderlich.

Umgekehrt basiert eine Abschätzung des garantierten Resultats $\overline{F}_i$, falls die vom Operationsforscher, der das konkrete $\bar{y}$ nicht kennt, vorzugebende Strategie $\tilde{x}_i$ angewandt wird, auf Voraussetzungen über einen sehr unvorteilhaften Gegner, der entgegengesetzte Interessen verfolgt. Eine Kenntnis des gegnerischen Ziels verändert die Abschätzung (170) so, wie das in § 8 angegeben wurde.

3. Aus (169) und (164) ist klar, daß $\tilde{x}_i$ eine absolut optimale Strategie in einer beliebigen Strategienmenge $M$ ist, die $\tilde{x}_i$ und die Menge der Werte $\tilde{x}$ enthält, die nicht aus dem Rahmen von $M_0$ fallen. Das bezieht sich insbesondere auch auf die Menge $M_i$, die alle $\tilde{x} = \bar{x}(\bar{y})$ enthält, die die einzige Bedingung $\bar{x} \in M_0$ erfüllen. Ganz analog sind auch die Strategien $\tilde{x}_i^\varepsilon$, die $\varepsilon$-absolut-optimalen in einer beliebigen Strategienmenge $M$, die nicht aus dem Rahmen von $M_0$ fallen und $\tilde{x}_i^\varepsilon$ enthalten.

Ohne die Behauptung zu verändern, kann man natürlich auch die in $M_i$ eingeschlossenen gemischten Strategien dazurechnen. Die Größe

$$\overline{F}_i - \overline{F}_m = Z_0 \tag{173}$$

stellt den erwarteten Zuwachs zum besten garantierten Ergebnis der Operation dar, wenn mit idealer Information über die gegnerische Wahl gerechnet wird (d. h. eine exakte, die keine Kosten erfordert, um sie zu gewinnen), und kann daher als Preis für die Information der operierenden Seite über einen Gegner angesehen werden, dessen Ziel dem unsrigen entgegengesetzt oder unbekannt ist.

Ist $Z_0 = 0$, so ist es unnötig, danach zu streben, daß man Informationen über $\bar{y}$ gewinnt, falls es Sinn hat, gemischte Strategien[1]) anzuwenden.

Jedoch sogar $Z_0 > 0$ garantiert noch nicht, daß es Sinn hat, nach Information zu jagen, weil diese fehlerhaft sein und teuer zu stehen kommen kann. Um die Frage endgültig zu entscheiden, muß man ein Operationsmodell aufstellen, das all diese Umstände berücksichtigt. Für $Z_0 = 0$ wird eine optimale gemischte Strategie auch in der Menge $M_i$ optimal, jedoch im Unterschied zu $\tilde{x}_i$ nicht absolut optimal.

Ist jedoch $Z_G = 0$, so ist es sinnlos, gemischte Strategien zu benutzen und seine Entscheidung vor dem Gegner geheimzuhalten.

Ist schließlich $Z_0 = Z_G = 0$, d. h. gilt

$$\overline{F}_i = \overline{F}_g^0; \ \sup_{\bar{x} \in M_0} \inf_{\bar{y} \in N} \overline{F}(\bar{x}, \bar{y}) = \inf_{\bar{y} \in N} \sup_{\bar{x} \in M_0} \overline{F}(\bar{x}, \bar{y}) \,, \tag{174}$$

[1]) Genauer gesagt, bei $Z_0 = 0$ kann der Operationsforscher keinerlei Gewinn auf Kosten später von der operierenden Seite erhaltener Informationen über $\bar{y}$ garantieren. Ist diese Information hingegen „unentgeltlich", so kann sie natürlich stets Nutzen bringen, wenn der Gegner von seiner optimalen Strategie abweicht. Daher muß man „unentgeltliche" Informationen natürlich immer verwenden. Aber „unentgeltliche" Information ist äußerst selten anzutreffen. Daher ist die im Text ausgesagte Behauptung praktisch wahr.

so hat es keinen besonderen Sinn, sich gemischter Strategien zu bedienen und danach zu streben, Informationen über die Werte unbestimmter Faktoren zu erhalten. Die Strategie $\bar{x}_0$ erweist sich als optimal in $M_\mathrm{i}$, d. h. bei beliebiger Informiertheit von operierender Seite und Gegner. Selbstverständlich ist $\bar{x}_0$ in der Regel nicht absolut optimal.

*Eine* (174) *erfüllende Funktion* $\overline{F}(\bar{x}, \bar{y})$ *heiße Funktion mit Sattelpunkt auf* $M_0 \times N$, *falls Supremum und Infimum angenommen werden.* Dann kann man (174) in der Form

$$\max_{\bar{x}} \min_{\bar{y}} \overline{F}(\bar{x}, \bar{y}) = \min_{\bar{y}} \max_{\bar{x}} \overline{F}(\bar{x}, \bar{y}) \tag{174'}$$

schreiben.

Die Funktionen $\overline{F}(x, y) = x^2 + y^2$ bzw. $\overline{F}(x, y) = (x - y)^2$ mit $0 \leqq x \leqq 1$, $0 \leqq y \leqq 1$ geben je ein Beispiel für eine Funktion mit bzw. ohne Sattelpunkt. Im ersten Fall sind Maximin und Minimax gleich 1 und im zweiten ist das Maximum gleich 0, das Minimax dagegen gleich $-1/4$.

Der Kürze halber werden wir auch im allgemeinen, wenn Gleichung (174) vorliegt, von Funktionen mit verallgemeinertem Sattelpunkt sprechen, wenn dies auch nicht völlig der vorliegenden Terminologie entspricht.

All das, was über das Ausnutzen von Informationen und über $\overline{F}_\mathrm{i}$ gesagt wurde, bezog sich auf die Möglichkeit, Informationen über die unbestimmten Faktoren $\bar{y}$ zu gewinnen. Ist es für die operierende Seite jedoch möglich, exakte und „kostenlose" Informationen über die konkreten Werte der Zufallsfaktoren $\bar{z}$ zu erhalten, so erweisen sich als optimale Strategien für die operierende Seite die $\bar{x}_\mathrm{i}^*$, für die schon für nicht gemittelte $F$

$$F(\bar{x}_\mathrm{i}^*, \bar{y}, \bar{z}) = \max_{\bar{x} \in M_0} F(\bar{x}, \bar{y}, \bar{z}) \tag{175}$$

gilt. Folglich wird jetzt schon die Funktion $\bar{x}_\mathrm{i}^*(\bar{y}, \bar{z})$ zum optimalen $\tilde{x}_\mathrm{i}^*$, und als erweitertes Resultat für die Operation erhält man

$$\overline{F}_\mathrm{i}^* = \inf_{\bar{y} \in N} \int \max_{\bar{x} \in M_0} F(\bar{x}, \bar{y}, \bar{z}) \, d\bar{\varphi}(\bar{z}) \geqq \inf_{\bar{y} \in N} \max_{\bar{x} \in M_0} \int F(\bar{x}, \bar{y}, \bar{z}) \, d\bar{\varphi}(\bar{z}) = \overline{F}_\mathrm{i} \,. \tag{176}$$

Die Größe $\overline{F}_\mathrm{i}^* - \overline{F}_\mathrm{i} = Z_\mathrm{m}$ ist der Preis für Informationen über die zufälligen Faktoren.

Erhält man zusätzlich zu den Informationen über $\bar{y}$ Informationen über $\bar{z}$, so kann das natürlich die Schlußfolgerungen aus Satz XIII nicht ändern.

Als Beispiel dafür, wie man derartige Informationen erhalten und ausnutzen kann, soll die im Zuverlässigkeitsmodell angeführte „kalte" Reservierung gelten, wenn das Reservegerät einbezogen wird, um Informationen über den Ausfall des verdoppelten Gerätes zu gewinnen. Der Beschuß mit Korrektur durch vorangegangenen Beschuß ist auch ein geeignetes Beispiel.

Die Gestalt der Ausdrücke (170) und (176) ist in der Aufeinanderfolge der Vorzeichen von Maximum und Minimum der Form (163) entgegengesetzt. Damit scheint es, daß die garantierten Abschätzungen (170) und (176) nicht in den allgemeinen Rahmen passen. Stellen doch (170) und (176) keine Ausdrücke für eine maximale garantierte Abschätzung in einer gewissen Strategienklasse dar, während die garantierte Effektivitätsabschätzung

$$\inf_{\bar{y}\in N} \overline{F}[\bar{x}_{\rm i}(\bar{y}), \bar{y}] \quad \text{oder} \quad \inf_{\bar{y}\in N} \int F[\bar{x}_{\rm i}^*[(\bar{y}, \bar{z}), \bar{y}, z]\, d\varphi(z)$$

für eine Strategie $\bar{x}_{\rm i}(\bar{y})$ oder $\bar{x}_{\rm i}^*(\bar{y}, \bar{z})$ völlig mit (67) übereinstimmt, wenn man bedenkt, daß $\max\limits_{\bar{x}\in M_0} \overline{F}(\bar{x}, \bar{y})$ oder $\int \max\limits_{\bar{x}\in M_0} F(\bar{x}, \bar{y}, \bar{z})\, d\varphi(\bar{z})$ wegen (169) und (175) einfach die Werte $\overline{F}(\bar{x}(\bar{y}), \bar{y})$ und $\overline{F}[\bar{x}(\bar{y}, \bar{z}), \bar{y}]$ für diese Strategien darstellen.

Andererseits ergeben (170) und (176) — wie schon gesagt — die absolut besten Resultate in den Mengen $M_{\rm i}$ bzw. $M_{\rm i}^*$ aller Funktionen von der Gestalt $\bar{x}(\bar{y})$ bzw. $\bar{x}(\bar{y}, \bar{z})$. Daher gilt natürlich

$$\max_{\tilde{x}\in M_{\rm i}} \inf_{\bar{y}\in N} \overline{F}(\tilde{x}, \bar{y}) = \inf_{\bar{y}\in N} \overline{F}(\tilde{x}_{\rm i}, \bar{y}) = \inf_{\bar{y}\in N} \max_{\bar{x}\in M_0} \overline{F}(\bar{x}, \bar{y}) = \overline{F}_{\rm i}\,,$$
$$\max_{\tilde{x}\in M_{\rm i}^*} \inf_{\bar{y}\in N} \overline{F}(\tilde{x}, \bar{y}) = \overline{F}_{\rm i}^*\,. \tag{177}$$

Die Ausdrücke $Z_{\rm G}$, $Z_0$ und $Z_0 + Z_{\rm G} = \overline{F}_{\rm i} - \overline{F}_{\rm g}^0$ ergeben entsprechend den Preis für die vollständige Information des Gegners über Entscheidungen der operierenden Seite, der operierenden Seite über den Gegner und die allgemeine gegenseitige Information. Jedoch ist es häufig sehr erwünscht, eine Preisabschätzung für beliebiges Informationswachstum zu haben.

Was die wachsende Information der operierenden Seite über den Gegner betrifft (und insbesondere das interessiert uns im Grunde), so kann man den Preis für ein derartiges Wachstum in der Form schreiben, daß das beste garantierte Ergebnis anwächst. Wir werden dies unter relativ allgemeinen Voraussetzungen ein wenig konkretisieren. Seien $M_1$ und $M_2$ Mengen von Strategien $\tilde{x}$, die zwei Arten einer Informiertheit der operierenden Seite erlauben und nicht über die Grenzen von $M_0$ hinausgehen, oder genauer, bestehe die der Menge $M_1$ zugrundeliegende Information darin, daß die operierende Seite die Werte einer vorgegebenen Funktion

$$R_1(\bar{y}) = \{r_1^{(1)}(\bar{y}), \ldots, r_k^{(1)}(\bar{y})\}$$

kennt. Dann besteht die Menge $M_1$ aus allen Strategien der Form

$$\tilde{x}_1 = \bar{x}[R_1(\bar{y})]; \quad \bar{x} \in M_0, \quad \bar{y} \in N\,, \tag{178}$$

wobei $\bar{x}[R_1]$ beliebige Funktionen sind.

Analog wird auch die Menge $M_2$ definiert. Entsprechend kann man im allgemeinen den Preis für eine Änderung der Informiertheit durch die Formel

$$\Delta Z = Z_2 - Z_1 = \sup_{\tilde{x}\in M_2} \inf_{\bar{y}\in N} \overline{F}(\tilde{x}, \bar{y}) - \sup_{\tilde{x}\in M_1} \inf_{\bar{y}\in N} \overline{F}(\tilde{x}, \bar{y}) \tag{178'}$$

ausdrücken. Das Vorzeichen von $\Delta Z$ zeigt, welcher der verglichenen Fälle von Informiertheit wertvoller ist. Existiert insbesondere eine Vektorfunktion $\varphi(R)$, so daß $R_1(\bar{y}) = \varphi[R_2(\bar{y})]$ für alle $\bar{y} \in N$ gilt, so ist es natürlich anzunehmen, daß die $M_2$ entsprechende Information die $M_1$ entsprechende Information einschließt, weil eine Kenntnis des Vektors $R_2(\bar{y})$ auch eine Kenntnis von $R_1(y)$ nach sich zieht. Dabei ist $\Delta Z \geqq 0$, weil $M_2 \supset M_1$ gilt, d. h. weil eine beliebige Strategie (178) in der Form

$$\tilde{x}_1 = \bar{x}\,\{\varphi[R_2(\bar{y})]\} = \bar{x}'\,[R_2(\bar{y})]$$

dargestellt werden kann und folglich eine Strategie aus $M_2$ ist.

Eine möglichst vollständige Information über $\bar{y}$ entspricht dem Fall $R(\bar{y}) = \bar{y}$; insbesondere erhält man so die Menge $M_{\mathrm{i}}$. Der Ausdruck

$$\begin{aligned}\Delta\bar{Z}_1 = \bar{F}_{\mathrm{i}} - \bar{Z}_1 &= \sup_{\tilde{x}\in M_{\mathrm{i}}}\inf_{\bar{y}\in N} \bar{F}(\tilde{x}, \bar{y}) - \sup_{\tilde{x}\in M_1}\inf_{\bar{y}\in N} \bar{F}(\tilde{x}, \bar{y}) \\ &= \inf_{\bar{y}\in N}\sup_{\bar{x}\in M_0} \bar{F}(\bar{x}, \bar{y}) - \sup_{\tilde{x}\in M_1}\inf_{\bar{y}\in N} \bar{F}(\tilde{x}, \bar{y}) \qquad (179)\end{aligned}$$

ergibt eine Preisabschätzung für eine Informiertheitsänderung von $M_1$ in bezug auf vollständige Informiertheit. Das ist sozusagen der Preis für den „Rest" möglicher Informiertheit.

Falls (179) Null ergibt, wird (174) verallgemeinert. Wir müssen unsere Aufmerksamkeit auf folgendes richten: Da die Werte der Funktion $\tilde{x} = \bar{x}(\bar{y})$ für alle $\bar{y} \in N$ zu $M_0$ gehören, gilt

$$\sup_{\tilde{x}\in M_1} \bar{F}(\tilde{x}, \bar{y}) \leqq \sup_{\bar{x}\in M_0} \bar{F}(\bar{x}, \bar{y})\,.$$

Aber dann haben wir auch

$$\bar{F}_{\mathrm{i}} = \inf_{\bar{y}\in N}\sup_{\bar{x}\in M_0} \bar{F}(\bar{x}, \bar{y}) \geqq \inf_{\bar{x}\in N}\sup_{\bar{y}\in M_1} \bar{F}(\tilde{x}, \bar{y})\,.$$

Andererseits sind jedoch nach der Definition von $M_1$ damit auch alle Funktionen von der Gestalt $\tilde{x} = \bar{x}$ mit $\bar{x} \in M_0$ enthalten, d. h., es ist $M_1 \supset M_0$. Daher müssen die weiter oben beschriebenen Ungleichungen auch umgekehrt gelten. Das ergibt

$$\left.\begin{aligned}\bar{F}_{\mathrm{i}} &= \inf_{\bar{y}\in N}\sup_{\bar{x}\in M_0} \bar{F}(\bar{x}, \bar{y}) = \inf_{\bar{y}\in N}\sup_{\tilde{x}\in M_1} \bar{F}(\tilde{x}, \bar{y})\,, \\ \bar{Z}_1 &= \inf_{\bar{y}\in N}\sup_{\tilde{x}\in M_1} \bar{F}(\tilde{x}, \bar{y}) - \sup_{\tilde{x}\in M_1}\inf_{\bar{y}\in N} \bar{F}(\tilde{x}, \bar{y})\,.\end{aligned}\right\} \qquad (179')$$

Man überzeugt sich leicht davon, daß (179′) für beliebiges $M_1 \supset M_0$ gilt, sogar wenn die in $M_1$ sich befindlichen Strategien sich nicht in der Form (178) beschreiben lassen, allerdings natürlich für $\bar{x} \in M_0$. Danach ist der Fall mit $\bar{Z}_1 = 0$ äquivalent zur Gleichung

$$\inf_{\bar{y}\in N}\sup_{\tilde{x}\in M_1} \bar{F}(\tilde{x}, \bar{y}) = \sup_{\tilde{x}\in M_1}\inf_{\bar{y}\in N} \bar{F}(\tilde{x}, \bar{y})\,,$$

die zu (174) vollständig analog ist und auch als der Fall bezeichnet wird, in dem $\bar{F}(\tilde{x}, \bar{y})$ einen verallgemeinerten Sattelpunkt auf $M_1 \times N$ besitzt. Es versteht sich von selbst, daß die Sattelpunktdefinition (174) — (174') von vollkommen allgemeinem Charakter ist und auch auf beliebige, auf abstrakten Mengen $M_0$ und $N$ gegebene Funktionen angewendet werden kann.

Der folgende Satz, der einen Zusammenhang zwischen der Existenz einer absolut optimalen Strategie und der Gleichung $Z_1 = 0$ herstellt, ist offensichtlich.

**Satz XIV.** *Existiert für ein beliebiges $\varepsilon > 0$ in der Menge $M_1$ eine $\varepsilon$-absolut optimale Strategie, so ist der entsprechende Wert $Z_1$* (Formel (179')) *gleich Null.*

In der Tat, es gibt für beliebiges $\varepsilon > 0$ ein $\tilde{x}_a^\varepsilon \in M-$, für das bei beliebigem $\tilde{x} \in M_1$ und $\bar{y} \in N$

$$\overline{F}(\tilde{x}_a^\varepsilon, \bar{y}) \geqq \overline{F}(\tilde{x}, \bar{y}) - \varepsilon$$

gilt. Hieraus folgt

$$\sup_{\tilde{x} \in M_1} \overline{F}(\tilde{x}, \bar{y}) \leqq \overline{F}(\tilde{x}_a^\varepsilon, \bar{y}) + \varepsilon ,$$

$$\inf_{\bar{y} \in N} \sup_{\tilde{x} \in M_1} \overline{F}(\tilde{x}, \bar{y}) \leqq \inf_{\bar{y} \in N} \overline{F}(\tilde{x}_a^\varepsilon, \bar{y}) + \varepsilon \leqq \sup_{\tilde{x} \in M_1} \inf_{\bar{y} \in N} \overline{F}(\tilde{x}, \bar{y}) + \varepsilon ,$$

weil $\varepsilon$ beliebig gewählt war, gilt daher

$$\inf_{\bar{y} \in N} \sup_{\tilde{x} \in M_1} \overline{F}(\tilde{x}, \bar{y}) \leqq \sup_{\tilde{x} \in M_1} \inf_{\bar{y} \in N} \overline{F}(\tilde{x}, \bar{y}) .$$

Aber wegen des Lemmas aus dem vorangegangenen Paragraphen gilt auch stets die umgekehrte Ungleichung. Damit ist der Satz bewiesen.

Folgerung. *Da die Menge $M_1$ eine absolut optimale Strategie $\tilde{x}_1$ besitzt, wie sie durch* (169) *definiert ist, oder mindestens eine $\varepsilon$-absolut optimale $\tilde{x}_1^\varepsilon$ (für beliebiges $\varepsilon > 0$), hat $\overline{F}(\tilde{x}, \bar{y})$ stets mindestens einen verallgemeinerten Sattelpunkt auf $M_1 \times N$.*

Bemerkung. Das Beispiel $\overline{F}(x, y) = xy$ mit $M_1 = M_0 = [-1; 1] = N$ zeigt, daß ein zu XIV inverser Satz nicht gilt. Hier gibt es keine $\varepsilon$-absolut optimalen Strategien für $\varepsilon < 1$, hingegen einen Sattelpunkt, weil $Z_1 = 0$ ist.

Aus dem Satz folgt auch eine nützliche Aussage, daß dann, wenn auf $M_1 \times N$ kein Sattelpunkt existiert, in $M_1$ auch keine $\varepsilon$-absolut optimalen Strategien vorhanden sind für gewisse $\varepsilon > 0$. Der folgende Satz, der hinreichende Bedingungen für $Z_G$, d. h. dafür angibt, daß es unrationell ist, gemischte Strategien sogar für $M = M_0$ anzuwenden, d. h. daß jegliche Zuverlässigkeit für die operierende Seite fehlt, irgendwelche neue Information über $\bar{y}$ zu erhalten, ist interessant und in der Praxis häufig anwendbar.

**Satz XV.** *Ist $\overline{F}(\bar{x}, \bar{y})$ für jedes $\bar{y} \in N$ konkav und stetig in $\bar{x}$ auf der konvexen, abgeschlossenen, beschränkten Menge $M_0$, so gilt $\overline{F}_g^0 = \overline{F}_m$.*

Beweis: Nach der Definition einer konkaven Funktion gilt für beliebige $\bar{x}_1$ und $\bar{x}_2$, die zu $M_0$ gehören, für $0 \leqq \lambda_1$, $0 \leqq \lambda_2$, $\lambda_1 + \lambda_2 = 1$:

$$\lambda_1 \overline{F}(\bar{x}_1, \bar{y}) + \lambda_2 \overline{F}(\bar{x}_2, \bar{y}) \leqq \overline{F}(\lambda_1 \bar{x}_1 + \lambda_2 \bar{x}_2, \bar{y}) ,$$

wobei wegen der Konvexität von $M_0$ gilt $\lambda_1\bar{x}_1 + \lambda_2\bar{x}_2 \in M_0$. Hieraus folgt, daß dann, wenn $\bar{x}_1, \bar{x}_2, \bar{x}_3$ aus $M_0$ gewählt wurden und $\lambda_1 + \lambda_2 + \lambda_3 = 1$ für $\lambda_i \geqq 0$ gilt:

$$\begin{aligned}
&\sum_{i=1}^{3} \lambda_i \bar{F}(\bar{x}_i, \bar{y}) \\
&= \lambda_1 \bar{F}(\bar{x}_1, \bar{y}) + (\lambda_2 + \lambda_3)\left[\frac{\lambda_2}{\lambda_2 + \lambda_3}\,\bar{F}(\bar{x}_2, \bar{y}) + \frac{\lambda_3}{\lambda_2 + \lambda_3}\,\bar{F}(\bar{x}_3, \bar{y})\right] \\
&\leqq \lambda_1 \bar{F}(\bar{x}_1, \bar{y}) + (\lambda_2 + \lambda_3)\,\bar{F}\left(\frac{\lambda_2}{\lambda_2 + \lambda_3}\,\bar{x}_2 + \frac{\lambda_3}{\lambda_2 + \lambda_3}\,\bar{x}_3, \bar{y}\right) \\
&\leqq \bar{F}(\bar{\lambda}_1\bar{x}_1 + \bar{\lambda}_2\bar{x}_2 + \bar{\lambda}_3\bar{x}_3, \bar{y})\,.
\end{aligned}$$

Wiederholt man das durch Induktion, erhält man die allgemeine Ungleichung für beliebiges $n$:

$$\sum_{i=1}^{n} \lambda_i\, \bar{F}(\bar{x}_i, \bar{y}) \leqq \bar{F}\left(\sum_{i=1}^{n} \lambda_i \bar{x}_i, \bar{y}\right); \qquad \lambda_i \geqq 0\,, \qquad \sum_{i=1}^{n} \lambda_i = 1\,. \tag{180}$$

Sei nun das Verteilungsgesetz $f(\bar{x})$ gegeben. Wir zerlegen $M_0$ in eine hinreichend große Anzahl $n$ von Teilen $M_0^{(i)}$, so daß die Schwankung von $\bar{F}(\bar{x}, \bar{y})$ auf $M_0^{(i)}$ und auch der Durchmesser der $M_0^{(i)}$ die Größe $\varepsilon$ nicht überschreitet.

Dann haben wir für beliebige $\bar{x}_i \in M_0^{(i)} \subset M_0$

$$\begin{aligned}
&\int_{M_0} \bar{F}(\bar{x}, \bar{y})\, \mathrm{d}f(\bar{x}) = \sum_{i=1}^{n} \int_{M_0^{(i)}} \bar{F}(\bar{x}, \bar{y})\, \mathrm{d}f(\bar{x}) \\
&= \sum_{i=1}^{n} \bar{F}(\bar{x}_i, \bar{y}) \int_{M_0^{(i)}} \mathrm{d}f(\bar{x}) + \sum_{i=1}^{n} \int_{M_0^{(i)}} [F(\bar{x}_i, \bar{y}) - F(\bar{x}, \bar{y})]\, \mathrm{d}f(\bar{x}) \\
&\leqq \varepsilon \int_{M_0} \mathrm{d}f(\bar{x}) + \sum_{i=1}^{n} p_i \bar{F}(\bar{x}_i, \bar{y}) = \varepsilon + \sum_{i=1}^{n} p_i \bar{F}(\bar{x}_i, \bar{y})
\end{aligned}$$

mit

$$p_i = \int_{M_0^{(i)}} \mathrm{d}f(\bar{x}) \geqq 0$$

und

$$\sum_{i=1}^{n} p_i = 1\,.$$

Wegen (180) gilt

$$\begin{aligned}
&\int_{M_0} \bar{F}(\bar{x}, \bar{y})\, \mathrm{d}f(\bar{x}) \leqq \varepsilon + \bar{F}\left(\sum_{i=1}^{n} p_i \bar{x}_i, \bar{y}\right) \\
&= \varepsilon + \bar{F}\left[\int_{M_0} \bar{x}\, \mathrm{d}\, f(\bar{x}) - \sum_{i=1}^{n} \int_{M_0^{(i)}} (\bar{x} - \bar{x}_i)\, \mathrm{d}f(\bar{x}), \bar{y}\right].
\end{aligned}$$

Geht man zum Limes über, so erhält man hieraus wegen $||\bar{x} - \bar{x}_i|| \leqq \varepsilon$ für $\bar{x} \in M_0^{(i)}$

$$\int_{M_0^{(i)}} \bar{F}(\bar{x}, \bar{y})\, \mathrm{d}f(\bar{x}) \leqq \bar{F}\left[\int_{M_0} \bar{x}\, \mathrm{d}f(\bar{x}), \bar{y}\right]. \tag{180'}$$

Daraus folgt, daß für beliebiges $f(\bar{x})$ ein $\bar{x}_1$ existiert, so daß

$$\inf_{\bar{y}\in N} \int \bar{F}(\bar{x}, \bar{y})\, \mathrm{d}f(\bar{x}) \leqq \inf_{\bar{y}\in N} \bar{F}(\bar{x}_1, \bar{y}) \leqq \sup_{\bar{x}\in M_0} \inf_{\bar{y}\in N} \bar{F}(\bar{x}, \bar{y}) = \bar{F}_g^0$$

gilt. Dann ist jedoch auch

$$\bar{F}_m = \sup_{f(\bar{x})} \inf_{\bar{y}\in N} \int \bar{F}(\bar{x}, \bar{y})\, \mathrm{d}f(x) \leqq \bar{F}_g^0 .$$

Es ist nun aber stets $\bar{F}_m \geqq \bar{F}_g^0$, weil die Menge der gemischten Strategien umfassender ist als die Menge $M_0$ der reinen Strategien. Der Vergleich der beiden entgegengesetzten Ungleichungen beweist den Satz.

Ein einfaches Beispiel für ein in $\bar{x}$ konkaves Effektivitätskriterium ist das Kriterium (5) im Approximationsproblem, wo der Koeffizientenvektor $\bar{a} = \{a_0, \ldots, a_n\}$ eines Polynoms $n$-ten Grades in der Eigenschaft von $\bar{x}$ auftritt. Sind nämlich $\bar{a}$ und $\bar{b}$ zwei solche Vektoren, so gilt

$$\begin{aligned} &- \{\lambda\, |b_0 + \cdots + b_n t^n - f(t)| + (1 - \lambda)\, |a_0 + \cdots + a_n t^n - f(t)|\} \\ \leqq &- |\lambda[b_0 + \cdots + b_n t^n - f(t)] + (1 - \lambda)\, [a_0 + \cdots + a_n t^n - f(t)]| \\ = &- |\lambda b_0 + (1 - \lambda)\, a_0 + \cdots + [\lambda b_n + (1 - \lambda)\, a_n]\, t^n - f(t)| , \end{aligned}$$

und das beweist, daß das Kriterium konkav ist. In der Spieltheorie hat die Größe $\bar{F}_m$ eine besondere Bedeutung. Grundlegende Ausarbeitungen dieser Theorie befassen sich auch mit deren Definition.

Wegen Satz XV kann die Aufgabe,

$$\max_{\bar{a}} \min_{t_0 \leqq t \leqq t_1} \left\{- \left| f(t) - \sum_{i=0}^{n} a_i t^i \right|\right\} = - \min_{t_0 \leqq t \leqq t_1} \max_{\bar{a}} \left| f(t) - \sum_{i=0}^{n} a_i t^i \right|$$

zu bestimmen, als Aufgabe behandelt werden, $\bar{F}_m$ für ein Spiel mit der Auszahlung (5) zu ermitteln. Folglich existiert ein enger Zusammenhang zwischen dem Problem, eine beste Tschebyschew-Approximation zu finden, und der Theorie der Spiele mit in $\bar{x}$ konkaven Auszahlungsfunktionen.

Die Sätze XIV und XV haben „Doppelgänger“, die man einfach dadurch erhält, daß man die Plätze von operierender Seite und „Gegner“ austauscht. Es ist hier angebracht, einige allgemeine spieltheoretische Begriffe zu präzisieren.

In der Spieltheorie ist es üblich, die Gesamtheit der Mengen $M$ und $N$ beliebiger Strategien $P$ und $Q$ mit auf dem kartesischen Produkt dieser Mengen definierter Auszahlungsfunktion[1]) $G(P, Q)$ ein antagonistisches Spiel (in Normal-

[1]) Anstelle des Terminus Auszahlung wird auch der Terminus Gewinn benutzt.

form) zu nennen, wenn dabei diejenige Seite, die $P$ wählt, danach strebt, $G$ zu vergrößern und die $Q$ wählende Seite $[-G]$ vergrößern möchte. Die Ausdrücke

$$\sup_{P \in M} \inf_{Q \in N} G(P, Q) \quad \text{und} \quad \inf_{Q \in N} \sup_{P \in M} G(P, Q)$$

heißen entsprechend unterer und oberer Spielpreis. Fallen diese zusammen und werden sowohl Supremum als auch Infimum angenommen, so heißt das Spiel ein Spiel mit Sattelpunkt, und der gemeinsame Wert von Maximum und Minimum der Preis des Spiels[1]).

In diesem Termini bedeuten Satz XIV und seine Folgerung, daß dann, wenn man die Strategienmenge $M$ entsprechend erweitert, indem man die Funktion $P(Q)$ betrachtet, ein Spiel zu einem Spiel mit Sattelpunkt und mit einem Wert wird, der gleich dem oberen Wert der Ausgangsspiels ist, wenn Supremum und Infimum erreichbar sind.

Das ist natürlich nicht der einzige Satz dieser Art. Im folgenden wird ersichtlich werden, daß eine Erweiterung beider gegnerischer Strategienmengen mittels Anwendung gemischter Strategien wiederum auf ein Sattelpunktsspiel führt.

Wir wollen unsere Aufmerksamkeit darauf lenken, daß Spiele bezüglich der Gegner „symmetrisch" sind. Wählt man so als Hauptspieler (operierende Seite) den zweiten Spieler (der sich der Strategien $Q$ bedient), so wird das Effektivitätskriterium für die operierende Seite zu $-G(P, Q)$ und daher

$$\left.\begin{aligned} &\max_Q \min_P [-G(P, Q)] = \max_Q \left[-\max_P G(P, Q)\right] = -\min_Q \max_P G(P, Q)\,, \\ &\min_P \max_Q [-G(P, Q)] = -\max_P \min_Q G(P, Q)\,. \end{aligned}\right\} \quad (181)$$

Wendet man dann aber die Folgerung aus Satz XIV auf den Gegner der operierenden Seite an, so erhält man offensichtlich die folgende Behauptung.

**Satz XVI.** *Die Größe* $\max_{\bar{x} \in M_0} \min_{\bar{y} \in N} \bar{F}(\bar{x}, \bar{y})$ *ergibt den Spielwert im Spiel* $F[\bar{x}, \bar{y}(\bar{x})]$, *wobei* $\bar{x} \in M_0$ *und* $\bar{y}(\bar{x}) \in N_1$ *die Menge aller möglichen Funktionen* $\bar{y}(\bar{x})$ *mit Werten aus* $N$ *ist. Dieses Spiel besitzt einen Sattelpunkt und eine absolut optimale Strategie für den Gegner.*

In diesem Falle können die optimalen Strategien $\bar{x}_0$ schon nicht bestimmt werden, wenn man nur das Maximum oder das Minimum betrachtet. Man muß das Maximin untersuchen.

Wir wollen unser Augenmerk jetzt darauf richten, daß dann, wenn $-G(P, Q)$ in $Q$ konkav ist, $G(P, Q)$ natürlich in $Q$ konvex ist. Indem wir etwas vorwegnehmen, bemerken wir außerdem, daß nach dem Hauptsatz der Spieltheorie gilt: Ist das Effektivitätskriterium $\bar{F}(\bar{x}, \bar{y})$ in $\bar{x}$ und $\bar{y}$ stetig und sind $M_0$ und $N$

[1]) Für den Terminus Preis des Spiels wird oft der offensichtlich richtige Terminus Wert des Spiels (und auch oberer und unterer Wert) verwendet.

konvex, beschränkt und abgeschlossen, so haben wir

$$\overline{F}_{\mathrm{m}} = \sup_{\varphi(\bar{x})} \inf_{\bar{y} \in N} \int \overline{F}(\bar{x}, \bar{y}) \, \mathrm{d}\varphi(\bar{x}) = \inf_{\psi(\bar{y})} \sup_{\bar{x} \in M_0} \int \overline{F}(\bar{x}, \bar{y}) \, \mathrm{d}\psi(\bar{y}) \, .$$

Wenn wir diese Bemerkung, die Formel (181) und den Satz XV ausnutzen, erhalten wir unmittelbar den folgenden

**Satz XVII.** *Ist $\overline{F}(\bar{x}, \bar{y})$ konvex in $\bar{y}$ und stetig auf den konvexen, abgeschlossenen und beschränkten Mengen $M_0$ und $N$, so gilt $\overline{F}_1 = \overline{F}_{\mathrm{m}}$, und folglich kann eine exakte Information der operierenden Seite über $\bar{y}$ keinen garantierten positiven Preis $Z_0$ haben.*

Ist folglich in diesem Fall eine Anwendung gemischter Strategien zulässig, so sichern diese schon, daß man die maximal mögliche garantierte Effektivität $\overline{F}_1$ erhält, wenn auch, wie schon früher bemerkt, in der Regel nicht garantiert werden kann, daß man eine absolut optimale Strategie erhält.

Wie schon gesagt, drücken die Strategienmengen $M_0$ und $M_1$ den äußersten Grad möglicher künftiger Informiertheit für die operierende Seite aus. Ist $M_0$ absolut real, so ist eine Realisierung von $M_1$, ja sogar eine angenäherte in der Regel schwierig. Vom rein methodischen Standpunkt aus ist eine Realisierung von $M_1$ (und das bedeutet, die Gewinnung von $\overline{F}_1$) überhaupt unmöglich, weil eine beliebige Änderung oder ein Wiedererscheinen unausbleiblich mit neuen zufälligen und unbestimmten Faktoren verbunden ist, deren Werte der operierenden Seite bereits nicht bekannt sein können.

Diese Tatsache wird dadurch noch verstärkt, daß die Information über $\bar{y}$ gewöhnlich nicht sofort vorliegt, sondern in dem Maße, wie sich die Operation zeitlich entwickelt, in der Operationsdynamik. Deshalb sollte man über die Koordinatenwahl des Vektors $\bar{x}$ unbedingt stufenweise entscheiden, und zwar in dem Maße, wie Informationen über $\bar{y}$ eintreffen.

Wir wollen den allgemeinen Fall betrachten, bei dem bei der operierenden Seite vorausgesetzt wird, daß sie dynamisch informiert wird. Wir nehmen an, daß weder zur operierenden Seite noch zum Gegner Informationen über $\bar{z}$ gelangen. Der Vektor $\bar{x}$ bestehe der Reihe nach aus den Vektoren $\bar{x}_1, \bar{x}_2, \ldots, \bar{x}_k$, die in zeitlicher Reihenfolge angeordnet sind und über deren Wahl von der operierenden Seite entsprechend der Informationsänderung über $\bar{y}$ entschieden wird. Es wird angenommen, daß eine Information über $\bar{y}$ im Augenblick $i$ darin besteht, daß angegeben wird, zu welchem Teil $N_i(\bar{\alpha}_i)$ der Menge $N$ das Element $\bar{y}$ gehört. Hier können die $\bar{\alpha}_i$ sogar kontinuierliche „Indices" für diese Teilmengen sein, beispielsweise die „kleinsten" $\bar{y}$, die zu diesen Mengen gehören. Für beliebiges $i$ muß $\sum\limits_{\bar{\alpha}_i} N_i(\bar{\alpha}_i) = N$ gelten.

Da sich die Information im Laufe der Zeit nur vergrößern kann, muß sich jedes $N_i(\bar{\alpha}_i)$ als Summe gewisser $N_{i+1}(\bar{\alpha}_{i+1})$ darstellen lassen. Die Menge derjenigen $\bar{\alpha}_{i+1}$, für die $N_{i+1}(\bar{\alpha}_{i+1})$ zu $N_i(\bar{\alpha}_i)$ gehört, wird mit $\{\bar{\alpha}_{i+1}\}_{\bar{\alpha}_i}$ bezeichnet.

Hieraus folgt, daß man die Strategie $\bar{x}(\bar{y})$ in diesem Fall in der Gestalt[1])

$$\tilde{x} = \{\bar{x}_i[N_i(\bar{\alpha}_i), \bar{x}_j | j < i]\} = \{\bar{x}_i(\bar{\alpha}_i, \bar{x}_j | j < i)\}\ , \qquad i = 1, \ldots, k\ , \tag{182}$$

schreiben kann, wenn vorausgesetzt wird, daß dann, wenn über die Wahl von $\bar{x}_i$ entschieden wird, sämtliche $\bar{x}_j$ für $j < i$ bekannt sind (in der Spieltheorie heißen die entsprechenden Spiele Spiele mit vollständiger Information). Die Menge dieser Strategien werden wir mit $M_\alpha$ bezeichnen.

Selbstverständlich ändern all diese Voraussetzungen die allgemeine Beschreibung von Auszahlung oder Effektivitätsabschätzung (67) nicht, die auch gleich der allgemeinen Beschreibung des besten garantierten Resultats (163)—(164) ist und nur die Wahl der Funktionenfamilie in Gestalt aller Funktionen vom Typ (182) konkretisiert. Würden wir allerdings eine analoge Beschreibung für die gegnerischen Strategien geben und eine allgemeine Änderungsordnung für die Informationen und die Entscheidungswahl beider Spieler (eine „Zugfolge“) aufstellen, so würden wir ein „Mehrschrittspiel“ erhalten. Die Tatsache, daß die Auszahlung völlig der Beziehung $F(\tilde{x}, \tilde{y}) = F(\bar{x}_1, \ldots, \bar{x}_k, \bar{y}_1, \ldots, \bar{y}_k)$ genügt mit Gesamtstrategien $\tilde{x}$ und $\tilde{y}$ vom Typ (182) für die Seiten, die also die Werte für die „Züge“ $\bar{x}_i$ und $\bar{y}_i$ bestimmt, heißt in der Spieltheorie Überführung eines Mehrschrittspiels in ein Spiel in Normalform.

Wenn man eine bestimmte Reihenfolge wählt, um die Informationen zu verbessern, so gestattet dies, sowohl die Strategie (182) als auch das beste garantierte Resultat (163)—(164) (und zugleich auch das Lösungsverfahren) in Form eines Mehrschrittverfahrens zu beschreiben, das dem Verfahren der dynamischen Optimierung vollständig analog ist.

Tatsächlich werden in dem Moment, in dem Entscheidungen über die $\bar{x}_k$ getroffen werden, bereits alle $\bar{x}_i$ für $i < k$ und diejenige Menge $N_k(\bar{\alpha}_k)$ (d. h. der Index $\bar{\alpha}_k$) bekannt sein, zu der das konkrete $\bar{y}$ gehört. Dann wird natürlich das beste garantierte Resultat für diesen Moment[2]) zu

$$\max_{\bar{x}_k} \min_{\bar{y} \in N_k(\bar{\alpha}_k)} \bar{F}(\bar{x}_1, \ldots, \bar{x}_{k-1}, \bar{x}_k, \bar{y}) = \bar{F}_k(\bar{x}_1, \ldots, \bar{x}_{k-1}, \bar{\alpha}_k)\ . \tag{183}$$

Entsprechend wird die beste garantierende Strategie $\bar{x}_k^0(\bar{x}_1, \ldots, \bar{x}_{k-1}, \bar{\alpha}_k) = \tilde{x}_k^0$ eine derartige Strategie sein, für die

$$\min_{\bar{y} \in N_k(\bar{\alpha}_k)} \bar{F}(\bar{x}_1, \ldots, \bar{x}_{k-1}, \tilde{x}_k^0, \bar{y})$$

gleich (183) ist.

Wir gehen zur Wahl von $\bar{x}_{k-1}$ über. Nun wird die Funktion (183) zur Auszahlung (zum Effektivitätskriterium); $\bar{\alpha}_k$ ist ein unbestimmter Parameter, der

---

[1]) Wenn man will, kann man die Funktionen $\bar{x}_i(\bar{\alpha}_i, \bar{x}_j)$ als Funktionen der Art (178) behandeln.

[2]) Hier und im folgenden werden wir, um die Betrachtungen zu vereinfachen, voraussetzen, daß alle Suprema und Infima angenommen wurden. Das allgemeine Schema bleibt jedoch auch in den anderen Fällen ungeändert.

dadurch eingeschränkt ist, daß $\bar{\alpha}_{k-1}$ bekannt ist und daß $\bar{\alpha}_k$ zu $\{\bar{\alpha}\}_{\alpha_{k-1}}$ gehört. Dann ist offensichtlich das beste garantierte Resultat im $(k-1)$-ten Schritt gleich

$$\max_{\bar{x}_{k-1}} \min_{\bar{\alpha}_k \in \{\bar{\alpha}_k\}_{\bar{\alpha}_{k-1}}} \bar{F}_k(\bar{x}_1, \ldots, \bar{x}_{k-1}, \bar{\alpha}_k) = \bar{F}_{k-1}(\bar{x}, \ldots, \bar{x}_{k-2}, \bar{\alpha}_{k-1}) . \qquad (183')$$

Entsprechend wird auch $\bar{x}^0_{k-1}(\bar{x}_1, \ldots, \bar{x}_{k-2}, \bar{\alpha}_{k-1})$ bestimmt.

Die nun klar gewordene Rekursion wird dadurch beendet, daß $\bar{F}_1(\bar{\alpha}_1)$, $\bar{x}_1(\bar{\alpha}_1)$ und schließlich die garantierende Abschätzung

$$\bar{F}^{\alpha}_0 = \min_{\bar{\alpha}_1} \bar{F}_1(\bar{\alpha}_1) \qquad (183'')$$

ermittelt werden.

Die Tatsache, daß die Strategie $\{\bar{x}^0_i(x_1, \ldots, x_{i-1}, \bar{\alpha}_i)\} = \tilde{x}^0$ unter den Strategien (182) eine das Optimale garantierende ist, wird durch eine buchstäbliche Wiederholung der Rekursion bewiesen, auf Grund derer diese optimale Strategie bestimmt wurde. Sei nämlich eine beliebige Strategie (182) gegeben. Dann gilt

$$\min_{\bar{y}} \bar{F}\{\bar{x}_i[\bar{\alpha}_i, \bar{x}_j \mid j < i], \bar{y}\}$$
$$= \min_{\bar{\alpha}_k} \min_{\bar{y} \in N_k(\bar{\alpha}_k)} \bar{F}\{\bar{x}_1(\bar{\alpha}_1), \bar{x}_2(\bar{\alpha}_2, \bar{x}_1), \ldots, x_{k-1}(\alpha_{k-1}, x_j \mid j<k-1), \bar{x}_k(\bar{\alpha}_k, \bar{x}_j \mid j<k), \bar{y}\} .$$

Fixiert man nun aber $\bar{\alpha}_k$, so zieht das nach sich, daß $\bar{\alpha}_j$ für $j < k$ fixiert wird, weil die entsprechenden $N_j(\bar{\alpha}_j)$ die Menge $N_k(\bar{\alpha}_k)$ enthalten müssen. Daher werden für vorgegebene Strategien auch alle $\bar{x}_i$ fixiert. Daraus ergibt sich nach Definition von $\tilde{x}^0_k$

$$\min_{\bar{y} \in N_k(\bar{\alpha}_k)} \bar{F}(\bar{x}_1, \ldots, \bar{x}_{k-1}, \bar{x}_k, \bar{y}) \leqq \min_{\bar{y} \in N_k(\bar{\alpha}_k)} \bar{F}[\bar{x}_1, \ldots, \bar{x}_{k-1}, \bar{x}^0_k(\bar{x}_1, \ldots, \bar{x}_{k-1}, \alpha_k), \bar{y}]$$
$$= \bar{F}_k(\bar{x}_1, \ldots, \bar{x}_{k-1}, \bar{\alpha}_k)$$

und

$$\min_{\bar{y} \in N} F\,\{\bar{x}_i[\bar{\alpha}_i, \bar{x}_j \mid j < i]\,\bar{y}\} \leqq \min_{\bar{\alpha}_k} \bar{F}_k\{\bar{x}_i(\bar{\alpha}_i, \bar{x}_j \mid j < i), \bar{\alpha}_k\}$$
$$= \min_{\bar{\alpha}_{k-1}} \min_{\bar{\alpha}_k \in \{\bar{\alpha}_k\}_{\bar{\alpha}_{k-1}}} \bar{F}_k\{\bar{x}_1(\bar{\alpha}_1) \cdots x_{k-1}(\bar{\alpha}_{k-1}, x_j \mid j < k-1), \bar{\alpha}_k\} .$$

Wenn wir diese Überlegungen $k$ mal wiederholen, gelangen wir schließlich zu

$$\min_{\bar{y} \in N} \bar{F}\{\bar{x}_i(\bar{\alpha}_1, \bar{x}_j \mid j < i); \bar{y}\} \leqq \min_{\bar{\alpha}_1} \bar{F}_1(\bar{\alpha}_1) = \bar{F}^{\alpha}_0 .$$

Da dies für eine beliebige Strategie (182) richtig ist, ist die Optimalität der Strategie $\tilde{x}^0$ im Sinne von (162) für $M = M_\alpha$ bewiesen.

Es muß bemerkt werden, daß die in der Art der dynamischen Optimierung durchgeführte Rekursion gestattet, auch eine entsprechende Behandlung der Aufgabe des Operationsforschers hinsichtlich des Verständnisses optimaler garantierender Strategien und hinsichtlich der Suche nach solchen aufzunehmen. Insbesondere wird die Aufgabe des Operationsforschers gleichsam in jedem $k$-ten Schritt des Verfahrens in zwei Aufgaben zerlegt.

1. Der Forscher muß ein Effektivitätskriterium bestimmen (im $s$-ten Schritt nach dem Prozeßbeginn), das die Funktion $\overline{F}_{s+1}(\bar{x}_1, \ldots, \bar{x}_s, \bar{\alpha}_{s+1})$ darstellt. Das bedeutet mit anderen Worten, daß sich das Operationsziel (Effektivitätskriterium) mit der Zeit (dem Index) ändert und der Operationsforscher diese Dynamik klären muß.

2. In jedem $s$-ten Schritt muß der Operationsforscher einen Algorithmus für das Aufsuchen eines das Optimale garantierenden Vektors angeben, für beliebige fixierte $\bar{x}_1, \ldots, \bar{x}_{s-1}$ und bekannte $\{\bar{\alpha}_{s+1}\}_{\bar{\alpha}_s}$ sowie $\bar{\alpha}_s$. Somit handelt es sich hier um einen Lösungsalgorithmus für eine Einschrittspielsituation in reinen Strategien.

Wenn man derart vorgeht, kann besonders die Frage danach gestellt werden, ob es möglich ist, vereinfachte approximative $\overline{F}_{s+1}$ anzugeben, weil die operierende Seite insgesamt das Kriterium und das heißt auch seine Dynamik hinreichend beliebig auswählt.

Wir wollen einen Sonderfall für die beschriebene Dynamik betrachten, indem wir voraussetzen, daß in dem Moment, in dem eine Entscheidung über $\bar{x}_i$ getroffen wird, die Vektoren $\bar{y}_j$ für $j < i$ genau bekannt sind, wobei der Vektor $\bar{y}$ aus den $\bar{y}_j (j \leqq k)$ gebildet wird, genauso wie $\bar{x}$ aus den $\bar{x}_i$.

Sei die Menge $N$ der Vektoren $\bar{y}$ kartesisches Produkt der Mengen $N_j$ der Vektoren $\bar{y}_j$:

$$N = N_1 \times N_2 \times \cdots \times N_k .$$

Dann ist in dem Augenblick, in dem $\bar{x}_1$ bestimmt wird, außer $\bar{y} \in N$ überhaupt nichts über $\bar{y}$ bekannt. Daher gilt $N_1(\bar{\alpha}_1) = N$, $\bar{\alpha}_1 = \text{const} = 0$.

Wenn über $\bar{x}_2$ entschieden wird, ist $\bar{y}_1$ bereits bekannt. Die Menge $N_2(\bar{\alpha}_2)$ stellt sich als Menge $N(\bar{y}_1)$ der möglichen Vektoren $\bar{y}$ mit fixiertem Koordinatenanteil $\bar{y}_1$ dar; $\bar{\alpha}_2 = \bar{y}_1$. Analog ist $N_i(\bar{\alpha}_j)$ die $N(\bar{x}_1, \ldots, \bar{x}_{j-1})$-Menge der Vektoren $\bar{y}$ mit fixierten $\bar{y}_1, \ldots, \bar{y}_{j-1}$. Die Menge $\{\bar{\alpha}_i\}_{\bar{\alpha}_{i-1}}$ ist offenbar nichts anderes als $N_{i-1}$.

Die Strategie der operierenden Seite erlangt die Gestalt

$$\tilde{x} = \{\bar{x}_i(\bar{x}_j, \bar{y}_j;\ j < i);\ i \leqq k\} \tag{184}$$

und ist darauf zugeschnitten, daß in dem Moment, in dem eine Entscheidung über $\bar{x}_i$ getroffen wird, genaue Information über $\bar{y}_{i-1}$ eintritt. In diesem Fall gewinnt das beste garantierte Resultat $\overline{F}_0^{\alpha}$ nach (183)—(184) die Gestalt

$$\max_{\tilde{x}} \min_{\bar{y} \in N} \overline{F}(\tilde{x}, \bar{y}) = \max_{\bar{x}_1 \in M_1} \min_{\bar{y}_1 \in N_1} \cdots \max_{\bar{x}_k \in M_k} \min_{\bar{y}_k \in N_k} F(\bar{x}_1, \ldots, \bar{x}_k, \bar{y}_1, \ldots, \bar{y}_k) . \tag{184'}$$

Hier wird unter $M_i$ die Menge der Werte der Vektoren $\bar{x}_i$ verstanden, so daß $M_0 = M_1 \times M_2 \times \cdots \times M_k$ gilt.

Das oben angemerkte dynamische Verfahren zur Gewinnung einer optimalen Strategie verwandelt sich im vorliegenden Fall in eine exakte oder angenäherte Bestimmung der Kriterien

$$\overline{F}_s^*(\bar{x}_1, \ldots, \bar{x}_s, \bar{y}_1, \ldots, \bar{y}_{s-1}) = \min_{\bar{y}_s} \max_{\bar{x}_{s+1}} \cdots \max_{\bar{x}_k} \min_{\bar{y}_k} \overline{F}(\bar{x}_1, \ldots, \bar{x}_k, \bar{y}_1, \ldots, \bar{y}_k)$$

und dazu, daß ein Algorithmus anzugeben ist, um den

$$\max_{\bar{x}_s} \overline{F}_s^*(\bar{x}_1, \ldots, \bar{x}_s, \bar{y}_1, \ldots, \bar{y}_{s-1})$$

realisierenden Vektor $\bar{x}_s^0$ zu bestimmen.

Wenn sich die operierende Seite dieses Materials bedient, wird sie den konkreten Wert $\bar{x}_s^0$ unmittelbar dadurch bestimmen, daß sie Informationen über $\bar{y}_1, \ldots, \bar{y}_{s-1}$ gewinnt.

Es ist selbstverständlich, daß eine Situation mit Informiertheit der Seiten bei Mehrschrittverfahren die Situationen (184) und sogar auch (182) und die Ergebnisse von Typ (184') oder (183'') beiweitem nicht erschöpft.

Sogar in dem die allgemeine Gestalt von Schema (184) aufweisenden Schema kann ein Vektor $\bar{x}_{k+1}$ existieren, der dem Gegner bewußt nicht bekannt wird, wie auch $\bar{y}_k$ der operierenden Seite unbekannt sein kann. Dann tritt eine Situation auf, die dazu geeignet ist, bezüglich $\bar{x}_{k+1}$ gemischte Strategien anzuwenden. Das ändert jedoch die Beschreibung (184) für das beste garantierte Resultat nicht sehr. Man muß nur einen neuen Strategienbegriff einführen, der, indem er $\varphi(\bar{x}_{k+1})$ anstelle von $\bar{x}_{k+1}$ enthält und indem man statt $\overline{F}(\tilde{x}, \tilde{y})$ die entsprechende über $\varphi(\bar{x}_{k+1})$ gemittelte Auszahlung einführt, wie folgt aussieht:

$$\overline{\overline{F}}(\bar{x}_1, \ldots, \bar{x}_k, \varphi(\bar{x}_{k+1}), \bar{y}_1, \ldots, \bar{y}_k) = \int \overline{F}(\bar{x}_1, \ldots, \bar{x}_k, \bar{x}_{k+1}, \bar{y}_1, \ldots, \bar{y}_k) \, d\varphi(\bar{x}_{k+1}) \,. \tag{185}$$

Sogar dieses komplizierte Mehrschrittverfahren ist jedoch, wie wir bereits wissen, nur ein Spezialfall der allgemeinen Fragestellung nach einer Effektivitätsabschätzung für Strategien und für die Wahl der besten davon, wie sie in (67), (163) und (163') für die spezielle Form von Strategien gegeben wurde, wo auf diese oder jene Information der operierenden Seite über die unbestimmten Faktoren gerechnet wird.

Etwas ungünstiger ist die Lage bezüglich einer stufenweisen Präzisierung der Informationen über die Zufallsfaktoren. Hier muß man offenbar die Grenzen der Theorie für antagonistischen Spiele und der Schätzungen (67) überschreiten. Teils deshalb werden wir diese Frage nicht untersuchen.

Aus all dem in diesem Teil Gesagten wird sichtbar, daß kein eindeutiger Begriff für eine optimale Auswahl und ein optimales garantiertes Resultat existiert. Alles hängt vom Informiertheitsgrad der operierenden Seite über die unbestimmten Faktoren ab, den man erwarten kann oder den man dem Operationsforscher vorgibt.

Gibt man jedoch die Informiertheit vor, so muß man unbedingt deren Einfluß auf das Ergebnis der Operation und die Strategienwahl untersuchen. Eine derartige Untersuchung ist in einem gewissen vollständigen Umfang praktisch unmöglich, wenn die Vektoren $\bar{x}$ und $\bar{y}$ höhere Dimension aufweisen. Schon bei eindimensionalen Vektoren gibt es drei Möglichkeiten, die sich durch $\max_x \min_y \overline{F}(x, y)$, $\min_y \max_x \overline{F}(x, y)$ und das Maximin ausdrücken, wenn gemischte Strategien verwendet werden. Im mehrdimensionalen Fall jedoch sind die Varianten für mögliche gegenseitige Informiertheit, wie aus (184) ersichtlich, nicht kleiner als die Möglichkeiten, die Vektoren $\bar{x}$ und $\bar{y}$ in Systeme von Vektoren $\bar{x}_i$ und $\bar{y}_i$ zu zerlegen. Daher muß man die Anzahl der zu untersuchenden Varianten unbedingt einschränken, indem man beliebige, vielleicht auch intuitive Beweggründe dafür findet.

Allerdings ist es in allen Fällen nötig, $\overline{F}_g^0$, $\overline{F}_m$ und $\overline{F}_i$ sowie die entsprechenden optimalen Strategien wie auch die grundlegenden einfachsten Varianten zu bestimmen, die eine allgemeine Darstellung über den Wert der Information in der vorgegebenen Operation angeben. Die Bestimmung von $Z_G$ und $Z_0$ ermöglicht es, die Richtung der weiteren Untersuchungen anzugeben und, falls ein Sattelpunkt vorliegt, auch, sie überhaupt zu beenden.

Man darf auch nicht vergessen, daß bei einer beliebigen Zerlegung von $\bar{x}$ und $\bar{y}$ in $\bar{x}_i$ und $\bar{y}_i$ das Ergebnis (184') stets zwischen $\overline{F}_g^0$ und $\overline{F}_i$ liegt. Das folgt aus dem gesamten Material dieses Abschnitts oder kann erhalten werden, wenn man (160) mehrfach wiederholt und sich erinnert, daß

$$\overline{F}_g^0 = \max_{\bar{x}\in M_0} \min_{\bar{y}\in N} F(\bar{x}, \bar{y}) = \max_{\bar{x}_1\in M_1} \cdots \max_{\bar{x}_k\in M_k} \min_{\bar{y}_1\in N_1} \cdots \min_{\bar{y}_k\in N_k} \overline{F}(\bar{x}_1, \ldots, \bar{y}_k)\,,$$

$$\overline{F}_i = \min_{\bar{y}_1\in N_1} \cdots \min_{\bar{y}_k\in N_k} \max_{\bar{x}_1\in M_1} \cdots \max_{\bar{x}_k\in M_k} \overline{F}(\bar{x}_1, \ldots, \mathrm{x}_k, \bar{y}_1, \ldots, \bar{y}_k)$$

gilt, sowie wenn man damit beginnt, daß man 'max' und 'min' nacheinander miteinander vertauscht.

Es ist auch nützlich, $\overline{F}_g^0$ und $\overline{F}_i$ entsprechend mit dem absoluten Minimum $\overline{F}_m = \min_{\bar{x},\bar{y}} \overline{F}(\bar{x}, \bar{y})$ und Maximum $\overline{F}_M = \max_{\bar{x},\bar{y}} \overline{F}(\bar{x}, \bar{y})$ für die Effektivitätskriterien zu vergleichen. Zeigt es sich dann, daß $\overline{F}_g^0$ nahe an $\overline{F}_m$ liegt, so ergibt eine maximale Strategie aus $M_0$ im Vergleich mit einer anderen praktisch nichts. Also muß man, um zum Erfolg zu kommen, unbedingt um Information ringen oder die Menge $M_0$ der möglichen Strategien erweitern. Legt dagegen umgekehrt $\overline{F}_i$ nahe an $\overline{F}_M$, so kann man von einem vernünftigen Gegner (falls so einer vorhanden ist) analoge Maßnahmen erwarten, um die Situation zu ändern. Liegt aber $\overline{F}_g^0$ nahe an $\overline{F}_M$, so bedeutet das, daß die unbestimmten Faktoren in der Operation nicht wesentlich sind und man sie weiter nicht zu variieren braucht.

Gibt es bei der zu betrachtenden Operation keinen vernünftigen Gegner, aber unbestimmte Faktoren, so haben wir ein sogenanntes Spiel gegen die Natur vor uns. Vom hier entwickelten Standpunkt aus besteht der Unterschied bei dieser Situation darin, daß die Natur keine Informationen über die Strategienwahl der operierenden Seite haben kann. Deshalb ist das Maximin hier ein wenig wie Rückversicherung, und es ist im allgemeinen zweckmäßig, gemischte Strategien anzuwenden und danach zu streben, Informationen über den „Ablauf" der Natur zu gewinnen. Als grundlegendes optimales garantiertes Ergebnis nimmt man hier gewöhnlich das beste garantierte Resultat bei der Wahl gemischter Strategien an. Ist es hingegen sinnlos, gemischte Strategien anzuwenden, so wird man erneut zum Maximin in reinen Strategien zurückkehren und den Preis für Informationen über die Natur davon abrechnen.

Zum Schluß dieses Abschnitts wollen wir uns der Möglichkeit zuwenden, daß in der Operationsforschung „inkorrekte" Aufgaben auftreten.

Zunächst werden sämtliche Probleme ohne Sattelpunkt oft als „inkorrekt" angesehen, weil sie keine bezüglich einer Variation der Informiertheit stabilen optimalen Strategien definieren. Wendet man allerdings sukzessive garantierte Abschätzungen an, so gestattet die Wahl gemischter Strategien und ein Fixieren einer bestimmten Informiertheitsvariante, alle auftretenden prinzipiellen Schwierigkeiten zu vermeiden und den stabilen Begriff einer optimalen garantierenden Strategie anzugeben. Also haben wir hier nur eine scheinbare Inkorrektheit, was mit einem nicht hinreichend klaren Optimalitätsbegriff zusammenhängt.

Man kann aber auch Modelle mit vollständig instabilen Lösungen formulieren. Wir werden ein ganz einfaches Beispiel angeben. Es seien zwei Konkurrenten vorhanden, die ein und dasselbe Fabrikat aus demselben Material herstellen. Der erste, der über die Gesamtheit $x$ an Material verfügt, fertige insgesamt $k_1 x$ Fabrikate, während der zweite, der über $y$ an Material verfügt, $k_2 y$ fabriziert. Der erste möge danach streben, den zweiten maximal zu überbieten, d. h. das Effektivitätskriterium $k_1 x - k_2 y$ zu maximieren. Der zweite strebe das Gegenteil an. Diesem einfachsten antagonistischen Spiel liege der Zusammenhang $x + y \leqq c$ zugrunde, der zeigt, daß der gesamte Materialvorrat beschränkt ist.

Es ist klar, daß dieses Problem keinerlei Kompromiß oder garantierende Lösung besitzt. Es wird alles damit gelöst, wer von den Konkurrenten den ersten „Zug" macht und das gesamte Material an sich reißt, d. h. ob $x = c$ oder $y = c$ wird. Im ersten Fall endet die Operation mit $k_1 c$, im zweiten mit $k_2 c$. Hier sind keinerlei gemischte Strategien möglich und keinerlei Information ergibt irgendetwas. Es ist nur nötig, daß man dem Gegner irgendwie zuvorkommt.

Es ist unschwer zu ersehen, daß derartige „inkorrekte" antagonistische Modelle eine hinreichend direkte Beziehung zu gewissen praktischen Situationen haben. Vernünftige Organisatoren von „Spielen" müssen derartige Situationen vermeiden. Bei Spielen gegen die Natur sind solche Situationen offensichtlich unmöglich.

Die Ursache dafür, daß „inkorrekte" Modelle auftreten, ist offenbar der Zusammenhang zwischen dem „Strategienvorrat" $M_0$ der operierenden Seite und der gegnerischen Strategie $\bar{y}$. So ist im angegebenen Beispiel, falls der Gegner den ersten „Zug" macht, $M_0$ die Strecke $[0; c - y]$, und wenn der erste „Zug" von der operierenden Seite gemacht wird, ist $N = [0, c - x]$.

In komplizierteren Fällen braucht der Zusammenhang zwischen $M_0$ und $\bar{y}$ natürlich nicht dergestalt zu sein, daß irgendeine Wahl von $\bar{y}$ die Menge $M_0$ zu Null macht. Allein in allen Fällen verkompliziert dieser Zusammenhang eine korrekte Aufgabenstellung[1]). Also muß man in der Operationsforschung und, wie man sieht auch im Leben, antagonistische Situationen vermeiden, in denen die Mengen $M_0$ und $N$ der möglichen Strategien stark miteinander zusammenhängen.

Eine zweite Art von Unbestimmtheit beim Problem kann im „entgegengesetzten" Fall eintreten, wenn beide Gegner einander das Recht auf den ersten „Zug" abtreten, indem sie darauf rechnen, eine Information über diesen „Zug" zu erhalten und ausnutzen, damit sie das Ergebnis der Operation zu ihren Gunsten verbessern können.

Insbesondere erhält man so, wenn beide Gegner als Strategien Funktionen $\bar{x}(\bar{y})$ bzw. $\bar{y}(\bar{x})$ wählen, ein Verhalten des anderen Spielers, das in keiner Koordinate auf eine Konstante führt. Dann sind die Werte $\bar{x}$ bzw. $\bar{y}$ überhaupt nicht bestimmt, und das heißt, auch die Größen für die Effektivitätskriterien sind unbestimmt, und das heißt, das Ergebnis der Operation ist es auch. In allen oben betrachteten Fällen dieser Variante wurde darum nicht vorausgesetzt, daß einer der Gegner das Spiel beginnt, d. h. $\bar{x}$ bzw. $\bar{y}$ oder mindestens irgendeinen Teil dieser Vektoren (beispielsweise $\bar{x}_1$ in (184)) dominiert. Weiter oben in (163) haben wir stets festgelegt, daß $\bar{y} \in N$ konkretisiert wird.

Der dargestellte Zugang setzt immer voraus, daß der Anfang (etwa in Gestalt einer Funktionsauswahl) auf der operierenden Seite liegt, weil sie auch die Operation ausführen möchte. Danach macht der Gegner im Modell bestimmt einen „Zug", der zu einem bestimmten Operationsergebnis führt.

Ein die Praxis richtig widerspiegelndes Modell muß eine Abschätzung aller Situationen geben, die man für möglich hält, und ihnen einen entsprechenden Wert des Effektivitätskriteriums zuordnen. Situationen, denen kein Wert des Kriteriums entspricht, liegen außerhalb der Aktionsgrenzen des gegebenen Modells. Will man sie möglich machen, muß man es ändern.

So geht wie gesagt jedes Modell für militärische Aktionen davon aus, daß irgendjemand beginnt. In so einem Modell wird nicht abgeschätzt, welchen Sinn der Beginn einer militärischen Aktion hat. Um auch das Fehlen militärischer Aktionen zu betrachten, d. h. den Frieden fortzusetzen, muß man ein Modell mit einem Kriterium herausbringen, das den Nutzen für die operierende Seite abschätzt, vom Beginn militärischer Aktionen abzusehen (natürlich wenn der Gegner sie nicht beginnt) oder sie fortzusetzen.

Also muß man in der Operationsforschung möglichst Zusammenhänge zwischen $M_0$ und $\bar{y}$ vermeiden und keine gegnerischen Strategienmengen betrachten, in denen Paare auftreten, die sichern, daß die Operation ausgeführt wird, d. h. daß ihre Ergebnisse, die Größen für das Effektivitätskriterium, definiert werden. Führt man im Leben sukzessive vorsichtige Effektivitätsschätzungen

[1]) Man kann leicht zeigen, daß Situationen vom angegebenen Typus auf den Fall unabhängiger $M_0$ und $N$ zurückgeführt werden können, aber dabei wird es interessant, Kriterien aufzustellen, die auch unendliche Werte annehmen.

durch, die dem Gegner gestatten, jedes konkretisierbare Resultat einer Strategie zu wählen, so gelingt es offenbar, Situationen vom zweiten Typus zu vermeiden.

## § 16. Sattelpunkte

Der folgende Satz enthält eine Erklärung des Begriffes „Funktion mit Sattelpunkt" für eine Funktion $\overline{F}(\bar{x}, \bar{y})$, die die Bedingung

$$\max_{\bar{x}} \min_{\bar{y}} \overline{F}(\bar{x}, \bar{y}) = \min_{\bar{y}} \max_{\bar{x}} \overline{F}(\bar{x}, \bar{y})$$

erfüllt.

**Satz XVIII.** *Für* $\overline{F}_{\mathrm{g}}^{0} = \max_{\bar{x}} \inf_{\bar{y}} \overline{F}(\bar{x}, \bar{y}) = \min_{\bar{y}} \sup_{\bar{x}} \overline{F}(\bar{x}, \bar{y}) = \overline{F}_{\mathrm{l}}$ *ist notwendig und hinreichend, daß Punktepaare* $\bar{x}_{\mathrm{s}}$ *und* $\bar{y}_{\mathrm{s}}$ *existieren, für die*

$$\min_{\bar{y} \in N} \overline{F}(\bar{x}_{\mathrm{s}}, \bar{y}) = \overline{F}(\bar{x}_{\mathrm{s}}, \bar{y}_{\mathrm{s}}) = \max_{\bar{x} \in M_0} \overline{F}(\bar{x}, y_{\mathrm{s}}) \tag{186}$$

*gilt. Dabei ist* $\overline{F}(\bar{x}_{\mathrm{s}}, \bar{y}_{\mathrm{s}}) = \overline{F}_{\mathrm{g}}^{0} = \overline{F}_{\mathrm{l}}$, *und* $\bar{x}_{\mathrm{s}}$ *bzw.* $\bar{y}_{\mathrm{s}}$ *sind die beste garantierende Strategie der Seiten, d. h. sie realisieren Maximin und Minimax.*[1])

Beweis. *Hinlänglichkeit.* Es existiere $(\bar{x}_{\mathrm{s}}, \bar{y}_{\mathrm{s}})$, das (186) erfüllt. Wir haben stets

$$\inf_{\bar{y} \in N} \overline{F}(\bar{x}, \bar{y}) \leqq \overline{F}(\bar{x}, \bar{y}_{\mathrm{s}}) ,$$

und daher

$$\sup_{\bar{x} \in M_0} \inf_{\bar{y} \in N} \overline{F}(\bar{x}, \bar{y}) \leqq \max_{\bar{x} \in M_0} \overline{F}(\bar{x}, \bar{y}_{\mathrm{s}}) = \overline{F}(\bar{x}_{\mathrm{s}}, \bar{y}_{\mathrm{s}}) .$$

Aber es gilt

$$\min_{\bar{y} \in N} \overline{F}(\bar{x}_{\mathrm{s}}, \bar{y}) = \overline{F}(\bar{x}_{\mathrm{s}}, \bar{y}_{\mathrm{s}})$$

und daher

$$\sup_{\bar{x} \in M_0} \inf_{\bar{y} \in N} \overline{F}(\bar{x}, \bar{y}) = \max_{\bar{x} \in M_0} \inf_{\bar{y} \in N} \overline{F}(\bar{x}, \bar{y}) = \overline{F}(\bar{x}_{\mathrm{s}}, \bar{y}_{\mathrm{s}}) . \tag{187}$$

Ferner ist

$$\sup_{\bar{x} \in M_0} \overline{F}(\bar{x}, \bar{y}) \geqq \overline{F}(\bar{x}_{\mathrm{s}}, \bar{y}) ,$$

$$\inf_{\bar{y} \in N} \sup_{\bar{x} \in M} \overline{F}(\bar{x}, \bar{y}) \geqq \min_{\bar{y} \in N} \overline{F}(\bar{x}_{\mathrm{s}}, \bar{y}) = \overline{F}(\bar{x}_{\mathrm{s}}, \bar{y}_{\mathrm{s}}) .$$

Aber es gilt

$$\sup_{\bar{x} \in M_0} \overline{F}(\bar{x}, \bar{y}_{\mathrm{s}}) = \max_{\bar{x} \in M_0} \overline{F}(\bar{x}, \bar{y}_{\mathrm{s}}) = \overline{F}(\bar{x}_{\mathrm{s}}, \bar{y}_{\mathrm{s}}) ,$$

---

[1]) $\bar{y}_{\mathrm{s}}$ wird als diejenige Strategie definiert, die das Maximin für $-\overline{F}(\bar{x}, \bar{y})$ realisiert, d. h. das Minimax für $\overline{F}(\bar{x}, \bar{y})$. Somit ist $\sup_{\bar{x}} \overline{F}(\bar{x}, \bar{y}_{\mathrm{s}}) = \min_{\bar{y}} \sup_{\bar{x}} \overline{F}(\bar{x}, \bar{y}) = \overline{F}_{\mathrm{l}}$. Wir wollen bemerken, daß dieser Satz in der hier formulierten Gestalt von N. N. Worobjow bewiesen wurde.

und hieraus folgt

$$\inf_{\bar{y}\in N} \sup_{\bar{x}\in M_0} \bar{F}(\bar{x}, \bar{y}) = \min_{\bar{y}\in N_0} \sup_{\bar{x}\in M_0} \bar{F}(\bar{x}, \bar{y}) = \bar{F}(\bar{x}_s, \bar{y}_s) . \tag{188}$$

Vergleicht man (187) und (188), so folgt, daß die Behauptung gilt.

*Notwendigkeit.* Sei $\bar{x}_g$ eine Strategie, für die

$$\inf_{\bar{y}\in N} \bar{F}(\bar{x}_g, \bar{y}) = \max_{\bar{x}\in M_0} \inf_{\bar{y}\in N} \bar{F}(\bar{x}, \bar{y}) = \bar{F}_g^0$$

gilt und $\bar{y}_g$ eine gegnerische Strategie, für die

$$\sup_{\bar{x}\in M_0} \bar{F}(\bar{x}, \bar{y}_g) = \min_{\bar{y}\in N} \sup_{\bar{x}\in M_0} \bar{F}(\bar{x}, \bar{y}) = \bar{F}_1$$

gilt, dann haben wir

$$\bar{F}_1 = \sup_{\bar{x}\in M_0} \bar{F}(\bar{x}, \bar{y}_g) \geqq \bar{F}(\bar{x}_g, \bar{y}_g) \geqq \inf_{\bar{y}\in N} \bar{F}(\bar{x}_g, \bar{y}) = \bar{F}_g^0 .$$

Aber nach der Bedingung $\bar{F}_1 = \bar{F}_g^0$ gilt folglich auch

$$\bar{F}(\bar{x}_g, \bar{y}_g) = \sup_{\bar{x}\in M_0} \bar{F}(\bar{x}, \bar{y}_g) = \inf_{\bar{y}\in N} \bar{F}(\bar{x}_g, \bar{y}) .$$

Das bedeutet jedoch, daß Supremum und Infimum im Punkte $(\bar{x}_g, \bar{y}_g)$ angenommen werden, d. h., man kann 'sup' und 'inf' durch 'max' und 'min' ersetzen, wonach vollständig bewiesen ist, daß (186) für $\bar{x}_s = \bar{x}_g$ und $\bar{y}_s = \bar{y}_g$ erfüllt ist.

Sind $\bar{x}$ und $\bar{y}$ Skalare, d. h. ist $\bar{F}(\bar{x}, \bar{y})$ eine Funktion zweier Variabler, so hat sie im Punkt $(x_s, y_s)$ wegen (186) die Gestalt eines Sattels, indem sie von $(x_s, x_s)$ nach beiden Seiten bezüglich der $y$-Achse wächst und bezüglich der $x$-Achse fällt (falls natürlich $(x_s, y_s)$ ein innerer Punkt ist).

Gilt nun die Gleichung

$$\sup_{\bar{x}\in M} \inf_{\bar{y}\in N} \bar{F}(\bar{x}, \bar{y}) = \inf_{\bar{y}\in N} \sup_{\bar{x}\in M} \bar{F}(\bar{x}, \bar{y}) = K \neq \infty ,$$

d. h., werden Supremum und Infimum nicht angenommen, so existiert kein Sattelpunkt auf $M \times N$, jedoch existiert offenbar ein derartiger Punkt auf den zugehörigen Ergänzungen zu $M, N$ und $\bar{F}(\bar{x}, \bar{y})$ (eventuell unter Einschluß unendlich ferner Punkte). Es genügt, für ein fiktives Punktepaar $(\bar{x}_\infty, \bar{y}_\infty)$

$$\bar{F}(\bar{x}_\infty, \bar{y}_\infty) = \bar{F}(\bar{x}_\infty, \bar{y}) = \bar{F}(\bar{x}, \bar{y}_\infty) = K$$

zu setzen. Insbesondere deshalb hatten wir früher den Terminus Funktion mit (verallgemeinertem) Sattelpunkt für diesen allgemeinen Fall beibehalten.

Im Rahmen des vorliegenden Abschnitts wird von Sattelpunkten gesprochen, die zu $M_0 \times N$ gehören. Es ist leicht zu bestätigen, daß Satz XVIII richtig ist, falls $\bar{x}$ und $\bar{y}$ Punkte eines beliebigen Raumes sind.

Eine fast offensichtliche hinreichende Existenzbedingung für einen Sattelpunkt ist der folgende

**Satz XIX.** *Ist $\bar{F}(\bar{x}, \bar{y})$ auf der abgeschlossenen und beschränkten (im allgemeinen kompakten) Menge $M_0 \times N$ stetig und ändert für beliebige $\bar{x}_1$ und $\bar{x}_2$ aus $M_0$ die*

*Differenz* $\overline{F}(\bar{x}_1, \bar{y}) - \overline{F}(\bar{x}_2, \bar{y})$ *ihr Vorzeichen nicht, wenn* $\bar{y}$ *die Menge* $N$ *durchläuft (oder wenn* $\overline{F}(\bar{x}, \bar{y}_1) - \overline{F}(\bar{x}, \bar{y}_2)$ *für beliebige* $\bar{y}_1, \bar{y}_2$ *aus* $N$ *das Vorzeichen nicht ändert, falls* $\bar{x}$ *die Menge* $M_0$ *durchläuft), so hat* $\overline{F}(\bar{x}, \bar{y})$ *auf* $M_0 \times N$ *einen Sattelpunkt. Dabei ist im ersten Fall* $\bar{x}$ *und im zweiten* $\bar{y}$ *absolut optimal.*

Beweis. Wir fixieren einen Punkt $\bar{y}_0$, und $\bar{x}_s$ sei ein Punkt, in dem $\max\limits_{\bar{x}\in M_0} \overline{F}(\bar{x}, \bar{y}_0)$ angenommen wird. Dann ist $\overline{F}(\bar{x}_s, \bar{y}) - \overline{F}(\bar{x}, \bar{y}) \geqq 0$, weil das Vorzeichen für beliebige $\bar{y}$ und beliebige $\bar{x}$ erhalten bleibt. Daher haben wir $\overline{F}(\bar{x}_s, \bar{y}) = \max\limits_{\bar{x}\in M_0} \overline{F}(\bar{x}, \bar{y})$ für alle $\bar{y}$. Also ist $\bar{x}_s$ absolut optimal.

Sei nun $\bar{y}_s$ so gewählt, daß $\overline{F}(\bar{x}_s, \bar{y}_s) = \min\limits_{\bar{y}\in N} \overline{F}(x_s, \bar{y})$ gilt. Das Paar $(\bar{x}_s, \bar{y}_s)$ ist dann auch der gesuchte Sattelpunkt, d. h. er erfüllt (186). Nach Konstruktion gilt nämlich

$$\overline{F}(x_s, y_s) = \min_{\bar{y}\in N} \overline{F}(\bar{x}_s, \bar{y}) \qquad \text{und} \qquad \overline{F}(\bar{x}_s, \bar{y}_s) = \max_{\bar{x}\in M_0} \overline{F}(\bar{x}, \bar{y}_s)\,,$$

weil diese Gleichung für beliebige $\bar{y}$ stimmt. Im zweiten Fall wird zunächst ein $\bar{y}_s$ gefunden, so daß $\overline{F}(\bar{x}, \bar{y}_s) = \min\limits_{\bar{y}\in N} \overline{F}(\bar{x}, \bar{y})$ für $\bar{x} \in M_0$ gilt.

Folgerungen.

1. Ist $\overline{F}(\bar{x}, \bar{y}) = \varphi(\bar{x}) + f(\bar{y})$, so gibt es für stetige $\varphi$ bzw. $f$ auf kompakten $M_0$ bzw. $N$ stets einen Sattelpunkt, und es existieren absolut optimale $\bar{x}_s$ bzw. $\bar{y}_s$.

Analog sieht es auch mit $\overline{F}(\bar{x}, \bar{y}) = \varphi(\bar{x})\, f(\bar{y})$ aus, wenn mindestens eine der Funktionen $\varphi(\bar{x})$ und $f(\bar{y})$ auf ihrem Definitionsbereich das Vorzeichen nicht ändert. Ist dann etwa $f(\bar{y}) \geqq 0$, so gilt

$$\overline{F}(\bar{x}_1, \bar{y}) - \overline{F}(\bar{x}_2, \bar{y}) = [\varphi(\bar{x}_1) - \varphi(\bar{x}_2)]\, f(\bar{y})\,,$$

und das Vorzeichen ändert sich nicht, wenn man $\bar{y}$ ändert. In diesem Fall existiert ein absolut optimales $\bar{x}_s$.

Man kann die Bedingung, daß das Vorzeichen konstant ist, auch für $\varphi(\bar{x})$ bzw. $f(\bar{y})$ aufheben. Ändern nämlich sowohl $\varphi(\bar{x})$ als auch $f(\bar{y})$ das Vorzeichen und seien $\bar{x}_s$ und $\bar{y}_s$ Punkte, in denen $\varphi(\bar{x}_s) = 0 = f(\bar{y}_s)$ gilt, so ist das Paar $(\bar{x}_s, \bar{y}_s)$ ein Sattelpunkt, weil

$$\overline{F}(\bar{x}_s, \bar{y}) = \overline{F}(\bar{x}, \bar{y}_s) = \overline{F}(\bar{x}_s, \bar{y}_s) = 0$$

für beliebige $\bar{x}$ und $\bar{y}$ gilt, was auch die Bedingung (186) sichert. Allerdings sind in diesem Fall keine absolut optimalen Strategien vorhanden.

2. Ist $\bar{x} = x$ ein Skalar, $M_0 = [a, b]$ und hat $\overline{F}(x, \bar{y})$ die Ableitung $\overline{F}'_x(x, \bar{y})$ auf $M_0 \times N$, wobei diese für alle $x$ und $\bar{y}$ das Vorzeichen nicht ändert, dann besitzt $\overline{F}(x, \bar{y})$ einen Sattelpunkt, weil $\overline{F}(x_1, \bar{y}) - \overline{F}(x_2, \bar{y}) = (x_1 - x_2)\, \overline{F}'_x(x', \bar{y})$ gilt und folglich das Vorzeichen für beliebige $\bar{y}$ nicht ändert, wenn $x_1$ und $x_2$ beliebig fest vorgegeben sind.

Als Beispiel für einen derartigen Fall kann

$$F(x, y_1, \ldots, y_k) = \sum_{i=1}^{k} (x - y_i)^{2n_i+1}$$

dienen, wobei $n_i$ ganze Zahlen sind.

Wesentlich interessanter ist eine hinreichende Existenzbedingung für einen Sattelpunkt, die mit dem Begriff der konvexen Funktion zusammenhängt.

**Satz XX.** *Sind die beschränkten Mengen $M_0$ und $N$ konvex und abgeschlossen und ist $\overline{F}(\bar{x}, \bar{y})$ stetig, konkav in $\bar{x}$ für jedes $\bar{y}$ und konvex in $\bar{y}$ für jedes $\bar{x}$, so besitzt $\overline{F}(\bar{x}, \bar{y})$ einen Sattelpunkt.*

Beweis. Wir setzen zunächst voraus, daß $\overline{F}(\bar{x}, \bar{y})$ in $\bar{y}$ streng konvex und in $\bar{x}$ streng konkav ist (d. h. für $0 < \lambda < 1$ gelten strenge Ungleichungen).

Da die Auszahlung stetig und streng konvex ist, existiert ein $\bar{y}(\bar{x})$ derart, daß

$$\overline{F}[\bar{x}, \bar{y}(\bar{x})] = \min_{\bar{y}} \overline{F}(\bar{x}, \bar{y}) = m(\bar{x})$$

gilt, wobei $\bar{y}(\bar{x})$ eindeutig ist (das Minimum wird in genau einem Punkt angenommen). Gäbe es nämlich zwei Punkte $\bar{y}_1(\bar{x}) \neq \bar{y}_2(\bar{x})$, so wäre

$$\overline{F}[\bar{x}, \lambda\bar{y}_1(\bar{x}) + (1 - \lambda)\, \bar{y}_2(\bar{x})] < \lambda\overline{F}[\bar{x}, \bar{y}_1(\bar{x})] + (1 - \lambda)\, \overline{F}(\bar{x}, \bar{y}_2(\bar{x})] = m(\bar{x}) ,$$

was der Definition von $m(\bar{x})$ widerspricht.

Aus der gleichmäßigen Stetigkeit von $\overline{F}(\bar{x}, \bar{y})$ und der Eindeutigkeit von $\bar{y}(\bar{x})$ folgt die Stetigkeit von $m(\bar{x})$ und $\bar{y}(\bar{x})$. Existierte nämlich eine Folge $\bar{x}_n \to \bar{x}_0$, für die $\bar{y}(\bar{x}_n) \to \bar{y}_1 \neq \bar{y}(\bar{x}_0)$ gilt, so wäre wegen der Stetigkeit

$$\overline{F}[\bar{x}_n, \bar{y}(\bar{x}_n)] \to \overline{F}[\bar{x}_0, \bar{y}_1] .$$

Aber für beliebiges $n$ und $\bar{y} \in N$ haben wir

$$\overline{F}[\bar{x}_n, \bar{y}(\bar{x}_n)] \leqq \overline{F}[\bar{x}_n, \bar{y}] .$$

Hieraus ergibt sich im Limes für beliebiges $\bar{y}$

$$\overline{F}[\bar{x}_0, \bar{y}_1] \leqq \overline{F}[\bar{x}_0, \bar{y}] ,$$

und folglich wäre $\bar{y}_1$ neben $\bar{y}(\bar{x}_0)$ ein zweiter Minimalpunkt. Die Stetigkeit von $m(\bar{x})$ ist eine direkte Folgerung aus der Stetigkeit von $\bar{y}(\bar{x})$ und $\overline{F}(\bar{x}, \bar{y})$.

Sei $\bar{x}^*$ ein Punkt, in dem

$$m(\bar{x}^*) = \max_{\bar{x}} m(\bar{x}) = \max_{\bar{x}} \min_{\bar{y}} \overline{F}(\bar{x}, \bar{y})$$

gilt. Für ein beliebiges $\bar{x}$ aus der Strategienmenge haben wir

$$\overline{F}[(1 - t)\, \bar{x}^* + t\bar{x}, \bar{y}] > (1 - t)\, \overline{F}(\bar{x}^*, \bar{y}) + tF(\bar{x}, \bar{y}) \geqq (1 - t)\, m(\bar{x}^*) + tF(\bar{x}, \bar{y}) .$$

Wir wählen $\bar{y} = \bar{y}[(1 - t)\, \bar{x}^* + t\bar{x}] = \tilde{y}$. Dann ist

$$m[(1 - t)\, \bar{x}^* + t\bar{x}] \geqq (1 - t)\, m(\bar{x}^*) + t\overline{F}(\bar{x}, \tilde{y}) .$$

Aber im Hinblick darauf, daß $m(\bar{x}^*) \geqq m(\bar{x})$ gilt, ist

$$m(\bar{x}^*) \geqq m[(1-t)\,\bar{x}^* + t\bar{x}]$$

und daher

$$t\bar{F}(\bar{x}, \tilde{y}) \leqq tm(\bar{x}^*)\,,$$

d. h.

$$\bar{F}(\bar{x}, \tilde{y}) \leqq m(\bar{x}^*) = \bar{F}[\bar{x}^*, \bar{y}(\bar{x}^*)]\,.$$

Sei nun $t \to 0$, so daß

$$(1-t)\,\bar{x}^* + t\bar{x} \to \bar{x}^* \quad \text{und} \quad \tilde{y} \to \bar{y}(x^*)$$

gelten. Hieraus erhalten wir

$$\bar{F}[\bar{x}, \bar{y}(\bar{x}^*)] \leqq \bar{F}[\bar{x}^*, \bar{y}(\bar{x}^*)]\,.$$

Setzt man $\bar{y}(\bar{x}^*) = \bar{y}^*$, so erhalten wir nach der eben erst gewonnenen Ungleichung und nach der Definition von $\bar{y}(\bar{x})$

$$\bar{F}(\bar{x}, \bar{y}^*) \leqq \bar{F}(\bar{x}^*, \bar{y}^*) \leqq \bar{F}(\bar{x}^*, \bar{y})\,.$$

Das bedeutet aber nach Satz XVIII auch, daß ein Sattelpunkt existiert.

Es bleibt noch übrig, sich von der Forderung der strengen Konvexität und Konkavität zu befreien. Ist $\bar{F}(\bar{x}, \bar{y})$ einfach konkav in $\bar{x}$ und konvex in $\bar{y}$, so ist

$$f_\varepsilon(\bar{x}, \bar{y}) = \bar{F}(\bar{x}, \bar{y}) - \varepsilon \sum_{i=1}^{n} x_i^2 + \varepsilon \sum_{j=1}^{m} y_j^2$$

streng konkav in $\bar{x}$ und streng konvex in $\bar{y}$. Daher existieren $\bar{x}_\varepsilon$ und $\bar{x}_\varepsilon$ derart, daß

$$\bar{F}(\bar{x}, \bar{y}_\varepsilon) - \varepsilon \sum_{i=1}^{n} x_i^2 \leqq f_\varepsilon(\bar{x}, \bar{y}_\varepsilon) \leqq f_\varepsilon(\bar{x}_\varepsilon, \bar{y}_\varepsilon) \leqq f_\varepsilon(\bar{x}_\varepsilon, \bar{y}) \leqq \bar{F}(\bar{x}_\varepsilon, \bar{y}) + \varepsilon \sum_{j=1}^{m} y_j^2$$

gilt.

Wir wählen nun eine Folge $\varepsilon \to 0$ und eine Teilfolge dieser Folge, für die $\bar{x}_\varepsilon$ gegen $\bar{x}^*$ und $\bar{y}_\varepsilon$ gegen $\bar{y}^*$ konvergiert. Wegen der Stetigkeit von $\bar{F}(\bar{x}, \bar{y})$ erhalten wir im Limes

$$\bar{F}(\bar{x}, \bar{y}^*) \leqq \bar{F}(\bar{x}^*, \bar{y}^*) \leqq \bar{F}(\bar{x}^*, \bar{y})\,.$$

Damit ist der Beweis vollständig.

Wesentliches Kriterium dafür, daß eine Funktion $f(z)$ eines skalaren Argumentes $z \in [a, b]$ konvex ist, ist die Bedingung $f''(z) \geqq 0$ für $z \in [a, b]$. Das erhält man leicht wie folgt. Sei $z' = \lambda z_1 + (1-\lambda)\,z_2$, $z_1 > z_2$, $0 \leqq \lambda \leqq 1$. Dann gilt

$$\lambda f(z_1) + (1-\lambda)\,f(z_2) - f(z') = \lambda[f(z_1) - f(z')] - (1-\lambda)\,[f(z') - f(z_2)]$$
$$= \lambda(1-\lambda)\,(z_1 - z_2)\,\{f'[z' + \Theta\,(1-\lambda)\,(z_1 - z_2)] - f'[z' - \Theta_1\lambda(z_1 - z_2)]\}\,.$$

Aber der letzte Faktor ist wegen $f''(z) \geqq 0$ nicht negativ. Daraus folgt auch $\lambda f(z_1) + (1-\lambda)\,f(z_2) \geqq f(z')$. Für den allgemeinen Fall eines vektoriellen $\bar{z}$

haben wir, indem wir

$$\varphi(\lambda) = f[\lambda \bar{z}_1 + (1 - \lambda)\, \bar{z}_2]$$

für $\varphi''(\lambda) \geqq 0$ $[0 \leqq \lambda \leqq 1]$ einführen, nach dem Bewiesenen

$$\varphi(\lambda) \leqq (1 - \lambda)\, \varphi(0) + \lambda \varphi(1)\,,$$

und das bedeutet, daß

$$f(\lambda \bar{z}_1 + (1 - \lambda)\, \bar{z}_2) \leqq (1 - \lambda)\, f(\bar{z}_2) + \lambda f(\bar{z}_1)$$

gilt. Also ist die Bedingung $\varphi''(\lambda) \geqq 0$ eine allgemeine hinreichende Bedingung dafür, daß $f(\bar{z})$ konvex ist. Für die Konkavheit haben die entsprechenden zweiten Ableitungen in den hinreichenden Bedingungen das andere Vorzeichen.

Als Beispiel für eine konkav-konvexe Funktion kann man

$$\bar{F}(x, y) = y \lg (x + 2) + xy^2$$

mit $0 \leqq x \leqq 1$ und $0 \leqq y \leqq 1$ anführen. Für sie haben wir

$$\bar{F}''_x = -\frac{y}{(x + 2)^2} \leqq 0\,, \qquad \bar{F}''_y = 2x \geqq 0\,,$$

wodurch gesichert wird, daß sie in $x$ konkav und in $y$ konvex ist.

Der für die Spieltheorie und die Operationsforschung fundamentale Satz XX ergibt als Folgerung ein Ergebnis über Sattelpunkte für sogenannte separable Spiele, d. h. für Spiele mit einer Auszahlungsfunktion in der Form

$$\bar{F}(\bar{x}, \bar{y}) = \sum_{i=1}^{s} f_i(\bar{x})\, \varphi_i(\bar{y})\,. \tag{189}$$

**Satz XXI.** *Seien in* (189) $f_i(\bar{x})$ *und* $\varphi_i(\bar{y})$ *stetig auf* $M_0$ *bzw.* $N$ *und seien ferner die Mengen* $M_u$ *bzw.* $N_v$ *für die Werte der Vektoren* $\bar{u} = \{u_i\} = \{f_i(\bar{x})\}$ *bzw.* $\bar{v} = \{\bar{v}_i\} = \{\varphi_i(\bar{y})\}$ *für* $\bar{x} \in M_0$ *bzw.* $\bar{y} \in N$, $i \leqq s$ *abgeschlossen, konvex und beschränkt. Dann besitzt das Spiel* (189) *auf* $M_0 \times N$ *einen Sattelpunkt.*

Der Beweis dieses Satzes ist fast offensichtlich. Mit den Vektoren $\bar{u}$ und $\bar{v}$ wird die Auszahlung (189) in der Gestalt

$$\bar{F}_1(\bar{u}, \bar{v}) = \sum_{i=1}^{s} u_i v_i \tag{190}$$

ausgedrückt.

Diese bilineare Funktion, die bei fixierten $\bar{v}$ in $\bar{u}$ linear und umgekehrt bei fixierten $\bar{u}$ in $\bar{v}$ linear wird, ist somit auch konkav in $\bar{u}$ und konvex in $\bar{v}$. Daher besitzt das Spiel auf $M_u \times N_v$ einen Sattelpunkt. Sei dies für $(\bar{u}_0, \bar{v}_0)$ der Fall und seien $\bar{x}_0$ bzw. $\bar{y}_0$ beliebige Vektoren, für die $\bar{u}_0 = \{f_i(\bar{x}_0)\}$ bzw. $\bar{v}_0 = \{\varphi_i(\bar{y}_0)\}$ gilt. Dieses Paar $\bar{x}_0$ und $\bar{y}_0$ stellt einen Sattelpunkt für das Spiel (189) dar. Infolge der Sattelpunktseigenschaft von $\bar{u}_0, \bar{v}_0$ haben wir nämlich für beliebige $\bar{y}$ und $\bar{x}$

$$\bar{F}(\bar{x}, \bar{y}_0) = \bar{F}_1(\bar{u}_1, \bar{v}_0) \leqq \bar{F}_1(\bar{u}_0, \bar{v}_0) = \bar{F}(\bar{x}_0, \bar{y}_0) \leqq \bar{F}_1(\bar{u}_0, \bar{v}) = \bar{F}(\bar{x}_0, \bar{y})\,.$$

Eine Erweiterung dieses Satzes auf den Fall, in dem $M_u$ oder $N_v$ (oder beide zugleich) unendlich sind, aber konvex und abgeschlossen bleiben, ist in gewisser Weise interessant. Diese Mengen können dann als Limites der erweiterten Mengen $M_u^{(n)}$ bzw. $N_v^{(n)}$ dargestellt werden, für die Satz XXI gilt, und das bedeutet Mengen, für die Sattelpunkte $\overline{u}_0^{(n)}$, $\overline{v}_0^{(n)}$ existieren.

Haben die Mengen der $\overline{u}_0^{(n)}$ und $\overline{v}_0^{(n)}$ Limespunkte $\overline{u}_0$ und $\overline{v}_0$, so ergeben sie wegen der Abgeschlossenheit von $M_u$ und $N_v$ Sattelpunktpaare auf $M_u$ und $N_v$. Die Überprüfung all dessen für (190) bietet in jedem konkreten Falle keine Schwierigkeiten.

Wir wollen insbesondere den folgenden Satz formulieren.

**Satz XXI'.** *Sei $M_u$ abgeschlossen, beschränkt und konvex und sei $N_{\bar{v}} = N_{v_1} \times \times N_{v_2} \times \cdots \times N_{v_m} \times N_v^*$ konvex und abgeschlossen mit $N_{v_i} = (-\infty; +\infty)$ für $i \leqq m$ und stelle $N_v^*$ eine konvexe, abgeschlossene und beschränkte Menge von Vektoren $\{v_{m+1}, \ldots, v_s\}$ dar. Dann besitzt (189) auf $M_0 \times N$ genau dann einen Sattelpunkt $(\bar{x}_0, \bar{y}_0)$ wenn $M_u$ mindestens einen Punkt $\overline{u}'$ enthält, für den bei $i \leqq n$ alle $u_i' = 0$ sind. Im Sattelpunkt sind die $u_{i,0}$ auch für $i \leqq m$ gleich Null.*

Beweis. *Notwendigkeit.* Sei $(\bar{x}_0, \bar{y}_0)$ ein Sattelpunkt von (189) und $(\overline{u}_0, \overline{v}_0)$ der ihm entsprechende Sattelpunkt von (190). Dann gilt

$$\pm \infty \neq \overline{F}_1(\overline{u}_0, \overline{v}_0) = \inf_{\overline{v}} \overline{F}_1(\overline{u}_0, \overline{v}) \leqq \inf \left[ \sum_{i=1}^{m} u_{i0} v_i + \sum_{i=m+1}^{s} u_{i0} v_i \right].$$

Existiert ein $u_{i0} \neq 0$ für $i \leqq m$, so erhält man, wenn man diejenigen $v_i$ gegen $-\infty$ streben läßt, für die $u_{i0} \geqq 0$ ist, und die restlichen $v_i$ gegen $+\infty$ (für $i \leqq m$), daß $\inf_{\overline{v}} \overline{F}_1(\overline{u}_0, \overline{v}) = -\infty$ gilt, aber das widerspricht der Endlichkeit von $\overline{F}_1(\overline{u}_0, \overline{v}_0)$. Also gilt $u_{i0} = 0$ für $i \leqq m$, was gleichzeitig beweist, daß die Bedingung notwendig ist und die Behauptung über die Koordinaten des Sattelpunktes gilt.

*Hinlänglichkeit.* Sei $M_u^*$ die Menge aller Vektoren $\overline{u}$ aus $M_u$, für die $u_i = 0$ gilt, falls $i \leqq m$ ist. Diese Menge ist offensichtlich konvex, beschränkt und abgeschlossen, weil alles dies auch für $M_u$ zutrifft. $N_v^*$ ist nach Voraussetzung konvex, beschränkt und abgeschlossen.

Ein Spiel auf $M_u^*$ und $N_v^*$ mit der Auszahlung $\sum_{i=m+1}^{s} u_i v_i$ erfüllt alle Bedingungen aus Satz XXI und hat daher den Sattelpunkt $\{u_{i0}\}$, $\{v_{i0}\}$ mit $i \geqq m + 1$.

Die vollen $\overline{u}_0$ und $\overline{v}_0$ werden definiert, indem man deren Koordinaten für $i \leqq m$ gleich $u_{i0} = v_{i0} = 0$ setzt. Wir haben

$$\overline{F}_1(\overline{u}, \overline{v}_0) = \sum_{i=1}^{s} u_i v_{i0} = \sum_{i=m+1}^{s} u_i v_{i0} \leqq \overline{F}_1(\overline{u}_0, \overline{v}_0)$$
$$= \sum_{i=m+1}^{s} u_{i0} v_{i0} \leqq \sum_{i=m+1}^{s} u_{i0} v_i = \sum_{i=1}^{s} u_{i0} v_i = \overline{F}_1(\overline{u}_0, \overline{v}) .$$

Diese Ungleichung zeigt auch, daß $\bar{u}_0, \bar{v}_0$ ein Sattelpunkt auf $M_u$ und $N_v$ ist. Dabei aber ergibt genauso wie im Satz XXI ein beliebiger, den $\bar{u}_0, \bar{v}_0$ entsprechender Punkt $(\bar{x}_0, \bar{y}_0)$ einen Sattelpunkt für (189).

Die Sätze XXI und XXI′ zeigen, daß es bei separablen Spielen wünschenswert ist, nach der Konvexität von $M_u$ und $N_v$ und nicht nach der von $M_0$ und $N$ zu streben, wenn man Sattelpunkte gewinnen möchte. Die Forderung, daß $M_u$ konvex ist, kann daher als gewünschte Bedingung an die Strategienmenge $M$ angesehen werden (wenn man danach strebt, einen Sattelpunkt zu erhalten). Jedoch befindet sich die Erfüllbarkeit einer derartigen Forderung für $N_v$ außerhalb der Grenzen des Möglichen für die operierende Seite. Das unterstreicht auch, wie untypisch es ist, daß auf $M_0 \times N$ ein Sattelpunkt vorliegt.

Man überzeugt sich leicht davon, daß die Mengen $M_{u_i}$ und $N_{v_i}$ wie auch $M_0$ und $N$ konvex und abgeschlossen sind, falls die entsprechenden Funktionen $f_i(\bar{x})$ und $\varphi_i(\bar{y})$ stetig sind. Das folgt aus einfachen Erwägungen.

Seien $u_i^{(1)}, u_i^{(2)} \in M$, dann gilt $u_i^{(1)} = f_i(\bar{x}_1)$ und $u_i^{(2)} = f_i(\bar{x}_2)$ mit $\bar{x}_1, \bar{x}_2 \in M_0$. Ist $M_0$ konvex, so gehört auch $\lambda\bar{x}_1 + (1-\lambda)\,\bar{x}_2$ zu $M_0$, falls $0 \leqq \lambda \leqq 1$ ist.

Eine stetige Funktion $f_i[\lambda\bar{x}_1 + (1-\lambda)\,\bar{x}_2]$ vom Argument $\lambda$ nimmt alle zwischen $f_i(\bar{x}_1) = u_i^{(1)}$ und $f_i(\bar{x}_2) = u_i^{(2)}$ gelegenen Werte an. Das bedeutet aber, daß man für beliebiges $\mu$ aus $[0; 1]$ ein $\lambda_\mu$ finden kann, für das

$$\mu u_i^{(1)} + (1-\mu)\,u_i^{(2)} = f_i[\lambda_\mu \bar{x}_0 + (1-\lambda_\mu)\,\bar{x}_2]$$

gilt. Wegen $\lambda_\mu \bar{x}_0 + (1-\lambda_\mu)\,\bar{x}_2 \in M_0$ gehört auch $\mu u_i^{(1)} + (1-\mu)\,u_i^{(2)}$ zu $M_{u_i}$, womit auch bewiesen ist, daß $M_{u_i}$ konvex ist. Die Konvexität von $M_u$ sowie $N_v$ für konvexe $M_0$ sowie $N$ ist gesichert, falls

$$M_u = M_{u_1} \times M_{u_2} \times \cdots \times M_{u_s}, \qquad N_v = N_{v_1} \times N_{v_2} \times \cdots \times N_{v_s}$$

gilt.

Allerdings trägt eine derartige Festlegung den Charakter einer Ausnahme. Ist etwa $u_1 = r \cdot \sin\varphi$ und $u_2 = r \cdot \cos\varphi$ mit $0 \leqq R_1 \leqq r \leqq R_2$ und $\varphi_0 \leqq \varphi \leqq \varphi_1$, so ist $M_0$ konvex, $M_u$ hingegen stellt einen Teil eines Ringes dar und ist also weder direktes Produkt von $M_{u_1}$ und $M_{u_2}$ noch einfach konvex.

Überschreitet $s$ die Dimension des Vektors $\bar{x}$ (oder $\bar{y}$), so sind die Funktionen $f_i(\bar{x})$ (oder $\varphi_i(\bar{y})$) abhängig. Unter diesen Bedingungen ist kaum damit zu rechnen, daß $M_u$ und $N_v$ konvex sind, und das bedeutet, daß kaum ein Sattelpunkt existiert. Sind die $f_i(\bar{x})$ und $\varphi_i(\bar{y})$ allerdings unabhängig, so kann man offensichtlich stets $M_0$ und $N$ so wählen, daß die Konvexität von $M_u$ und $N_v$ (oder $N_v^*$), und das heißt ein Sattelpunkt, gesichert ist. Somit ist die Möglichkeit, Sattelpunkte für separable Spiele zu erhalten, prinzipiell unterschiedlich für solche $s$, die die Dimension der Vektoren $\bar{x}$ und $\bar{y}$ nicht übersteigen, und für die anderen $s$, für die der entgegengesetzte Fall eintritt.

In der Spieltheorie schenkt man seine Aufmerksamkeit traditionellerweise ausschließlich Spielen mit Sattelpunkten. Dies erklärt sich offensichtlich aus dem bekannten Mißtrauen gegenüber dem Maximum als Prinzip für eine optimale Auswahl, wenn kein Sattelpunkt existiert. Man rechnet gewöhnlich:

wie kann man nur das Maximin (den unteren Spielwert) durch optimale Wahl annehmen, wenn man auch das Minimax (den oberen Spielwert) erhalten kann?

Im Zusammenhang damit findet man auch das Bestreben vor, diesen Abstand dadurch zu „überbrücken", daß beide Spieler (operierende Seite und Gegner) gemischte Strategien anwenden, was, wie später gezeigt werden wird, zu einem Sattelpunkt führt und angeblich die Nichteindeutigkeit beim Optimalitätsbegriff überwindet. Dabei meinen einige Autoren, daß die Anwendung gemischter Strategien den Gegnern selbst die Möglichkeit garantiert, bei jeder Realisierung des Spiels konkrete Entscheidungen zu finden. Wenn wir auch nicht den nicht so sehr mathematischen, manchmal aber doch praktischen Wert einer solchen Tendenz abwerten wollen, so kann man diese jedoch nach unserer Meinung unmöglich einer allgemeinen Methodologie der Operationsforschung zugrunde legen. Die Gründe dafür wurden schon früher ausgesprochen, aber die Wichtigkeit der Frage erfordert, sie zu wiederholen und näher auszuführen.

1. Die Wahl gemischter Strategien stellt für die operierende Seite zweifellos ein Risiko dar, wenn die Operation (das Spiel) nicht wiederholt wird.

2. Auch wenn die Operation wiederholt wird, muß man die Gewißheit haben, daß dem Gegner Informationen über konkrete Entscheidungen (reine Strategien) der operierenden Seite bei jeder Wiederholung fehlen. Auch die Anwendung gemischter Strategien garantiert das durchaus nicht.

3. Der Gegner ist weder verpflichtet, gemischte Strategien anzuwenden, noch muß er ein dem Ziel der operierenden Seite entgegengesetztes verfolgen. In vielen Fällen (wenn der Gegner die Natur ist) sind derartigeAktionsbeschränkungen für den Gegner nicht rechtmäßig, während es in anderen Fällen in der Regel zuviel Aufwand bedeutet und unwahrscheinlich ist, daß der Operationsforscher Informationen über die gegnerischen Aktionen besitzt. Aber ohne diese Voraussetzungen ist es sinnlos, über Sattelpunkte wie über eine Realität zu sprechen. Das heißt jedoch, daß auch die Prätentionen auf einen eindeutigen Optimalitätsbegriff in Gestalt eines Sattelpunktpaares verlorengehen.

4. Das Gesagte dürfte ausreichen, um das Bestreben zu liquidieren, in gemischten Strategien mit Sicherheit Sattelpunkte zu erhalten. Eine analoge Kritik bezieht sich auch jedoch auf die Mehrzahl anderer Situationen, wenn die Existenz von Sattelpunkten in reinen Strategien bewiesen wird. Für die Mehrzahl dieser Fälle (Beispiele werden weiter unten gebracht) ist eine Voraussetzung darüber charakteristisch, daß der Gegner eine gewisse (relativ komplizierte) Strategienmenge wählt, die darauf berechnet ist, daß eine vollständig bestimmte Information über die Strategienwahl der operierenden Seite vorliegt. Außerdem wird wiederum ein bekanntes gegnerisches Ziel zugrunde gelegt (in der Regel setzt man ein dem der operierenden Seite entgegengesetztes Ziel voraus). Und über all diese Informationen verfügt der Operationsforscher bereits. Es ist klar, daß dies weder der Praxis noch dem Wesen der Fragestellung entspricht, wenn man neue Operationen untersucht. Sind jedoch diese Voraussetzungen verletzt, so gibt es auch keine Sattelpunkte.

5. Auch im theoretischen Sinn besteht ein Unterschied zwischen einer Fragestellung, die darauf beruht, ob man nach dem Erreichen eines Sattelpunktes strebt oder einfach nach einer Maximin-Behandlung.

In der klassischen Spieltheorie befindet sich der Operationsforscher in der Rolle eines Schiedsrichters. Er ist im gleichen Maße mit beiden Spielern, mit ihren Zielen und mit ihren Informationen vertraut. Daher „bedauert" er auch, daß ein Sattelpunkt fehlt, der beide Spieler „aussöhnen" würde und einen „objektiven" Optimalitätsbegriff schaffen könnte. Informiertheit und Ziele beider Spieler sind hier fixiert.

Bei der hier vorliegenden Methodologie ist der Operationsforscher durchaus kein Schiedsrichter. Wie schon gesagt gehört er zu einer Seite und verfügt über nicht mehr Informationen als die operierende Seite, d. h. ist einer der „Spieler". Der Operationsforscher kennt Ziel und zu erweiternde Informiertheit der operierenden Seite mehr oder weniger (in jedem Fall weiß er, welche Informationen sie erlangen kann). Seine Informiertheit über den Gegner ist grundsätzlich anders und natürlich im allgemeinen kleiner. Besonders deshalb kann er in vielen Fällen nicht behaupten, daß ein Sattelpunkt existiert, daß der Gegner gemischte Strategien anwendet und daß er entgegengesetzte Ziele verfolgt.

Einheitliches, allgemeines und vernünftiges Prinzip ist für ihn das Prinzip des garantierten Resultats und eine Optimalität im Sinne eines Maximin.

Daß das gegnerische Ziel entgegengesetzt ist, ist in der Regel nicht Ergebnis einer Informiertheit über den Gegner, sondern der ungünstigste Fall für sein Ziel.

Eine Anwendung gemischter Strategien liegt in der Befehlsgewalt der operierenden Seite und nicht des Gegners. Daß der Gegner umfassend informiert ist, ist keine sichere Tatsache, sondern der ungünstigste Fall, wenn nichts über seine Informiertheit gegeben ist usw.

Selbst die Existenz eines Sattelpunktes erweist sich dabei oft nicht als „objektive" Tatsache, sondern ungünstigster Fall. Nicht genug, jede Operation ist nicht ein mathematisch definiertes Spiel, sondern eine ganze Gesamtheit möglicher Spiele in Abhängigkeit von dieser oder jener Informiertheit der operierenden Seite, der gegnerischen Seite und von den gegnerischen Zielen, unter denen sich ein im allgemeinen relativ schlechtes Spiel mit Sattelpunkt befinden wird. Das Prinzip des garantierten Resultates erlaubt nur, die für die operierende Seite ungünstigsten Spiele zu betrachten. Bei fixiertem Ziel bleibt nur eine Variation in der Informiertheit der operierenden Seite (und auch das nicht immer). Aber diese Variation ist ein notwendiges Element für die Untersuchung.

Das Gesagte reicht aus, um den Unterschied zwischen einem reinen Maximin-Zugang und dem Streben nach einem Sattelpunkt als Grundlage für einen Optimalitätsbegriff zu erklären. Allerdings folgt hieraus nicht etwa, daß der Begriff des Sattelpunktes unwesentlich wäre. Weiter oben wurde schon gesagt, daß ein Sattelpunkt auf $M_0 \times N$ bedeutet, daß Informationen der beiden Seiten übereinander bei entgegengesetzten Interessen unwesentlich sind. Insbesondere dadurch sind auch in erster Linie die Sätze XIX—XXI wertvoll. Außerdem ist man in stärkerem Maße gewöhnt, Sattelpunkte zu suchen als optimale garantierende Strategien, wozu man die üblichen Optimum-Suchmethoden und Verfahren der optimalen Steuerung verwenden kann.

Um derartige Möglichkeiten stets zur Verfügung zu haben und auch, um zu zeigen, daß von der formal-mathematischen Seite her keine prinzipiellen Unterschiede zwischen Maximin und einer Situation mit Sattelpunkt bestehen, wollen wir uns folgendem hinreichend einfachen Satz zuwenden (der Kürze halber werden wir annehmen, daß sämtliche Suprema und Infima angenommen werden, obgleich das nicht notwendig ist).

**Satz XXII.** *Sei $M$ eine beliebige Menge von Strategien $\tilde{x} = \tilde{x}(\bar{y})$ und $\bar{y} \in N$. Sei ferner $N_M$ die Menge aller Strategien $\tilde{y} = \bar{y}(\tilde{x})$ mit $\bar{y} \in N$ $\big(\bar{y}(\tilde{x})$ ist ein Funktional mit Werten aus $N\big)$. Ist $N_M \supset N$, d. h. enthält $N_M$ alle Funktionale $\tilde{y} = \bar{y}$ $=$ const mit $\bar{y} \in N$, so gilt*

$$\max_{\tilde{x}\in M} \min_{\bar{y}\in N} \overline{F}(\tilde{x}, \bar{y}) = \max_{\tilde{x}\in M} \min_{\tilde{y}\in N_M} \overline{F}(\tilde{x}, \tilde{y}) = \min_{\tilde{y}\in N_M} \max_{\tilde{x}\in M} \overline{F}(\tilde{x}, \tilde{y}) .$$

*Ein auf $M \times N$ optimales $\tilde{x}_0$ ist auch optimal auf $M \times N_M$ und geht folglich in ein Sattelpunktpaar auf $M \times N_M$ ein.*

Wirklich haben wir wegen $N \subset N_M$

$$\max_{\tilde{x}\in M} \min_{\bar{y}\in N} \overline{F}(\tilde{x}, \bar{y}) \geqq \max_{\tilde{x}\in M} \min_{\tilde{y}\in N_M} \overline{F}(\tilde{x}, \tilde{y}) .$$

Andererseits gilt, weil alle Werte von $\tilde{y}$ zu $N$ gehören, für beliebiges $\tilde{y} \in N_M$

$$\overline{F}(\tilde{x}, \tilde{y}) \geqq \min_{\bar{y}\in N} \overline{F}(\tilde{x}, \bar{y}) ,$$

und das heißt auch für beliebiges $\tilde{x} \in M$

$$\min_{\tilde{y}\in N_M} \overline{F}(\tilde{x}, \tilde{y}) \geqq \min_{\bar{y}\in N} \overline{F}(\tilde{x}, \bar{y}) .$$

Hieraus und nach dem Vorangegangenen haben wir

$$\max_{\tilde{x}\in M} \min_{\bar{y}\in N} \overline{F}(\tilde{x}, \bar{y}) = \max_{\tilde{x}\in M} \min_{\tilde{y}\in N_M} \overline{F}(\tilde{x}, \tilde{y}) .$$

Wir wollen nun ein beliebiges $\tilde{x} \in M$ fixieren. Sei $\bar{y}_0 \in N$ derart gewählt, daß $\overline{F}(\tilde{x}, \bar{y}_0) = \min_{\bar{y}\in N} \overline{F}(\tilde{x}, \bar{y})$ gilt. Dann gehört $\tilde{y}_0 = \bar{y}_0(\tilde{x})$ natürlich zu $N_M$, weil letztere Menge sämtliche Strategien $\bar{y}(\tilde{x})$ mit $\bar{y} \in N$ enthält (entspricht irgendeinem $\tilde{x}$ nicht ein $\bar{y}_0$, so nehmen wir für $\bar{y}_0(\tilde{x})$ einen beliebigen unter den Werten $\bar{y}_0$).

Wenn wir das oben angegebene berücksichtigen, haben wir nun

$$\overline{F}(\tilde{x}, \tilde{y}_0) = \overline{F}(\tilde{x}, \bar{y}_0) = \min_{\bar{y}\in N} \overline{F}(\tilde{x}, \bar{y}) = \min_{\tilde{y}\in N_M} \overline{F}(\tilde{x}, \tilde{y}) .$$

Daher gilt

$$\max_{\tilde{x}\in M} \overline{F}(\tilde{x}, \tilde{y}_0) = \max_{\tilde{x}\in M} \min_{\tilde{y}\in N_M} \overline{F}(\tilde{x}, \tilde{y})$$

und folglich

$$\min_{\tilde{y}\in N_M} \max_{\tilde{x}\in M} \overline{F}(\tilde{x}, \tilde{y}) \leqq \max_{\tilde{x}\in M} \overline{F}(\tilde{x}, \tilde{y}_0) = \max_{\tilde{x}\in M} \min_{\tilde{y}\in N_M} \overline{F}(\tilde{x}, \tilde{y}) .$$

Weil wegen (160) auch stets die umgekehrte Ungleichung richtig ist, ist die erste Behauptung des Satzes bewiesen. Was die zweite Behauptung betrifft, so folgt sie unmittelbar daraus, daß

$$\overline{F}(\tilde{x}_0, \tilde{y}) \geqq \min_{\bar{y}\in N} \overline{F}(\tilde{x}_0, \bar{y}) = \max_{\tilde{x}\in M} \min_{\bar{y}\in N} \overline{F}(\tilde{x}, \bar{y}) = \max_{\tilde{x}\in M} \min_{\tilde{y}\in N_M} \overline{F}(\tilde{x}, \tilde{y})$$

gilt, und aus den Ergebnissen von Satz XVIII.

Der bewiesene Satz bestätigt, daß der Fall, in dem ein Sattelpunkt vorliegt, für die operierende Seite der ungünstigste ist, wenn die Menge $M$ zur Verfügung steht, weil man bei vernünftigem Verhalten niemals weniger als $\max_{\tilde{x}\in M} \min_{\bar{y}\in N} \overline{F}(\tilde{x}, \bar{y})$ erhalten kann. Es wurde gleichzeitig bewiesen, daß jedes Maximin formal auch als gemeinsamer Wert von Maximin und Minimax bei einer gewissen Wahl von Informiertheit und gegnerischer Strategienmenge behandelt werden kann. Damit verwischt sich auch formal der Unterschied zwischen Maximin und Sattelpunkt.

Wir wollen unsere Aufmerksamkeit darauf lenken, daß eine Wiederholung der Idee des eben bewiesenen Satzes für die Seite $\tilde{x}$ bedeuten würde, daß man eine Strategie vom Typ $\tilde{x}' = \tilde{x}(\tilde{y})$ einführt. Da unter den $\tilde{y}$ auch $\bar{y}$ enthalten ist, sind unter den $\tilde{x}'$ auch die früheren $\tilde{x} = \tilde{x}(\bar{y})$ enthalten. Es könnte scheinen, daß ein solcher Versuch, die Strategien $\tilde{y}$ zu „umarmen“, die nacheinander $\tilde{x}$ umarmen, dazu führen müßte, daß das Maximin vergrößert wird. Man überzeugt sich jedoch unschwer davon, daß dies nicht passiert, wenn man den Beweis von Satz XXII wiederholt (aber die Plätze der Spieler vertauscht), weil man niemals mehr als das dem Gegner garantierte Resultat $\min_{\tilde{y}\in N_M} \max_{\tilde{x}\in M} \overline{F}(\tilde{x}, \tilde{y})$ erhält und das letztere gleich $\max_{\tilde{x}\in M} \min_{\bar{y}\in N} \overline{F}(\tilde{x}, \bar{y})$ ist, was schon vorher von der operierenden Seite erreicht wurde.

Das Gesagte hat eine gewisse Beziehung zu im Buch von LEFÈVRE[1]) betrachteten Verfahren.

Der Satz XXII ergibt durchaus kein eindeutiges Verfahren, um einen Sattelpunkt zu organisieren und gleichzeitig ein gegebenes Maximin beizubehalten. Ein Beispiel für ein anderes (ökonomischeres) Organisationsverfahren stellt die Folgerung zu Satz XIV dar (was XVI betrifft, so ist es ein spezieller aber sehr wichtiger Fall von XXII). Von diesem Gesichtspunkt aus, aber auch im Hinblick auf den speziellen Wert von Mehrschrittspielen, wollen wir untersuchen, wie sich die Mehrschrittoperation (182) — (183″) in ein Spiel mit Sattelpunkt verwandeln läßt.

---

[1]) V. A. LEFÈVRE, Konfliktstrukturen, VR Moskau 1967.

Dafür betrachten wir die Familie $N_\alpha$ aller gegnerischen Strategien $\tilde{y}$ von der Form

$$\bar{y}(\bar{x}_i, \bar{\alpha}_k; i \leqq k); \qquad \bar{y} \in N_k(\bar{\alpha}_k), \tag{191}$$

wo der Reihe nach $\bar{\alpha}_k$ Funktionen $\bar{\alpha}_k(\bar{x}_i, \bar{\alpha}_{k-1}; i \leqq k-1)$ usw. sind; $\bar{\alpha}_1$ ist eine Konstante, die einen beliebigen, für sie zulässigen Wert annimmt. Hier kann $\bar{\alpha}_i(\bar{x}_j, \bar{\alpha}_{i-1})$ (für fixiertes $\bar{\alpha}_{i-1}$) nur Werte aus der Menge $\{\bar{\alpha}_i\}_{\bar{\alpha}_{i-1}}$ annehmen.

Diese Form der Strategien ist ein Spezialfall für Strategien $\bar{y}(\tilde{x})$ bei bestimmten Einschränkungen für die Klasse dieser Funktionale und $\bar{x} \in M_\alpha$. Die Strategienmenge $N_\alpha$ ist in der Menge aller Funktionen $\bar{y}(\tilde{x})$ enthalten und enthält $N$.

Weil das Vorhandensein irgendeines möglichen beschränkten Zusammenhanges zwischen $\bar{y}$ und $\bar{x}$ in $N_\alpha$ den Variationsbereich für $\bar{y}$ bei vorgegebenen $\tilde{x}$ verkleinert, gilt

$$\min_{\bar{y} \in N} \bar{F}(\tilde{x}, \bar{y}) \leqq \min_{\tilde{y} \in N_\alpha} \bar{F}(\tilde{x}, \tilde{y})$$

und

$$\bar{F}_0^\alpha = \max_{\tilde{x} \in M_\alpha} \min_{\bar{y} \in N} \bar{F}(\tilde{x}, \bar{y}) \leqq \max_{\tilde{x} \in M_\alpha} \min_{\tilde{y} \in N_\alpha} \bar{F}(\tilde{x}, \tilde{y}). \tag{192}$$

Sei andererseits $\bar{y}_0 \in N_\alpha$ eine folgendermaßen definierte Strategie:

$$\left.\begin{aligned}
\bar{F}_1(\bar{\alpha}_1^0) &= \bar{F}_0^\alpha = \min_{\bar{\alpha}_1} \bar{F}_1(\bar{\alpha}_1);\\
\bar{F}_2[\bar{x}_1, \bar{\alpha}_2^0(\bar{\alpha}_1, \bar{x}_1)] &= \min_{\bar{\alpha}_2 \in \{\bar{\alpha}_2\}_{\bar{\alpha}_1}} \bar{F}_2(\bar{x}_1, \bar{\alpha}_2);\\
&\cdots\cdots\\
\bar{F}_{k-1}[\bar{x}_1, \ldots, \bar{x}_{k-2}, \alpha_{k-1}^0(\bar{\alpha}_{k-2}, \bar{x}_j)] &= \min_{\bar{\alpha}_{k-1} \in \{\bar{\alpha}_{k-1}\}_{\bar{\alpha}_{k-2}}} \bar{F}_{k-1}(\bar{x}_1, \ldots, \bar{x}_{k-2}, \bar{\alpha}_{k-1});\\
\bar{F}_k[\bar{x}_1, \ldots, \bar{x}_{k-1}, \alpha_k^0(\bar{\alpha}_{k-1}, \bar{x}_j)] &= \min_{\bar{\alpha}_k \in \{\bar{\alpha}_k\}_{\bar{\alpha}_{k-1}}} \bar{F}_k(\bar{x}_1, \ldots, \bar{x}_{k-1}, \bar{\alpha}_k);\\
\bar{F}[\bar{x}_1, \ldots, \bar{x}_k, \bar{y}_0(\bar{\alpha}_k, \bar{x}_j)] &= \min_{\bar{y} \in N_k(\bar{\alpha}_k)} \bar{F}(\bar{x}_1, \ldots, \bar{x}_k, \bar{y}).
\end{aligned}\right\} \tag{193}$$

Dann haben wir

$$\begin{aligned}
&\max_{\tilde{x} \in M_\alpha} \bar{F}(\tilde{x}, \tilde{y}_0) =\\
&= \max_{\{\bar{x}_i(\bar{\alpha}_i, \bar{x}_j; j<i);\, i \leqq k-1\}} \max_{\bar{x}_k(\bar{\alpha}_k, \bar{x}_j;\, j<k)} \bar{F}(\bar{x}_1, \ldots, \bar{x}_k, \tilde{y}_0)\\
&= \max \max_{\bar{x}_k(\bar{\alpha}_k, x_j;\, j<k)} \min_{\bar{y} \in N_k(\bar{\alpha}_k^0)} \bar{F}(\bar{x}_1, \ldots, \bar{x}_k, \bar{y})\\
&= \max_{\{\bar{x}_i(\bar{\alpha}_i, \bar{x}_j; j<i);\, i \leqq k-1\}} \bar{F}_k(\bar{x}_1, \ldots, \bar{x}_{k-1}, \bar{\alpha}_k^0)\\
&= \max_{\bar{x}_i(\bar{\alpha}_i^0, \bar{x}_j);\, i \leqq k-2} \max_{\bar{x}_{k-1}(\bar{\alpha}_{k-1}^0, \bar{x}_j)} \min_{\bar{\alpha}_k \in \{\bar{\alpha}_k\}\, \bar{\alpha}_{k-1}^0} \bar{F}_k(\bar{x}_1, \ldots, \bar{x}_{k-1}, \bar{\alpha}_k)\\
&= \max_{\{\bar{x}_i(\bar{\alpha}_i^0, \bar{x}_j; j<i);\, i \leqq k-2\}} \bar{F}_{k-1}(\bar{x}_1, \ldots, \bar{x}_{k-2}, \bar{\alpha}_{k-1}^0) = \ldots = \bar{F}_1(\bar{\alpha}_1^0) = \min_{\bar{\alpha}_1} \bar{F}_1(\bar{\alpha}_1) = \bar{F}_0^\alpha.
\end{aligned}$$

Aber dann gilt wegen (192)

$$\min_{\tilde{y}\in N_\alpha} \max_{\tilde{x}\in M_\alpha} \overline{F}(\tilde{x}, \tilde{y}) \leqq \max_{\tilde{x}\in M_\alpha} \overline{F}(\tilde{x}, \tilde{y}_0) = \overline{F}_0^\alpha \leqq \max_{\tilde{x}\in M_\alpha} \min_{\tilde{y}\in N_\alpha} \overline{F}(\tilde{x}, \tilde{y}) .$$

Hieraus erhalten wir wegen des stets gültigen Lemmas (160)

$$\max_{\tilde{x}\in M_\alpha} \min_{\tilde{y}\in N_\alpha} \overline{F}(\tilde{x}, \tilde{y}) = \min_{\tilde{y}\in N_\alpha} \max_{\tilde{x}\in M_\alpha} \overline{F}(\tilde{x}, \tilde{y}) .$$

Somit gilt der folgende, relativ allgemeine

**Satz XXIII.** *Ist ein antagonistisches Spiel auf der Menge $M_\alpha$ von Strategien der operierenden Seite vom Typ* (182), *die auf die stufenweise Lokalisierung der möglichen $\bar{y}$ durch die Mengen $N_i(\bar{\alpha}_i)$ abgestellt ist, und auf der Menge $N_\alpha$ der gegnerischen Strategien von der Form* (191), *die auf Informationen über die $\bar{x}_i$ abgestellt ist, definiert, so besitzt ein derartiges Spiel stets einen Sattelpunkt.*

Wendet man diesen Satz auf den Fall (184) — (184') an, so sieht man, daß sich (191) in eine Strategienmenge der Art

$$\bar{y}_i(\bar{y}_j, \bar{x}_l; \quad j \leqq i,\ l \leqq i)$$

verwandelt, die darauf basiert, daß man Informationen über alle $\bar{x}_l$ erlangt für $l \leqq i$ im Augenblick der Wahl von $\bar{y}_i$. Verbindet man dies mit (184), so kommt man zu der folgenden Zugfolge in einem Mehrschrittspiel.

Zunächst wählt die operierende Seite $\bar{x}_1$, ohne irgendwelche Informationen (außer der Kenntnis von $N$) zu haben. Danach wählt der Gegner $\bar{y}_1$, wobei er $M_0$ und $\bar{x}_1$ kennt. Dann wählt die operierende Seite $\bar{x}_2$ und kennt $\bar{x}_1$ wie auch $\bar{y}_1$ usw. Zuletzt wird $\bar{y}_k$ gewählt, wenn der gesamte Vektor $\bar{x}$ bekannt ist und natürlich $\bar{y}_j$ für $j \leqq k - 1$. Dieses Spiel trägt die Bezeichnung Spiel mit vollständiger Information.

Als Folgerung aus Satz XXIII haben wir daher einen bekannten Satz aus der Spieltheorie.

Folgerung (Satz von Zermelo). *Jedes Spiel mit vollständiger Information besitzt einen Sattelpunkt. Den Spielwert kann man in der Gestalt* (184') *beschreiben.*

Im Hinblick auf die Wichtigkeit einer Betrachtung von Mehrpersonenspielen wenden wir unsere Aufmerksamkeit der von Nash für diese gegebenen Verallgemeinerung des Sattelpunktsbegriffes zu, die auf sogenannte Gleichgewichtspunkte in nichtkooperativen Spielen zielt.

Ein $n$-Personenspiel heißt *nichtkooperativ*, wenn der $i$-te Spieler ein eigenes Effektivitätskriterium besitzt, nämlich die Auszahlung $f_i(x_1, \ldots, x_n)$, wobei die Strategie des $i$-ten Spielers in einer von den anderen Spielern unabhängigen Auswahl von $x_i$ aus einer gewissen Menge $M_i$ besteht. Wir führen die Bezeichnung $x^* = (x_1, \ldots, x_n)$ und $M^* = M_1 \times \cdots \times M_n$ ein. Dann heißt $x_0^* = (x_1^0, \ldots, x_n^0)$ ein *Gleichgewichtspunkt*, wenn für alle $i$

$$f_i(x_1^0, \ldots, x_i^0, \ldots, x_n^0) = \max_{x_i\in M_i} f_i(x_1^0, \ldots, x_{i-1}^0, x_i, x_{i+1}^0, \ldots, x_n^0) \tag{194}$$

erfüllt ist. Man verifiziert leicht, daß sich die Definition (194) für $n = 2$ und $f_2 = -f_1$ in die Sattelpunktseigenschaft (186) verwandelt. Zweifellos von Interesse ist der folgende, von H. Nikaido und K. Isoda[1]) hergeleitete Zusammenhang zwischen der Suche nach Gleichgewichtspunkten und nach dem Maximin in einer gewissen Operation mit einem durch (194) ausgedrücktem Effektivitätskriterium.

**Satz XXIV.** *Ein n-Personenspiel besitzt dann und nur dann einen Gleichgewichtspunkt* $(x_1^0, \ldots, x_n^0) = x_0^*$, *wenn*

$$\max_{x^* \in M^*} \min_{y^* \in M^*} \sum_{i=1}^{n} [f_i(x_1, \ldots, x_n) - f_i(x_1, \ldots, x_{i-1}, y_i, x_{i+1}, \ldots, x_n)] = 0$$

*gilt. Dabei ist* $x_0^*$ *optimale Strategie in einer Operation mit dem Kriterium*[2])

$$\Phi^* (x^*, y^*) = \sum_{i=1}^{n} [f_i(x_1, \ldots, x_n) - f_i(x_1, \ldots, x_{i-1}, y_i, x_{i+1}, \ldots, x_n)] .$$

Beweis: Offenbar gilt für alle $x^* \in M^*$

$$\min_{y^* \in M^*} \Phi^*(x^*, y^*) \leqq 0$$

und infolgedessen auch

$$\max_{x^* \in M^*} \min_{y^* \in M^*} \Phi(x^*, y^*) \leqq 0 .$$

Existiert ein Gleichgewichtspunkt $x_0^*$, so ist nach Definition

$$\min_{y^* \in M^*} \Phi(x_0^*, y^*) = 0 .$$

Damit gilt auch

$$\max_{x^* \in M^*} \min_{y^* \in M^*} \Phi(x^*, y^*) = 0 = \min_{y^* \in M^*} \Phi(x_0^*, y^*) . \tag{195}$$

Ist nun aber umgekehrt das Maximin gleich Null, so existiert ein $x_0^*$, für das (195) erfüllt ist. Aber daraus folgt

$$0 = \min_{y^* \in M^*} \sum_{i=1}^{n} [f_i(x_1^0, \ldots, x_n^0) - f_i(x_1^0, \ldots, x_{i-1}^0, y_i, x_{i+1}^0, \ldots, x_n^0)]$$
$$= \sum_{i=1}^{n} [f_i(x_1^0, \ldots, x_n^0) - \max_{y_i \in M_i} f_i(x_1^0, \ldots, x_{i-1}^0, y_i, x_{i+1}^0, \ldots, x_n^0)] .$$

Weil sämtliche Glieder der Summe über $i$ nichtpositiv sind, folgt hieraus unmittelbar, daß für alle $i$

$$f_i(x_1^0, \ldots, x_n^0) = \max_{y_i \in M_i} f_i(x_1^0, \ldots, x_{i-1}^0, y_i, x_{i+1}^0, \ldots, x_n^0)$$

gilt, und das heißt, daß $x_0^*$ Gleichgewichtspunkt ist.

---

[1]) Der entsprechende Artikel befindet sich im Sammelband „Unendliche antagonistische Spiele" [37].

[2]) Man sieht leicht, daß die Operation $\sum_i$ durch die Operation $\min_i$ ersetzt werden kann.

Zwischen diesem Satz und dem Lemma in § 15 (s. (165) — (165′)) läßt sich leicht eine Analogie herstellen. Wir wollen uns nicht länger bei $n$-Personenspielen aufhalten und bemerken nur, daß der bewiesene Satz noch einmal unterstreicht, wie groß der Wirkungsbereich einer Maximin-Fragestellung ist. Es ist selbstverständlich, daß Satz XXIV relativ formalen Charakter hat und die (prinzipiellen) Schwierigkeiten nicht verringert, die für die Theorie der nichtkooperativen Spiele kennzeichnend ist.

Zum Abschluß dieses Abschnittes über Sattelpunkte wollen wir ein interessantes Beispiel für eine Operation mit einem Sattelpunkt anführen, das zur Zuverlässigkeitstheorie gehört.

Man habe zwei Geräte, die in der Lage sind, ein und dieselbe Arbeit auszuführen. Das erste habe ein Zuverlässigkeitsgesetz $p_1(t)$ mit mittlerer Arbeitszeit $T_1 = \int\limits_0^\infty p_1(t)\,\mathrm{d}t$, das zweite Gerät habe die mittlere Arbeitszeit $T_2$.

Wir fragen, ob es zweckmäßig ist, das erste Element nach einer Arbeitszeit $\tau$ durch das zweite zu ersetzen, ohne den Ausfall des ersten Elements abzuwarten, um es einer prophylaktischen Überholung zu unterwerfen. Als Effektivitätskriterium für die Wahl von $\tau$ nehmen wir die mittlere (störungsfreie) Arbeitszeit eines Systems aus dem ersten und dem zweiten Element, das das erste ersetzen soll. Diese Zeit ist gleich

$$T = \int\limits_0^\tau p_1(t)\,\mathrm{d}t + p_1(\tau)\,T_2 = T[\tau; p_1(t)]\,. \tag{196}$$

Strategie der operierenden Seite ist hier die Wahl von $\tau$ und Strategie des Gegners (der Natur) das Zuverlässigkeitsgesetz $p_1(t)$ mit den Restriktionen

$$\int\limits_0^\infty p_1(t)\,\mathrm{d}t = T_1\,, \qquad 2\int\limits_0^\infty t p_1(t)\,\mathrm{d}t = T_1^2 + D_1\,, \qquad p_1(0) = 1\,. \tag{197}$$

Wir erhalten die folgenden einfachen Behauptungen.

A. *Ist $p_1(t)$ nur mit der ersten und dritten Ungleichung aus* (197) *verbunden, so hat ein Spiel mit dem Kriterium* (196) *einen Sattelpunkt. Der Spielwert ist* $\max\,[T_1, T_2]$. *Optimale garantierende Strategie der operierenden Seite ist*

$$\tau_{\mathrm{opt}} = \begin{cases} 0 & \textit{falls} \quad T_1 \leqq T_2\,, \\ \infty & \textit{falls} \quad T_1 \geqq T_2\,. \end{cases} \tag{198}$$

*Optimale Strategie der Natur (ungünstigste für die operierende Seite) ist* $p_1^*(t) = \mathrm{e}^{-t/T_1}$.

Ist nämlich $\tau = 0$, so gilt $T = T_2$ für beliebige $p_1(t)$. Ist dagegen $\tau = \infty$, so haben wir $T = T_1$. Daher sichert eine Anwendung der angegebenen Strategie für die Wahl von $\tau$ stets, daß man $T = \max\,[T_1, T_2]$ erhält.

Sei umgekehrt $p_1^*(t) = \mathrm{e}^{-t/T_1}$. Dann gilt

$$T = T_1 - T_1\,\mathrm{e}^{-\tau/T_1} + T_2\,\mathrm{e}^{-\tau/T_1} = T_1 + \mathrm{e}^{-\tau/T_1}\,(T_2 - T_1) \leqq \max\,[T_1; T_2]\,.$$

Ferner haben wir

$$\max [T_1, T_2] = \inf_{p_1(t)} T[\tau_{\text{opt}}, p_1(t)] \leqq \sup_{\tau} \inf_{p_1(t)} T[\tau, p_1(t)]$$
$$\leqq \inf_{p_1(t)} \sup_{\tau} T[\tau, p_1(t)] \leqq \sup_{\tau} T[\tau, p_1^*(t)] \leqq \max [T_1, T_2] .$$

Hieraus folgen auch sämtliche Aussagen.

B. *Liegen sämtliche Restriktionen* (197) *vor, gilt jedoch* $D_1 \geqq T_1^2$, *so besitzt das Spiel* (196) *wiederum einen Sattelpunkt mit demselben Spielwert und* $\tau_{\text{opt}}$, *aber optimale Strategie für die Natur wird*

$$p_1^*(t) = 1 \qquad \textit{für} \quad t = 0 ,$$
$$p_1^*(t) = \frac{2T_1^2}{T_1^2 + D_1} \mathrm{e}^{-\frac{-2T_1}{T_1^2+D_1}} \qquad \textit{für} \quad t > 0 .$$

Beweis. Nach dem vorangegangenen ergibt $\tau_{\text{opt}}$ für alle $p_1(t)$, daß $T = \max [T_1; T_2]$ gilt. „Wendet" die Natur $p_1^*(t)$ an, so wird für beliebige $\tau > 0$ offenbar

$$T = T_1 \left[1 - \mathrm{e}^{-2\frac{T_1}{T_1^2+D_1}\tau}\right] + T_2 \frac{2T_1^2}{T_1^2 + D_1} \mathrm{e}^{-2\frac{T_1}{T_1^2+D_1}\tau}$$
$$\leqq T_1 \left[1 - \mathrm{e}^{-2\frac{T_1}{T_1^2+D_1}\tau}\right] + T_2 \mathrm{e}^{-\frac{2T_1}{T_1^2+D_1}\tau}$$
$$= T_1 + (T_2 - T_1) \mathrm{e}^{-\frac{2T_1}{T_1^2+D_1}\tau} \leqq \max [T_1, T_2]$$

gesichert.

Ist dagegen $\tau = 0$, so wird $T = T_2 \leqq \max [T_1; T_2]$ für $p_1^*(t)$. Somit ergibt $p_1^*(t)$ stets $T \leqq \max [T_1; T_2]$. Hieraus folgen, wie schon im vorangegangenen Fall, sämtliche Aussagen.

Somit zeigt sich aus diesen Sätzen, daß es unnütz ist, prophylaktisch auszuwechseln, sondern nötig, dasjenige Gerät die gesamte Zeit bis zum Ausfall zu verwenden, das die größere mittlere Arbeitszeit besitzt. Diese Behauptung widerspricht scheinbar jeder praktischen Arbeit der Menschen. Jedoch ist das in Wirklichkeit nicht so. Die Bedingungen der Sätze (die Informationen über $p_1(t)$) verwerfen nicht einfach Zuverlässigkeitsgesetze vom Typ $\mathrm{e}^{-\lambda t}$ für lineare Kombinationen solcher Gesetze, sondern erweisen sich auch als unangenehmere Formen für Gesetze, wenn sie auch in der Zuverlässigkeitstheorie gangbarere sind. Wird jedoch bekannt, daß $D_0 < T_2$ gilt, so werden derartige Gesetze nicht zugelassen, und die Voraussetzungen stimmen voll mit dem gesunden Menschenverstand überein.

Das wird in den folgenden Abschnitten gezeigt. Insbesondere verschwindet im Spiel (196) der Sattelpunkt, wenn $p_1(t)$ eine allgemeine Gestalt besitzt und (197) erfüllt ist.

## § 17. Notwendige Optimalitätsbedingungen

Da gewöhnlich das Extremum ein Spezialfall für ein Maximin ist, müssen notwendige Bedingungen für das letztere auch notwendige Extremalbedingungen für die Funktionen ($M = M_0$, und $N$ besteht aus einem Punkt), notwendige Bedingungen in Gestalt von Variationsbedingungen (falls $M$ zum Beispiel aus differenzierbaren Funktionen besteht) usw. umfassen. Letzten Endes müssen notwendige Bedingungen für das Maximin natürlich wesentlich komplizierter sein als notwendige Bedingungen für gewöhnliche Extrema. Einigermaßen allgemeine Optimalitätsbedingungen (im hier betrachteten Sinn des Wortes) für eine umfassende Mengenklasse $M$ wurden bisher noch nicht ausgearbeitet. Deshalb beschränken wir uns darauf, die Grenzfälle $M = M_0$ und $M = M_u$ zu betrachten, und wir haben die Absicht, die Spezifik der Fragestellung nach notwendigen Optimalitätsbedingungen aufzuzeigen, wenn unbestimmte Faktoren auftreten. Wenn man optimale Strategien sucht, muß man mit den folgenden beiden Umständen rechnen:

1. Nach § 15 existieren zwei Optimalitätsbegriffe, die absolute und die einfache Optimalität. Außerdem lohnt es sich, den Fall einzeln zu behandeln, daß Sattelpunkte vorliegen.

2. Die Aufgabe, die optimale Variante zur Durchführung einer Operation zu bestimmen, kann in zwei Aufgaben aufgeteilt werden:

a) die Suche nach der optimalen Strategie,

b) die Ermittlung des optimalen Resultats (des Maximin), das auch als Effektivitätsabschätzung für die optimale Strategie angesehen werden kann.

Eine derartige Zerlegung ist manchmal bequem, beispielsweise weil es sich zeigen kann, daß die erste Aufgabe einfacher zu lösen ist.

In Übereinstimmung mit dem Gesagten beginnen wir mit notwendigen Bedingungen für absolute Optimalität. Diese Bedingungen sind triviale Folgerungen aus der Definition (164) und fallen im wesentlichen (für beliebiges $M$) mit den gewöhnlichen Optimalitätsbedingungen (ohne unkontrollierbare Faktoren) zusammen, jedoch mit dem Zusatz, daß sie bezüglich $\bar{y} \in N$ exakt erfüllt sein müssen. Insbesondere haben wir für $M = M_0$ und nach $\bar{x}$ differenzierbarem $\bar{F}(\bar{x}, \bar{y})$:

*Dafür, daß ein konstantes $\bar{x}_a \in M_0$ eine absolut optimale Strategie aus dem Inneren von $M_0$ ist, ist notwendig, daß für $\bar{x} = \{x_1, \ldots, x_n\}$*

$$\frac{\partial \bar{F}(\bar{x}_a, \bar{y})}{\partial x_i} = 0; \qquad \bar{y} \in N, \qquad i = 1, \ldots, n, \tag{199}$$

*gilt. Ein am Rande gelegenes $\bar{x}_a$ aus $M_0$ kann nur dann optimal sein, wenn die Ableitung von $\bar{F}(\bar{x}, \bar{y})$ in $\bar{x}_a$ nach einer beliebigen Richtung $\bar{\tau}$, die nicht aus $M_0$ hin-*

*ausführt, nichtpositiv ist, d. h. wenn*

$$\bar{F}'_{\bar{\tau}}(\bar{x}_a, \bar{y}) = \lim_{\Delta \to 0} \frac{\bar{F}(\bar{x}_a + \Delta\bar{\tau}, \bar{y}) - \bar{F}(\bar{x}_a, \bar{y})}{\Delta} \leqq 0 \tag{199'}$$

*für beliebiges $\bar{y} \in N$ gilt.*

Daß (199) bei fixiertem $\bar{x}_a$ notwendig exakt erfüllt sein muß, weist auch darauf hin, daß absolute Optimalität in der Menge $M_0$ „selten" ist, wenn $N$ eine hinreichend umfassende Menge ist.

Eine direkt entgegengesetzte Voraussetzung haben wir bei $M = M_u$. *Dann gibt es gewiß eine absolut optimale Strategie, wenn die Menge $M_0$ abgeschlossen und beschränkt und $\bar{F}(\bar{x}, \bar{y})$ in $\bar{x}$ stetig ist. Das folgt unmittelbar daraus, daß* (164) *erfüllt ist. Der Wert $\bar{x}_a$ für ein optimales $\tilde{x}_a = \bar{x}_a(\bar{y})$ wird durch die Gleichung*

$$\bar{F}(\bar{x}_a, \bar{y}) = \max_{\bar{x} \in M_0} \bar{F}(\bar{x}, \bar{y}) \tag{200}$$

*für jedes $\bar{y} \in N$ definiert.*

Notwendige Bedingungen dafür, daß Werte $\bar{x}_a$ im Inneren von $M_0$ liegen, werden wieder die Bedingungen (199), jedoch mit dem Unterschied, daß nun $\bar{x}_a$ von $\bar{y}$ abhängen kann und daß (199) nicht in $\bar{y}$ exakt ist. Für am Rande gelegene $\bar{x}_a$ ist wiederum (199') notwendig, jedoch mit genau demselben wesentlichen Unterschied. Seien nun $\bar{x}_i$ sämtliche Werte, die für vorgegebenes $\bar{y}$ (199) und (199') erfüllen. Dann wird das endgültige $\bar{x}_a$ durch übliches Aussortieren bestimmt, wobei man von

$$\bar{F}(\bar{x}_a, \bar{y}) = \max_{i} \bar{F}(\bar{x}_i, \bar{y})$$

ausgeht. Damit endet das Verfahren, $\tilde{x}_a$ mit den notwendigen Bedingungen (199) — (199') zu bestimmen. Nach der Folgerung aus Satz XIV, § 15, existiert für abgeschlossene, beschränkte $N$ und stetige $\bar{F}(\bar{x}, \bar{y})$ stets ein Sattelpunkt $(\bar{x}_a, \bar{y}_s)$, der (186) erfüllt, wenn ein absolut optimales $\bar{x}_a \in M_0$ vorliegt. Die Effektivitätsabschätzung für $\bar{x}_a$ ist hier gleich $\bar{F}(\bar{x}_a, \bar{y}_s)$ und erweist sich als Sonderfall der sich auf einen Sattelpunkt beziehenden und später dargelegten Aufgabe.

Eine analoge Behauptung gilt auch für $\tilde{x}_a$. Hier fällt allerdings die Suche nach $\bar{y}_s$ im wesentlichen damit zusammen, daß man das Problem löst, optimale $\bar{y}$ zu suchen, die $\min_{\bar{y} \in N} \max_{\bar{x} \in M_0} \bar{F}(\bar{x}, \bar{y})$ realisieren. Dieses Problem ist äquivalent zu der Aufgabe, $\max_{\bar{x} \in M_0} \min_{\bar{y} \in N} \bar{F}(\bar{x}, \bar{y})$ zu suchen. Das Maximin-Suchproblem mittels notwendiger Bedingungen wird ebenfalls später dargestellt werden.

Wir wollen dazu übergehen, daß Sattelpunkte bestimmt werden, wenn man voraussetzt, daß die $\bar{F}(\bar{x}, \bar{y})$ in $\bar{x}$ und $\bar{y}$ auf beschränkten und abgeschlossenen $M_0$ und $N$ differenzierbar sind. Bei der Suche nach einem Sattelpunktpaar $(\bar{x}_s, \bar{y}_s)$ auf $M_0 \times N$ soll zuerst unterstrichen werden, daß man im allgemeinen dann, wenn etwa $\bar{x}_s$ schon gefunden wurde, $\bar{y}_s$ nicht als beliebige Realisierung von $\min_{\bar{y}} \bar{F}(\bar{x}_s, \bar{y}_s)$ erhalten kann. Also ist nötig, daß

$$\bar{F}(\bar{x}_s, \bar{y}_s) = \max_{\bar{x}} \bar{F}(\bar{x}, \bar{y}_s)$$

gilt.

So ist zum Beispiel für $F(x, y) = xy$ mit $|x| \leqq 1$, $|y| \leqq 1$ nur $x_s = 0$, $y_s = 0$ ein Sattelpunktpaar, wobei gleichzeitig $\min_{y} \bar{F}(0, y)$ für beliebiges $y$ angenommen wird.

Wie aber kann man Sattelpunkte suchen, außer direkt dadurch, daß man Strategien findet, die Maximin und Minimax realisieren?

Dazu muß man über eine bestimmte Menge notwendiger Bedingungen verfügen, denen Sattelpunkte genügen müssen. Solche Bedingungen kann man erhalten, wenn man sich des Satzes XVIII bedient. Er gibt die notwendigen und hinreichenden Bedingungen (186), nach denen ein Sattelpunkt gleichzeitig die beiden Extrema $\max_{\bar{x}} \bar{F}(\bar{x}, \bar{y}_s)$ und $\min_{\bar{y}} \bar{F}(\bar{x}_s, \bar{y})$ realisiert, die gleich ein und demselben $\bar{F}(\bar{x}_s, \bar{y}_s)$ sind. In einer derartigen Formulierung unterscheidet sich das Problem recht wenig von der Suche beispielsweise nach $\max_{\bar{x}, \bar{y}} \bar{F}(\bar{x}, \bar{y})$, die ebenfalls darin besteht, daß gleichzeitig zwei Maxima in $\bar{x}$ und $\bar{y}$ gesucht werden.

Wenn man beliebige bekannte Extremalbedingungen auf $\bar{x}$ und $\bar{y}$ anwendet, kann man stets ein Paar notwendiger Bedingungen für die Sattelpunktsuche erhalten. Seien $\bar{x} = \{x_1, \ldots, x_n\}$, $\bar{y} = \{y_1, \ldots, y_m\}$, sowie $M_0$ und $N$ in der Gestalt $a_i \leqq x_i \leqq b_i$, $c_j \leqq y_j \leqq d_j$ gegeben. Liegt dann ein Sattelpunkt im Inneren von $M_0 \times N$, so gilt notwendig

$$\bar{F}'_{x_i}(\bar{x}_s, \bar{y}_s) = 0 = \bar{F}'_{y_j}(\bar{x}_s, \bar{y}_s), \quad i \leqq n; \quad j \leqq m.$$

Dies gibt uns auch $n + m$ Gleichungen zur Bestimmung der $m + n$ Unbekannten $x_i$ und $y_j$.

Liegt der Punkt $(\bar{x}_s, \bar{y}_s)$ auf dem Rand, d. h. ist etwa $x_{i_k} = a_{i_k}$, $x_{i_l} = b_{i_l}$ und $a_i < x_i < b_i$ für die restlichen $i \neq i_k, i_l$, so werden die notwendigen Bedingungen zu

$$\bar{F}'_{x_i}(\bar{x}_s, \bar{y}_s) = 0 = \bar{F}'_{y_j}(\bar{x}_s, \bar{y}_s) \quad \text{für} \quad i \neq i_k, i_l.$$

Die mannigfaltigen Fälle, die sich ergeben, wenn man sich alle möglichen Lagen von $\bar{x}_s, \bar{y}_s$ in Bezug auf den Rand vorstellt, lassen sich leicht in Gestalt der folgenden allgemeinen notwendigen Bedingungen darstellen.

**Satz XXV.** *Die Sattelpunkte einer nach allen Argumenten differenzierbaren Funktion* $\bar{F}(\bar{x}, \bar{y})$ *mit* $\bar{x} = \{x_1, \ldots, x_n\}, \bar{y} = \{y_1, \ldots, y_m\}, a_i \leqq x_i \leqq b_i, c_j \leqq y_j \leqq d_j$ *erfüllen die notwendigen Bedingungen:*

$$\left.\begin{aligned} \bar{F}'_{x_i}(\bar{x}_s, \bar{y}_s)\,(x_{is} - a_i)\,(x_{is} - b_i) = 0; \quad 1 \leqq i \leqq n\,, \\ \bar{F}'_{y_j}(\bar{x}_s, \bar{y}_s)\,(y_{js} - c_j)\,(y_{js} - d_j) = 0; \quad 1 \leqq j \leqq m\,. \end{aligned}\right\} \tag{201}$$

*Außerdem gilt: Ist* $x_i = a_i$, *so ist* $\bar{F}'_{x_i}(\bar{x}_s, \bar{y}_s) \leqq 0$, *ist* $x_i = b_i$, *so ist* $\bar{F}'_{x_i}(\bar{x}_s, \bar{y}_s) \geqq 0$, *ist* $y_j = c_j$ *oder* $d_j$, *so ist* $\bar{F}'_{y_j}(\bar{x}_s, \bar{y}_s)$ *entsprechend nichtnegativ oder nichtpositiv.*

Die Bedingungen (201) unterscheiden sich in gar nichts von den notwendigen Maximum- und Minimumbedingungen, und damit liefert die Lösung dieser Gleichungen Maxima, Minima und Sattelpunkte (falls diese existieren) und eventuell auch lokale Extrema.

Nun wünschte man sich, den Satz XXV durch notwendige Bedingungen zu ergänzen, die insbesondere die Sattelpunkte aussondern, wenn welche auftreten.

Eine solche notwendige Bedingung erhalten wir aus demselben Satz XVIII. Seien nämlich $(\bar{x}_i, \bar{y}_i)$ sämtliche Punktpaare, die (201) erfüllen. Wir betrachten $\overline{F}(\bar{x}, \bar{y})$ auf dem kartesischen Produkt der diskreten Mengen $M_D = \{\bar{x}_i\}$ und $N_D = \{\bar{y}_j\}$.

Dann ist offensichtlich, daß ein Sattelpunkt von $\overline{F}(\bar{x}, \bar{y})$ auf den Ausgangsmengen $M_0$ und $N$ auch ein Sattelpunkt aus $M_D$ und $N_D$ ist. Also ist notwendig, daß $\bar{x}_s \in M_D$, $\bar{y}_s \in N_D$ und

$$\overline{F}(\bar{x}_s, \bar{y}_s) = \min_{\bar{y}_j \in N_D} \overline{F}(\bar{x}_s, \bar{y}_j) = \max_{\bar{x}_i \in M_D} \overline{F}(\bar{x}_i, \bar{y}_s) \tag{202}$$

gelten.

Die Bedingung (202) gestattet, den Sattelpunkt numerisch aus allen (201) erfüllenden Paaren herauszufinden, indem man einfach alle $(\bar{x}_i, \bar{y}_i)$ sortiert. Gibt es unter ihnen jedoch keinen Sattelpunkt, so bedeutet dies, daß auch im Ausgangsspiel $\overline{F}(\bar{x}, \bar{y})$ auf $M_0 \times N$ keiner existiert.

Die Bedingungen (201) haben natürlich niemals eindeutige Lösungen, da sämtliche Randpunkte

$$x_i = a_i;\ b_i;\ y_j = c_j;\ d_j$$

sie erfüllen.

Als Beispiel dafür, wie man Satz XXV anwenden kann, wollen wir einen Sattelpunkt für die konkav-konvexe Funktion

$$\overline{F}(x, y) = xy^2 - 0\ 5\, x^2 - 0{,}5\, ^2y;\quad 0 \leqq x \leqq 1;\quad 0 \leqq y \leqq 1\,,$$

suchen. Wir haben

$$\overline{F}'_x = y^2 - x;\qquad \overline{F}'_y = 2xy - 0{,}5^2\,.$$

Beide Ableitungen werden nur für $y_1 = 0{,}5$; $x_1 = 0{,}5^2$ gleichzeitig zu Null, außerdem auf Verdacht alle Kombinationen von Randpunkten $x_{2,3} = 0;1$ und $y_{2,3} = 0;1$. Ferner werden die Bedingungen (201) noch für $x_4 = 1$, $y_4 = 0{,}5^3$ erfüllt.

Um einen Sattelpunkt zu bestimmen, muß man für $x$ die Strategien 0; $0{,}5^2$; 1 und für $y$: 0; $0{,}5^3$, 0,5; 1 betrachten. Wir erhalten die entsprechende Auszahlungsmatrix für $\overline{F}(x_i, y_i)$:

| $y$ | 0 | $0{,}5^3$ | 0,5 | 1 |
|---|---|---|---|---|
| $x = 0$ | 0 | $-0{,}5^5$ | $-0{,}5^3$ | $-0{,}5^2$ |
| $x = 0{,}5^2$ | $-0{,}5^5$ | $-0{,}5^4\,(1-0{,}5^4)$ | $-0{,}5^3\,(1-0{,}5^2)$ | $0{,}5^5$ |
| $x = 1$ | $-0{,}5$ | $-0{,}5-0{,}5^6$ | $-0{,}5+0{,}5^3$ | $0{,}5^2$ |

Hieraus ist ersichtlich, daß $x_1 = 0{,}5^2$; $y_1 = 0{,}5$ der Sattelpunkt ist. Das Maximum liegt bei $x = y = 1$, das Minimum bei $x = 1$, $y = 0{,}5^3$.

Es versteht sich, daß man auch alle anderen Verfahren zur Bestimmung von Extrema ebenso gut anwenden kann, um Sattelpunkte auf $M \times N$ zu suchen, wenn die Menge $M$ der betrachteten Strategien und die Form des Effektivitätskriteriums die entsprechenden Bedingungen erfüllen.

Werden so etwa Strategien vom Typ $\tilde{\bar{x}} = \bar{x}(\bar{y} + \bar{z})$ betrachtet, wo $\bar{z}$ ein Zufallsvektor mit bekanntem Verteilungsgesetz ist, so bekommt das Effektivitätskriterium die Gestalt

$$\overline{F}(\tilde{\bar{x}}, \bar{y}) = \int F[\bar{x}(\bar{y} + \bar{z}), \bar{y}]\, d\overline{\varphi}(\bar{z}) .$$

Wegen (186) muß ein Sattelpunkt $(\bar{x}_s, \bar{y}_s)$, falls er existiert, folgende Bedingungen erfüllen:

a) bei fixiertem $\bar{y}_s$ und $\tilde{\bar{x}}_s = \bar{x}_s(\bar{y}_s + \bar{z})$ muß das Maximum

$$\max_{\bar{x}(\bar{y}_s + \bar{z})} \int \overline{F}[\bar{x}(\bar{y}_s + \bar{z}), \bar{y}_s)]\, d\overline{\varphi}(\bar{z}) \tag{203}$$

realisiert werden;

b) bei fixiertem $\tilde{\bar{x}}_s$ und $\bar{y} = \bar{y}_s$ muß das Minimum

$$\min_{\bar{y}} \int \overline{F}\,[\bar{x}_s(\bar{y} + \bar{z}), \bar{y}]\, d\overline{\varphi}(\bar{z}) \tag{204}$$

realisiert werden.

Problem (203) ist ein Variationsproblem bezüglich der Funktion $\bar{x}(\bar{y}_s + \bar{z}) = \bar{x}_1(\bar{z})$. Das ermöglicht es uns auch, die entsprechenden notwendigen Bedingungen, wie zum Beispiel die Eulersche Bedingung, auszunutzen. Problem (204) ist hingegen ein gewöhnliches Extremalproblem mit notwendigen Bedingungen in der Gestalt, daß die partiellen Ableitungen des Kriteriums nach $y_j$ im Punkte $y = y_s$ gleich Null sind, falls $y_s$ kein Randpunkt ist. Also erhält man wieder ein Paar komplexer notwendiger Bedingungen, die keine eindeutige Lösung für den gesuchten Sattelpunkt (jedenfalls für $y_s$) ergeben, wobei es noch nötig ist, die Sattelpunkte auf Grund von (202) auszusortieren.

Es ist klar, daß bei den meisten Aufgaben die Werte $\bar{x}(\bar{y} + \bar{z})$ unmittelbar oder durch irgendwelche differentiellen Zusammenhänge eingeschränkt sind. Dann wird (203) zu einem typischen Suchproblem aus der optimalen „Steuerung" von $\bar{x}(\bar{y}_s + \bar{z})$. Dabei wird es nötig, den Apparat aus der Theorie der optimalen Steuerung anzuwenden, wie beispielsweise das Pontrjaginsche Maximumprinzip.

Wir werden uns nicht länger dabei aufhalten, da zur Zeit den optimalen Steuerungsproblemen viel Aufmerksamkeit zuteil wird und spezielle Handbücher vorliegen, wie zum Beispiel das Buch „Mathematische Methoden der optimalen Steuerung" von W. G. Boltjanski. Auf der anderen Seite können von unserem Gesichtspunkt aus Fälle, die auf optimale Steuerprobleme führen, dadurch, daß man eine Diskretisierung nach $z$ einführt, dahin gebracht werden, daß Satz XXV oder entsprechende numerische Methoden angewendet werden. Wir wollen noch anmerken, daß relativ geschmeidige numerische Methoden vorliegen, mit denen man optimale Steuerprobleme lösen kann. Deren allgemeine Ideen und ein Überblick darüber wurden in dem Artikel „Numerische Methoden in der Theorie der optimalen Steuerung, die Variationen im Zustandsraum verwenden" von N. N. Moisejew gegeben.

Bevor wir die Ergebnisse darlegen, die das Auffinden von Maximin und Minimax betreffen, wollen wir präzisieren, wie die Suche nach optimalen Strategien, Sattelpunkten und Maximins vor sich geht, wenn die Strategien beider Seiten endlich sind. Schon im Beispiel (202) sind wir der Notwendigkeit entsprechenden Durchmusterns begegnet, und wir werden sie auch noch im folgenden antreffen. Dahin gelangen wir allerdings auch dann, wenn die Mengen $M_0$ und $N$ angenähert durch diskrete Mengen $M_0^{\mathrm{D}}$ und $N^{\mathrm{D}}$ ersetzt werden. Daß und wie das möglich ist, wird im folgenden besprochen werden.

Ist die Menge der Strategien $\bar{x}$ und $\bar{y}$ endlich, und zwar

$$M_0 = \{\bar{x}_i; i = 1, \dots, n\}; \quad N = \{\bar{y}_j; j = 1, \dots, m\},$$

so kann das entsprechende Spiel in Gestalt der Auszahlungsmatrix

$$||\overline{F}(\bar{x}_i, \bar{y}_j)|| = ||\overline{F}_{ij}|| \tag{205}$$

geschrieben werden, die zeigt, welche Auszahlung $\overline{F}_{ij}$ die operierende Seite erhält (d. h. welchen Wert das Kriterium hat), wenn die $i$-te Strategie gewählt wird, nachdem der Gegner die $j$-te wählte. Diskrete endliche Spiele heißen oft *Matrix-Spiele*. Für das Spiel (205) kann man das Maximin lediglich durch einfaches Aussortieren gewinnen, indem man für alle $i$ zunächst $A_i = \min\limits_j \overline{F}_{ij}$ bestimmt und schon danach $\max\limits_i A_i = \max\limits_i \min\limits_j \overline{F}_{ij}$. Optimale Strategie der operierenden Seite wird dasjenige $i_0$, für das $A_{i_0} = \max\limits_i A_i$ gilt.

Analog steht es mit dem Minimax, lediglich mit dem Unterschied, daß die optimale Strategie der operierenden Seite hier die Funktion $i_0(j)$ ist, die $\max\limits_i \overline{F}_{ij} = B_j = \overline{F}_{i_0(j)j}$ für jedes $j$ realisiert.

Ist a priori bekannt, daß die Matrix (205) einen Sattelpunkt besitzt, so liegt dem numerischen Suchverfahren für optimale Strategien folgendes Verfahren zugrunde: Wenn man ein beliebiges $j_1$ gewählt hat, findet man $B_{j_1}$ und das entsprechende $i_0(j_1)$, das mit $i_1$ bezeichnet wird. Danach sucht man $A_{i_1}$ und das entsprechende $j_2$, so daß $\overline{F}_{i_1 j_2} = A$ gilt. Ist $j_2 = j_1$, so ist die Sattelpunktsuche beendet (Satz XVIII). Sonst findet sich ein $B_{j_2}$ und das entsprechende $i_2$. Ist $i_2 = i_1$, so wendet man das Suchverfahren an usw. Die Suche endet bei $j_k = j_{k-1}$ oder $i_k = i_{k-1}$.

Wendet man dieses Verfahren allerdings direkt an, so können sich auch Zyklen bilden, d. h. nach irgendeinem Schritt kann man zu $j_1$ zurückkehren. Ein Beispiel für einen Zyklus gibt die Matrix

$$\begin{Vmatrix} 0 & 0 & 0 & 0 \\ 0 & -1 & 4 & 0 \\ 0 & 3 & -1 & 0 \\ 1 & 2 & 3 & 4 \end{Vmatrix},$$

in der der Zyklus von einer gepunkteten Linie umrandet wird und der Sattelpunkt durch eine fettgedruckte Zahl gekennzeichnet ist.

Wenn sich ein Zyklus geschlossen hat, kann man natürlich eine neue Strategie wählen, die mit keiner einzigen Strategie des Zyklus zusammenfällt, aber es ist bequemer, das Verfahren wie folgt zu verbessern.

Wir wählen ein beliebiges $j_1$ und suchen alle $i_0(j_1)$, die $\max_i \overline{F}_{ij_1}$ realisieren. Für jedes mit $i_1$ bezeichnete $i_0(j_1)$ suchen wir $A_{i_1}$ und sämtliche $j_2$, die dieses realisieren. Fällt ein $j_2$ mit $j_1$ zusammen, so ergeben $j_1$ und das entsprechende $i_1$ einen Sattelpunkt. Befindet sich $j_1$ nicht unter diesen $j_2$, so kann sich der Sattelpunkt nicht in der Spalte $j_1$ befinden, und sie wird für die weitere Suche aus der Matrix ausgeschlossen. Wenn man ein beliebiges $i_1$ wählt und schon sämtliche $j_2 \neq j_1$ gefunden hat, die $\min_{j \neq j_1} \overline{F}_{i_1 j_2}$ realisieren, so sucht man für jedes $j_2$ ein $\max_i \overline{F}_{ij_2}$ realisierendes $i_2$. Fällt mindestens ein $i_2$ mit $i_1$ zusammen, so ist ein Sattelpunkt gefunden. Wenn nicht, so wird die Zeile $i_1$ ausgestrichen. Danach wird für irgendein $i_2$ ein $j_3$ gesucht, das $\max_{j \neq j_1} F_{i_2 j}$ realisiert. Wieder endet das Verfahren oder $j_2$ wird ausgestrichen usw. Es ist klar, daß es bei einem derartigen Verfahren unmöglich ist, daß Zyklen auftreten. Nach einer gewissen Anzahl von Schritten findet man einen Sattelpunkt, sofern einer existiert.

Die Aufgabe, nach optimalen garantierenden Strategien und nach den Maximin zu suchen ist neu[1]), jedenfalls in ihrer allgemeinen Problemstellung, und erst in allerjüngster Zeit sind Arbeiten erschienen, die damit zusammenhängen. Es existiert die Vorstellung, daß diese Aufgabe einfacher ist, als ein Spiel in gemischten Strategien zu lösen (d. h. die beste Strategie zu finden), womit sich schon eine Reihe nicht sowjetischer Arbeiten befaßt. Eine derartige Vorstellung beruht darauf, daß die reinen Strategien ein Sonderfall der gemischten sind, es ihrer daher weniger gibt und es also einfacher ist, die beste herauszusuchen. Das wäre tatsächlich so, wenn man die optimalen gemischten Strategien nur mittels einfacher Sortierungsverfahren suchen würde. Jedoch wurden, wie wir weiter unten sehen werden, für die Suche nach optimalen gemischten Strategien in Wirklichkeit spezielle numerische Lösungsmethoden für Spiele ausgearbeitet, und es gibt sogar eine große Anzahl analytischer Entscheidungsmodelle. Alle diese Verfahren basieren darauf, daß bei gemischten Strategien Sattelpunkte

---

[1]) Im folgenden werden wir manchmal der Kürze halber diese Aufgabe als die Aufgabe, ein Spiel in reinen Strategien zu lösen, bezeichnen.

vorliegen und vor allem, daß das Effektivitätskriterium für gemischte Strategien von äußerst spezieller und einfacher Gestalt ist: gegenüber den gegnerischen gemischten Strategien hat es lineare Gestalt (insgesamt ist es linear).

All diese Vorteile fehlen in der Regel, wenn man optimale garantierende reine Strategien und die entsprechenden Maximina (Minimaxe) sucht.

Da man reine Strategien aus gemischten erhält, wenn man die Wahrscheinlichkeiten dafür gleich Null setzt, daß sämtliche reinen Strategien bis auf eine gewählt werden, gestaltet sich der Übergang bei der Lösung eines Spiels in gemischten zur Lösung in reinen Strategien völlig analog dazu, wie sich die Lösung linearer Optimierungsprobleme verkompliziert, wenn sich die Anzahl der Restriktionen vergrößert. Also stellt sich die Lösung eines Spiels in reinen Strategien als eine nicht spezifisch mathematische und weniger komplizierte Aufgabe dar, als es die Lösung in gemischten Strategien ist.

Im vorangegangenen Abschnitt wurde gezeigt, daß jedes Maximin- (und Minimax-)Suchproblem in ein Sattelpunktsuchproblem in entsprechend definierten erweiterten gegnerischen Strategienmengen übergeführt werden kann. Es könnte scheinen, daß es danach unnötig ist, Probleme zu betrachten, bei denen Maximin und Minimax bestimmt werden sollen. Jedoch bringt tatsächlich der dabei zwischen den Strategien gewonnene Zusammenhang der Art $\bar{x} \leftrightarrow \bar{y}(\bar{x})$ (wobei die Gestalt der Funktionen $\bar{y}(\bar{x})$ beliebig sein kann) keine Möglichkeit, bekannte notwendige Extremalbedingungen effektiv anzuwenden, wie dies beispielsweise im Satz XXV geschah, sofern ein Sattelpunkt für die Strategien $\bar{x}$ und $\bar{y}$ existiert. Der Versuch, diese notwendigen Bedingungen anzuwenden, führt zu ebensolchen numerischen und mathematischen Schwierigkeiten, wie die direkte Bestimmung von Maximin, Minimax und der entsprechenden optimalen garantierenden Strategien.

Weiter oben wurde schon erwähnt, daß es stets möglich ist, die Mengen $M_0$ und $N$ näherungsweise durch diskrete endliche Mengen $M_0^{\mathrm{D}}$ und $N^{\mathrm{D}}$ zu ersetzen und diese dazu auszunutzen, daß man Maximin durch direktes Aussortieren findet. Sind allerdings die Mengen $M_0$ und $N$ unbeschränkt, d. h. ist beim Effektivitätskriterium $\overline{F}(\bar{x}, \bar{y})$ die gleichmäßige Stetigkeit nicht gesichert, so wird die Diskretisierung des Problems nicht gelingen, weil $M_0^{\mathrm{D}}$ und $N^{\mathrm{D}}$ unendlich werden. Dadurch wird es unmöglich, das notwendige Aussortieren auszuführen. Eine derartige Schwierigkeit kann natürlich praktisch auch bei relativ großen Mengen $M_0^{\mathrm{D}}$ und $N^{\mathrm{D}}$ auftreten, wobei noch nicht einmal daran gedacht wurde, einschränkende Forderungen an die Approximationsgenauigkeit zu stellen.

Im Zusammenhang damit bemerken wir: *Durch einen tatkräftigen Entschluß kann die operierende Seite die Menge der zu betrachtenden Strategien, d. h. die Menge $M_0^{\mathrm{D}}$ (oder $M_0$) wesentlich einschränken. Das ist ihr unveräußerliches Recht, weil letzten Endes jede Operation von ihr gebildet wird und nicht vom Forscher.*

*Dagegen ist es unmöglich, daß die operierende Seite $N^{\mathrm{D}}$, d. h. $N$ durch einen willkürlichen Akt einschränkt. Das ist ein für sie unkontrollierbarer Faktor, dessen beliebige Änderung bei der Untersuchung die Objektivität und schließlich die Garantie verletzt.*

Dieser sehr wichtige Unterschied zwischen den Strategienmengen bleibt oft unberücksichtigt. Dem Gegner werden grundlos unsere Wünsche und Möglichkeiten vorgeschrieben, was häufig zu vollkommen unerwarteten Operationsergebnissen führt.

Selbst wenn der Gegner über beschränkte Möglichkeiten hinsichtlich der Durchsicht von ganz $N^{D}(N)$ und der Strategienwahl aus dieser Menge verfügt, so garantiert das gar nichts, weil unbekannt ist, welche spezielle Strategie er für den Vergleich in der als bekannt vorausgesetzten Menge $N$ wählt.

Das einzige, worauf die operierende Seite in Bezug auf die Mächtigkeit von $N^{D}$ einwirken kann, ist die Wahl der Ersatzgenauigkeit $\varepsilon$ und des Effektivitätskriteriums. Diesen Umstand sollte man nicht vergessen, wenn man das Ziel, d. h. das Effektivitätskriterium bei einer Operation wählt.

Es ist interessant, daß ein Kriterium, das nur die beiden Werte 0;1 (ein allgemeines Kriterium, das nur endlich viele Werte) annimmt, bezüglich $\varepsilon$ am wenigsten *anspruchsvoll* ist. Es ist offensichtlich, daß ein beliebiges $\varepsilon < 0{,}5$ zulässig ist, da bei einer derartigen Näherung Fehler in der Bestimmung des Ausgangs einer Operation bei der Diskretisierung von $M_0$ und $N$ überhaupt ausgeschlossen sind. Es bleibt auch erhalten, daß Sattelpunkte vorliegen. Es ist möglich, daß die relativ einfache Suche nach der besten Strategie auch Hauptursache dafür ist, daß 0;1-Kriterien im Leben so umfassend angewendet werden. Natürlich treten bei einem derartigen Kriterium auch Schwierigkeiten auf, die vor allem damit zusammenhängen, daß das Effektivitätskriterium auf $M_0 \times N$ unstetig ist.

Man sollte natürlich auch die Möglichkeiten nicht überbetonen, die man in der Wahl des Kriteriumtyps in einem Modell hat, ohne das ursprüngliche Operationsziel radikal zu ändern. Daher ist es nötig, mit der näherungsweisen Diskretisierung von Problemen zugleich auch andere Methoden auszuarbeiten. Es scheint zum Beispiel rationell zu sein, nur nach $\bar{x}$ zu diskretisieren und $\bar{y}$ stetig beizubehalten. Dann erscheint das Problem, das Maximin angenähert zu bestimmen, als die Aufgabe, für diskrete $\bar{x}_i$ die Minima von

$$\min_{\bar{y}} \overline{F}(\bar{x}_i, \bar{y}) = A_i$$

zu suchen und danach unter den $A_i$ die maximalen auszusortieren. Hier werden den numerischen Methoden bekannte Extremumsuchverfahren für Funktionen zugrunde gelegt.

Ferner erhebt sich die Frage, ob es unmöglich ist, die Menge der diskreten Strategien zu verkleinern, die man betrachten muß, wenn man ein hinreichend glattes Kriterium voraussetzen möchte. Das ist im wesentlichen die Frage nach notwendigen Maximin-Bedingungen. Wir wollen nun dazu übergehen, den Stand dieser Untersuchungen darzulegen. Wir beginnen mit dem einfachsten Satz.

**Satz XXVI.** *Sei $\overline{F}(x, y)$ eine stetige, auf einer abgeschlossenen Menge $E$ von Punkten $(x, p)$ definierte Funktion, wobei $a \leqq x \leqq b$ gilt und $p$ Punkt einer ge-*

*wissen kompakten Menge in einem topologischen Raum ist. Existiere ferner ein stetiges $\overline{F}'_x(x, p)$. Dann ist dafür, daß $x_0$ eine optimale garantierende Strategie ist, notwendig, daß ein $\overline{p}$ existiert, für das*

$$\overline{F}(x_0, \overline{p}) = \min_p \overline{F}(x_0, p) = \max_x \inf_p \overline{F}(x, p) \tag{206}$$

*gilt und mindestens eine der folgenden drei Bedingungen erfüllt ist:*

a) $\overline{F}'_x(x_0, \overline{y}) = 0$;

b) *es existiert ein* $\overline{p}_1 \neq \overline{p}$, *für das*

$$\overline{F}(x_0, \overline{p}_1) = \overline{F}(x_0, \overline{p}) = \min_p \overline{F}(x_0, p) \tag{207}$$

*gilt,*

c) $x_0$ *liegt auf dem Rand des Variationsbereiches für* $x$, *d. h. ist gleich* $a$ *oder* $b$.

Beweis. Die Behauptung (206) ist offenbare Folgerung aus der Definition einer optimalen garantierenden Strategie und der Stetigkeit von $\overline{F}(x, p)$ auf der kompakten Menge $E$.

Liege nun $x_0$ nicht auf dem Rand, d. h. sei $a < x_0 < b$ und existiere kein $\overline{p}_1$, das den Eigenschaften (207) genügt. Bezeichnet man dann mit $\overline{p}(x)$ einen beliebigen Punkt, der die Gleichung

$$\overline{F}[x, \overline{p}(x)] = \min_p \overline{F}(x, p)$$

erfüllt, so erhält man wegen der Stetigkeit von $\overline{F}(x, p)$, der Kompaktheit des betrachteten Raumes und wegen des Fehlens von $\overline{p}_1 \neq \overline{p}$, daß $\overline{p}(x) \to \overline{p}$ für $x \to x_0$ gilt (s. den Beweis von Satz XX).

Aber nach Definition von $x_0$ gilt

$$\overline{F}(x_0, \overline{p}) = \max_x \min_p \overline{F}(x, p) = \max_x \overline{F}[x, \overline{p}(x)] .$$

Daher ist

$$\begin{aligned} 0 \geqq \overline{F}[x, \overline{p}(x)] - \overline{F}(x_0, \overline{p}) &= \overline{F}[x, \overline{p}(x)] - \overline{F}[x_0, \overline{p}(x)] + \overline{F}[x_0, \overline{p}(x)] - \overline{F}(x_0, \overline{p}) \\ &\geqq \overline{F}[x, \overline{p}(x)] - \overline{F}[x_0, \overline{p}(x)] , \end{aligned}$$

weil nach (206)

$$\overline{F}[x_0, \overline{p}(x)] - \overline{F}(x_0, \overline{p}) \geqq 0$$

gilt. Dann hat man

$$0 \geqq \overline{F}'_x[x_0 + \Theta(x - x_0), \overline{p}(x)]\,(x - x_0); \qquad 0 \leqq \Theta \leqq 1 ,$$

und erhält

$$\overline{F}'_x[x_0 + \Theta(x - x_0), \overline{p}(x)] \leqq 0, \quad \text{falls} \quad x > x_0 ;$$

$$\overline{F}'_x[x_0 + \Theta(x - x_0), \overline{p}(x)] \geqq 0, \quad \text{falls} \quad x < x_0 .$$

Die Stetigkeit von $\overline{F}'_x(x, \overline{p})$ und die Tatsache, daß $\overline{p}(x) \to \overline{p}$ für $x \to x_0$ gilt, führt zu dem Schluß

$$\overline{F}'_x(x_0, \overline{p}) = 0 ,$$

womit der Beweis des Satzes auch beendet ist.

Bestehe nun der Raum $\{p\}$ aus Punkten $\bar{y} = (y_1, \ldots, y_m)$ des $m$-dimensionalen Raumes mit den Restriktionen $c_i \leqq y_i \leqq d_i$ und existiere das (nicht unbedingt stetige) $\bar{F}'_{y_i}(x, y_1, \ldots, y_m)$. Dann haben wir die

Folgerung: *Dafür, daß $\{x_0, \bar{y}'\}$ das Maximin realisiert, d. h. daß*

$$\bar{F}(x_0, \bar{y}') = \min_{\bar{y}} \bar{F}(x_0, \bar{y}) = \max_{x} \min_{\bar{y}} F(x, \bar{y})$$

*gilt, ist notwendig, daß mindestens eine der folgenden Bedingungen erfüllt ist:*

a)

$$\begin{aligned} 0 &= \bar{F}'_x(x_0, \bar{y}')\,(x_0 - a)\,(x_0 - b) \\ &= \bar{F}'_{y_1}(x_0, \bar{y}')\,(y_1' - c_1)\,(y_1' - d_1) \\ \ldots &= \bar{F}'_{y_m}(x_0, \bar{y}')\,(y_m' - c_m)\,(y_m' - d_m)\,; \end{aligned} \tag{208}$$

b) *es existiert ein $\bar{y}_1 \neq \bar{y}'$, so daß*

$$\left.\begin{aligned} &\bar{F}'_{y_i}(x_0, \bar{y}')\,(y_i' - c_i)\,(y_i' - d_i) \\ &\quad = \bar{F}'_{y_i}(x_0, y_1)\,(y_{i1} - c_i)\,(y_{i1} - d_i) = 0\,; \qquad 1 \leqq i \leqq m\,, \\ &\bar{F}(x_0, \bar{y}') = \bar{F}(x_0, \bar{y}_1) \end{aligned}\right\} \tag{209}$$

*gilt.*

Sowohl im Fall (208) als auch für (209) ist die Anzahl der Gleichungen gleich der Zahl der Unbekannten, und daher ist es im allgemeinen möglich, $x_0$, $\bar{y}'$ und $\bar{y}_1$ zu bestimmen.

Beispiele zeigen, daß sogar für Polynome mit $m = 1$ die beiden Fälle (208) und (209) möglich sind.

Beispiel I.

$$\bar{F}(x, y) = (x - y)^2 - 0{,}5\,x^2\,; \qquad -1 \leqq x \leqq 1\,; \qquad -0{,}5 \leqq y \leqq 0{,}5\,.$$

Hier existiert kein Sattelpunkt. Offenbar gilt

$$\max_x \min_y \bar{F}(x, y) = 0$$

mit $x_0 = y' = 0$. Wir bestimmen

$$\min_y \max_x \bar{F}(x, y)\,.$$

Für $\max_x \{(x - y)^2 - 0{,}5\,x^2\}$ haben wir innerhalb von $(-1; 1)$ die Bedingung $2(x - y) - x = 0$, d. h. $x = 2y$. Wenn wir berücksichtigen, daß das Maximum auf dem Rand angenommen werden kann, erhalten wir

$$\max_x \bar{F}(x, y) = \max\,[-y^2\,;\; (1 - y)^2 - 0{,}5\,;\; (1 + y^2) - 0{,}5].$$

Hieraus ist ersichtlich, daß $\min_y \max_x \bar{F}(x, y) = 0{,}5$ gilt und für $y = 0$ angenommen wird. Für dieses Beispiel ist offenbar (208) erfüllt, d. h. $\bar{F}'_x(0, 0) = \bar{F}'_y(0, 0) = 0$.

Beispiel II.

$$\overline{F}(x, y) = -[x - y(1 - y^2)]^2; \quad -1 \leqq x \leqq 1; \quad -1 \leqq y \leqq 1.$$

Als Bedingung für $\min\limits_y \overline{F}(x, y)$ haben wir

$$[x - y(1 - y^2)]\,[3y^2 - 1] = 0.$$

Ist $x - y(1 - y^2) = 0$, so gilt $\overline{F}(x, y) = 0$. Für $y = \pm\sqrt{\frac{1}{3}}$ ist $\overline{F}\left(x, \pm\sqrt{\frac{1}{3}}\right) = -\left[x \mp \frac{2}{3\sqrt{3}}\right]^2$ für $y = \pm 1$ haben wir $\overline{F}(x, \pm 1) = -x^2$. Hieraus ist klar, daß

$$\min_y \overline{F}(x, y) = \min\left\{-\left(x + \frac{2}{3\sqrt{3}}\right)^2; -\left(x - \frac{2}{3\sqrt{3}}\right)^2\right\}$$

gilt. Daher ist

$$\max_x \min_y \overline{F}(x, y) = -\frac{4}{27} \qquad \text{und} \qquad x_0 = 0;$$

$$y' = \frac{1}{\sqrt{3}}; \qquad y_1 = -\frac{1}{\sqrt{3}}.$$

Wir haben

$$\overline{F}'_x\left(0; \frac{1}{\sqrt{3}}\right) = -\overline{F}'_x\left(0, -\frac{1}{\sqrt{3}}\right) = \frac{3}{3\sqrt{3}} \neq 0,$$

d. h., die Bedingung (208) ist nicht erfüllt, aber die Bedingung (209) gilt:

$$\overline{F}'_y\left(0, \frac{1}{\sqrt{3}}\right) = \overline{F}'_y\left(0, -\frac{1}{\sqrt{3}}\right) = 0; \quad \overline{F}\left(0, \frac{1}{\sqrt{3}}\right) = F\left(0, -\frac{1}{\sqrt{3}}\right) = -\frac{4}{27}.$$

Also kann keine der Varianten (208) und (209) weggelassen werden.

Wenn bei dem einen oder anderen konkreten Problem ein hinreichend bequemer Lösungsalgorithmus für die Gleichungen (208) und (209) (oder im allgemeineren Falle für die Varianten a) und b) aus Satz XXVI) aufgestellt werden kann, so kann man Satz XXVI und die Folgerung daraus zugrundelegen, um das Maximin und die beste garantierende Strategie zu bestimmen. Dafür müssen alle $x_0$ gefunden werden, die (gemeinsam mit allen möglichen $\bar{y}'$ und $\bar{y}_1$) (208) und (209) erfüllen. Unter die Anzahl dieser $x_0$ fallen natürlich auch die Realisierungen für Maximum und Minimum, einfache Randpunkte usw.

Seien $x_i$ alle derartigen $x_0$ und $\bar{y}_j$ alle $\bar{y}'$ und $\bar{y}_1$. Betrachtet man das Matrixspiel $\overline{F}(x_i, \bar{y}_j)$, so überzeugt man sich leicht davon, daß dessen Maximin und optimale garantierende Strategie mit eben denselben für das Ausgangsspiel zusammenfallen. Das geschieht deshalb, weil man für jedes $x_i$ unter den $\bar{y}_j$ auch gewiß ein $\bar{y}_i$ findet, das $\min\limits_{\bar{y}} \overline{F}(x_i, \bar{y})$ realisiert, da es zusammen mit $x_i$ unbedingt (208) oder (209) erfüllen muß, und damit sind alle $\bar{y}_j$, die diese erfüllen, aufgezählt.

Vielleicht könnte man auch auskommen, ohne alle $\bar{y}_1$ zu bestimmen (alle $x_0$ sind natürlich nötig). Aber dann müßte man für jedes $x_i$ das $\min_{\bar{y}}(x_i, \bar{y})$ und obendrein natürlich das globale Minimum errechnen.

Hieraus ist ersichtlich, daß die Aufgabe, das Maximin im allgemeinen Fall zu ermitteln, sogar für einen eindimensionalen Vektor $\bar{x}$ kompliziert ist und man sich aller Wahrscheinlichkeit nach in jedem konkreten Fall für seine eigene Methode entscheiden muß. Dabei darf man nicht versäumen, die Sätze IX und X auszunutzen, mit denen die möglichen gegenerischen Strategien vereinfacht werden und ihre Reichhaltigkeit per definitionem zu $\min_{\bar{y}} \bar{F}(\bar{x}, \bar{y})$, das heißt aber auch zu $\max_{\bar{x}} \min_{\bar{y}} \bar{F}(\bar{x}, \bar{y})$ wird.

Die Anwendung von Satz XXVI entspricht dem oben formulierten Prinzip, daß Beziehungen zwischen den Strategien der operierenden Seite und den gegnerischen bestehen. Wie aus den Bedingungen des Satzes zu ersehen ist, verschlechtern sich die gegnerischen Möglichkeiten nicht gleichzeitig damit, daß die operierende Seite nur eine Größe wählt. Letzteres wird im allgemeinen Fall $\bar{F}(\bar{x}, \bar{y})$ leicht durch die Beschreibung $x_i = x\alpha_i$ überwunden. Fügt man dem System der $\alpha_i$ ($\sum \alpha_i^2 = 1$) diskrete Werte hinzu und sucht man das Maximun über $x$ und $\bar{y}$, so findet man danach das allgemeine Maximin als nach $\{\alpha_i\}$ maximales Maximin über $x$ und $\bar{y}$.

Eine Diskretisierung (wenn man das will sogar eine grobe) nach den $\{\alpha_i\}$ widerspricht nicht dem oben eingeführten Prinzip, weil die gegnerischen Möglichkeiten dabei hinreichend vollständig in die Rechnung einbezogen werden. Es ist allerdings interessant, auch für eine beliebige Gestalt des Vektors $\bar{x}$ notwendige Bedingungen zu erhalten.

Um den Weg klar zu machen, auf dem eine derartige Verallgemeinerung ausgeführt werden kann, bemerken wir, daß die beiden Varianten a) und b) der notwendigen Bedingungen in Satz XXVI in Form einer einzigen geschrieben werden können:

*Es existieren $\bar{p}$ und $\bar{p}_1$ (die nicht notwendig voneinander verschieden sein müssen) und ein $\lambda \in [0, 1]$, so daß*

$$\bar{F}(x_0, \bar{p}) = \bar{F}(x_0, \bar{p}_1) = \min_p \bar{F}(x_0, p)$$

*und*

$$\lambda \bar{F}'_x(x_0, \bar{p}) + (1 - \lambda) \bar{F}'_x(x_0, \bar{p}_1) = 0$$

*gelten.*

Tatsächlich ist die angegebene Bedingung erfüllt, wenn a) erfüllt ist und man $\lambda = 1$ und $\bar{p}_1 = \bar{p}$ setzt. Ist aber b) erfüllt und mindestens eine der Zahlen $\bar{F}'_x(x_0, \bar{p})$ und $\bar{F}'_x(x_0, \bar{p}_1)$ gleich Null, so gehen wir analog vor. Sind jedoch beide von Null verschieden, dann findet man stets das nötige $\lambda$. Die Umkehrung ist noch offensichtlicher: sind $\bar{p}_1$ und $\bar{p}$ verschieden, so ist b) bereits erfüllt, und wenn sie gleich sind, erhalten wir für beliebiges $\lambda$, daß $\bar{F}'_x(x_0, \bar{p}) = 0$ wird. Vernachlässigt man also den einen unklaren Fall $\bar{F}'_x(x_0, \bar{p}) = \bar{F}'_x(x_0, \bar{p}_1) \neq 0$, so bietet sich der Gedanke an, daß man eine Verallgemeinerung auf vektorielles $\bar{x}$ auf analoge Weise suchen muß. Und es gilt in der Tat der

**Satz XXVII.** *Seien $M_0$ und $N$ beschränkte und abgeschlossene Mengen im n- bzw. m-dimensionalen Raum. Seien ferner $\bar{F}(\bar{x}, \bar{y})$ und $\bar{F}'_{x_i}(\bar{x}, \bar{y})$ für $1 \leq i \leq n$ auf $M_0 \times N$ stetig. Dann ist dafür, daß ein innerer Punkt $x_0 \in M_0$ optimal ist, notwendig, daß nichtnegative Zahlen $r_1, \ldots, r_{n+1}$ sowie Strategien $\bar{y}_1, \ldots, \bar{y}_{n+1}$ existieren (die nicht notwendig untereinander verschieden sein müssen), so daß*

$$\left.\begin{aligned} \sum_{i=1}^{n+1} r_i = 1; \quad \sum_{i=1}^{n+1} r_i \bar{F}'_{x_k}(\bar{x}_0, \bar{y}_i) = 0; \quad & k = 1, \ldots, n, \\ \bar{F}(\bar{x}_0, \bar{y}_i) = \min_{\bar{y} \in N} \bar{F}(\bar{x}_0, \bar{y}); \quad & i = 1, \ldots, n+1, \end{aligned}\right\} \tag{210}$$

*gilt.*

Der Beweis dieses Satzes ist relativ umfangreich. Daher führen wir ihn hier nicht an, sondern berufen uns auf den Artikel „Notwendige Bedingungen für das Maximin" in der Zeitschrift „Журнал вычислительной математики и математической физики".

Bedient man sich der notwendigen Bedingungen für min $\bar{F}(\bar{x}_0, \bar{y})$ und berücksichtigt man, daß auf dem Rand $\bar{x}_0$ und $\bar{y}_i$ zusammenfallen können, so erhält man aus (210) leicht notwendige Bedingungen, die vollkommen analog zu (201) sind mit dem einzigen Unterschied, daß sich die ersten Bedingungen für die Ableitung nach $x_i$ auf $\sum_{i=1}^{n+1} r_i \bar{F}(\bar{x}, \bar{y}_i)$ beziehen und die zweiten für alle $\bar{y}_i$ erfüllt sein müssen. Außerdem ist notwendig $\bar{F}(\bar{x}_0, \bar{y}_i) = \bar{F}(\bar{x}_0, \bar{y}_1)$. Es ist leicht einzusehen, daß dabei die Anzahl der Bedingungen mit der Anzahl der Unbekannten übereinstimmt. Das gestattet im Prinzip, die der Optimalität „verdächtigen" $\bar{x}_0$ gleichzeitig mit den $\bar{F}(\bar{x}_0, \bar{y}_i)$ zu bestimmen, was für ein optimales $\bar{x}_0$ auch das gesuchte Maximin ergibt. Leider werden die Bedingungen (210) bei etwas größerer Dimension des Vekors $\bar{x}_0$ zu schwerfällig. Deshalb muß man sich zur Abkürzung dieser oder jener a priori bekannten Eigenschaft von $\bar{F}(\bar{x}, \bar{y})$ bedienen.

Ist insbesondere vorher bekannt, daß $\min_{\bar{y} \in N} F(\bar{x}, \bar{y})$ höchstens in $l \leq n$ Punkten realisiert werden kann, so ändern sich die Bedingungen (210) offensichtlich wie folgt.

Es ist notwendig, daß nichtnegative Zahlen $r_1, \ldots, r_l$ und nicht unbedingt verschiedene gegnerische Strategien $\bar{y}_1, \ldots, y_l$ existieren, so daß

$$\left.\begin{aligned} \sum_{i=1}^{l} r_i = 1; \quad \sum_{i=1}^{l} r_i \bar{F}'_{x_k}(\bar{x}_0, \bar{y}_i) = 0; \quad & k = 1, \ldots, n, \\ \bar{F}(\bar{x}_0, \bar{y}_i) = \min_{\bar{y} \in N} \bar{F}(\bar{x}_0, \bar{y}) \quad & \end{aligned}\right\} \tag{210'}$$

gilt.

Ist beispielsweise bekannt, daß $\overline{F}(\bar{x}, \bar{y})$ in $\bar{y}$ unimodal ist, d. h. daß das Minimum nur in einem Punkt realisiert wird, so werden die notwendigen Optimalitätsbedingungen genau die notwendigen Bedingungen für einen Sattelpunkt vom Typ (201).

Ein anderer Weg (s. die Arbeiten von B. N. PSCHENITSCHNY [27] und W. F. DEMJANOW [6]) basiert darauf, daß Richtungsableitungen für die Funktion

$$\psi(\bar{x}) = \min_{\bar{y}} \overline{F}(\bar{x}, \bar{y})$$

benutzt werden. Von DEMJANOW wurde über diesen Zugang zum Beispiel der folgende sehr interessante Satz bewiesen.

**Satz XXVIII.** *Seien $\overline{F}(\bar{x}, \bar{y})$ und die beschränkten Ableitungen $\overline{F}'_{x_i}(\bar{x}, \bar{y})$ auf dem Produkt der beschränkten und abgeschlossenen Parallelepipede $E_n$ bzw. $E_m$ im n-dimenionalen Raum der Vektoren $\bar{x}$ bzw. im m-dimensionalen Raum der Vektoren $\bar{y}$ stetig. Gebe es ferner einen beliebigen eindeutigen Vektor $\bar{g} = \{\alpha_1, \ldots, \alpha_n\}$ und bestehe die Menge $R(\bar{x})$ aus Punkten $\bar{y}_0$, für die*

$$\overline{F}(\bar{x}, \bar{y}_0) = \psi(\bar{x}) = \min_{\bar{y} \in E_m} \overline{F}(\bar{x}, \bar{y})$$

*gilt.*

*Dann existiert für die Funktion $\psi(\bar{x})$ eine Ableitung nach einer beliebigen Richtung $\bar{g}$, die nicht aus $E_n$ heraus führt ($\bar{x} + \Delta \cdot \bar{g} \in E_n$ für hinreichend kleine $\Delta > 0$), d. h., es existiert*

$$\frac{\partial \psi(\bar{x})}{\partial \bar{g}} = \lim_{\substack{\Delta \to 0 \\ \Delta > 0}} \frac{\psi(\bar{x} + \Delta \bar{g}) - \psi(\bar{x})}{\Delta} \quad \text{mit} \quad \bar{x} + \Delta g \in E_n .$$

*Für diese Ableitung besteht die Identität*

$$\frac{\partial \psi(\bar{x})}{\partial \bar{g}} = \min_{\bar{y} \in R(\bar{x})} [\alpha_1 \overline{F}'_{x_1}(\bar{x}, \bar{y}) + \cdots + \alpha_n \overline{F}'_{x_n}(\bar{x}, \bar{y})] = \min_{\bar{y} \in R(\bar{x})} \left[ \frac{\partial \overline{F}(\bar{x}, \bar{y})}{\partial \bar{x}}, g \right]. \quad (211)$$

In (211) wurde der Kürze halber mit $\frac{\partial \overline{F}(\bar{x}, \bar{y})}{\partial \bar{x}}$ der Vektor $\{\overline{F}'_{x_i}\}$ bezeichnet, und die eckigen Klammern bedeuten das Skalarprodukt.

Wir kommen zum Beweis des Satzes und wollen stets daran denken, daß es nur um Richtungen geht, die nicht aus $E_n$ hinausführen.

Es ist zunächst offensichtlich, daß $R(\bar{x})$ eine beschränkte und abgeschlossene Menge ist. Nach Definition von $\psi(\bar{x})$ gilt

$$\frac{\partial \psi(\bar{x})}{\partial \bar{g}} = \lim_{\substack{\Delta \to 0 \\ \Delta > 0}} \min_{\bar{y} \in E_m} \frac{\overline{F}[\bar{x} + \Delta \bar{g}, \bar{y}] - \psi(\bar{x})}{\Delta},$$

falls der letztere Limes existiert.

Wegen $\Delta > 0$ haben wir für beliebiges $\bar{y}' \in E_m$

$$\min_{\bar{y} \in E_m} \frac{\overline{F}(\bar{x} + \Delta \bar{g}, \bar{y}) - \psi(\bar{x})}{\Delta} \leqq \frac{\overline{F}(\bar{x} + \Delta \bar{g}, \bar{y}') - \psi(\bar{x})}{\Delta}.$$

Hieraus folgt für alle $\bar{y}'$

$$\varlimsup_{\substack{\Delta\to 0\\ \Delta>0}} \min_{\bar{y}\in E_m} \frac{\bar{F}(\bar{x}+\Delta\bar{g},\bar{y})-\psi(\bar{x})}{\Delta} \leqq \varlimsup_{\substack{\Delta\to 0\\ \Delta>0}} \frac{\bar{F}(\bar{x}+\Delta\bar{g},\bar{y}')-\psi(\bar{x})}{\Delta},$$

und daher

$$\varlimsup_{\substack{\Delta\to 0\\ \Delta>0}} \min_{\bar{y}\in E_m} \frac{\bar{F}(\bar{x}+\Delta\bar{g},\bar{y})-\psi(\bar{x})}{\Delta} \leqq \inf_{\bar{y}\in E_m} \varlimsup_{\substack{\Delta\to 0\\ \Delta>0}} \frac{\bar{F}(\bar{x}+\Delta\bar{g},\bar{y}')-\psi(\bar{x})}{\Delta}.$$

Aber für ein nicht zu $R(\bar{x})$ gehöriges $\bar{y}'$ ist

$$\varlimsup_{\Delta\to 0} \frac{\bar{F}(\bar{x}+\Delta\bar{g},\bar{y}')-\psi(\bar{x})}{\Delta} = +\infty,$$

denn es gilt

$$\bar{F}(\bar{x},\bar{y}') > \psi(\bar{x}) = \min_{\bar{y}'\in E_m} \bar{F}(\bar{x},\bar{y}).$$

Daher ist

$$\begin{aligned}\varlimsup_{\substack{\Delta\to 0\\ \Delta>0}} \frac{\psi(\bar{x}+\Delta\bar{g})-\psi(\bar{x})}{\Delta} &= \varlimsup_{\substack{\Delta\to 0\\ \Delta>0}} \min_{\bar{y}\in E_m} \frac{\bar{F}(\bar{x}+\Delta\bar{g},\bar{y})-\psi(\bar{x})}{\Delta}\\ &\leqq \min_{\bar{y}\in R(\bar{x})} \varlimsup_{\substack{\Delta\to 0\\ \Delta>0}} \frac{\bar{F}(\bar{x}+\Delta\bar{g},\bar{y})-\bar{F}(\bar{x},\bar{y})}{\Delta} = \min_{\bar{y}\in R(\bar{x})} \left[\frac{\partial \bar{F}(\bar{x},\bar{y})}{\partial x},\bar{g}\right]. \qquad (212)\end{aligned}$$

Wir bemerken, daß bei der Ableitung von (212) im wesentlichen nur von der Bedingung Gebrauch gemacht wurde, daß für $\bar{F}(\bar{x},\bar{y})$ eine Ableitung in einer beliebigen Richtung existiert. Die Differenzierbarkeit dieser Funktion wurde nicht verwendet.

Komplizierter wird es mit Ungleichungen vom umgekehrten Typ. Zunächst haben wir

$$\left.\begin{aligned}\frac{\psi(\bar{x}+\Delta\bar{g})-\psi(\bar{x})}{\Delta} &= \frac{1}{\Delta}\min_{\bar{y}\in E_m}[\bar{F}(\bar{x}+\Delta\bar{g},\bar{y})-\psi(\bar{x})] = \frac{1}{\Delta}\inf_{\bar{y}\in E_m}\Phi(\Delta,\bar{y}),\\ \Phi(\Delta,\bar{y}) &= \bar{F}(\bar{x},\bar{y})-\psi(\bar{x})+\int_0^\Delta \frac{\partial\bar{F}(\bar{x}+\tau\bar{g},\bar{y})}{\partial g}\,d\tau.\end{aligned}\right\}\qquad (213)$$

Wir wollen daran erinnern, daß nach Voraussetzung die Ableitung nach der Richtung $\frac{\partial\bar{F}(\bar{x},\bar{y})}{\partial\bar{g}}$ in $E_n\times E_m$ nach $\bar{x}$ und $\bar{y}$ gleichmäßig stetig ist.

Wir führen eine Menge $Y_{1\varepsilon}\subset E_m$ ein derart, daß für $\bar{y}\in Y_{1\varepsilon}$

$$\bar{F}(\bar{x},\bar{y})-\psi(\bar{x})\leqq\varepsilon$$

gilt. ($\bar{F}(\bar{x},\bar{y})\geqq\psi(\bar{x})$ besteht nach der Definition von $\psi(\bar{x})$). Offenbar ist $R(\bar{x})\subset Y_{1\varepsilon}$ und $Y_{1\varepsilon}\to R(\bar{x})$ für $\varepsilon\to 0$, weil die Funktion $\bar{F}(\bar{x},\bar{y})$ auf beschränkten

$E_n$ und $E_m$ stetig ist. Daher gibt es für beliebiges $\varepsilon_1$ ein $\varepsilon$ und $\Delta$ so daß für beliebiges $\bar{g} \in Y_{1\varepsilon}$ ein $\bar{g}' \in R(\bar{x})$ existiert derart, daß

$$\left| \frac{\partial \bar{F}(\bar{x}, \bar{g})}{\partial \bar{g}} - \frac{\partial \bar{F}(\bar{x}, \bar{g}')}{\partial \bar{g}} \right| \leqq \varepsilon_1$$

gilt. Ist dabei $\tau \leqq \Delta$, so haben wir

$$\left| \frac{\partial \bar{F}(\bar{x} + \tau \bar{g}, \bar{g})}{\partial \bar{g}} - \frac{\partial \bar{F}(\bar{x}, \bar{g})}{\partial \bar{g}} \right| \leqq \varepsilon_1 .$$

Daher erhalten wir für $\bar{g} \in Y_{1\varepsilon}$

$$\left.\begin{aligned} &\frac{\partial \bar{F}(\bar{x}, \bar{g})}{\partial \bar{g}} \geqq \min_{\bar{g}' \in R(\bar{x})} \frac{\partial \bar{F}(\bar{x}, \bar{g}')}{\partial \bar{g}} - \varepsilon_1 , \\ &\inf_{\bar{g} \in Y_{1\varepsilon}} \Phi(\Delta, \bar{g}) \geqq \inf_{\bar{g} \in Y_{1\varepsilon}} \int_0^\Delta \frac{\partial \bar{F}(\bar{x} + \tau \bar{g}, \bar{g})}{\partial \bar{g}} \, d\tau \\ &\qquad \geqq \inf_{\bar{g} \in Y_{1\varepsilon}} \inf_{0 \leqq \tau \leqq \Delta} \Delta \frac{\partial \bar{F}(\bar{x} + \tau \bar{g}, \bar{g})}{\partial \bar{g}} \geqq \Delta \inf_{\bar{g}' \in R(\bar{x})} \frac{\partial \bar{F}(\bar{x}, \bar{g}')}{\partial \bar{g}} - 2 \varepsilon_1 \Delta . \end{aligned}\right\} \tag{214}$$

Andererseits gilt für $\bar{g} \in Y_{2\varepsilon} = E_m - Y_{1\varepsilon}$

$$\inf_{\bar{g} \in Y_{2\varepsilon}} \Phi(\Delta, \bar{g}) \geqq \varepsilon + \inf_{\bar{g} \in Y_{1\varepsilon}} \int_0^\Delta \frac{\partial \bar{F}(\bar{x} + \tau \bar{g}, \bar{g})}{\partial \bar{g}} \, d\tau \geqq \varepsilon - k\Delta ,$$

mit

$$k = \sup_{\bar{g}, \tau} \left| \frac{\partial \bar{F}(\bar{x} + \tau \bar{g}, \bar{g})}{\partial \bar{g}} \right| < \infty .$$

Ferner haben wir wegen $R(\bar{x}) \subset Y_{1\varepsilon}$ und $\bar{F}(\bar{x}, \bar{g}) = \psi(\bar{x})$ für $\bar{g} \in R(\bar{x})$

$$\inf_{\bar{g} \in Y_{1\varepsilon}} \Phi(\Delta, \bar{g}) \leqq \inf_{\bar{g} \in R(\bar{x})} \Phi(\Delta, \bar{g}) = \inf_{\bar{g} \in R(\bar{x})} \int_0^\Delta \frac{\partial \bar{F}(\bar{x} + \tau \bar{g}, \bar{g})}{\partial \bar{g}} \, d\tau \leqq k\Delta .$$

Ist daher $\Delta \leqq \frac{\varepsilon}{4k}$, so gilt

$$\inf_{\bar{g} \in Y_{1\varepsilon}} \Phi(\Delta, \bar{g}) \leqq \inf_{\bar{g} \in Y_{2\varepsilon}} \Phi(\Delta, \bar{g})$$

und folglich

$$\inf_{\bar{g} \in E_m} \Phi(\Delta, \bar{g}) = \inf_{\bar{g} \in Y_{1\varepsilon}} \Phi(\Delta, \bar{g}) . \tag{215}$$

Somit erhalten wir für fixierte $\varepsilon_1$ und $\varepsilon$ sowie für hinreichend kleine $\Delta$ wegen (214) und (215)

$$\frac{1}{\Delta} \inf_{\bar{g} \in E_m} \Phi(\Delta, \bar{g}) \geqq \inf_{\bar{g}' \in R(\bar{x})} \frac{\partial \bar{F}(\bar{x}, \bar{g}')}{\partial \bar{g}} - 2\varepsilon_1 .$$

Nach Definition von $\psi(\bar{x} + \Delta\bar{g})$ ist

$$\varliminf_{\substack{\Delta\to 0\\ \Delta>0}} \frac{\psi(\bar{x}+\Delta\bar{g})-\psi(\bar{x})}{\Delta} \geqq \inf_{\bar{y}'\in R(\bar{x})} \frac{\partial \bar{F}(\bar{x},\bar{y}')}{\partial \bar{g}} - 2\varepsilon_1 .$$

Die Tatsache, daß $\varepsilon_1$ beliebig ist, die Gleichung $\frac{\partial \bar{F}(\bar{x},\bar{y})}{\partial \bar{g}} = \left[\frac{\partial \bar{F}(\bar{x},\bar{y}')}{\partial \bar{x}}, \bar{g}\right]$ und (212) beweisen, daß für $\psi(\bar{x})$ Ableitungen nach einer beliebigen Richtung $\bar{g}$ existieren und die Gleichung

$$\frac{\partial\psi(\bar{x})}{\partial \bar{g}} = \min_{\bar{y}\in R(\bar{x})} \left[\frac{\partial \bar{F}(\bar{x},\bar{y})}{\partial \bar{x}}, \bar{g}\right]$$

gilt.

Satz XXVII wurde in der Formulierung von W. F. Demjanow angegeben. Aus dem Beweis kann man jedoch leicht ersehen, daß der Satz auch dann richtig bleibt, wenn $\bar{y}$ ein Punkt eines beliebigen abgeschlossenen kompakten Raumes und nicht nur von $E_m$ ist.

Die Effektivität dieses Satzes oder besser der Formel (211) wird dadurch verringert, daß man die gesamte Menge $R(\bar{x})$ kennen muß. Indessen erfordert die Bestimmung von $\psi(\bar{x})$ und das heißt auch ihrer Richtungsableitungen nur, daß man die Größe min $\bar{F}(\bar{x}, \bar{y})$ kennt und überhaupt nicht die gesamte Menge der Realisationen dieses Minimums.

Das sind wiederum dieselben Schwierigkeiten wie bei der Anwendung von Satz XXVI. Nichtsdestoweniger ist die Bedeutung von Satz XXVIII wie man sieht groß. Daraus folgt insbesondere, daß dann, wenn $R(\bar{x}_0)$ aus nur einem Punkte $\bar{y}_0$ besteht und $\bar{x}_0$ nicht auf dem Rande von $E_n$ liegt, $\psi(\bar{x}_0)$ differenzierbar ist und $\frac{\partial\psi(\bar{x}_0)}{\partial\bar{x}} = \frac{\partial \bar{F}(\bar{x}_0,\bar{y}_0)}{\partial \bar{x}}$ gilt.

Ist hier aber $\bar{x}_0$ die beste garantierende Strategie, so gilt notwendig $0 = \frac{\partial\psi(\bar{x}_0)}{\partial\bar{x}} = \frac{\partial \bar{F}(\bar{x}_0,\bar{y}_0)}{\partial \bar{x}}$, was genau den gleichen Sinn ergibt wie die erste Variante der Bedingung (207). Hieraus wird sichtbar, daß Satz XXVI eine Folgerung aus Satz XXVIII ist und die ersten beiden Varianten von (207) den Fällen entsprechen, in denen $R(\bar{x})$ nur einen bzw. zwei Punkte enthält.

Im allgemeinen erhält man aus Satz XXVIII die folgende notwendige Optimalitätsbedingung für eine Strategie $\bar{x}_0$ (mit den Voraussetzungen von Satz XXVIII).

Folgerung: *Damit $\bar{x}_0$ optimal ist, ist notwendig, daß die Ableitung von $\psi(\bar{x})$ nach allen Richtungen im Punkte $\bar{x}_0$ nichtpositiv ist.* Mit anderen Worten, es ist notwendig, daß

$$\sup_{\bar{g}\in E_n} \frac{\partial\psi(\bar{x}_0)}{\partial\bar{g}} = \sup_{\bar{g}\in E_n} \min_{\bar{y}\in R(\bar{x}_0)} \left[\frac{\partial \bar{F}(\bar{x}_0,\bar{y})}{\partial \bar{x}}, \bar{g}\right] \leqq 0 \qquad (216)$$

gilt.

Die Effektivität dieser Bedingung wird wiederum dadurch eingeschränkt, daß man unbedingt ganz $R(\bar{x}_0)$ kennen muß, um sie zu verifizieren. In diesem Sinne ist (216) weniger geeignet als (210), weil an letzterer Formel nicht ganz $R(\bar{x}_0)$ beteiligt ist, wenn dieses mehr als $n + 1$ Punkte enthält. Außerdem besteht die größere Bequemlichkeit von (210) oder genauer ihrer Modifikation von der Art (201) darin, daß die Operation 'min' fehlt, und das heißt dann, daß $\bar{x}_0$ bequemer gesucht werden kann. Andererseits ist Bedingung (216) genauer und folglich zur Kontrolle geeigneter. All das Gesagte erschöpft die uns bekannten Ergebnisse über notwendige Bedingungen für das Maximin.

In Verbindung mit der früher angegebenen Auswahl ergeben die Sätze XXVI–XXVIII die prinzipielle Möglichkeit, das optimale $\bar{x}_0$ zu bestimmen und den Wert des Maximin, selbst wenn $M = M_0$ die Strategienmenge ist.

Was den Fall $M = M_u$ betrifft, so existiert hier, wie wir schon wissen, eine absolute optimale Strategie $\tilde{x}_a$, die man mit (199) — (199′) bestimmen kann. Was das beste garantierte Resultat anbelangt, so ist dies hier gleich

$$\min_{\bar{y} \in N} \max_{\bar{x} \in M_0} \overline{F}(\bar{x}, \bar{y})$$

und kann bestimmt werden, indem man lediglich die aufgezählten Sätze anwendet. Wie wir sehen, zerfallen hier die Aufgaben, eine optimale Strategie zu bestimmen und deren Effektivität zu schätzen, in zwei Einzelaufgaben, wie schon zu Beginn dieses Abschnitts gesagt.

## § 18. Approximation von Spielen und Operationsmodellen

Um in der Praxis approximative Untersuchungen durchzuführen und auch, um eine Reihe theoretischer Resultate zu erhalten, muß man eine klare Vorstellung darüber haben, wie weit Spiele oder Operationsmodelle zueinander benachbart sind. Wie auch sonst kann eine derartige Nachbarschaft entweder über das Effektivitätskriterium (die Auszahlung) oder über die Strategienmenge oder über diese beiden Faktoren existieren. Dabei stellt sich stets die Frage nach der Nachbarschaft bei Effektivitätsabschätzungen und bei optimalen Entscheidungen. Die Grundlagen für ein Urteil über diese Fragen können zwei einfache Sätze geben, die in diesem Paragraphen gebracht werden.

**Satz XXIX.** *Seien auf beliebigen Mengen $M_0 = \{z\}$ und $N_0 = \{v\}$ zwei Kriterien $F(z, v)$ und $F_1(z, v)$ gegeben, so daß $|F(z, v) - F_1(z, v)| \leqq \varepsilon$ für beliebiges $z \in M_0$ und $v \in N_0$ gilt. Dann unterscheiden sich auch die Effektivitätsabschätzungen beliebiger Strategien $\tilde{z} = z(v)$ um weniger als $\varepsilon$, d. h., es gilt*

$$\left| \inf_{v \in N_0} F(\tilde{z}, v) - \inf_{v \in N_0} F_1(\tilde{z}, v) \right| \leqq \varepsilon .$$

*Genauso jedoch unterscheiden sich auch die optimalen garantierten Resultate der Operationen (die Maximine) über einer beliebigen Menge M von Strategien $\tilde{z}$*

*und im gleichen Maße auch über den gemischten Strategien um weniger als $\varepsilon$ voneinander. Im allgemeinen gilt*

$$\left|\sup_{\tilde{z}\in M}\inf_{\tilde{v}\in N} F(\tilde{z},\tilde{v}) - \sup_{\tilde{z}\in M}\inf_{\tilde{v}\in N} F_1(\tilde{z},\tilde{v})\right| \leqq \varepsilon$$

*für beliebige Strategienmengen $M$ und $N$ beider Spieler, deren jedes Paar $\tilde{z}$ und $\tilde{v}$ ein $z$ und $v$, und das heißt auch die Spielresultate, bestimmt.*

Beweis. Sei $\tilde{z} = z(v)$ beliebig und die Folge $v_n$ derart, daß

$$\inf_{v\in N_0} F[z(v), v] = \lim_{n\to\infty} F[z(v_n), v_n]$$

gilt. Nach Voraussetzung ist

$$F[z(v_n), v_n] \geqq F_1[z(v_n), v_n] - \varepsilon \geqq \inf_{v\in N_0} F_1[z(v), v] - \varepsilon .$$

Geht man zum Limes für $n \to \infty$ über, so erhält man

$$\inf_{v\in N_0} F[z(v), v] \geqq \inf_{v\in N_0} F_1[z(v), v] - \varepsilon .$$

Da $F$ und $F_1$ vollständig gleichberechtigt sind, hat man analog

$$\inf_{v\in N_0} F_1[z(v), v] \geqq \inf_{v\in N_0} F[z(v), v] - \varepsilon .$$

Nach der ersten Behauptung des Satzes sind diese beiden Ungleichungen äquivalent. Um die zweite zu beweisen, wählen wir eine Folge $\tilde{z}_k$ derart, daß

$$\sup_{\tilde{z}\in M}\inf_{v\in N_0} F(\tilde{z}, v) = \lim_{k\to\infty}\inf_{v\in N_0} F(\tilde{z}_k, v)$$

gilt. Aber, wie bereits bewiesen, ist

$$\inf_{v\in N_0} F(\tilde{z}_k, v) \leqq \inf_{v\in N_0} F_1(\tilde{z}_k, v) + \varepsilon \leqq \sup_{\tilde{z}\in M}\inf_{v\in N_0} F_1(\tilde{z}, v) + \varepsilon ,$$

und folglich erhalten wir beim Grenzübergang

$$\sup_{\tilde{z}\in M}\inf_{v\in N_0} F(\tilde{z}, v) \leqq \sup_{\tilde{z}\in M}\inf_{v\in N_0} F_1(\tilde{z}, v) + \varepsilon .$$

Es gilt natürlich auch die entsprechende Ungleichung, die man erhält, wenn man $F$ und $F_1$ vertauscht. Die Gesamtheit dieser Ungleichungen beweist die $\varepsilon$-Nachbarschaft von Maximinen.

Besteht die Menge $M$ aus gemischten Strategien $\varphi(z)$, so werden die Auszahlungen entsprechend gleich

$$\bar{\bar{F}} = \int F(z, v)\, d\varphi(z); \qquad \bar{\bar{F}}_1 = \int F_1(z, v)\, d\varphi(z) .$$

Nach dem Mittelwertsatz gilt offensichtlich

$$|\bar{\bar{F}}(\varphi, v) - \bar{\bar{F}}_1(\varphi, v)| \leqq \int |F(z, v) - F_1(z, v)|\, d\varphi(z) \leqq \varepsilon .$$

Also erfüllen die neuen Effektivitätskriterien die Voraussetzungen des Satzes und, wie gezeigt wurde, unterscheiden sich die Effektivitätsabschätzungen sowohl für die besten garantierten Resultate als auch auf der Menge der gemischten Strategien um weniger als $\varepsilon$. Die letzte Behauptung des Satzes folgt schließlich offensichtlich aus den schon bewiesenen Ergebnissen, wenn man anstelle von $M_0$ bzw. $N_0$ die Mengen $M$ bzw. $N$ in Betracht zieht, was nach Voraussetzung zulässig ist.

Bemerkungen.

1. Der Satz behauptet nicht, daß die optimalen Strategien selbst benachbart sind, ja das ist sogar unwahr. *Beispiel*: $F = y + \varepsilon x$, $F_1 = y - \varepsilon x$ für $M_0 = N_0 = [-1; 1]$. Tatsächlich ist bei beliebigem $\varepsilon > 0$ für $F$ die Strategie $x = 1$ und für $F_1$ die Strategie $x = -1$ optimal.

Dieser Umstand mindert nicht die praktische Bedeutung des Satzes, weil er (wenn man $F$ durch $F_1$ ersetzt) für eine fehlerhaft gefundene optimale Strategie ein Ergebnis garantiert, das sich von einer wirklich optimalen um nicht mehr als $\varepsilon$ unterscheidet.

2. Ersetzt man $F$ durch $F_1$, so bleibt im allgemeinen nicht erhalten, daß ein Sattelpunkt und eine absolut optimale Strategie vorhanden sind, aber das Maximin wird sich vom Minimax um nicht mehr als $2\varepsilon$ unterscheiden, und anstelle einer absolut optimalen Strategie tritt eine Strategie $\tilde{z}_a^\varepsilon$ auf, die das Maximum über $\tilde{z}$ für beliebige $v$ mit einer Genauigkeit bis auf $\varepsilon$ realisiert.

3. Befindet sich unter den unkontrollierbaren Faktoren $v$ eine zufällige Komponente, so ändert eine Mittelung über die Zufälligkeiten absolut nichts an den Ergebnissen des Satzes analog dazu, wie das auch bei gemischten Strategien der Fall war.

Der Satz XXIX wird uns im folgenden ermöglichen, den Hauptsatz über stetige Spiele zu beweisen. Jetzt aber werden wir ihn ausnutzen, um einen approximativen Ersatz einer Operation mit kontinuierlichen Mengen $M_0$ und $N$ von Vektoren $\bar{x}$ und $\bar{y}$ durch eine Operation mit diskreten Mengen $M_0^{\mathrm{D}}$ und $N^{\mathrm{D}}$ zur Anwendung numerischer Methoden streng zu begründen.

Wir fordern lediglich die Beschränktheit von $M_0$ und $N$ und die Stetigkeit des Kriteriums $\overline{F}(\bar{x}, \bar{y})$ und zerlegen, indem wir ein beliebiges $\varepsilon$ wählen, die $M_0$ und $N$ enthaltenen Parallelepipede $\overline{M}$ und $\overline{N}$ (die wegen der Beschränktheit von $M_0$ und $N$ existieren) in so kleine Parallelepipede, daß die Schwankung von $\overline{F}(\bar{x}, \bar{y})$ in jedem Paar davon $\varepsilon$ nicht überschreitet.

Wir wählen nun in jedem Paar solcher Parallelepipede $\overline{F}_1(\bar{x}, \bar{y})$ konstant und gleich dem Wert $\overline{F}(\bar{x}_n, \bar{y}_m)$ in den Mittelpunkten $\bar{x}_n$ und $\bar{y}_m$ dieser Parallelepipede. Nach Konstruktion haben wir natürlich

$$|\overline{F}(\bar{x}, \bar{y}) - \overline{F}_1(\bar{x}, \bar{y})| < \varepsilon \quad \text{für} \quad \bar{x} \in M_0 \quad \text{und} \quad \bar{y} \in N\,.$$

Nach dem soeben bewiesenen Satz kann man die Betrachtung einer Operation mit dem Kriterium $\overline{F}(\bar{x}, \bar{y})$ mit Genauigkeit bis auf $\varepsilon$ durch die Betrachtung einer Operation mit dem Kriterium $\overline{F}_1(\bar{x}, \bar{y})$ ersetzen. Für das letztere sind jedoch sämtliche Werte von $\bar{x}$, die ein und demselben Parallelepiped angehören, vollkommen gleichwertig. Das bezieht sich ebenso auf die unbestimmten Faktoren $\bar{y}$. Wählt man entsprechend $\bar{x}_n$ und $\bar{y}_m$ als „Repräsentanten" für diese Parallelepipede, so kommt man zu einer Operation mit dem Kriterium $\overline{F}_1(\bar{x}_n, \bar{y}_m) = \overline{F}(\bar{x}_n, \bar{y}_m)$, gegeben auf endlichen Mengen $M_0^{\mathrm{D}}$ und $N^{\mathrm{D}}$ für die Werte $\bar{x}_n$ und $\bar{y}_m$.[1]) Die hier erhaltenen optimalen Strategien werden $\varepsilon$-optimal für das Ausgangsproblem.

Es ist bequemer, den zweiten Satz in anderer Form darzustellen. Sei

$$N_0 = \sum_{j=1}^{\infty} N_j\,, \qquad M_0 = \sum_{i=1}^{\infty} M_i \qquad \text{mit} \qquad N_j \subset N_{j+1}\,, \; M_i \subset M_{i+1}\,.$$

Sei ferner ein beliebiges Kriterium $F(z, v)$ mit $z \in M_0$ und $v \in N_0$ gegeben.

Zugleich mit dieser Operation betrachten wir auch eine Operation mit demselben Kriterium aber mit $M_i$ als Menge der kontrollierbaren und $N_j$ als Menge der unkontrollierbaren Faktoren.

**Satz XXX.** 1. *Es gilt stets*

$$\inf_{v \in N_0} F(\tilde{z}, v) = \lim_{j \to \infty} \inf_{v \in N_j} F(\tilde{z}, v)\,, \qquad \sup_{z \in M_0} F(z, v) = \lim_{i \to \infty} \sup_{z \in M_i} F(z, v)\,, \tag{217}$$

$$\sup_{z \in M_0} \inf_{v \in N_0} F(z, v) = \lim_{i \to \infty} \sup_{z \in M_i} \inf_{v \in N_0} F(z, v) =$$

$$= \lim_{i \to \infty} \sup_{z \in M_i} \lim_{j \to \infty} \inf_{v \in N_j} F(z, v) \leqq \underline{\lim}_{i, j \to \infty} \sup_{z \in M_i} \inf_{v \in N_j} F(z, v)\,, \tag{218}$$

$$\inf_{v \in N_0} \sup_{z \in M_0} F(z, v) = \lim_{j \to \infty} \inf_{v \in N_j} \sup_{z \in M_0} F(z, v) \geqq \overline{\lim}_{i, j \to \infty} \inf_{v \in N_j} \sup_{z \in M_i} F(z, v)\,. \tag{218'}$$

2. *Auf $M_0 \times N_0$ existiert genau dann ein Sattelpunkt $(z_s, v_s)$, wenn er Sattelpunkt für alle $M_i \times N_j$ ist mit hinreichend großen $i$ und $j$. Dasselbe bezieht sich auch auf eine absolut optimale Strategie $z_a$.*

3. *Gilt $L = \sup_{z \in M_0} \inf_{v \in N_0} F(z, v) \neq \infty$, so gibt es für beliebiges $\varepsilon$ stets $M_i^\varepsilon \subset M_i$ derart, daß $M_i^\varepsilon \subset M_{i+1}^\varepsilon$, $\sum_{i=1}^{\infty} M_i^\varepsilon = M_0$, gilt und $j_\varepsilon$, $i_\varepsilon$ für die bei $i \geqq i_\varepsilon$; $j \geqq j_\varepsilon$*

$$\left| \sup_{z \in M_0} \inf_{v \in N_0} F(z, v) - \sup_{z \in M_i^\varepsilon} \inf_{v \in N_j} F(z, v) \right| \leqq \varepsilon \tag{219}$$

*erfüllt ist. Ist $L = +\infty$, so gilt anstelle von* (219) *für beliebiges $T$*

$$\sup_{z \in M_i} \inf_{v \in N_j} F(z, v) \geqq T \qquad \text{für} \qquad i \geqq i_T\,; \; j \geqq j_T\,.$$

[1]) Fallen die Mittelpunkte $\bar{x}_n$ oder $\bar{y}_m$ nicht in die Mengen $M_0$ oder $N$, so können sie durch beliebige andere Punkte des jeweiligen Parallelepipeds ersetzt werden.

*Ist schließlich $L = -\infty$, so gilt*

$$\sup_{z\in M_i}\inf_{v\in N_j} F(z, v) \leqq -T; \qquad i \geqq i_T; \qquad j \geqq j_T .$$

Beweis. 1. Die erste Gleichung folgt offenbar daraus, daß für beliebiges $\delta$ ein $v_\delta$ existiert, für das es ein $j_\delta$ derart gibt, daß $v_\delta \in N_j$ für $j \geqq j_\delta$

$$\inf_{v\in N_j} F(\tilde{z}, v) \geqq \inf_{v\in N_0} F(\tilde{z}, v) \geqq F(\tilde{z}, v_\delta) - \delta \geqq \inf_{v\in N_j} F(\tilde{z}, v) - \delta .$$

Die zweite Gleichung beweist man analog. Bezeichnet man $F_0(z, v) = \inf_{v\in N_0} F(z, v)$ und wählt man nacheinander die bereits bewiesenen Gleichungen, so erhält man die dritte Gleichung. Die diese abschließende Ungleichung folgt daraus, daß für beliebiges $\delta$ ein $z_\delta$ existiert, für das

$$\sup_{z\in M_0}\inf_{v\in N_0} F(z, v) \leqq \inf_{v\in N_0} F(z_\delta, v) + \delta \leqq \inf_{v\in N_j} F(z_\delta, v) + \delta \leqq \sup_{z\in M_i}\inf_{v\in N_j} F(z, v) + \delta$$

gilt, wobei alle $j$ und $i$ derart gewählt sind, daß $M_i \ni z_\delta$ ist. Die letzte Behauptung der ersten Gruppe ist analog zur dritten.

2. Ist $(z_s, v_s)$ ein Sattelpunkt, so gilt

$$F(z_s, v) \geqq F(z_s, v_s) \geqq F(z, v_s)$$

für beliebige $z \in M_0$ und $v \in N_0$. Dieselbe Ungleichung wird umsomehr erfüllt für $z \in M_i$ und $v \in N_j$. Daher wird $(z_s, v_s)$ Sattelpunktpaar für alle $M_i$ und $N_j$, die $z_s$ bzw. $v_s$ enthalten. Nach den Voraussetzungen des Satzes sind das alle $M_i$ und $N_j$ mit hinreichend großen Indices. Die Umkehrung ist erst recht offensichtlich, weil man dann, wenn $z_s$, $v_s$ Sattelpunkte für alle $N_j \times M_i$ mit $i \geqq i_0$ und $j \geqq j_0$ sind, für jedes Paar $z$, $v$ unter diesen Indices solche findet, daß $z \in M_i$, $v \in N_j$ gilt. Aber dann ist

$$F(z, v_s) \leqq F(z_s, v_s) \leqq F(z_s, v) .$$

Weil $z$ und $v$ beliebig aus $M_0$ und $N_0$ waren, ist $z_s$, $v_s$ Sattelpunkt in $M_0 \times N_0$. Vollkommen analog beweist man auch die Behauptung über absolut optimale Strategien.

3. Ist $L = \sup_{z\in M_0}\inf_{v\in N_0} F(z, v) = +\infty$, so ist Behauptung 3 trivial. Ist $L = -\infty$, so ist für $M_i^\varepsilon = M_i$ das Geforderte eine Folgerung aus (218′) und daraus, daß das Maximin über $M_i$ und $N_j$ stets kleiner als das Minimax ist (Lemma 160)).

Sei nun $L$ endlich. Wir geben $\varepsilon$ vor und bezeichnen mit $M_l^*$ die Menge derjenigen $z$, für die bei $j \geqq l$

$$\inf_{v\in N_j} F(z, v) \geqq \inf_{v\in N_0} F(z, v) \geqq \inf_{v\in N_j} F(z, v) - \varepsilon$$

gilt. Nach der ersten Behauptung des Satzes gehört jedes $z$ zu irgendeinem $M_l^*$, und folglich ist $\sum_{l=1}^{\infty} M_l^* = M_0$.

Es ist ebenfalls offensichtlich, daß $M_i^* \subset M_{i+1}^*$ gilt. Wir wollen nun mit $M_i^\varepsilon$ den Durchschnitt von $M_i$ und $M_i^*$ bezeichnen. Offensichtlich gilt $M_i^\varepsilon \subset M_{i+1}^\varepsilon$. Außerdem gehört jedes $z$ zu allen $M_i$ und jedem $M_i^*$, wenn man mit hinreichend großen $i$ beginnt. Daher haben wir $\sum_{i=1}^{\infty} M_i^\varepsilon = M_0$.

Sei $z \in M_i^\varepsilon$, dann gilt nach der Definition von $M_i^* \supset M_i^\varepsilon$

$$\inf_{v \in N_0} F(z, v) \geqq \inf_{v \in N_j} F(z, v) - \varepsilon$$

für alle $j \geqq i$. Aber hieraus ergibt sich für beliebige $i$ und $j \geqq i$

$$\sup_{z \in M_0} \inf_{v \in N_0} F(z, v) \geqq \sup_{z \in M_i^\varepsilon} \inf_{v \in N_0} F(z, v) \geqq \sup_{z \in M_i^\varepsilon} \inf_{v \in N_j} F(z, v) - \varepsilon .$$

Wendet man nun aber auf das System der $M_i^\varepsilon$ die Beziehung (218) an, so erhält man, daß $i_0$ und $j_0$ derart existieren, daß für $i \geqq i_0$, $j \geqq j_0$

$$\sup_{z \in M_i^\varepsilon} \inf_{v \in N_j} F(z, v) \geqq \sup_{z \in M_0} \inf_{v \in N_0} F(z, v) - \varepsilon$$

gilt. Vereinigt man die gewonnenen Ungleichungen, so erhält man die letzte Behauptung des Satzes.

Der Satz XXX ist relativ allgemein und von qualitativem Charakter. Die in ihm behauptete Möglichkeit einer Approximation der Effektivitätsabschätzung für eine beliebige Strategie gestattet, endlich viele Strategien zu vergleichen und die beste darunter auszuwählen. Da jedoch der Grenzübergang nicht gleichmäßig ist, ist es nicht erlaubt, eine Approximation durchzuführen, um die Maximine und Minimaxe zu bestimmen. Besonders deshalb tritt in (218) eine Ungleichung auf.

Der dritte Teil das Satzes behauptet, daß man diese Unannehmlichkeit beseitigen kann, wenn man die Mengen $M_i$ (oder $N_i$ für das Minimax) umstellt.

Als Anwendung dieses Satzes beweisen wir die folgende

Folgerung. *Ist $\overline{F}(\bar{x}, \bar{y})$ konkav-konvex, stetig und auf $M_0 \times N$ nach oben oder unten beschränkt, wobei $M_0 = \sum_{i=1}^{\infty} M_i$ und $N = \sum_{j=1}^{\infty} N_j$ gilt und jedes $M_i$ bzw. $N_j$ konvex, abgeschlossen und beschränkt ist mit $M_i \subset M_{i+1}$, $N_j \subset N_{j+1}$, so existiert auf $M_0 \times N$ für $\overline{F}(\bar{x}, \bar{y})$ mindestens ein verallgemeinerter Sattelpunkt.*

Wir zeigen das Behauptete zuerst für $M_l \times N$ bei beliebigem $l$ und ohne vorauszusetzen, daß $\overline{F}(\bar{x}, \bar{y})$ beschränkt ist. Nach dem Satz aus § 16 gibt es auf $M_l \times N_j$ stets einen Sattelpunkt.

Für $M_0 = M_l = M_{i'}$ bilden wir gemäß der dritten Behauptung aus dem Satz die Mengen $M_{i'}$. Wir haben dann

$$\left| \sup_{\bar{x} \in M_l} \inf_{\bar{y} \in N} \overline{F}(\bar{x}, \bar{y}) - \sup_{\bar{x} \in M_{i'}^\varepsilon} \inf_{\bar{y} \in N_j} \overline{F}(\bar{x}, \bar{y}) \right| \leqq \varepsilon$$

für alle hinreichend großen $i'$ und $j$. Aber nach (218') und (218) haben wir $\left(\sum_{i'=1}^{\infty} M_{i'}^{\varepsilon} = M_l\right)$

$$\inf_{\bar{y}\in N} \sup_{\bar{x}\in M_l} \overline{F}(\bar{x}, \bar{y}) = \lim_{j\to\infty} \inf_{\bar{y}\in N_j} \sup_{\bar{x}\in M_l} \overline{F}(\bar{x}, \bar{y})$$

$$= \lim_{j\to\infty} \sup_{\bar{x}\in M_l} \inf_{\bar{y}\in N_j} \overline{F}(\bar{x}, \bar{y}) = \lim_{j\to\infty} \lim_{i'\to\infty} \sup_{\bar{x}\in M_{i'}^{\varepsilon}} \inf_{\bar{y}\in N_j} \overline{F}(\bar{x}, \bar{y}) .$$

Daher gilt natürlich

$$\left| \sup_{\bar{x}\in M_l} \inf_{\bar{y}\in N} \overline{F}(\bar{x}, \bar{y}) - \inf_{\bar{y}\in N} \sup_{\bar{x}\in M_l} \overline{F}(\bar{x}, \bar{y}) \right| \leqq \varepsilon ,$$

womit das Behauptete gezeigt wurde, da $\varepsilon$ beliebig war.

Sei nun $\overline{F}(\bar{x}, \bar{y})$ nach unten beschränkt. Wenn man bedenkt, daß $\inf\limits_{\bar{y}\in N} \sup\limits_{\bar{x}\in M_l} \overline{F}(\bar{x}, \bar{y})$ endlich ist, weil $M_l$ beschränkt und $\overline{F}(\bar{x}, \bar{y})$ nach unten beschränkt ist, kann man analog zu den früher gebildeten $M_{i'}^{\varepsilon}$, die Mengen $M_{j'}^{\varepsilon}$ bilden, derart, daß $\sum_{j'=1}^{\infty} N_{j'}^{\varepsilon} = N$ und

$$\left| \inf_{\bar{y}\in N} \sup_{\bar{x}\in M_0} \overline{F}(\bar{x}, \bar{y}) - \inf_{\bar{y}\in N_{j'}^{\varepsilon}} \sup_{\bar{x}\in M_l} \overline{F}(\bar{x}, \bar{y}) \right| \leqq \varepsilon$$

für hinreichend große $j'$ und $l$ gilt.

Nach (218) und (218') haben wir

$$\sup_{\bar{x}\in M_0} \inf_{\bar{y}\in N} \overline{F}(\bar{x}, \bar{y}) = \lim_{l\to\infty} \sup_{\bar{x}\in M_l} \inf_{\bar{y}\in N} \overline{F}(\bar{x}, \bar{y})$$

$$= \lim_{l\to\infty} \inf_{\bar{y}\in N} \sup_{\bar{x}\in M_l} \overline{F}(\bar{x}, \bar{y}) = \lim_{l, j'\to\infty} \inf_{\bar{y}\in N_{j'}^{\varepsilon}} \sup_{\bar{x}\in M_l} \overline{F}(\bar{x}, \bar{y}) .$$

Da $\inf\limits_{\bar{y}\in N_{j'}^{\varepsilon}} \sup\limits_{x\in M_l} \overline{F}(\bar{x}, \bar{y})$ endlich ist und $\varepsilon$ beliebig, erhalten wir hieraus die geforderte Gleichung

$$\inf_{\bar{y}\in N} \sup_{\bar{x}\in M_0} \overline{F}(\bar{x}, \bar{y}) = \sup_{\bar{x}\in M_0} \inf_{\bar{y}\in N} \overline{F}(\bar{x}, \bar{y}) .$$

Ist $\overline{F}(\bar{x}, \bar{y})$ nach oben beschränkt, so ist $-\overline{F}(\bar{x}, \bar{y})$ nach unten beschränkt, und das reicht aus, um das schon Bewiesene auszunutzen.

## § 19. Die Elimination von Restriktionen. Der spieltheoretische Sinn der Lagrange-Multiplikatoren

Wie schon gesagt, wird die Menge $M$ der Strategien $\tilde{x}$ gewöhnlich sowohl durch die Gestalt der verwendeten Funktionen $\bar{x}(\bar{y})$, als auch dadurch eingeschränkt, daß die Aktivitäten beschränkt sind, was sich oft durch irgendwelche Ungleichungen für die kontrollierbaren Faktoren $x$ ausdrückt.

Im Zusammenhang damit ist es günstig, die Menge $M$ durch die Gesamtheit der Restriktionen

$$\tilde{x} \in M \subset P; \quad \Phi_i(\tilde{x}) \geqq 0; \quad 1 \leqq i \leqq l, \tag{220}$$

vorzugeben. Hier ist $P$ eine beliebige Menge; $\overline{F}(\tilde{x}, \overline{y})$ ist auf dem kartesischen Produkt von $P$ mit $N$ gegeben. Was die $\Phi_i(\tilde{x})$ betrifft, so sind diese entweder Funktionale oder Operatoren in der Form $\Phi_i[\overline{x}(\overline{y})]$. Im letzteren Fall werden die Ungleichungen $\Phi_i(\tilde{x}) \geqq 0$ so behandelt, daß sie in $\overline{y} \in N$ exakt erfüllt sind, weil sie im wesentlichen die für die operierende Seite sicheren Forderungen $\Phi_i(\overline{x}) \geqq 0$ darstellen. Im folgenden werden der Einfachheit halber oft die Maximine auf $P \times N$ geschrieben ohne diese Mengen anzugeben.

Wenn Restriktionen in der Gestalt (220) vorliegen, wird die Suche nach der besten garantierenden Strategie für die operierende Seite genau auf dasselbe Problem, jedoch ohne Restriktionen, zurückgeführt, indem man das Effektivitätskriterium ändert und zusätzliche unbestimmte Faktoren einführt. Eine derartige Möglichkeit läßt sich aus dem folgenden Satz ableiten.[1])

**Satz XXXI.** *Die Strategie* $\tilde{x}_0$ *realisiere* $\max\limits_{\tilde{x} \in M} \inf\limits_{\overline{y} \in N} \overline{F}(\tilde{x}, \overline{y})$ *unter den Restriktionen* (220), *und die Vektoren* $\overline{\mu} = \{\mu_i\}$ *seien nichtnegativ, d. h.* $\mu_i \geqq 0$. *Dann realisiert* $\tilde{x}_0$

$$\max_{\tilde{x}} \inf_{\overline{y};\, \overline{\mu} \geqq 0} \left[\overline{F}(\tilde{x}, \overline{y}) + \sum_{i=1}^{l} \mu_i \Phi_i(\tilde{x})\right] > -\infty \tag{221}$$

*mit* $\tilde{x} \in P$, $\overline{y} \in N$ *und* $\overline{\mu}$ *nur durch* $\overline{\mu} \geqq 0$ *beschränkt. Realisiert umgekehrt* $\tilde{x}$ (221), *so realisiert es auch* $\max\limits_{\tilde{x} \in M} \inf\limits_{\overline{y} \in N} \overline{F}(\tilde{x}, \overline{y})$ (*unter den Restriktionen* (220)). *Es gilt stets*

$$\sup_{\tilde{x}} \inf_{\overline{y};\, \overline{\mu} \geqq 0} \left[\overline{F}(\tilde{x}, \overline{y}) + \sum_{i=1}^{l} \mu_i \Phi_i(\tilde{x})\right] = \sup_{\tilde{x} \in M} \inf_{\tilde{y} \in N} \overline{F}(\tilde{x}, \overline{y}), \tag{221'}$$

*falls letztere Größe sinnvoll ist (die Restriktionen* (220) *sich nicht widersprechen). Ist* $\overline{F}(\tilde{x}, \overline{y})$ *nach unten beschränkt und* (221) *gleich* $-\infty$, *so widersprechen sich* (220). *Widersprechen sich* (220) *und ist* $\overline{F}(\tilde{x}, \overline{y})$ *nach oben beschränkt, so ist* (221) *gleich* $-\infty$.

Beweis. Erfülle $\tilde{x}_0$ (220) und sei $\inf\limits_{\overline{y} \in N} \overline{F}(\tilde{x}_0, \overline{y}) \geqq \inf\limits_{\overline{y} \in N} \overline{F}(\tilde{x}, \overline{y})$ für alle $\tilde{x}$, die (220) befriedigen. Dann gilt

$$\inf_{\overline{y};\, \overline{\mu} \geqq 0} \left[\overline{F}(\tilde{x}_0, \overline{y}) + \sum_{i=1}^{l} \mu_i \Phi_i(\tilde{x}_0)\right] = \inf_{\overline{y}} \overline{F}(\tilde{x}_0, \overline{y}), \tag{222}$$

weil wegen (220) und $\overline{\mu} \geqq 0$ die linke Seite stets nicht kleiner ist als die rechte und für $\overline{\mu} = 0$ die Funktion auf der rechten Seite gleich der Funktion auf der linken ist. Genauso gilt für beliebige $\tilde{x}$, die (220) genügen,

$$\inf_{\overline{y},\, \overline{\mu} \geqq 0} \left[\overline{F}(\tilde{x}, \overline{y}) + \sum_{i=1}^{l} \mu_i \Phi_i(\tilde{x})\right] = \inf_{\overline{y}} \overline{F}(\tilde{x}, \overline{y}). \tag{223}$$

[1]) Von $\overline{F}(\tilde{x}, \overline{y})$ wird vorausgesetzt, daß es nur endlich viele Werte annimmt.

Erfüllt jedoch $\tilde{x}$ die Ungleichungen (220) nicht, so gilt $\Phi_{i_0}(\tilde{x}) < 0$ für mindestens ein $i_0$. Läßt man dann $\mu_{i_0} \to \infty$ gehen und setzt man $\mu_i = 0$ für die restlichen, so erhält man offenbar

$$\inf_{\bar{y}, \bar{\mu} \geqq 0} \left[ \bar{F}(\tilde{x}, \bar{y}) + \sum_{i=1}^{l} \mu_i \Phi_i(\tilde{x}) \right] = -\infty \,. \tag{224}$$

Aber aus (222)—(224) folgt

$$\max_{\tilde{x},\, \Phi_i(\tilde{x}) \geqq 0} \inf_{\bar{y}} \bar{F}(\tilde{x}, \bar{y}) = \inf_{\bar{y}} \bar{F}(\tilde{x}_0, \bar{y}) = \inf_{\bar{y}, \bar{\mu} \geqq 0} \left[ \bar{F}(\tilde{x}_0, \bar{y}) + \sum_{i=1}^{l} \mu_i \Phi_i(\tilde{x}_0) \right]$$

$$= \max_{\tilde{x}} \inf_{\bar{y}, \bar{\mu} \geqq 0} \left[ \bar{F}(\tilde{x}, \bar{y}) + \sum_{i=1}^{l} \mu_i \Phi_i(\tilde{x}) \right].$$

Realisiert umgekehrt die Strategie $\tilde{x}_0$ (221), und zwar so, daß sich nicht $-\infty$ ergibt, so erfüllt sie (220), weil sonst für sie (224) gilt, was der Voraussetzung widerspricht, daß das Maximin realisiert wird. Genügt $\tilde{x}_0$ jedoch (220), so ist dafür (222) erfüllt, wie überhaupt für alle $\tilde{x}$, die (220) genügen. Aber dann haben wir, weil $\tilde{x}_0$ (221) realisiert,

$$\inf_{\bar{y}} \bar{F}(\tilde{x}_0, \bar{y}) \geqq \inf_{\bar{y}} \bar{F}(\tilde{x}, \bar{y}) \,,$$

wenn $\tilde{x}$ nur (220) genügt. Hieraus folgt auch die zweite Behauptung des Satzes. Analog beweist man alle restlichen Behauptungen.

Selbstverständlich bleibt der Satz richtig, wenn man die Bedingungen im Effektivitätskriterium teilweise „übersetzt". So wird es also möglich, bei der Aufgabenstellung relativ wendig zu manövrieren. Fixiert man zunächst $\bar{y}$, betrachtet man $\sup_{\tilde{x} \in M} \bar{F}(\tilde{x}, \bar{y})$ und wendet man den soeben bewiesenen Satz an, indem man danach das Infimum über $\bar{y} \in N$ wählt, so erhält man offensichtlich

$$\inf_{\bar{y} \in N} \sup_{\tilde{x} \in M} \bar{F}(\tilde{x}, \bar{y}) = \inf_{\bar{y} \in N} \sup_{\tilde{x} \in M} \inf_{\bar{\mu} \geqq 0} \left[ \bar{F}(\tilde{x}, \bar{y}) + \sum_{i=1}^{l} \mu_i \Phi_i(\tilde{x}) \right]. \tag{225}$$

Leider gibt es (wenn überhaupt) für die Sattelpunktsuche bei $\bar{F}(\tilde{x}, \bar{y})$ kein vollständig analoges Resultat. Allerdings bleiben die hinreichenden Bedingungen erhalten.

**Satz XXXI'.** *Gibt es für das Effektivitätskriterium*

$$\bar{F}(\tilde{x}, \bar{y}) + \sum_{i=1}^{s} \mu_i \Phi_i(\tilde{x}) \,, \qquad \mu_i \geqq 0 \,,$$

*einen Sattelpunkt* $[\tilde{x}_0; (\bar{y}_0, \bar{\mu}_0)]$ *(Maximum nach* $\tilde{x}$ *und Minimum nach* $\bar{y}$ *und* $\bar{\mu}$*), so ist* $(\tilde{x}_0, \bar{y}_0)$ *ein Sattelpunkt für* $\bar{F}(\tilde{x}, \bar{y})$ *unter den Restriktionen* $\Phi_i(\tilde{x}) \geqq 0$. *Eine analoge Behauptung gilt auch für einen verallgemeinerten Sattelpunkt.*

Nach den Eigenschaften für Sattelpunkte bei beliebigen $\bar{y}$, $\bar{\mu}$ und $\tilde{x}$ haben wir

$$\bar{F}(\tilde{x}, \bar{y}_0) + \sum_{i=1}^{s} \mu_{i0}\Phi_i(\tilde{x}) \leqq \bar{F}(\tilde{x}_0, \bar{y}_0) + \sum_i \mu_{i0}\Phi_i(\tilde{x}) \leqq \bar{F}(\tilde{x}_0, \bar{y}) + \sum_i \mu_i\Phi_i(\tilde{x}_0) \,. \quad (226)$$

Setzt man auf der rechten Seite der Ungleichung $\mu_i = 0$ und $\bar{y} = \bar{y}_0$, so hat man

$$\bar{F}(\tilde{x}_0, \bar{y}_0) + \sum_{i=1}^{s} \mu_{i0}\Phi_i(\tilde{x}_0) \leqq \bar{F}(\tilde{x}_0, \bar{y}_0) \,,$$

d. h.

$$\sum_{i=1}^{s} \mu_{i0}\Phi_i(\tilde{x}_0) \leqq 0 \,.$$

Aber im vorangegangenen Satz ist $\tilde{x}_0$ die beste garantierende Strategie für $\bar{F}(\tilde{x}, \bar{y})$ unter den Restriktionen $\Phi_i(\tilde{x}) \geqq 0$ und folglich auch $\Phi_i(\tilde{x}_0) \geqq 0$. Da $\mu_i \geqq 0$ ist, gilt also

$$\sum_{i=1}^{s} \mu_{i0}\Phi_i(\tilde{x}_0) = 0 \,. \quad (227)$$

Dann ergeben die oben aufgeschriebenen Ungleichungen (226) für $\mu_i = 0$ und beliebige, die Bedingungen $\Phi_i(\tilde{x}) \geqq 0$ erfüllende $\tilde{x}$ und $\bar{y}$

$$\bar{F}(\tilde{x}, \bar{y}_0) \leqq \bar{F}(\tilde{x}, \bar{y}_0) + \sum_{i=1}^{s} \mu_{i0}\Phi_i(\tilde{x}) \leqq \bar{F}(\tilde{x}_0, \bar{y}_0) \leqq \bar{F}(\tilde{x}_0, \bar{y}) \,.$$

Damit ist die erste Behauptung bewiesen.

Aus der allgemeinen Ungleichung (160) folgt für

$$L(\tilde{x}, \bar{y}, \bar{\mu}) = \bar{F}(\tilde{x}, \bar{y}) + \sum_{i=1}^{l} \mu_i\Phi_i(\tilde{x}) \,,$$

$$\inf_{\bar{y}\in N} \sup_{\tilde{x}\in P} \inf_{\bar{\mu}\geqq 0} L(\tilde{x}, \bar{y}, \bar{\mu}) \leqq \inf_{\bar{y}\in N, \bar{\mu}\geqq 0} \sup_{\tilde{x}\in P} L(\tilde{x}, \bar{y}, \bar{\mu}) \,,$$

wobei die linke Seite nicht kleiner ist als

$$\sup_{\tilde{x}\in P} \inf_{\bar{y}\in N, \bar{\mu}\geqq 0} L(\tilde{x}, \bar{y}, \bar{\mu}) \,.$$

Ist letztere Größe gleich der rechten Seite der soeben aufgeschriebenen Ungleichung, so fallen nach (221') und (225) sowohl $\sup_{\tilde{x}\in M} \inf_{\bar{y}\in N} \bar{F}(\tilde{x}, \bar{y})$ als auch $\inf_{\bar{y}\in N} \sup_{\tilde{x}\in M} \bar{F}(\tilde{x}, \bar{y})$ zusammen. Damit endet der Beweis des Satzes.

In bezug auf die gewöhnliche Maximumsuche für eine Funktion $\bar{F}(\bar{x})$ unter den Restriktionen $\Phi_i(\bar{x}) \geqq 0$ bedeutet der Satz XXXI' das folgende.

Dafür, daß $\bar{x}_0$ das Maximum realisiert, ist hinreichend, daß ein Vektor $\bar{\mu}_0$ existiert, so daß

$$\max_{\bar{x}} \left[\bar{F}(\bar{x}) + \sum_{i=1}^{s} \mu_{i0}\Phi_i(\bar{x})\right] = \bar{F}(\bar{x}_0) + \sum_{i=1}^{s} \mu_{i0}\Phi_i(\bar{x}_0)$$

und

$$\overline{F}(\bar{x}_0) + \sum_{i=1}^{s} \mu_{i0}\Phi_i(\bar{x}_0) = \min_{\bar{\mu}\geqq 0}\left[\overline{F}(\bar{x}_0) + \sum_{i=1}^{s} \mu_i\Phi_i(x_0)\right].$$

gelten.

Aus dem Satz XXXI folgt, daß das Maximumsuchproblem für eine beliebige Funktion $f(\bar{x})$ unter den Restriktionen (220) äquivalent ist zu der Aufgabe, die beste garantierende Strategie für das Effektivitätskriterium $f(\bar{x}) + \sum_{i=1}^{l} \mu_i\Phi_i(\bar{x}) = L(\bar{x}, \bar{\mu})$ zu finden, wo $\bar{x}$ schon nicht mehr durch die Ungleichungen (220) eingeengt wird und $\mu_i \geqq 0$ gilt.

Diese völlig allgemeine Aussage verleiht den LAGRANGEschen Multiplikatoren den „spieltheoretischen" Sinn von unbestimmten Faktoren im Suchproblem nach optimalen Strategien für LAGRANGEsche Formen. Treten Restriktionen auf, so erweist sich dies als äquivalent dazu, daß ein „Gegner" in Erscheinung tritt. Allerdings wird diese interessante allgemeine Eigenschaft erst dann hinreichend effektiv, wenn ein geeigneter Algorithmus vorliegt, um die beste garantierende Strategie zu suchen. Dem zu betrachtenden allgemeinen Verfahren, LAGRANGE-Formen einzuführen, könnte man noch eine Behandlung folgender Art angedeihen lassen: es ist notwendig und hinreichend, daß $\bar{\mu}_0(\bar{x})$ existieren, so daß

$$\max_{\bar{x}}\left[f(\bar{x}) + \sum_{i=1}^{s} \mu_{i0}(\bar{x})\,\Phi_i(\bar{x})\right] = f(\bar{x}_0) + \sum_{i=1}^{s} \mu_{i0}(\bar{x}_0)\,\Phi_i(\bar{x}_0)$$

gilt. Dabei ist $\bar{\mu}_0(\bar{x})$ ein $\bar{\mu}(\bar{x})$, das

$$\min_{\bar{\mu}\geqq 0}\left[f(\bar{x}) + \sum_{i=1}^{s} \mu_i\Phi_i(\bar{x})\right]$$

realisiert.

Aber dann gilt $\mu_{i0}(\bar{x}) = \infty$ für $\Phi_i(\bar{x}) < 0$. Daher wäre es nötig, für $\Phi_i(\bar{x}) < 0$ davon Abstand zu nehmen, daß $\min_{\bar{\mu}\geqq 0}\left[f(\bar{x}) + \sum_{i=1}^{s} \mu_i\Phi_i(\bar{x})\right]$ exakt realisiert wird. Wie ersichtlich ist, betrachten verschiedene Varianten für notwendige Bedingungen auch den Fall, daß $f(\bar{x}) + \sum_{i=1}^{s} \mu_i\Phi_i(\bar{x}) = L(\bar{x}, \bar{\mu})$ einen Sattelpunkt besitzt oder daß man $\mu_{i0}(\bar{x}) \neq 0$ unterdrücken kann.

Wir wollen Beispiele anführen, bei denen $L(\bar{x}, \bar{\mu})$ einen Sattelpunkt besitzt.

Der Satz über konkav-konvexe Funktionen gibt die Grundlage für solche Situationen. Nutzt man ihn nämlich aus, so gibt es für beschränkte $\bar{x}$ und $\bar{\mu} \geqq 0$ stets einen Sattelpunkt für $L(\bar{x}, \bar{\mu})$, falls die Funktionen $f(\bar{x})$ und $\Phi_i(\bar{x})$ konkav und stetig sind. Dann ist auch $L(\bar{x}, \bar{\mu})$ konkav in $\bar{x}$ und wegen der Linearität in $\bar{\mu}$ konvex.

Es bleibt uns noch, daß wir Bedingungen formulieren, unter denen dann, wenn man die Grenzen für $\bar{x}$ und $\bar{\mu}$ erweitert, mindestens ein Sattelpunkt im beschränkten Bereich verbleibt, und das bedeutet, daß er fixierter Sattelpunkt für alle $\bar{x}$ und $\bar{\mu} \geqq 0$ ist.

Im Zusammenhang mit dem Gesagten gelten zwei Sätze.

**Satz XXXII.** *Ist $f(\bar{x})$ stetig und konkav auf der Menge $E = \{\bar{x} \geqq 0\}$ und sind die $\Phi_i(\bar{x})$ linear, so ist notwendig und hinreichend dafür, daß $\bar{x}_0$ das* max $f(\bar{x})$ *für $\Phi_i(\bar{x}) \geqq 0$ realisiert, daß ein $\bar{\mu}_0 \geqq 0$ derart existiert, daß $(\bar{x}_0, \bar{\mu}_0)$ ein Sattelpunkt von $L(\bar{x}, \bar{\mu}) = f(\bar{x}) + \sum_{i=1}^{l} \mu_i \Phi_i(\bar{x})$ für $\bar{x} \geqq 0, \bar{\mu} \geqq 0$ ist.*

**Satz XXXIII.** *Sind $f(\bar{x})$ und $\Phi_i(\bar{x})$ stetig und konkav auf einer konvexen Menge $E$ und existiert für beliebiges $\bar{\mu} > 0$ (d. h. falls alle $\mu_i \geqq 0$ und mindestens ein $\mu_i > 0$) ein $\bar{x}' \in E$ derart, daß $\sum_{i=1}^{l} \mu_i \Phi_i(\bar{x}') > 0$ gilt (beispielsweise alle $\Phi_i(\bar{x}') > 0$), so realisiert $\bar{x}_0$ das* max $f(\bar{x})$ *für $\Phi_i(\bar{x}) \geqq 0$ dann und nur dann, wenn es ein solches $\bar{\mu}_0$ gibt, daß $(\bar{x}_0, \bar{\mu}_0)$ ein Sattelpunkt für $L(\bar{x}, \bar{\mu})$ mit $\bar{x} \in E$ und $\bar{\mu} \geqq 0$ ist.*

Die Hinlänglichkeit dafür, daß $(\bar{x}_0, \bar{\mu}_0)$ ein Sattelpunkt ist, stellt eine Folgerung von Satz XXXI′ dar. Wir müssen nur noch die Notwendigkeit beweisen, wollen uns aber darauf beschränken, den zweiten Satz zu beweisen. Für den Beweis des ersten verweisen wir auf die Monographie von KARLIN [20].

Realisiere $\bar{x}_0$ das besagte Maximum. Dann ist $\bar{x}_0$ nach Satz XXXI die beste garantierende Strategie für $L(\bar{x}, \bar{\mu})$, und es gilt $\max_{\bar{x}} \min_{\bar{\mu} \geqq 0} L(\bar{x}, \bar{\mu}) = f(\bar{x}_0)$.

Sind $\bar{x}$ und $\bar{\mu} \geqq 0$ beschränkt, d. h. $||\bar{x}|| \leqq M$, $\bar{N} \geqq \bar{\mu}$, so existiert nach Voraussetzung für $L(\bar{x}, \bar{\mu})$ ein Sattelpunkt, d. h., es gibt beste garantierende Strategien $\bar{x}_0'$ und $\bar{\mu}_0'$ mit

$$\max_{||\bar{x}|| \leqq M} \min_{\bar{N} \geqq \bar{\mu} \geqq 0} L(\bar{x}, \bar{\mu}) = \min_{\bar{N} \geqq \bar{\mu} \geqq 0} \max_{||\bar{x}|| \leqq M} L(\bar{x}, \bar{\mu}) = L(\bar{x}_0', \bar{\mu}_0') .$$

(Hier und im folgenden werden wir den Hinweis auf $\bar{x} \in E$ als selbstverständlich weglassen.)

Sei nun $\bar{N}_k$ eine Folge mit $||\bar{N}_k|| \to \infty$ und

$$\inf_{\bar{\mu} \geqq 0} \max_{||\bar{x}|| \leqq M} L(\bar{x}, \bar{\mu}) = \lim_{k \to \infty} \min_{\bar{N}_k \geqq \bar{\mu} \geqq 0} \max_{||\bar{x}|| \leqq M} L(\bar{x}, \bar{\mu})$$

$$= \lim_{k \to \infty} \max_{||\bar{x}|| \leqq M} \min_{\bar{N}_k \geqq \bar{\mu} \geqq 0} L(\bar{x}, \bar{\mu}) = \lim_{k \to \infty} \min_{\bar{N}_k \geqq \bar{\mu} \geqq 0} L[\bar{x}_0'(k), \bar{\mu}] ,$$

wo $\bar{x}_0'(k)$ für $\bar{N} = \bar{N}_k$ das $\bar{x}_0'$ ist. Da $\bar{x}_0'(k)$ beschränkt ist, besitzt diese Folge einen Häufungspunkt $\bar{x}_0'(M)$. Daher gilt

$$\lim_{k \to \infty} [\bar{L}[\bar{x}_0'(k), \bar{\mu}]] = L(\bar{x}_0'(M), \bar{\mu}) .$$

Sei $\bar{\mu}_\varepsilon$ so gewählt, daß

$$L(\bar{x}_0'(M), \bar{\mu}_\varepsilon) \leqq \inf_{\bar{\mu} \geqq 0} L[\bar{x}_0'(M), \bar{\mu}] + \varepsilon$$

gilt. Dann haben wir für hinreichend großes $k$

$$\min_{\bar{N}_k \geqq \bar{\mu} \geqq 0} L[\bar{x}_0(k), \bar{\mu}] \leqq L[\bar{x}_0'(k), \bar{\mu}_\varepsilon] = L[\bar{x}_0'(M), \bar{\mu}_\varepsilon] + \theta$$

mit

$$|\theta| \leqq \varepsilon .$$

Hieraus folgt offensichtlich

$$\lim_{k\to\infty} \min_{\overline{N}_k \geqq \overline{\mu} \geqq 0} L[\bar{x}_0'(k), \overline{\mu}] \leqq \inf_{\overline{\mu}\geqq 0} L[\bar{x}_0'(M), \overline{\mu}] + 2\varepsilon .$$

Da andererseits

$$\lim_{k\to\infty} \min_{\overline{N}_k \geqq \overline{\mu} \geqq 0} L[\bar{x}_0'(k), \overline{\mu}] \geqq \lim_{k\to\infty} \inf_{\overline{N}_k \geqq \overline{\mu} \geqq 0} L[\bar{x}_0'(M), \overline{\mu}] = \inf_{\overline{\mu}\geqq 0} L[\bar{x}_0'(M), \overline{\mu}]$$

gilt und $\varepsilon$ beliebig gewählt worden war, ist

$$\lim_{k\to\infty} \min_{\overline{N}_k \geqq \overline{\mu} \geqq 0} L[\bar{x}_0'(k), \overline{\mu}] = \inf_{\overline{\mu}\geqq 0} L[\bar{x}_0(M), \overline{\mu}] .$$

Aber dann haben wir nach Definition der Folge der $\overline{N}_k$

$$\max_{\|\bar{x}\|\leqq M} \inf_{\overline{\mu}\geqq 0} L[\bar{x}, \overline{\mu}] \geqq \inf_{\overline{\mu}\geqq 0} L[\bar{x}_0'(M), \overline{\mu}] = \inf_{\overline{\mu}\geqq 0} \max_{\|\bar{x}\|\leqq M} L[\bar{x}, \overline{\mu}] .$$

Auch die umgekehrte Ungleichung ist gesichert, daher gilt

$$\max_{\|\bar{x}\|\leqq M} \inf_{\overline{\mu}\geqq 0} L[\bar{x}, \overline{\mu}] = \inf_{\overline{\mu}\geqq 0} \max_{\|\bar{x}\|\leqq M} L[\bar{x}, \overline{\mu}] = \inf_{\overline{\mu}\geqq 0} L[\bar{x}_0'(M), \overline{\mu}] .$$

Ist nun $M \geqq \|\bar{x}_0\|$, so nimmt $f(\bar{x})$ für $\|\bar{x}\| \leqq M$ das Maximum in $\bar{x}_0$ an, und gemäß Satz XXXI gilt

$$\max_{\|\bar{x}\|\leqq M} \inf_{\overline{\mu}\geqq 0} L[\bar{x}, \overline{\mu}] = \inf_{\overline{\mu}\geqq 0} L[\bar{x}_0, \overline{\mu}] = f(\bar{x}_0) .$$

Wir wollen ein beliebiges solches $M$ fixieren. Sei $\overline{\mu}(\varepsilon)$ für vorgegebenes $\varepsilon$ derart gewählt, daß

$$\max_{\|\bar{y}\|\leqq M} L[\bar{x}, \overline{\mu}(\varepsilon)] \leqq \inf_{\overline{\mu}\geqq 0} \max_{\|\bar{x}\|\leqq M} L[\bar{x}, \overline{\mu}] + \varepsilon = f(\bar{x}_0) + \varepsilon$$

gilt. Dann haben wir für beliebiges $\bar{x}$ mit $\|\bar{x}\| \leqq M$

$$L[\bar{x}, \bar{\mu}(\varepsilon)] = f(\bar{x}) + \sum_{i=1}^{l} \mu_i(\varepsilon)\, \Phi_i(\bar{x}) \leqq f(\bar{x}_0) + \varepsilon .$$

Hieraus folgt

$$\max \mu_i(\varepsilon) \sum_{i'=1}^{l} \mu_{i'}^*(\varepsilon)\, \Phi_{i'}(\bar{x}) \leqq f(\bar{x}_0) - f(\bar{x}) + \varepsilon .$$

Hier ist

$$\mu_{i'}^*(\varepsilon) = \left\{ \frac{\mu_{i'}(\varepsilon)}{\max\limits_i \mu_i(\varepsilon)} \right\}$$

ein beschränkter Vektor.

Seien nun $\varepsilon_j \to 0$ und $\mu_j \to \infty$. Die beschränkte Menge der Vektoren $\overline{\mu}_j^*(\varepsilon)$ besitzt mindestens einen Häufungspunkt $\overline{\mu}^*$. Er ist offensichtlich größer als 0, da $\max \overline{\mu}_j^*(\varepsilon) = 1$ ist. Seien $\overline{\mu}_{j_1}^*(\varepsilon)$ so gewählt, daß $\overline{\mu}_{j_1}^*(\varepsilon) \to \overline{\mu}^*$ für $j_1 \to \infty$ gilt. Bei beliebigem $\delta$ und $j_1 > j_0(\bar{x}, \delta)$ für beliebige $\bar{x}$ ist

$$\max_i \mu_{ij_1}(\varepsilon) \left\{ \sum_{i=1}^{l} \mu_i^* \Phi_i(\bar{x}) - \delta \sum_{i=1}^{l} [\Phi_i(\bar{x})] \right\} \leqq f(\bar{x}_0) - f(\bar{x}) + \varepsilon .$$

Für $x'$ gelte $\sum_{i=1}^{l} \mu_i^* \Phi_i(\bar{x}') = c > 0$. Das ist nach der Voraussetzung über die $\Phi_i(\bar{x})$ erfüllt. Wir werden $j_0$ so groß voraussetzen, daß $M_{j_0} \geqq ||\bar{x}'||$ gilt und $\delta$ so, daß wir $\delta \sum_{i=1}^{l} \Phi_j(\bar{x}') < \frac{c}{2}$ haben. Hieraus erhalten wir offenbar

$$\max \mu_{ij_1}(\varepsilon) \leqq 2 \frac{f(\bar{x}_0) - f(\bar{x}') + \varepsilon}{c},$$

d. h., die Vektoren $\bar{\mu}_{j_1}(\varepsilon)$ sind beschränkt, und das bedeutet, sie haben mindestens einen Häufungspunkt für $j_1 \to \infty$. Dieser sei $\bar{\mu}_0$, und $j_2$ sei eine Teilfolge von $j_1$ derart, daß $\bar{\mu}_{j_2}(\varepsilon) \to \bar{\mu}_0$ gilt. Dann haben wir zunächst

$$\sup_{\bar{x}} L(\bar{x}, \bar{\mu}_0) \geqq \inf_{\bar{\mu} \geqq 0} \sup_{\bar{x}} L(\bar{x}, \bar{\mu}) \geqq \sup_{\bar{x}} \inf_{\bar{\mu} \geqq 0} L(\bar{x}, \bar{\mu}) = f(\bar{x}_0)\,. \tag{228}$$

Wegen $\bar{\mu}_{j_2}(\varepsilon) \to \bar{\mu}_0$ und $M_{j_2} \to \infty$, $\varepsilon \to 0$ für $j_2 \to \infty$ gilt auf der anderen Seite für beliebiges $\bar{x}$

$$L(\bar{x}, \bar{\mu}_0) = \lim_{j_2 \to \infty} L[\bar{x}, \bar{\mu}_{j_2}(\varepsilon)] \leqq f(\bar{x}_0)\,.$$

Aber dann ist auch

$$\sup_{\bar{x}} L(\bar{x}, \bar{\mu}_0) \leqq f(\bar{x}_0)$$

und umsomehr

$$\inf_{\bar{\mu} \geqq 0} \sup_{\bar{x}} L(\bar{x}, \bar{\mu}) \leqq \sup_{\bar{x}} L(\bar{x}, \bar{\mu}_0) \leqq f(\bar{x}_0)\,.$$

Hieraus, aus (228) und aus Satz XXXI folgt

$$\min_{\bar{\mu} \geqq 0} \sup_{\bar{x}} L(\bar{x}, \bar{\mu}) = \sup_{\bar{x}} L(\bar{x}, \bar{\mu}_0) = f(\bar{x}_0) = \max_{\bar{x}} \inf_{\bar{\mu} > 0} L(\bar{x}, \bar{\mu}) = \inf_{\bar{\mu} \geqq 0} L(\bar{x}_0, \bar{\mu})\,,$$

womit der Satz bewiesen ist.

Die Aufgabe, min $f(\bar{x})$ unter den Restriktionen $\Phi_i(\bar{x}) \geqq 0$ zu suchen, führt auf das betrachtete Suchproblem für max $\{-f(\bar{x})\}$. Dann ist auch

$$L(\bar{x}, \bar{\mu}) = -f(\bar{x}) + \sum_i \mu_i \Phi_i(\bar{x}).$$

Will man das vorzeichenverkehrte $L^*(\bar{x}, \bar{\mu}) = f(\bar{x}) - \sum \mu_i \Phi_i(\bar{x})$ anwenden, so wird $L^*$ hier über $\bar{x}$ minimiert und über $\bar{\mu}$ maximiert. Offensichtlich kann man $L^*(\bar{x}, \bar{\mu})$ auch in der Form $f(\bar{x}) + \sum \mu_i \Phi_i^*(\bar{x})$ beschreiben, wenn $\Phi_i^*(\bar{x}) = \Phi_i(\bar{x}) \leqq 0$ gilt. Dann müssen die $\Phi_i^*(\bar{x})$ wie auch $f(\bar{x})$ konvexe Funktionen sein, damit ein vollständiges Analogon zu Satz XXXIII vorliegt.

Die Einschränkung in den Voraussetzungen des Satzes, die für $\bar{\mu} > 0$ die Existenz eines $\bar{x}$ fordert, so daß $\sum_{i=1}^{l} \mu_i \Phi_i(\bar{x}) > 0$ gilt, kann man unmöglich vollständig ausschalten, wie das Beispiel $f(x) = x$; $\Phi(x) = -x^2$ zeigt. Optimal ist $x = 0$ (der einzige zulässige Wert). Aber $x - \mu x^2$ besitzt keinen Sattelpunkt.

Praktisch ist die Einschränkung allerdings unwesentlich, denn wenn man zu allen $\Phi_i(\bar{x})$ ein beliebig kleines $\varepsilon$ wählt, kann man die Situation gewöhnlich als wenig geändert im Sinne eines optimalen $\bar{x}$ ansehen. Darüberhinaus haben wir für die neuen $\tilde{\Phi}_i(\bar{x}) = \Phi_i(\bar{x}) + \varepsilon$, natürlich, sofern das Ausgangsproblem mindestens einen zulässigen Vektor $\bar{x}'$ besaß, $\tilde{\Phi}_i(\bar{x}') > 0$, was wiederum erlaubt, Satz XXXIII anzuwenden.

Wendet man den Satz XXXII auf lineares $f(\bar{x})$ an, so ergibt sich die Möglichkeit, unmittelbar und einfach den bekannten Dualitätssatz der linearen Optimierung zu beweisen. Das liegt jedoch außerhalb der Hauptrichtung unseres Buches.

Wir kehren zur Erörterung der mit dem allgemeinen Satz XXXI zusammenhängenden Fragen zurück.

Wir bemerken, daß man die Bedingungen $\Phi_i(\tilde{x}) \geqq 0$ $(1 \leqq i \leqq l)$ in Gestalt der einen Bedingung $u(\tilde{x}) = \min\limits_{1 \leqq i \leqq l} \Phi_i(\tilde{x}) \geqq 0$ schreiben kann. Ist $\tilde{x} = \bar{x}$, so ist $u(\bar{x})$ konkav, sofern sämtliche $\Phi_i(\bar{x})$ konkav sind. Es ist klar, daß eine Verringerung der Dimensionen des Vektors $\bar{\mu}$ auf 1 die Maximinsuche für die entsprechende LAGRANGEsche Form irgendwie erleichtern muß.

Die Unbequemlichkeit bei dieser ökonomischen Beschreibung besteht darin, daß sich die Glattheit von $u(\bar{x})$ im Vergleich mit $\Phi_i(\bar{x})$ verschlechtert; in der Regel ist $u(\bar{x})$ bereits nicht mehr differenzierbar.

Wenn dieser Umstand wesentlich wird, kann man ihn wie folgt umgehen. Anstelle von $u(\bar{x})$ kann man die Funktion

$$E(\tilde{x}) = -\sum_{i=1}^{l} \frac{1}{4} [\Phi_i(\tilde{x}) - |\Phi_i(\tilde{x})|]^2 = -\sum_{i=1}^{l} \Phi_i(\tilde{x}) \min [\Phi_i(\tilde{x}); 0] \qquad (229)$$

einführen. Man verifiziert leicht, daß die Tatsache, daß die Bedingungen $\Phi_i(\tilde{x}) \geqq 0$ für alle $i = 1, \ldots, l$ erfüllt sind, äquivalent zu der einen Bedingung $E(\tilde{x}) \geqq 0$ ist. Ist gleichzeitig $\tilde{x} = \bar{x}$, so ist $E(\bar{x})$ infolge von $\Phi_i(\bar{x})$ differenzierbar, wobei

$$E'_{x_j}(\bar{x}) = -2 \sum_{i=1}^{l} \Phi'_{ix_j}(\bar{x}) \min [\Phi_i(\bar{x}); 0] = -\sum_{i=1}^{l} \Phi'_{ix_j}(\bar{x}) [\Phi_i(\bar{x}) - |\Phi_i(\bar{x})|]$$

ist.

Nutzt man $E(\tilde{x})$ für das Maximinsuchproblem unter den Restriktionen (220) aus, so führt das auf das Suchproblem

$$\max_{\tilde{x}} \inf_{\bar{y}, \mu \geqq 0} [\bar{F}(\tilde{x}, \bar{y}) + \mu E(\tilde{x})] \,.$$

Allerdings gibt es auch bei diesem Problem wie es scheint sogar bei beschränkten $P$ und $N$ eine Reihe von Unannehmlichkeiten, die damit zusammenhängen, daß die Größen $\mu$ unbeschränkt sind und man ihre ganze Variationshalbgerade betrachten muß. Jedoch interessieren uns in der Tat, wie leicht zu verstehen ist (s. den Beweis von Satz XXXI) nur $\mu = +\infty$ und $\mu = 0$. Dieser Umstand vereinfacht das Problem noch mehr. Allerdings kann man sich des Wertes $\infty$ praktisch nicht bedienen. Eine endgültige Vervollkommnung aller dieser Untersuchungen kann man aus dem folgenden Satz ersehen. Wir beschränken uns darauf, den Fall $M = M_0$ (d. h. $\tilde{x} = \bar{x}$) und stetiger Funktionen zu betrachten.

**Satz XXXIV** (Die Methode der Straffunktionen). *Sind* $\overline{F}(\bar{x}, \bar{y})$ *und die* $\Phi_i(\bar{x})$ *auf abgeschlossenen und beschränkten Mengen P und N stetig und ist die Menge* $M_0$ *nicht leer, so gilt*

$$\max_{\bar{x}\in M_0} \min_{\bar{y}\in N} \overline{F}(\bar{x}, \bar{y}) = \lim_{\mu\to\infty} \max_{\bar{x}\in P} \min_{\bar{y}\in N} [\overline{F}(\bar{x}, \bar{y}) + \mu E(\bar{x})] .$$

*Realisiert* $\bar{x}_0(\mu_n)$ *die Größe* $\max\limits_{\bar{x}\in P} \min\limits_{\bar{y}\in N} [\overline{F}(\bar{x}, \bar{y}) + \mu_n E(\bar{x})]$, *so realisiert für* $\mu_n \to \infty$ *ein beliebiger Häufungspunkt* $\bar{x}_0$

$$\max_{\bar{x}\in M_0} \min_{\bar{y}\in N} \overline{F}(\bar{x}, \bar{y}) .$$

Beweis. Wegen Satz XXXI genügt es zu beweisen, daß

$$\max_{\bar{x}\in P} \inf_{\bar{y},\,\mu\geqq 0} [\overline{F}(\bar{x}, \bar{y}) + \mu E(\bar{x})] = \lim_{\mu\to\infty} \max_{\bar{x}\in P} \min_{\bar{y}\in N} [\overline{F}(\bar{x}, \bar{y}) + \mu E(\bar{x})] \tag{230}$$

gilt und daß der Häufungspunkt der Folge $\bar{x}_0(\mu_n)$ das linksstehende Maximin realisieren.

Wir bemerken zuerst, daß $\min\limits_{\bar{y}\in N} \overline{F}(\bar{x}, \bar{y}) + \mu E(\bar{x})$ mit wachsendem $\mu$ nicht wächst, weil $E(\bar{x})$ nach Konstruktion nichtpositiv ist. Dann wächst aber auch $\max\limits_{\bar{x}\in P} \min\limits_{\bar{y}\in N} [\overline{F}(\bar{x}, \bar{y}) + \mu E(\bar{x})]$ mit wachsendem $\mu$ nicht, wie man leicht sieht, und das heißt, es existiert ein Grenzwert (der eventuell auch unendlich sein kann).

Realisiere nun $\bar{x}_0$ das linke Maximin in (230), dann gilt zum Beispiel wegen desselben Satzes XXXI $\bar{x}_0 \in M_0$ und folglich $E(\bar{x}_0) = 0$. Daher haben wir

$$\begin{aligned} \max_{\bar{x}} \inf_{y,\,\mu\geqq 0} [\overline{F}(\bar{x}, \bar{y}) + \mu E(\bar{x}) &= \min_{\bar{y}\in N} \overline{F}(\bar{x}_0, \bar{y}) = \lim_{\mu\to\infty} \min_{\bar{y}\in N} [\overline{F}(\bar{x}_0, \bar{y}) + \mu E(\bar{x}_0)] \\ &\leqq \lim_{\mu\to\infty} \max_{\bar{y}\in P} \min_{\bar{y}\in N} [\overline{F}(\bar{x}, \bar{y}) + \mu E(\bar{x})] . \end{aligned} \tag{231}$$

Sei nun eine Folge $\mu_n$ gegeben, so daß

$$\max_{\bar{x}\in P} \min_{\bar{y}\in N} [\overline{F}(\bar{x}, \bar{y}) + \mu_n E(\bar{x})] = \min_{\bar{y}\in N} \{\overline{F}[\bar{x}_0(\mu_n), \bar{y}] + \mu_n E[\bar{x}_0(\mu_n)]\}$$

gilt, und besitze $\bar{x}_0(\mu_n)$ einen Grenzwert, den wir mit $\bar{x}_0$ bezeichnen wollen. Wir wollen zuerst zeigen, daß $\bar{x}_0 \in M_0$ gilt.

Wäre dies nicht der Fall, so würden wegen der Abgeschlossenheit von $M_0$ für hinreichend großes $n$ alle $\bar{x}_0(\mu_n)$ auch nicht zu $M_0$ gehören. Aber dann gilt für diese $E[\bar{x}_0(\mu_n)] < 0$ und $E[\bar{x}_0] < 0$ sowie $E[\bar{x}_0(\mu_n)] \to E[\bar{x}_0]$, weil $E(\bar{x})$ stetig ist. Da $\overline{F}(\bar{x}, \bar{y})$ beschränkt ist, ist offensichtlich, daß die rechte Seite von (231) gleich

$$\lim_{\mu_n\to\infty} \min_{\bar{y}\in N} \{F[\bar{x}_0(\mu_n), \bar{y}] + \mu_n E[\bar{x}_0(\mu_n)]\} = -\infty$$

ist. Das widerspricht jedoch wegen der Ungleichung (231) und Satz XXXI der Voraussetzung, daß die Funktionen über abgeschlossenen und beschränkten $M_0$ und $N$ stetig sind und die erstere nichtleer ist.

Ist aber $\bar{x}_0 \in M_0$, so auch $E(\bar{x}_0) = 0$, und wegen $E[\bar{x}_0(\mu_n)] \leqq 0$ und der Stetigkeit von $\overline{F}(\bar{x}, \bar{y})$ haben wir, daß die rechte Seite von (231) gleich

$$\lim_{\mu_n \to \infty} \min_{\bar{y} \in N} \{\overline{F}[\bar{x}_0(\mu_n), \bar{y}] + \mu_n E[\bar{x}_0(\mu_n)]\} \leqq \lim_{\mu_n \to \infty} \min_{\bar{y} \in N} \overline{F}[\bar{x}_0(\mu_n), \bar{y}] = \min_{\bar{y} \in N} \overline{F}[\bar{x}_0, \bar{y}]$$

$$= \inf_{\bar{y} \in N,\ \mu \geqq 0} [\overline{F}(\bar{x}_0, \bar{y}) + \mu E(\bar{x}_0)] \leqq \max_{\bar{x} \in P} \inf_{\bar{y} \in N, \mu \geqq 0} [\overline{F}(\bar{x}, \bar{y}) + \mu E(\bar{x})]$$

ist. Der Vergleich dieser Ungleichungen mit (231) zeigt, daß überall das Gleichheitszeichen stehen muß, und damit ist der Satz vollständig bewiesen.

Der bewiesene Satz sagt im wesentlichen aus, daß man stets ein hinreichend großes $\mu$ wählen kann und angenähert die Aufgabe, $\max\limits_{\bar{x} \in M_0} \min\limits_{\bar{y} \in N} \overline{F}(\bar{x}, \bar{y})$ für ein durch die Restriktionen (220) gegebenes $M_0$ zu suchen, auf die Aufgabe

$$\max_{\bar{x} \in P} \min_{\bar{y} \in N} [\overline{F}(\bar{x}, \bar{y}) + \mu E(\bar{x})]$$

mit durch (229) vorgegebenem $E(\bar{x})$ überführen kann.

Führt man zusätzliche Variable und ein stetiges Analogon zu (229) ein, so kann man das Problem, $\max\limits_{\bar{x} \in M_0} \min\limits_{\bar{y} \in N} F(\bar{x}, \bar{y})$ zu bestimmen, in die Aufgabe überführen, ein Maximum mit einer Restriktion zu ermitteln. Es gilt nämlich für beliebiges $\bar{x}$

$$\min_{\bar{y} \in N} F(\bar{x}, \bar{y}) = \max_{u \leqq F(\bar{x}, \bar{y})} u\,,$$

wobei die Ungleichung für alle $\bar{y} \in N$ erfüllt sein muß.

Ist der Durchschnitt von $N$ mit dem Inneren eines Würfels im Raum der Vektoren $\bar{y}$ entweder leer oder hat er ein positives Maß, so ist eine unendliche Gesamtheit von Restriktionen $F(\bar{x}, \bar{y}) - u \geqq 0$ äquivalent (für stetiges $F(\bar{x}, \bar{y})$) zu einem $E(\bar{x}, u) \geqq 0$ mit

$$E(\bar{x}, u) = -\int_N [F(\bar{x}, \bar{y}) - u - |F(\bar{x}, \bar{y}) - u|]^2 \, d\bar{y}\,. \tag{231'}$$

Hieraus folgt

$$\max_{\bar{x} \in M_0} \min_{\bar{y} \in N} F(\bar{x}, \bar{y}) = \max_{\bar{x}, u;\, E(\bar{x}, u) \geqq 0;\, \bar{x} \in M_0} u\,. \tag{231''}$$

Mittels Satz XXXIV überzeugt man sich davon, daß letzteres Problem angenähert äquivalent ist zur Suche von

$$\max_{u;\, \bar{x} \in M_0} [u - CE(\bar{x}, u)]$$

(für große $C$).

Der Satz XXXIII kann in gewissem Sinn auch auf die Maximin- oder Minimaxsuche verallgemeinert werden.

**Satz XXXV.** *Sind* $\overline{F}(\bar{x}, \bar{y})$ *und die* $\Phi_i(\bar{x})$ *stetig und konkav in* $\bar{x} \in P$ *für beliebiges* $\bar{y} \in N$ *und ist* $P$ *eine abgeschlossene, beschränkte und konvexe Menge, so gilt für durch die Bedingungen* (220) *vorgegebenes* $M_0$

$$\left.\begin{aligned} \sup_{\bar{x}\in M_0}\inf_{\bar{y}\in N} \overline{F}(\bar{x}, \bar{y}) &= \inf_{\bar{\mu}\geqq 0}\sup_{\bar{x}\in P}\inf_{\bar{y}\in N} L(\bar{x}, \bar{y}, \bar{\mu}) \,, \\ \inf_{\bar{y}\in N}\sup_{\bar{x}\in M_0} \overline{F}(\bar{x}, \bar{y}) &= \inf_{\bar{\mu}\geqq 0}\inf_{\bar{y}\in N}\sup_{\bar{x}\in P} L(\bar{x}, \bar{y}, \bar{\mu}) \,. \end{aligned}\right\} \tag{232}$$

Beweis. Wegen (221′) und (225) genügt es zu beweisen, daß die rechten Seiten von (232) entsprechend gleich

$$\sup_{\bar{x}}\inf_{\bar{y},\,\bar{\mu}\geqq 0} L(\bar{x}, \bar{y}, \bar{\mu}) \qquad \text{und} \qquad \inf_{\bar{y}}\sup_{\bar{x}}\inf_{\bar{\mu}\geqq 0} L(\bar{x}, \bar{y}, \bar{\mu})$$

sind.

Für fixiertes $\bar{y}$ ist $L(\bar{x}, \bar{y}, \bar{\mu})$ konkav in $\bar{x}$ und konvex in $\bar{\mu}$ (da es linear in $\bar{\mu}$ ist). Wenn man den ersten Teil vom Beweis der Folgerung aus Satz XXX wiederholt, schließt man hieraus, daß

$$\sup_{\bar{x}\in P}\inf_{\bar{\mu}\geqq 0} L(\bar{x}, \bar{y}, \bar{\mu}) = \inf_{\bar{\mu}\geqq 0}\sup_{\bar{x}\in P} L(\bar{x}, \bar{y}, \bar{\mu})$$

gilt. Wählt man das Infimum über $\bar{y}$ von den beiden Teilen dieser Gleichung und nutzt man die Möglichkeit aus, die Reihenfolge der rechts gewählten Infima zu vertauschen, dann erhält man unmittelbar die zweite Gleichung aus (232).

Ferner haben wir

$$\sup_{\bar{x}\in P}\inf_{\bar{y}\in N}\inf_{\bar{\mu}\geqq 0} L(\bar{x}, \bar{y}, \bar{\mu}) = \sup_{\bar{x}\in P}\inf_{\bar{\mu}\geqq 0}\left[\inf_{\bar{y}\in N} \overline{F}(\bar{x}, \bar{y}) + \sum_{i=1}^{l} \mu_i \Phi_i(\bar{x})\right].$$

Aber $\inf_{\bar{y}\in N} \overline{F}(\bar{x}, \bar{y})$ ist konkav in $\bar{x}$, da $\overline{F}(\bar{x}, \bar{y})$ für beliebiges $\bar{y}$ konkav ist. Hieraus folgt genauso wie schon weiter oben

$$\begin{aligned} \sup_{\bar{x}\in P}\inf_{\bar{y}\in N,\,\bar{\mu}\geqq 0} L(\bar{x}, \bar{y}, \bar{\mu}) &= \inf_{\bar{\mu}\geqq 0}\sup_{\bar{x}\in P}\left[\inf_{\bar{y}\in N} \overline{F}(\bar{x}, \bar{y}) + \sum_{i=1}^{l} \mu_i \Phi_i(\bar{x})\right] \\ &= \inf_{\bar{\mu}\geqq 0}\sup_{\bar{x}\in P}\inf_{\bar{y}\in N} L(\bar{x}, \bar{y}, \bar{\mu}) \,, \end{aligned}$$

und das wurde auch gefordert.

Wegen dieses Satzes existiert für beliebiges $\varepsilon$ ein $\mu_\varepsilon$ derart, daß

$$\left|\sup_{\bar{x}\in M_0}\operatorname{int}_{\bar{y}\in N} \overline{F}(\bar{x}, \bar{y}) - \sup_{\bar{x}\in P}\operatorname{int}_{\bar{y}\in N} L(\bar{x}, \bar{y}, \mu_\varepsilon)\right| \leq \varepsilon$$

gilt, was vollkommen analog ist zur Aussage bei der Methode der Straffunktionen.

Wir können uns nicht bei der Verallgemeinerung des diskreten Maximumprinzips für Probleme aufhalten, bei denen das Maximin mit Restriktionen bestimmt werden soll, wie auch bei der Formulierung notwendiger Bedingungen für das Maximin mit Restriktionen, die man erhalten kann, wenn man die Sätze XXXI und XXVII vereinigt, weil dies relativ umfangreich ist. Den interessierten Leser möchten wir auf eine der Arbeiten des Autors dieses Buches verweisen.

Zum Schluß bemerken wir, daß ein Ersetzen einiger Restriktionen $\Phi_i(\tilde{x}) \geqq 0$ durch Bedingungen $\Phi_i(\tilde{x}) = 0$ äquivalent dazu ist, daß man zusätzliche Restriktionen $-\Phi_i(\tilde{x}) \geqq 0$ einführt. Man verifiziert leicht, daß man dabei die LAGRANGEsche Form auch nicht verändern kann, indem man zusätzliche Glieder einführt, aber von den entsprechenden $\mu_i$ in (221′) und (225) kann man schon voraussetzen, daß sie von $-\infty$ bis $+\infty$ variieren. Die Methode der Straffunktionen ändert sich dabei ebenfalls nicht. Es ist allerdings möglich, die entsprechenden Glieder in $E(\bar{x})$ zu vereinfachen, wenn man einfach $-\Phi_i^2(x)$ anstelle von $-[\Phi_i(x) - |\Phi_i(x)|]^2$ wählt.

## § 20. Zwei Sätze über Ressourcenverteilung bei starker Unbestimmtheit

Wie bereits in Kapitel I gesagt, ist das Problem, eine Reihe von Operationen zu einer gemeinsamen Operation zu vereinigen, typisch für die Operationsforschung. Dabei ist die Verteilung der vorhandenen Aktivitäten auf die einzelnen Teilnehmer, d. h. auf die Einzeloperationen, ein Bestandteil der Strategien der operierenden Seite. Nimmt man an, daß die Aktionsarten innerhalb jeder Einzeloperation bereits gewählt wurden (eventuell in Abhängigkeit davon, ob Aktivitäten vorhanden sind), so bleibt als einziger wählbarer kontrollierbarer Faktor die Verteilung der Aktivitäten auf die Einzeloperationen.

Bezeichnet man den der $i$-ten Operation zugeteilten Aktivitätsvektor mit $\bar{x}_i$ und das $i$-te Kriterium mit $F_i(\bar{x}_i, \bar{y}_i)$, so haben wir bei einem Gesamtkriterium $\Phi(F_1, \ldots, F_s)$ (wo $s$ die Anzahl der Einzeloperationen ist) und dem Vektor $A$ der gesamten Aktivitätenmenge eine Operation in der Gestalt

$$\left.\begin{aligned} &W = \Phi[F_1(\bar{x}_1, \bar{y}_1), \ldots, F_s(\bar{x}_s, \bar{y}_s)] = \Phi^*(\bar{x}, \bar{y})\,, \\ &\sum_{i=1}^{s} \bar{x}_i \leqq A\,; \qquad \bar{x} = \{\bar{x}_1, \ldots, \bar{x}_s\}\,. \end{aligned}\right\} \tag{233}$$

Was den Vektor $\bar{y} = \{\bar{y}_i\}$ betrifft, so kann er entweder ein allgemeiner Vektor sein, der wie stets durch die Suche in der Menge $N$ eingeschränkt ist, oder aber auf Grund der soeben angeführten analogen Überlegungen den Sinn von Ressourcenverteilungen haben. Dann gilt

$$\sum_{i=1}^{s} \bar{y}_i \leqq B\,.$$

Dabei ist eine relativ natürliche allgemeine Voraussetzung bei Problem (233), daß die Funktionen $F_i$ und $\Phi$ monoton sind, d. h.

$$\left.\begin{aligned} \Phi(F_1, \ldots, F_s) &\geqq \Phi(F_1', \ldots, F_s'), \quad \text{falls} \quad F_i \geqq F_i' \quad \text{für alle } i\,, \\ F_i(\bar{x}_i, \bar{y}_i) &\geqq F_i(\bar{x}_i', \bar{y}_i')\,, \quad \text{falls} \quad \bar{x}_i \geqq \bar{x}_i',\ \bar{y}_i' \geqq \bar{y}_i\,. \end{aligned}\right\} \tag{234}$$

Unter diesen Voraussetzungen werden die Ressourcen von beiden Gegnern ohne Nachteil vollständig ausgenutzt, d. h. man kann setzen:

$$\sum_{i=1}^{s} \bar{x}_i = A\,; \qquad \sum_{i=1}^{s} \bar{y}_i = B\,.$$

Wir wollen daran erinnern, daß angenommen wird, daß ein Vektor nicht kleiner ist als ein zweiter, wenn er in keiner Koordinate kleiner als der zweite ist.

In Problem (233) kann im allgemeinen außer dem unbestimmten Faktor $\bar{y}$ noch Unbestimmtheit in Form des Kriteriums selbst, d. h. als Funktion $\Phi(F_i)$ auftreten. Dieses Problem ist recht kompliziert, und es können kaum allgemeine Lösungsmethoden angegeben werden, die effektiv genug sind.

Wir wollen hier die im Kapitel I ausgesprochene These illustrieren, daß dann, wenn das Problem stark unbestimmt und die Gesamtheit der Restriktionen klein ist, die Lösung unter umfassenden Voraussetzungen über die Gestalt der Effektivitätskriterien $F_i$ relativ einfach sein muß.

Als erstes Beispiel für eine Situation, die stark unbestimmt ist, wählen wir das folgende, auf den ersten Blick etwas künstliche Spiel.

Gegeben sei die Funktion $\varphi(z_1, \ldots, z_n)$. Die operierende Seite wähle nach ihrem Belieben die Größen $x_i (i \leqq n)$, die nur den Beschränkungen

$$\sum_{i=1}^{n} x_i = A\,. \tag{235}$$

unterworfen werden. Der Gegner jedoch wähle aus den $z_j$ eines, das einem $x_i$ gleichgesetzt wird, aber so, daß die Zuordnung $i(j)$ der Indices $i$ und $j$ eineindeutig ist. Effektivitätskriterium für die operierende Seite werde nun

$$W = \varphi(x_{i(1)}, \ldots, x_{i(n)})\,. \tag{236}$$

Somit ist die Strategie der operierenden Seite die durch (235) eingeschränkte Auswahl der $x_i$ und die gegnerische Strategie die Wahl der diskreten Funktion $i(j)$.

Dann gilt der

**Satz XXXVI.** *Ist $\varphi(z_1, \ldots, z_n)$ stetig und so beschaffen, daß für beliebige $j_1$ und $j_2$ und $\{z_1, \ldots, z_n\}$*

$$\varphi\left(z_1, \ldots, z_{j_1-1}, \frac{z_{j_1}+z_{j_2}}{2}, z_{j_1+1}, \ldots, z_{j_2-1}, \frac{z_{j_1}+z_{j_2}}{2}, z_{j_2+1}, \ldots, z_n\right)$$

$$\geqq \min\,[\varphi(z_1, \ldots, z_{j_1-1}, z_{j_1}, \ldots, z_{j_2-1}, z_{j_2}, \ldots, z_n)\,; \varphi(z_1, \ldots, z_{j_1-1}, z_{j_2}, \ldots, z_{j_2-1}, z_{j_1}, \ldots, z_n)] \tag{237}$$

*gilt, so ist $x_i = A/n$ optimale garantierende Strategie für die operierende Seite, und es gilt*

$$\max_{\{x_i\}} \min_{i(j)} \varphi(x_{i(j)}) = \varphi\left(\frac{A}{n}, \ldots, \frac{A}{n}\right).$$

*Ist dagegen $\varphi(z_1, \ldots, z_n)$ unstetig, so wird $\sup_{\{x_i\}} \inf_{i(j)} \varphi(x_{i(j)})$ auf irgendeiner Vektorfolge $\bar{x}(k) = \{x_i(k)\}$ realisiert, die gegen $A/n$ strebt.*

Zum Beweis genügt es zu zeigen, daß man, ganz gleich wie der Vektor $\bar{x} = \{x_1, \ldots, x_n\}$ mit $\Delta = \max_{1 \leq s < t \leq n} |x_s - x_t| \neq 0$, gewählt wurde, einen Vektor $\bar{x}^*$ finden kann, der $\left\{\frac{A}{n}, \ldots, \frac{A}{n}\right\}$ beliebig nahe kommt, und für den

$$\inf_{i(j)} \varphi(x^*_{i(j)}) \geqq \inf \varphi(x_{i(j)})$$

gilt.

Da die Minima über alle möglichen Permutationen der $x_i$ betrachtet werden, kann man ohne irgendwelche Änderung $x_1 \leqq x_2 \leqq \cdots \leqq x_n$ annehmen. Dann ist offensichtlich $\Delta = x_n - x_1$.

Wir bilden den Vektor $\bar{x}^{(1)} = \left\{\frac{x_1 + x_n}{2}, x_2, \ldots, x_{n-1}, \frac{x_1 + x_n}{2}\right\} = \{x_i^{(1)}\}$. Für ihn ist $\Delta^{(1)} \leqq \Delta$, und für $1 < i < n$ gilt

$$|x_i^{(1)} - x_1^{(1)}| = \left|x_i^{(1)} - \frac{x_1 + x_n}{2}\right| \leqq \max\left[\frac{x_i - x_1}{2}; \frac{x_n - x_i}{2}\right] \leqq \frac{\Delta}{2}.$$

Diese Ungleichung gilt aber umsomehr auch für $i = 1, n$. Vollkommen analoge Ungleichungen sind auch für $|x_i^{(1)} - x_n^{(1)}|$ mit $1 \leqq i \leqq n$ erfüllt.

Sei nun

$$x^{(2)} = \{x_i^{(2)}\} = \left\{\frac{x_1 + x_n}{2}, \frac{x_2 + x_{n-1}}{2}, x_3, \ldots, x_{n-2}, \frac{x_2 + x_{n-1}}{2}, \frac{x_1 + x_n}{2}\right\}.$$

Hier haben wir $\Delta^{(2)} \leqq \Delta^{(1)}$, $|x_i^{(2)} - x_j^{(2)}| \leqq \Delta_0/2$ für $j = 1, 2; n-1; n$. Setzt man diese Mittelung über $x_i$ und $x_{n-i}$ fort, so kommt man am Ende zu $x^{-[n/2]} = \bar{x}_1 = \{x_{1i}\}$, wofür

$$\Delta_1 = \max_{s \neq t} |x_{1s} - x_{1t}| \leqq \frac{\Delta}{2}$$

gilt. Es ist klar, daß sämtliche angegebenen Operationen die fixierte Summe nicht ändern, d. h. es gilt

$$\sum_{i=1}^{n} x_i^{(k)} = A.$$

Wir wollen nun zeigen, daß die Ungleichung

$$\inf_{i(j)} \varphi[x_{i(j)}] \leqq \inf_{i(j)} \varphi[x_{1, i(j)}]$$

besteht. Dazu genügt es, analoge Ungleichungen für den Übergang von $\bar{x}^{(k)}$ zu $\bar{x}^{(k+1)}$ zu verifizieren. Der Übergang besteht darin, daß irgend zwei $x_{i_1}$ und $x_{i_2}$ durch ihre Mittelwerte ersetzt werden.

Nach Voraussetzung des Satzes haben wir

$$\begin{aligned}\inf_{i(j)} \varphi[x_{i(j)}^{(k)})] &= \inf_{i(j)} \{\min [\varphi(x_{i(1)}^{(k)}, \ldots, x_{i(l-1)}^{(k)}, x_{i(l)}^{(k)} = x_{i_1}, x_{i(l+1)}^{(k)}, \ldots \\ &\ldots, x_{i(p-1)}^{(k)}, x_{i(p)}^{(k)} = x_{i_2}, x_{i(p+1)}^{(k)}, \ldots, x_{i(n)}^{(k)}); \varphi(x_{i(1)}^{(k)}, \ldots \\ &\ldots, x_{i(l-1)}^{(k)}, x_{i_2}, x_{i(l+1)}^{(k)}, \ldots, x_{i(p-1)}^{(k)}, x_{i_1}, x_{i(p+1)}^{(k)}, \ldots, x_{i(n)}^{(k)})]\} \\ &\leqq \inf_{i(j)} \varphi\left(x_{i(1)}^{(k)}, \ldots, x_{i(l-1)}^{(k)}, \frac{x_{i_1}+x_{i_2}}{2}, \ldots, x_{i(p-1)}^{(k)}, \frac{x_{i_1}+x_{i_2}}{2}, \ldots, x_{i(n)}^{(k)}\right) \\ &= \inf_{i(j)} \varphi[x_{i(j)}^{(k+1)}] \,.\end{aligned}$$

Somit wurde für beliebiges $\bar{x}$ ein $\bar{x}_1 = \{x_{1i}\}$ derart konstruiert, daß das Infimum für $\bar{x}$ das Infimum für $\bar{x}_1$ nicht überschreitet. Hierbei ist $\Delta_1 \leqq \Delta/2$.

Setzt man diese Operation fort, so erhält man eine Folge von $\bar{x}_k$, für die $\Delta_k \leqq \Delta/2^k$ gilt und $\inf\limits_{i(j)} \varphi[x_{ki(j)}]$ nicht abnimmt. Das bedeutet aber, daß es auch nicht kleiner ist als $\inf\limits_{i(j)} \varphi[x_{i(j)}]$. Das beweist auch den Satz, denn es ist $\bar{x}_k \to \left\{\frac{A}{n}, \ldots, \frac{A}{n}\right\}$ wegen $\Delta_k \to 0$.

Wenn man den Beweis analysiert, überzeugt man sich leicht davon, daß sich die Aussagen des Satzes nicht ändern, wenn an die Vektoren $\bar{x}$ außer (235) die Forderung $\bar{x} \in E$ gestellt wird, wobei $E$ eine beliebige konvexe Menge ist, die gemeinsam mit dem Vektor $\bar{x}$ sämtliche Vektoren enthält, die man aus der Permutation seiner Koordinaten gewinnt.

Die Voraussetzung des Satzes ist für konkave Funktionen erfüllt, weil man dann, wenn man $\bar{z} = \{x_1, \ldots, x_{i-1}, x_i, \ldots, x_{j-1}, x_j, \ldots, x_n\}$ und $\bar{y} = \{x_1, \ldots, x_{i-1}, x_j, \ldots, x_{j-1}, x_i, \ldots, x_n\}$ wählt, wegen der Konkavitätseigenschaft

$$\varphi\left(\frac{1}{2}\bar{z} + \frac{1}{2}\bar{y}\right) \geqq \frac{1}{2}\varphi(\bar{z}) + \frac{1}{2}\varphi(\bar{y}) \geqq \min[\varphi(\bar{z}), \varphi(\bar{y})]$$

erhält. Das aber wird auch in der Voraussetzung des Satzes gefordert.

Allerdings ist die Voraussetzung des Satzes natürlich bedeutend allgemeiner als es die Konkavitätsbedingung ist. So ist etwa für $a_1 \geqq 0$, $a_2 \geqq 0$, $x_1, x_2 \geqq 0$ die Funktion $(a_1x_1 + a_2x_2)^2$ als Quadrat einer positiven konvexen Funktion konvex: ist $f[\lambda\bar{x} + (1-\lambda)\bar{y}] \leqq \lambda f(\bar{x}) + (1-\lambda)f(\bar{y})$, so gilt

$$\begin{aligned}&f^2[\lambda\bar{x} + (1-\lambda)\bar{y}] \\ &\leqq \lambda^2 f^2(\bar{x}) + 2\lambda(1-\lambda)\, f(\bar{x})\, f(\bar{y}) + (1-\lambda)^2 f^2(\bar{y}) \\ &\leqq \lambda^2 f^2(\bar{x}) + \lambda(1-\lambda)\,[f^2(\bar{x}) + f^2(\bar{y})] + (1-\lambda)^2 f^2(\bar{y}) = \lambda f^2(\bar{x}) + (1-\lambda)\, f^2(\bar{y}) \,.\end{aligned}$$

Aber für dieselben $x_1 \geqq 0$, $x_2 \geqq 0$, $a_1 \geqq 0$, $a_2 \geqq 0$ erfüllt diese Funktion die Voraussetzungen des Satzes, weil

$$a_1\left(\frac{x_1+x_2}{2}\right)+a_2\left(\frac{x_1+x_2}{2}\right) \geqq \min\,[a_1x_1+a_2x_2;\; a_1x_2+a_2x_1]$$

gilt (das lineare $a_1x_1 + a_2x_2$ ist konkav).

Das Beispiel der Funktion $x_1^2 + x_2^2$ zeigt, daß die Aussage des Satzes durchaus nicht immer gilt. Für diese Funktion kann man für beliebige Permutationen von $x_1$ und $x_2$ sowohl $x_1 = A$, $x_2 = 0$ als auch das Umgekehrte nach Belieben wählen, aber niemals $x_1 = x_2 = 0{,}5\,A$.

Diesen einfachen Satz kann man auf verschiedene Probleme anwenden. Als erstes Anwendungsbeispiel nennen wir das Modell einer Angriffsaktion gegen eine Verteidigungsstellung (Modell IV), betrachtet vom Standpunkt der Verteidiger (für den Angreifer wird es eine Minimaxbestimmung). Dann erhält, übereinstimmend mit (9), das Effektivitätskriterium für $p_i = p = \text{const}$ die Form

$$W = -\sum_{i=1}^{k} \max\,[x_i - py_i;\, 0] = \sum_{i=1}^{k} \min\,[py_i - x_i;\, 0]\,, \tag{238}$$

wobei die Auswahl der $\{y_i\}$, d. h. der Abwehrstrategie, der Bedingung $\sum_{i=1}^{n} y_i = n$ unterworfen wird. Der Angriff ist durch die Bedingung $\sum_{i=1}^{k} x_i = N$ beschränkt. Die Funktion (238) ist in $\bar{y}$ konkav als Summe der konkaven Funktionen $\min\,[py_i - x_i;\, 0]$.

Fixiert man die $x_i$, vertauscht sie aber untereinander, so ist das äquivalent dazu, daß umgekehrt die $x_i$ auf ihren Plätzen bleiben, aber die $y_i$ vertauscht werden. Somit kann der Gegner, d. h. die angreifende Seite die $y_i$ permutieren, sogar wenn sie ihre Größen $x_i$ fixiert.

Wenn die Bedingungen aus Satz XXXVI erfüllt sind, so kann man behaupten, daß *bei beliebigen $x_i$, deren Lage lediglich unbekannt sein muß, es für die Verteidigung günstig ist, die Kräfte gleichmäßig zu verteilen, d. h. $y_i = n/k$ zu wählen. Da dieser Ansatz nicht von den $x_i$ abhängt, gilt er auch für nicht fixierte $x_i$.*

Dieser Ansatz bleibt natürlich auch unverändert, wenn man allgemein

$$W = \sum_{i=1}^{k} r(x_i - py_i)$$

setzt, sofern die Funktion $r(x_i - py_i)$ die Bedingung

$$\min\,[r(x_1 - py_1) + r(x_2 - py_2);\; r(x_1 - py_2) + r(x_2 - py_1)]$$
$$\leqq r\left(x_1 - p\,\frac{y_1+y_2}{2}\right) + r\left(x_2 - p\,\frac{y_1+y_2}{2}\right)$$

erfüllt. Wie wir später sehen werden, erlaubt schon eine starke Abweichung der $p_i$ von einer Konstanten nicht, damit zu rechnen, daß eine gleichmäßige Verteilung optimal ist.

Als Beispiel anderer Art kann die Perspektivplanung bei der Auswahl technologischer Prozeße (s. § 7) dienen, wenn das Problem nach (56) auf die Form

$$W = \sum_{j=1}^{n} d_j^* x_j; \qquad x_j \geqq 0; \qquad \sum_{j=1}^{n} x_j = B$$

gebracht werden kann. Hier ist $x_j$ derjenige Teil der Gesamtsumme $B$ an Mitteln, der dem $j$-ten Prozeß zugeteilt wird, und $d_j^*$ sind die Mittel, die für die Produktion vom Typ $j$ gewonnen werden können, multipliziert mit der Einheit der aufgewendeten Mittel.

In § 7 wurde gesagt, daß bei bekannten $d_j^*$ die Zuteilung aller Mittel an einen sehr effektiven technologischen Prozeß optimales Verhalten darstellt. Allerdings kann sich die Lage der Dinge radikal ändern, wenn die $d_j^*$ unbekannt sind, beispielsweise weil die künftigen Preise für die Produktion unbekannt sind. Ist diese Unbestimmtheit von der Art, daß jede Permutation der $d_j^*$ untereinander möglich ist, so ist dies äquivalent zu einer Permutation der $x_j$. Die Linearität von $W$ sichert, daß die Voraussetzungen von Satz XXXV erfüllt sind, und folglich wird hier eine *gleichmäßige Verteilung der Mittel auf alle technologischen Prozesse am geeignetsten.* Diese Erwägungen bleiben natürlich auch für allgemeinere Beschreibungsformen von $W$ richtig:

$$W = \sum_{j=1}^{n} d_j^* \varphi_j(x_j) ,$$

falls nur (237) erfüllt wird.

Am direktesten wird jedoch der Satz bei allen Problemen angewandt, die auf die eine oder andere Art und Weise mit der Suchtheorie, der Ausarbeitung (oder Vernichtung) irgendwelcher Dinge zusammenhängen, wenn deren Lage unbekannt ist. Werde die Sucheffektivität für irgendetwas durch den Ausgang $f(z)$ charakterisiert, wobei die Ressource $z$ an einem bestimmten Ort unter der Gesamtzahl von $n$ Orten für eine mögliche Suche angewandt wird. Dann wird der Operationsforscher (und im ungünstigsten Falle auch die operierende Seite), wenn er die Gesamtmenge $A$ von Ressourcen auf die Mengen $x_i$ am $i$-ten Suchort verteilt, nicht wissen, welches $x_i$ demjenigen $z$ entspricht, das auch nur den Nutzen $f(z)$ ergeben kann.

Somit ist das Problem hier ein Spezialfall des betrachteten mit $\varphi(z_1, \ldots, z_n) = f(z_1)$. Die Bedingung (237) wird durch

$$f\left[\frac{z_1 + z_i}{2}\right] \geqq \min\,[f(z_1);\; f(z_i)]$$

ausgedrückt und ist sicher für eine *beliebige nicht fallende Funktion* erfüllt. *Also wird das Maximin hier stets bei gleichmäßiger Ressourcenverteilung angenommen.*

Diese allgemeine Aussage kann in einer Reihe von Fällen ein legitimes Erstaunen im Alltag hervorrufen. Sei zum Beispiel die Suche vollkommen ineffektiv, bis man nicht Ausgaben in der Höhe von $A$ aufgewendet hat, d. h. sei etwa $f(z) = 0$ für $z < A - \varepsilon$ und $f(z) = 1$ für $z \geqq A - \varepsilon$. Dann führt eine gleichmäßige Verteilung von $A$ auf viele Orte zu $f(z) = 0$, d. h. zu einem verschwindenden Effekt. Gleichzeitig kann man, wie man sagt, auch einen Effekt erhalten, wenn man Glück hat, indem man die Ressourcen an einem Ort konzentriert. Um dieses „Paradox" zu erklären, müssen wir uns wieder unserem Grundbegriff zuwenden.

Hier realisiert tatsächlich eine gleichmäßige Verteilung das Maximin, aber dieses Maximin ist einfach gleich dem Minimum und wird natürlich auch für eine beliebige andere Ressourcenverteilung gewonnen. Insbesondere ergibt eine Ressourcenkonzentration auch im ungünstigsten Fall (und deren gibt es $n - 1$ von $n$) einen verschwindenden Effekt.

Nichtsdestoweniger muß man sich hier von der gleichmäßigen Verteilung zur Konzentration hinwenden. Darauf gründet sich dann die Hoffnung auf eine Verbesserung, wenn man sich von reinen Maximin abwendet. Im betrachteten Fall ist das nur eine Hoffnung auf den Zufall. In unserem Verständnis bedeutet dies, daß es zweckmäßig ist, gemischte Strategien der folgenden Art anzuwenden: die gesamten Ressourcen werden mit Wahrscheinlichkeit $r_i$ auf den $i$-ten Suchort gerichtet. Da die Natur der Gegner ist, sind wir berechtigt, zu erwarten, daß bei ihr Informationen über unsere konkrete (wenn auch zufällig gewählte) Ressourcenlenkung fehlen.

Bei diesem Ansatz ist die Auszahlung offensichtlich gleich $\varphi(z_1, \ldots, z_n) = z$ mit $z_1 = r_{i(1)}$ unter Vertauschung von $i(j)$ und $\sum_{i=1}^{n} r_i = 1$. Offenbar sind die Voraussetzungen des Satzes wieder erfüllt, und die geeignetste Verteilung der gleich Eins gesetzten „Ressourcen" ist $r_i = 1/n$. Somit erhalten wir wiederum eine gleichmäßige Verteilung bei einem neuen Ressourcenbegriff. Es versteht sich, daß der effektive Spielwert ($1/n$ anstelle von 0) nicht sehr groß ist und mit wachsender Anzahl von Suchorten abnimmt. Daher sind für großes $n$ wiederum alle Strategien im wesentlichen gleichwertig (sofern nur bei der operierenden Seite keinerlei Information auftritt, sei es nun a priori gegebene oder beim Suchprozeß hinzugewonnene).

Daher entsteht hier ein weiter Raum für jede Art von beliebiger Suche und im gleichen Maße auch für Heuristik. Man darf jedoch dabei nicht den anderen, verständlicheren Weg vergessen, daß man beim Suchprozeß hinzugewonnene Informationen anwendet.

Am Ende der Betrachtungen über den Satz XXXVI wollen wir folgendes bemerken.

Gibt es außer der Wahl der Funktion $i(j)$ noch unbestimmte Faktoren $\bar{y}$, so kann man das Problem, das Maximin zu bestimmen, als

$$\left.\begin{aligned} &\max_{\bar{x}} \min_{i(j), \bar{y}} \varphi\,[x_{i(j)}, \bar{y}] = \max_{\bar{x}} \min_{i(j)} \psi[x_{i(j)}]\,, \\ \text{mit}\quad &\psi(z_1, \ldots, z_n) = \min_{\bar{y}} \varphi(z_1, \ldots, z_n, \bar{y})\,; \end{aligned}\right\} \tag{239}$$

schreiben. Es bedarf keiner Mühe zu verifizieren, daß dann, wenn $\varphi$ in $z_1, \ldots, z_n$ die Bedingung (237) für beliebiges $\bar{y}$ erfüllt, diese Bedingung auch von $\psi(z_1, \ldots, z_n)$ erfüllt wird. Aber dann gilt die Aussage von Satz XXXVI gleichfalls für das Problem (239).

Wir gehen nun zum zweiten uns interessierenden Satz über. Es seien (234) und

$$\Phi(F_i) = \min_{1 \leq i \leq s} F_i(\bar{x}_i, \bar{y}_i); \quad \sum_{i=1}^{s} \bar{x}_i = A; \quad \sum_{i=1}^{s} \bar{y}_i = B \tag{240}$$

erfüllt. Die optimale Strategie soll in den Varianten von Maximin und Minimax bestimmt werden. Zuerst bemerken wir, daß wegen (234)

$$\min_{\bar{y}} \min_{1 \leq i \leq s} F_i(\bar{x}_i, \bar{y}_i) = \min_{1 \leq i \leq s} \min_{\bar{y}} F_i(\bar{x}_i, \bar{y}_i) = \min_{1 \leq i \leq s} F_i(\bar{x}_i, B) \tag{241}$$

gilt. *Ungünstigster Fall ist hier eine Konzentration der gegnerischen Kräfte auf den „schwächsten" Teil der Operation bei vorgegebenem* $\bar{x} = \{\bar{x}_i\}$.

Fixiert man (241), so sieht man, daß sowohl beim Minimax (wenn die $\bar{y}_i$ bekannt werden), als auch beim Maximin (wenn man sämtliche $\bar{y}_i = B$ wählen muß), die optimale Strategie aus der Lösung des Optimierungsproblems

$$\max_{\bar{x}} \min_{1 \leq i \leq s} F_i(\bar{x}_i, \bar{y}_i) = \max_{\bar{x}} \min_{1 \leq i \leq s} \varphi_i(\bar{x}_i) \tag{242}$$

bei bekannten $\bar{y}_i$ erhalten wird. Bei diesem Problem wählt der „Gegner" ebenfalls die Zahl $i$ im Kriterium $\overline{F}(\bar{y}, i) = \varphi_i(\bar{x}_i)$.

Wir werden voraussetzen, daß die Numerierung der Einzeloperationen (bei bekannten $\bar{y}_i$) so gewählt wurde, daß $\varphi_i(0) \leqq \varphi_{i+1}(0)$ gilt; $F_i$ und das heißt auch die $\varphi_i$ sollen stetig in $\bar{x}_i$ sein.

**Satz XXXVII.** (Nivellierungsprinzip). *Unter den optimalen* $\bar{x}_0 = \{\bar{x}_i^0\}$ *gibt es entweder solche, die für ein gewisses* $k \leqq s - 1$

$$\left.\begin{aligned} &\max_{\bar{x}_k} \varphi_k(\bar{x}_k) < \varphi_{k+1}(0) \\ &\textit{unter den Restriktionen} \\ &\bar{x}_j = 0; \qquad j \geqq k+1; \qquad \sum_{i=1}^{k} \bar{x}_i = A; \\ &\varphi_i(\bar{x}_i) = \varphi_k(\bar{x}_k); \quad 1 \leqq i \leqq k, \end{aligned}\right\} \tag{243}$$

*realisieren oder es gibt welche, die*

$$\left.\begin{aligned} &\max_{\bar{x}_s} \varphi_s(\bar{x}_s) \\ &\textit{unter den Restriktionen} \\ &\varphi_i(\bar{x}_i) = \varphi_s(\bar{x}_s); \quad \sum_{i=1}^{s} \bar{x}_i = A; \quad i = 1, \ldots, s-1, \end{aligned}\right\} \tag{243'}$$

*realisieren.*

*Ist $\varphi_i(0) = \varphi_1(0)$ für alle $i \leqq s$, so tritt stets der zweite Fall ein. Sind die $\varphi_i$ streng monoton, so ist die angegebene Gestalt einer optimalen Lösung notwendig.*

Beweis. Wir setzen das Gegenteil voraus. Unter den optimalen $\bar{x}_0$ soll es keine geben, die (243) oder (243′) erfüllen. Wir nehmen dann ein beliebiges $\bar{x}_0$, und $k$ sei derart, daß $\varphi_k(0) \leqq \min\limits_{1 \leqq i \leqq s} \varphi_i(\bar{x}_i^0) \leqq \varphi_{k+1}(0)$ gilt (für $k = n$ fällt die zweite Ungleichung weg). Wir reduzieren nun in der Strategie $\bar{x}_0$ sämtliche $\bar{x}_i^0$ für $i \geqq k+1$ zu Null, indem wir alle oder einige entsprechende $\bar{x}_i^0$ für $i \leqq k$ so vergrößern, daß die Gleichung $\sum\limits_{i=1}^{s} \bar{x}_i = A$ nicht verletzt wird. Die erhaltene neue Strategie $\bar{x}'$ wird wegen der Monotonie von $F_i$ (und das heißt auch von $\varphi_i$) der Eigenschaft

$$\min_{1 \leqq i \leqq k} \varphi_i(\bar{x}_i') \geqq \min_{1 \leqq i \leqq k} \varphi_i(\bar{x}_i^0)$$

genügen. Aber die letztere Größe ist auch gleich dem optimalen Ergebnis nach Definition von $k$. Somit gibt es ein optimales $\bar{x}'$, für das $\bar{x}_i' = 0$ für $i \geqq k+1$ gilt.

Seien ferner $i_1, \ldots, i_l$ sämtliche Indices, die $\min\limits_{1 \leqq i \leqq k} \varphi_i(\bar{x}_i') = W_{\text{opt}}$ realisieren. Gibt es mindestens einen Index $i_0 \leqq k$, der nicht in das System $i_1, \ldots, i_l$ eingeht, so werden wir $\bar{x}_{i_0}'$ auf $\bar{x}_{i_0}''$ verkleinern, bis $\varphi_{i_0}(\bar{x}_{i_0}'') = W_{\text{opt}} + \varepsilon$ wird, wo $\varepsilon$ eine beliebig kleine aber fixierte Größe ist. Das kann man stets tun, weil $i_0 \leqq k$ und $\varphi_{i_0}(\bar{x}_{i_0}') > W_{\text{opt}} \geqq \varphi_{i_0}(0)$ gilt.

Verteilt man den nichtnegativen und von Null verschiedenen Vektor $\bar{x}_{i_0}' - \bar{x}_{i_0}''$ unter die $\bar{x}_{i_j}$ mit $j = 1, \ldots, l$, so kann man entweder alle $\varphi_{i_j}$ vergrößern oder ein $j_0$ finden, für das der Zuwachs vom Vektor $\bar{x}_{j_0}' - \bar{x}_{i_0}''$ zu $\bar{x}_{i_{j_0}}$ den Wert $\varphi_{i_{j_0}}$ nicht ändert. Im ersten Fall würde sich auch $\min\limits_{1 \leqq i \leqq s} \varphi_i(\bar{x}_i)$ im Vergleich mit $W_{\text{opt}}$ ändern, was nach der Voraussetzung, daß $\{\bar{x}_i^0\}$ und $\{\bar{x}_i'\}$ optimal sind, unmöglich ist.

Im zweiten Fall erhalten wir, wenn wir $\varepsilon$ gegen 0 streben lassen, eine Strategie $\bar{x}''$, in der $i_0$ auch unter den $i_1, \ldots, i_l$ vorkommt, die $\min\limits_{1 \leqq i \leqq k} \varphi_i(\bar{x}_i'') = W_{\text{opt}}$ realisieren.

Wiederholt man diese Operation so oft wie nötig, so erhält man eine Strategie $\bar{x}_{\text{op}} = \{\bar{x}_i^{\text{op}}\}$ derart, daß $\bar{x}_j^{\text{op}} = 0$ für $j \geqq k+1$ und $\varphi_i(\bar{x}_i^{\text{op}}) = W_{\text{opt}}$ für $i \leqq k$.

Weil $\bar{x}_{\text{op}}$ unter allen $\bar{x}$ $\max\limits_{\bar{x}} \min\limits_{1 \leqq i \leqq s} \varphi_i(\bar{x}_i)$ realisiert, realisiert es offenbar dieses Maximum insbesondere auch unter allen $\bar{x}$, die die Bedingungen $\varphi_i(\bar{x}_i) = \varphi_k(\bar{x}_k)$; $\bar{x}_{k+j} = 0$ erfüllen. Damit wurde ein optimales $\bar{x}_{\text{op}}$ realisiert, das die Forderungen des Satzes erfüllt im Gegensatz zur Voraussetzung, daß so etwas nicht existiert. Den Satz kann man als bewiesen ansehen, wenn man im Verlaufe des Beweises auch die restlichen in ihm enthaltenen Behauptungen verifiziert.

Ist $A$ ein Skalar (und folglich auch $\bar{x}_i = x_i$), dann ist bei fixiertem $k$ und einer solchen Anzahl von Unbekannten $x_i$ ($i \leqq k$) die Anzahl der Gleichungen

$$\varphi_i(x_i) = \varphi_k(x_k)\,, \qquad \sum_{i=1}^{k} x_i = A\,,$$

ebenfalls gleich $k$. Das garantiert, daß man über die Lösung eines Gleichungssystems mit $k = 1, \ldots, s$ bei nachfolgendem Gleichsetzen mit $\varphi_1$ für diese Varianten untereinander eine optimale Strategie findet.

Am einfachsten ist der Fall $\varphi_i(0) = \varphi_1(0)$ mit $1 \leqq i \leqq s$. Dann muß man $k = s$ wählen, und die optimale Strategie wird als diejenige Strategie definiert, die bei $\sum_{i=1}^{s} x_i = A$ gleiche Werte für alle $\varphi_i(x_i)$ ergibt.

Der Satz XXXVII findet ebenfalls vielfältige Anwendungen. Zuerst wollen wir bemerken, daß, wie in den Kapiteln I und II gezeigt wurde, ein Kriterium vom Typ $\min\limits_{1 \leqq i \leqq s} F_i(\bar{x}_i, \bar{y}_i)$ in mindestens zwei Fällen auftreten kann:

a) ist $\Phi(F_i) = \sum_{i=1}^{s} \lambda_i F_i$, wobei die $\lambda_i$ unbekannt und nur durch die Bedingungen $\lambda_i \geqq 0$; $\sum_{i=1}^{s} \lambda_i W_i = 1$ beschränkt sind. In diesem Fall erfordert das Prinzip des garantierten Resultates, wie schon im Kapitel II betont, daß man Kriterien vom Typ $\min\limits_{1 \leqq i \leqq s} \frac{F_i}{W_i}$ betrachtet.

b) Man stellt sich die Aufgabe, die Größen $W_i$ in allen Einzeloperationen zu erreichen. Dabei werden die Ungleichungen $F_i \geqq W_i$ dadurch ersetzt, daß das Kriterium $\min\limits_{1 \leqq i \leqq s} \frac{F_i}{W_i}$ gegen Eins strebt. Ist das jedoch nicht erreichbar, so muß man einfach davon sprechen, daß ein derartiges Kriterium vergrößert wird.

Außer diesen Fällen erlaubt der Satz XXXVII (wie aus den folgenden Paragraphen ersichtlich werden wird), das Maximin für (238) bei beliebigen $p_i$ zu bestimmen. Man kann auch Verallgemeinerungen dieses Problems betrachten. Man erkennt, daß dieser Satz auch auf Suchprobleme anwendbar ist.

Nehmen wir an, daß an $n$ Orten nach einem gewissen Objekt gesucht wird, wobei bei einem Ressourcenaufwand $x_i$ die Sucheffektivität an der $i$-ten Stelle gleich $f_i(x_i)$ ist, falls sich das Objekt an der $i$-ten Stelle befindet, und Null, wenn das nicht der Fall ist.

Die mathematische Erwartung für die Sucheffektivität bei einer Wahrscheinlichkeit $r_i$ dafür, daß sich das Objekt im $i$-ten Punkt aufhält, ist offenbar gleich

$$W = \sum_{i=1}^{n} r_i f_i(x_i) .$$

Dabei gelten $\sum_{i=1}^{s} x_i = A$ und $\sum_{i=1}^{s} r_i = 1$. Sind die $r_i$ unbekannt, so wird die von der Unbestimmtheit $r_i$ ausgehende optimale Strategie als diejenige bestimmt, die

$$\max_{\Sigma x_i = A} \min_{\Sigma r_i = 1} W(\bar{x}, \bar{r}) = \max_{\Sigma x_i = A} \min_{1 \leqq i \leqq n} f_i(x_i) \tag{244}$$

realisiert.

Dieses Problem fällt genau mit (242) zusammen, und seine Lösung wird durch Satz XXXVII angegeben. Ist insbesondere $f_i(0) = f_1(0)$, so wird die Lösung aus den Gleichungen

$$f_i(x_i) = f_1(x_1); \qquad \sum_{i=1}^{n} x_i = A ,$$

bestimmt. Im noch spezielleren Falle, in dem die Identität $f_i(x) = f(x)$ für alle $i$ besteht, haben wir natürlich die Bedingung $f(x_i) = f_1(x_1)$, was bei monotonem $f(x)$ nur für $x_i = x_1 = A/n$ erfüllbar ist. Das bedeutet, daß man zu dem schon im Satz XXXVI betrachteten Problem kommt. Allerdings darf man nicht denken, daß letzterer Satz ein Spezialfall von Satz XXXVII ist.

Wir wollen auf den engen Zusammenhang von Nivellierungsprinzip und notwendigen Bedingungen für das Maximin (Satz XXVII) hinweisen. Dieser Zusammenhang wird offensichtlich, wenn man (242) in der Gestalt

$$\max_{\bar{x}} \min_{\bar{r}} \sum_{i=1}^{s} r_i \varphi_i(\bar{x}_i)$$

schreibt, wofür das Effektivitätskriterium $\sum_{i=1}^{s} r_i \varphi_i(\bar{x}_i)$ differenzierbar wird, wenn die $\varphi_i(\bar{x}_i)$ differenzierbar sind. Da das Minimum für dieses Kriterium über $r$ mit Ausnahme irgendeines $r_{i_0} = 1$ nur für $r_i = 0$ angenommen werden kann, sehen die notwendigen Bedingungen nunmehr den Fall $\varphi_i(\bar{x}_i) = \varphi_1(\bar{x}_1)$ für die optimale Strategie vor.

Um kompliziertere Probleme mit unbestimmten Kriterien in der im Kapitel II angegebenen Form zu lösen, kann man notwendige Bedingungen anwenden.

## § 21. Beispiele für analytische Suche nach Maximinen und Minimaxen bei den Modellen aus Kapitel I

I. Das Modell IV von Verteidigungsaktionen gegen einen Angriff. Wenn man dieses Modell vom Standpunkt des Verteidigers her (Kriterium (238)) betrachtet, so wird man die optimale Strategie des Verteidigers für beliebige $p_i$ bestimmen, wenn die operierende Seite (der Verteidiger) keine Informationen über den Vektor $\bar{x} = \{x_i\}$ erhält. Man findet zuerst $\min_{\bar{x}} \sum_{i=1}^{k} \min\,[p_i y_i - x_i;\, 0]$. Es ist offensichtlich, daß es für den Angreifer unangenehm ist, $0 < x_i \leqq p_i y_i$ zu haben, weil dann $\min\,[p_i y_i - x_i;\, 0] = 0$ gilt, d. h. dasselbe wie auch für $x_i = 0$. Daher wird der Angreifer $\bar{x}$ so wählen, daß entweder $x_i = 0$ oder $x_i \geqq p_i y_i$ ist. Aber dann erhält (238) die Form

$$\sum_j (p_{i_j} y_{i_j} - x_{i_j}) , \qquad \sum_j x_{i_j} = N .$$

Die Linearität des Kriteriums führt unmittelbar zu dem Schluß, daß die geeignetste Strategie für einen vollständig informierten Angreifer die Konzentration aller Kräfte auf einen Punkt ist, und zwar besonders auf solch ein $i$, für das[1])

$$k_i y_i - N = \min_{1 \leqq j \leqq k} [p_j y_j - N]$$

gilt. Somit führt die Aufgabe, die beste garantierende Strategie für den Verteidiger zu finden, darauf, daß man

$$\max_{\{y_i\}} \min_{1 \leqq j \leqq k} [p_j y_j - N]; \qquad \sum_{i=1}^{k} y_i = n\,, \tag{245}$$

sucht.

Man löst dieses Problem wie folgt: Die $y_j$ müssen so beschaffen sein, daß sämtliche $p_j y_j - N$ identisch sind. Das folgt direkt aus Satz XXXVII, wenn man bedenkt, daß im vorliegenden Falle $\varphi_j(y_j) = p_j y_j - N$ und folglich $\varphi_j(0) = -N = \varphi_1(0)$ gilt.

Aus $p_i y_i - N = t$ folgt

$$t \sum_{i=1}^{k} \frac{1}{p_i} = \sum_{i=1}^{k} y_i - N \sum_{i=1}^{k} \frac{1}{p_i} = n - N \sum_{i=1}^{k} \frac{1}{p_i}$$

und daher

$$y_i = \left[ \frac{n - N \sum\limits_{i=1}^{k} \frac{1}{p_i}}{\sum\limits_{i=1}^{k} \frac{1}{p_i}} + N \right] \frac{1}{p_i} = \frac{n}{p_i \sum\limits_{i=1}^{k} \frac{1}{p_i}}\,. \tag{246}$$

Entsprechend wird auch das Maximin für das Effektivitätskriterium gleich

$$\min \left[ \frac{n}{\sum\limits_{i=1}^{k} \frac{1}{p_i}} - N; 0 \right]. \tag{247}$$

Der über den Ort, an dem die angreifenden Truppen durchbrechen, nicht informierte Verteidiger kommt nach (247) zu dem Entschluß, die Anzahl $k$ möglicher Durchbruchstellen zu vergrößern.

Wir werden nun das Minimax für den Verteidiger (Maximin für den Angreifer) suchen. Sind dem Verteidiger die $x_i$ bekannt, so ist es ungünstig für ihn, $y_i > x_i/p_i$ zu wählen, weil dies den Gewinn an der $i$-ten Durchbruchstelle nicht vergrößert, indem es die Möglichkeiten an anderen Stellen verkleinert. Aber für $y_i \leqq x_i/p_i$ wird der Gewinn linear, und für den Verteidiger ist es günstig, vor allem $y_1$ zu vergrößern (wir werden annehmen, daß die Numerierung einer Verkleinerung der $p_i$ entspricht: $p_i \geqq p_{i+1}$), und zwar so lange, bis entweder $y_1 = x_1/p_1$ oder $y_1 = n$ ist. Somit gilt $y_1^{\mathrm{op}} = \min [n; x_1/p_1]$.

Weiterhin haben wir offenbar $y_2^{\mathrm{op}} = \min [n - y_1^{\mathrm{op}};\ x_2/p_2]$ und allgemein $y_i^{\mathrm{op}} = \min \left[ n - \sum\limits_{j=1}^{i-1} y_j^{\mathrm{op}};\ x_i/p_i \right]$ so lange, bis dieses Minimum negativ wird. Die entsprechenden $y_i$ muß man Null setzen.

[1]) Wir erinnern, daß dies eine absolut optimale Strategie ist.

Was die optimale garantierende Strategie für den Angreifer betrifft, so besteht sie offensichtlich darin, daß die Kräfte auf den Ort konzentriert werden, für den $p_i$ am kleinsten ist, d. h. auf den $k$-ten Ort. Daher ist das Minimax für den Verteidiger gleich

$$\min [p_k n - N; 0] = \min \left\{ \min_{1 \leqq i \leqq k} [p_i n - N]; 0 \right\}. \qquad (247')$$

Die Differenz zwischen (247) und (247′) zeigt den Wert der Information insgesamt. Dieser Wert wächst stark mit wachsendem $k$, wie man unschwer sieht.

Besonders gut ist dies im einfachsten Fall $p_i = \text{const} = p$ zu erkennen. Dann ist der Wert der Information gleich

$$\min [pn - N; 0] = \min \left[\frac{pn}{k} - N; 0\right],$$

und ist $pn - N < 0$, so ist der Wert gleich $pn - \frac{pn}{k}$.

Was aber ist besonders wertvoll für den Verteidiger: Informationen über die gegnerischen Aktionen oder die Geheimhaltung seiner eigenen Aktionen?

Wie schon bemerkt, ist die Auszahlung für den Verteidiger eine konkave Funktion (als Summe der konkaven Funktionen $\min [py_i - x_i; 0]$). Aber dann ist nach Satz XV der Wert des Spiels (für den Verteidiger) gleich dem Maximin. Das bedeutet, daß die Geheimhaltung der Aktionen des Verteidigers das Ergebnis nicht vergrößert, wenn eine Entscheidung über den gegnerischen Angriff unbekannt ist.

*Somit ist für den Verteidiger eine Information über die gegnerischen Aktionen besonders wertvoll. Eine Geheimhaltung seiner Aktionen hat jedoch keinen besonderen Sinn.* Für die angreifende Seite ist alles umgekehrt.

Das alles ist natürlich richtig, aber nur in den Grenzen des betrachteten Modells, bei dem vorausgesetzt worden war, daß die angreifenden Verbände nur durchbrechen und nicht vorher auf die Verbände des Verteidigers einwirken.

Die Betrachtung dieses Modells erlaubte uns, einige alte Prinzipien der Kriegskunst rein mathematisch abzuleiten, wie etwa:

a) der Angriff muß konzentriert vorgetragen werden, und die Durchstoßrichtung muß geheimgehalten werden;

b) ein uninformierter Gegner muß seine Kräfte gleichmäßig verteilen; und obgleich dieses das beste Verhalten ist, erweist es sich als Verlustsituation im Vergleich zum Angreifer. Eine Information (Aufklärung beim voraussichtlichen Gegner) ist absolut notwendig.

II. Das Modell für die Wahl der Schußweite in einem Duell. In diesem Modell (Modell IX, § 2) lautet das Effektivitätskriterium (38):

$$W = p(D_1); \qquad D_1 \geqq D_2,$$
$$W = p(D_1)[1 - g(D_2)]; \qquad D_2 < D_1.$$

Auf der Geraden $D_2 = D_1$ liegt eine Unstetigkeit. Daher sind hier sämtliche analytischen notwendigen Bedingungen aus § 17 nicht anwendbar. Das Maximin kann jedoch unkompliziert bestimmt werden.

Zuerst suchen wir $\inf\limits_{D_2} W(D_1, D_2)$. Da $g(D_2)$ bei Abnahme vom $D_2$ monoton wächst[1]), ist dieses Minimum offensichtlich. Man erhält es für $D_2 \to D_1$, aber so, daß $D_2 > D_1$ ist (d. h. der Gegner eröffnet das Feuer früher als die operierende Seite). Hieraus ergibt sich

$$\inf_{D_2} W(D_1, D_2) = p(D_1)\,[1 - g(D_1)]\,.$$

Daher bestimmt man das optimale garantierende $D_1$ als Realisierung von $\max\limits_{D_1} p(D_1)\,[1 - g(D_1)]$, d. h. aus der Bedingung

$$p'(D_1)\,[1 - g(D_1)] - g'(D_1)\,p(D_1) = 0\,. \qquad (248)$$

Sind beide Gegner gleich treffsicher, d. h. ist $p(D_1) = g(D_1)$, so wird bekanntlich $\max p(D_1)\,[1 - p(D_1)] = \max y(1 - y)$ bei $y = 0{,}5$ angenommen. Folglich muß man $D_1$ aus der Bedingung $p(D_1) = 0{,}5$ wählen. Das ergibt ein garantiertes Resultat von 0,25.

Wir wollen das Minimax für die operierende Seite suchen. Schießt die operierende Seite, bis der Gegner schießt, so wird $W$ durch $p(D_1)$ ausgedrückt und wächst daher, wenn $D_1$ sich verkleinert. Daher ist es hier günstig, $D_1 = D_2$ zu wählen, was die Auszahlung $p(D_2)$ ergibt. Muß man jedoch bis zum Schießen des Gegners warten, so ist es schon günstig (wenn er nicht trifft), nahe heranzugehen, d. h. $D_1 = 0$ zu wählen, was $p(0) = 1$ und die Gesamtauszahlung $1 - g(D_2)$ ergibt.

Somit ist die optimale Strategie für eine informierte operierende Seite $D_1 = D_2$ oder $D_1 = 0$, je nachdem was größer ist. $p(D_2)$ oder $1 - g(D_2)$. Die maximale Auszahlung ist folglich gleich $\max\,[p(D_2);\, 1 - g(D_2)]$.

Das optimale garantierende Verhalten des Gegners besteht offensichtlich in der Auswahl eines solchen $D_2^*$, für das $p(D_2^*) = 1 - g(D_2^*)$ gilt. In der Tat, wenn man etwa von diesem Punkt sich nach der Seite kleinerer $D_2$ hin[2]) bewegt, vergrößert sich $p(D_2)$, und $[1 - g(D_2)]$ verkleinert sich, die Auszahlung $\max\,[p(D_2);\, 1 - g(D_2)] = p(D_2)$ jedoch vergrößert sich. Analog verhält es sich auch, wenn man $D_2$ vergrößert. Also wird das Minimax durch den Wert

$$p(D_2^*) = 1 - g(D_2^*) \qquad (248')$$

bestimmt.

Sind insbesondere die Treffsicherheiten gleich $[p(D) = g(D)]$, so wird das Minimax wieder bei $p(D_2) = g(D_2) = 0{,}5$ erreicht, ist aber gleich $0{,}5 > 0{,}25$. Die Differenz erhält man, weil das Kriterium bei $D_1 = D_2$ unstetig ist.

---

[1]) In völliger Übereinstimmung mit dem Sinn der Aufgabe wird vorausgesetzt, daß $p(D_1)$ und $g(D_2)$ monoton fallende Funktionen mit $p(0) = g(0) = 1$ sind.

[2]) Wie man unschwer erkennt, handelt es sich hier wiederum um den einfachsten Fall von Satz XXXVII.

III. Die lineare Informationsverarbeitung (Modell VIII). Nach der im Kapitel II gegebenen Effektivitätsabschätzung haben wir

$$-\underline{W} = \left[ |y_a| \left| \sum_{l=1}^{i} \varrho_l - 1 + \varrho_0 \right| + K_0 \left| \sum_{l=1}^{i} \varrho_l - 1 \right| + K \sum_{j=1}^{i-1} \left| \sum_{l=1}^{j} \varrho_l \right| \right]^2 + \sum_{j=1}^{i} \varrho_j^2 D_j ,$$

wobei $K_0$ der maximale Fehler der (bis auf Messungen) a-priorischen Darstellung von $y_a$ durch die Größe $y_i$, d. h. $\max |y_a - y_i|$ ist.

Aus der angegebenen Formel folgt unmittelbar, daß man für eine optimale Filterung $\varrho_0$ unbedingt stets so wählen muß, daß

$$\varrho_0 = 1 - \sum_{l=1}^{i} \varrho_l \quad \text{oder} \quad \sum_{l=0}^{i} \varrho_l = 1 \tag{249}$$

gilt. Dann gewinnt die Effektivitätsabschätzung die Gestalt

$$-\underline{W} = \left[ K_0 \left| \sum_{l=1}^{i} \varrho_l - 1 \right| + K \sum_{j=1}^{i-1} \left| \sum_{l=1}^{j} \varrho_l \right| \right]^2 + \sum_{j=1}^{i} \varrho_j^2 D_j . \tag{250}$$

Ist $K_0 = \infty$, d. h. ist der Fehler für die a-priorische Darstellung unbekannt, so muß man $\sum_{l=1}^{i} \varrho_l = 1$ und $\varrho_0 = 0$ setzen, wenn man befriedigende Ergebnisse erhalten will. Daher muß $\sum_{l} \varrho_l$ für große $K_0$ nahe an 1 liegen. In jedem Fall werden wir uns darauf beschränken, Strategien zu betrachten, die die Bedingung

$$\sum_{l=1}^{i} \varrho_l \geqq \varepsilon > 0$$

erfüllen.

Man überzeugt sich ebenfalls leicht davon, daß $\sum_{l=1}^{i} \varrho_l \leqq 1$ für optimale $\varrho_l$ gelten muß. Man kann für $\sum_{l=1}^{i} \varrho_l - 1 > 0$ nämlich $\varrho_l^* = \Theta \varrho_l$ mit $0 < \Theta < 1$ wählen. Dann gilt offenbar

$$\sum_{j=1}^{i-1} \left| \sum_{l=1}^{j} \varrho_l^* \right| = \Theta \sum_{j=1}^{i-1} \left| \sum_{l=1}^{j} \varrho_l \right|$$

und

$$\sum_{j=1}^{i} \varrho_j^{*2} D_j = \Theta^2 \sum_{j=1}^{i} \varrho_j^2 D_j .$$

Wählt man $\Theta < 1$ so, daß

$$\sum_{l=1}^{i} \varrho_l^* - 1 = \Theta \sum_{l=1}^{i} \varrho_l - 1 = 0$$

gilt, so ist die Strategie $\{\varrho_l^*\}$ nach (250) offenbar günstiger als $\{\varrho_l\}$, was der Voraussetzung widerspricht, daß letztere optimal sein sollte. Somit kann man lediglich Strategien betrachten, die die Bedingung

$$1 > l = \sum_{l=1}^{i} \varrho_l \geqq \varepsilon > 0 \tag{251}$$

erfüllen.

Wir wollen nun beweisen, daß für eine optimale Strategie notwendig

$$\sum_{l=1}^{j} \varrho_l \geqq 0 \qquad \text{für alle } j$$

gilt. Setzen wir nämlich das Gegenteil voraus und sei für ein optimales $\{\varrho_l^*\}$ der Index $j_0$ der maximale unter denjenigen $j$, für die $\sum_{l=1}^{j} \varrho_l^* < 0$ gilt. Wegen (251) ist $j_0 \leqq i-1$. Außerdem muß notwendig $\varrho_{j_0+1}^* > 0$ gelten, weil $\sum_{l=1}^{j_0+1} \varrho_l^* \geqq 0$ besteht. Darüber hinaus ist $\varrho_{j_0+1}^* \geqq \left|\sum_{l=1}^{j_0} \varrho_l^*\right|$. Sei nun $j_1 \leqq j_0$ der letzte unter den Indices $j$, für die $\varrho_j^* < 0$ gilt. Offenbar gibt es nach dem Ansatz von $j_0$ stets so einen Index.

Wir setzen zunächst voraus, daß $j_1 < j_0$ ist. Dann gilt $\varrho_j^* \geqq 0$ für $j_1 < j \leqq j_0$. Unter diesen $j$ mögen sich solche befinden, für die $\varrho_j^* > 0$ ist.

Nachdem mit $j'$ der erste solche Index gewählt worden ist, ersetzt man dann für ihn $\varrho_j^* > 0$ durch $\varrho_{j'}^* - \Delta$ für hinreichend kleines $\Delta$ und ändert gleichzeitig $\varrho_{j_1}^*$ in $\varrho_{j_1}^* + \Delta \leqq 0$. Die Größe $\Delta$ kann man stets so wählen, daß für $j_1 \leqq s \leqq j'$ $\left|\sum_{j=1}^{s} \varrho_j^* + \Delta\right| = \left|\sum_{j=1}^{j_1} \varrho_j^* + \Delta\right| < \left|\sum_{j=1}^{j_1} \varrho_j^*\right| = \left|\sum_{j=1}^{s} \varrho_j^*\right|$ gilt, da die vorletzte Summe (zwischen den Absolut-Betragsstrichen) infolge der vorausgesetzten Eigenschaften von $j_0$ und $j_1$ wesentlich negativ sein muß. Wenn man $\varrho_j^*$ derart ändert, vergrößern sich offenbar auch nicht sämtliche $\sum_{j=1}^{l} \varrho_j^*$ für $l \neq j_1$ (in diesem Maße auch $I$). Die Größe der letzten Summe in (250) verringert sich jedoch. Daher ergibt nach (250) die neue Strategie ein besseres Resultat als die vorherige, was der Optimalität der letzteren widerspricht. Daher ist entweder $j_1 = j_0$ oder aber es sind alle $\varrho_j^* = 0$ für $j_1 < j \leqq j_0$. Vermindert man dann jedoch $\varrho_{j_0+1}^*$ ein wenig, so kann man analog zum soeben angegebenen Verfahren $\varrho_{j_1}^*$ ein wenig vergrößern (d. h. $|\varrho_{j_1}^*|$ verkleinern), so daß sich alle $\sum_{j=1}^{l} \varrho_j^*$ nicht ändern außer denjenigen $l$ aus dem Intervall $[j_1, j_0]$, für die die Summe wegen $\varrho_j^* = 0$ für $j_1 < j \leqq j_0$ identisch ist. Diese letzteren Summen verkleinern sich genauso wie auch $\sum_{j=1}^{i} \varrho_j^{*2} D_j$. Daher erweist sich $\{\varrho_j^*\}$ wiederum im Gegensatz zur Voraussetzung als nicht optimal. Dieser Widerspruch beweist auch, daß für eine optimale Strategie

$$\sum_{l=1}^{j} \varrho_l \geqq 0 \qquad \text{für alle } j \leqq i \tag{252}$$

gilt.

Zieht man dieses und (251) in Betracht, so kann man die Absolutstriche in (250) fortlassen und nach unkomplizierten Transformationen die Aufgabe, eine optimale Strategie zu suchen, in die Filtrationsaufgabe überführen, bei der

$$\min_{\bar{\varrho}} \left\{\left(\sum_{l=1}^{i} [(i-l) K - K_0] \varrho_l + K_0\right)^2 + \sum_{j=1}^{i} \varrho_j^2 D_j\right\} \tag{253}$$

unter den Restriktionen (251) und (252) gesucht wird. Wird dieses Minimum im Inneren des durch (251) und (252) eingeschränkten Bereiches angenommen, so ist für optimale $\varrho_j$

$$\left\{\sum_{j=1}^{i} [(i-j) K - K_0] \varrho_j + K_0\right\} [(i-l) K - K_0] + \varrho_l D_l = 0; \qquad l = 1, \ldots, i,$$

erfüllt.

Multipliziert man beide Seiten der $l$-ten Gleichung mit $\dfrac{(i-l) K - K_0}{D_l}$ und summiert man sie über $l$ auf, so erhält man für $u = \sum_{l=1}^{i} [(i-l) K - K_0] \varrho_l$ die Gleichung

$$u \sum_{l=1}^{i} \frac{[(i-l) K - K_0]^2}{D_l} + K_0 \sum_{l=1}^{i} \frac{[(i-l) K - K_0]^2}{D_l} + u = 0 .$$

Folglich gilt

$$u = -K_0 \frac{\sum_{l=1}^{i} [(i-l) K - K_0]^2 \dfrac{1}{D_l}}{1 + \sum_{l=1}^{i} \dfrac{[(i-l) K - K_0]^2}{D_l}}$$

und daher

$$\varrho_j = \frac{K_0 - K(i-j)}{D_j} K_0 \left[1 - \frac{\sum_{l=1}^{i} [(i-l) K - K_0]^2 \dfrac{1}{D_l}}{1 + \sum_{l=1}^{i} \dfrac{[(i-l) K - K_0]^2}{D_l}}\right]. \tag{254}$$

Aus dem Ausdruck (254) kann man ersehen, daß das Vorzeichen von $\varrho_l$ durch das Vorzeichen der Größe $K_0 - (i-l)K$ bestimmt wird und insbesondere $\varrho_i > 0$ gilt. Aber nach der Bedingung (252) haben wir $\varrho_1 \geqq 0$ für $j = 1$. Daher wird der Ausdruck (254) nur dann geeignet sein, wenn

$$K_0 - K(i-1) \geqq 0 . \tag{255}$$

gilt.

Aber dann sind für $j > 0$ auch alle optimalen $\varrho_j \geqq 0$. Ist (255) nicht erfüllt, so muß die optimale Strategie so beschaffen sein, daß $\varrho_1 = 0$ gilt. Im übrigen bleiben alle Formeln im Prinzip ungeändert, nur $\varrho_2$ steht anstelle von $\varrho_1$ usw., und anstelle von $i$ muß man $i - 1$ wählen. Es ist klar, daß dieses Verfahren für fixierte $K_0$ und $K$ fortgesetzt werden kann, bis auch schon eine zu (255) analoge Gleichung erfüllt wird.

Was (251) anbelangt, so ist äquivalent zu (251) die Bedingung

$$K_0 \sum_{l=1}^{i} \frac{[K_0 - K(i-l)]}{D_l} \leqq 1 + \sum_{l=1}^{i} \frac{[K_0 - K(i-l)]^2}{D_l}, \tag{256}$$

die für hinreichend große $K_0$ gewiß nicht erfüllt wird, wenn $K \neq 0$ ist. Für $K = 0$ ist (256) stets erfüllt, genauso wie (255). Dann haben wir

$$\varrho_j = \frac{K_0^2}{D_j + K_0^2 \sum_{l=1}^{i} \frac{D_j}{D_l}} \qquad \text{für} \quad j = 1, \ldots, i; \quad \varrho_0 = 1 - \sum_{l=1}^{i} \varrho_l \, .$$

Diese Formel verallgemeinert die gewöhnliche, a-priori-Information nicht einbeziehende Filtrationsformel (wenn Unbestimmtheiten fehlen).

Im einfachsten Fall, wenn $D_j = D = \text{const}$ ist, gilt

$$\varrho_j = \frac{K_0^2}{D + iK_0^2}, \qquad \varrho_0 = 1 - \frac{K_0^2 i}{D + iK_0^2} = \frac{D}{D + iK_0^2}. \tag{257}$$

Dabei ist das Maximin für die Auszahlung nach (250) gleich

$$-\left\{\left[\frac{DK_0}{D + iK_0^2}\right]^2 + \left(\frac{K_0^2}{D + iK_0^2}\right)^2 Di\right\} = -\frac{K_0^2 D}{D + iK_0^2}. \tag{257'}$$

Ist (256) nicht erfüllt, so wird der Strategie die Bedingung $\sum_{l=1}^{i} \varrho_l = 1$ auferlegt. Dabei spielt der Wert von $K_0$ in (250) bereits keine Rolle, und es ist $\varrho_0 = 0$. Hier führt die Maximinsuche auf die Minimumsuche für

$$K^2 \left[\sum_{l=1}^{i} (i - l)\, \varrho_l\right]^2 + \sum_{j=1}^{i} \varrho_j^2 D_j \tag{258}$$

unter der Bedingung $\sum_{j=1}^{i} \varrho_j = 1$ und den Restriktionen (252) zurück. Dann haben wir notwendige Bedingungen für das Extremum, wenn es nicht auf dem Rande von (252) angenommen wird:

$$2K^2 \left[\sum_{l=1}^{i} (i - l)\, \varrho_l\right] (i - s) + 2D_s \varrho_s + \lambda = 0; \qquad 1 \leqq s \leqq i \, .$$

Das kann man umschreiben in

$$\varrho_s = \frac{1}{D_s} \left[c_0 - c_1 (i - s)\right] \tag{259}$$

mit $c_0 = -\frac{\lambda}{2}$; $c_1 = K^2 \sum_{l=1}^{i} (i - l)\, \varrho_l$ .

Setzt man in diesen Ausdruck von $c_1$ den Wert von $\varrho_s$ nach (259), so erhält man

$$c_1 = K^2 c_0 \sum_{l=1}^{i} (i - l) \frac{1}{D_l} - K^2 c_1 \sum_{l=1}^{i} (i - l)^2 \frac{1}{D_l},$$

d. h.

$$c_1 = K^2 c_0 \frac{\sum_{l=1}^{i} (i - l) \frac{1}{D_l}}{1 + K^2 \sum_{l=1}^{i} (i - l)^2 \frac{1}{D_l}}$$

oder

$$\varrho_s = \frac{c_0}{D_s}\left[1 - \frac{K^2(i-s)\sum\limits_{l=1}^{i}(i-l)\frac{1}{D_l}}{1+K^2\sum\limits_{l=1}^{i}(i-l)^2\frac{1}{D_l}}\right]. \tag{260}$$

Was $c_0$ betrifft, so wird es aus der Bedingung $\sum\limits_{j=1}^{i} \varrho_s = 1$ bestimmt, wobei (260) eingesetzt wird. Dies ergibt die endgültige Lösung, deren Eindeutigkeit den Beweis dafür sichert, daß sie das Minimum realisiert, sofern dies nicht auf dem Rande des Bereiches (252) angenommen wird.

Sind die Änderungen gleichpräzise, d. h. ist $D_s = \text{const}$, so gilt

$$\varrho_s = c\left[1 - (i-s)\frac{3(i-1)iK^2}{6D + K^2(i-1)(2i-1)}\right]. \tag{261}$$

Für $K = 0$, d. h. wenn das Objekt nicht manövriert, sind alle $\varrho_s$ identisch, und man erhält eine gewöhnliche Mittelung.

Jedoch garantiert die Formel (260) nicht immer, daß das absolute Minimum gefunden wird. Für kleine $D_l$ kann (260) für Koeffizienten mit kleinen Indices negative $\varrho_s$ ergeben. Dann muß man das Minimum unter den $\varrho_s > 0$ nur für diejenigen $s$ suchen, die größer als ein gewisses $i_0$ sind.

Im übrigen unterscheidet sich diese Minimumsuche wenig von der betrachteten, es ist unnötig, sie erneut zu beschreiben. Wir wollen nur bemerken, daß (261) für $D = 0$ negative Werte $\varrho_s$ für alle $s$ außer $s = i$ ergibt. Daher besteht die optimale Strategie hier darin, daß man völlig von einer Mittelung (Filtration) der Veränderung absieht. Man muß einfach die letzte wählen.

Im betrachteten Fall ist das Minimax trivial. Sind nämlich die $y_j$ (oder ist wenigstens ein $y_i$) vorher bekannt, so ist nichts mehr zu tun. Man braucht weder zu filtrieren noch sogar überhaupt zu messen (mit zufälligem Fehler). Die optimale Strategie besteht hier darin, daß man $\bar{y}_i = y_i$ setzt (der vorliegende Fall ist vollständig äquivalent zu dem, in dem Meßfehler fehlen, d. h. $D = 0$ gilt). Der Wert des Minimax selbst ist gleich Null.

Eine charakteristische und interessante Besonderheit dieses Problems ist die Tatsache, daß das Minimax schon automatisch in die Betrachtung eingeschlossen wird. Es entspricht offenbar dem Fall $K_0 = 0$, der zum Beispiel nach den Formeln (257) — (257′) auch das soeben Gesagte ergibt. Das ist das beste Maximin (für vorgegebene $K$ und $D_l$). Das ungünstigste Maximin erhält man natürlich für $K_0 = \infty$, d. h. wenn jegliche glaubwürdige a-priori-Information fehlt.

Um über die möglichen Unterschiede zwischen diesem Maximin und Minimax zu urteilen, kann man beispielsweise den sehr guten Fall $K = 0$ mit $D_i = D$ annehmen. Hier ist $\varrho_s = 1/i$, und das Maximin gleich $-D/i$ wächst auch mit größer werdendem $i$. Das ist allerdings die günstigste Situation. Für $K \neq 0$ wird eine grenzenlose Vergrößerung von $i$ unzweckmäßig, und das Maximin strebt für wachsendes $i$ durchaus nicht gegen Null.

Aus (261) ist ersichtlich, daß

$$\varrho_s = c\left[1 - (i-1)\frac{3\,(i-l)\,iK^2}{6D + K^2\,(i-1)\,i(2i-1)}\right]$$

für $s = 1$ auch bei größer werdendem $i$ negativ wird (Grenzwert $c\,[1 - \frac{3}{2}] < 0$). Somit brauchen bei der Filtration die ersten Messungen nicht mit betrachtet zu werden.

IV. Das Extremumsuchmodell. Wie in Kapitel II am Extremum-Suchmodell (Modell III) gezeigt wurde, ist die Effektivitätsabschätzung für die Strategie $\bar{x} = (x_1, \dots, x_n)$ gleich

$$\underline{W} = -k \max\left(x_1;\ 1 - x_n;\ \frac{x_2 - x_1}{2};\ \dots;\ \frac{x_n - x_{n-1}}{2}\right).$$

Hieraus folgt unmittelbar, daß bei vorgegebener Anzahl $n$ von Punkten $x_1, \dots, x_n$ die optimale Strategie zu

$$\bar{x}_0 = \left\{\frac{1}{2n}, \frac{1}{2n} + \frac{1}{n}, \dots, \frac{1}{2n} + \frac{n-1}{n}\right\},$$

d. h. $x_i^0 = \dfrac{2i-1}{2n}$; $i = 1, \dots, n$, wird.

Das Maximin ist offenbar gleich $-k/2n$, und das Minimax in diesem Problem gleich Null. Jedoch ist das Kriterium in diesem Fall nicht konkav in $\bar{x}$, und folglich kann man erwarten, daß der Spielwert nicht gleich dem Maximin ist. In Kapitel II wurde nämlich eine gemischte Strategie angegeben, die eine Effektivität aufweist, die größer als das Maximin ist.

V. Wir wollen zu der Aufgabe zurückkehren, den optimalen Einschaltzeitpunkt für ein dupplíziertes Gerät (§ 16) zu suchen. Wir beschränken uns auf den Fall identischer Geräte, d. h. auf $T_2 = T_1$. Das Effektivitätskriterium hat hier die Gestalt

$$T = [\tau; p(t)] = \int_0^\tau p(t)\,\mathrm{d}t + p(\tau)\,T_1\,. \tag{262}$$

An $p(t)$ werden die Bedingungen

$$\int_0^\infty p(t)\,\mathrm{d}t = T_1; \qquad 2\int_0^\infty tp(t)\,\mathrm{d}t = T_1^2 + D_1$$

gestellt, und im übrigen ist $p(t)$ unbestimmt, also eine „Strategie der Natur". Strategie der operierenden Seite ist die Wahl von $\tau$.

Da der Fall $D_1 \geqq T_1^2$ in § 16 untersucht wurde, werden wir Maximin und optimales garantierendes $\tau$ unter der Bedingung $D_1 < T_1^2$ suchen. Weil dem Verteilungsgesetz $1 - p(t)$ drei Bedingungen auferlegt wurden (wenn man $\int \mathrm{d}[1 - p(t)] = 1$ einschließt), genügt es, bei der Suche nach $\inf\limits_{p(t)} T\,[\tau, p(t)]$ lediglich die $p(t)$ zu betrachten, die aus drei Plätzen (außer $p(t) \doteq 0$) bestehen,

d. h. bestimmt nur die drei Werte $t_1$, $t_2$, $t_3$ als wahrscheinlich anzusehen:

$$\begin{aligned} p(t) &= 1 \quad \text{falls} \quad t \leqq t_1 \,, \\ p(t) &= a \quad \text{falls} \quad t_1 < t \leqq t_2 \,, \\ p(t) &= b \quad \text{falls} \quad t_2 < t \leqq t_3 \,, \\ p(t) &= 0 \quad \text{falls} \quad t > t_3 . \end{aligned}$$

Die dem $p(t)$ auferlegten Bedingungen ergeben

$$\begin{aligned} t_1 + a(t_2 - t_1) + b(t_3 - t_2) &= T_1 \,, \\ t_1^2 + a(t_2^2 - t_1^2) + b(t_3^2 - t_2^2) &= T_1^2 + D_1 \,. \end{aligned}$$

Hieraus erhalten wir

$$b = \frac{[T_1 - t_1 - a(t_2 - t_1)]^2}{(T_1 - t_2)^2 + D_1 - (1 - a)\,(t_2 - t_1)^2} .$$

Die Bedingung $b \geqq 0$ liefert

$$(T_1 - t_2)^2 + D_1 \geqq (1 - a)\,(t_2 - t_1)^2, \tag{263}$$

und $b \leqq a$

$$(T_1 - t_1)^2 \leqq a\,[(T_1 - t_1)^2 + D_1] \,. \tag{263'}$$

Ist $t_1 \geqq \tau$, so ist (262) gleich $\tau + T_1$, d. h. der maximal mögliche Wert und durchaus nicht das Minimum. Daher ist notwendig, $t_1 < \tau$ (natürlich, wenn dies nicht (263) — (263') widerspricht).

Wir werden nun $a$ und $t_2 > \tau$ fixieren und $t_1$ verkleinern, dann verkleinert sich das erste Glied von (262), und gleichzeitig wird das zweite $aT_1$. Wenn $t_2 > \tau$ ist, ist es somit günstig, $t_1$ bis auf 0 oder so weit zu verkleinern wie es (263) und (263') zulassen. Wie aus der Gestalt dieser Restriktionen ersichtlich, wird für vorgegebene $a$ und $t_1$ eine Verkleinerung von $t_2$ diese niemals verletzten, sie verkleinert höchstens das begrenzende $t_1^{\min}$ (wenn es durch (263) definiert ist). Aber dann kann eine Verkleinerung von $t_2$ auf $t_2 = \tau$ nur das erste Glied in (263) auf Kosten einer Verkleinerung von $t_1^{\min}$ verringern.

Somit ist es vom Blickpunkt des Minimums für (262) her zweckmäßig, wenn $t_2 < \tau$ gilt. Wir werden solange $\tau < T_1$ annehmen. Unter diesen Bedingungen und wenn auch noch $t_3 > \tau$ gilt, erhalten wir

$$\begin{aligned} T[\tau; p(t)] = {} & \frac{[T_1 - t_1 - a\,(t_2 - t_1)]^2}{(T_1 - t_2)^2 + D_1 - (1 - a)\,(t_2 - t_1)^2}\, T_1 + t_1 \\ & + a(t_2 - t_1) + \frac{[T_1 - t_1 - a\,(t_2 - t_1)]^2}{(T_1 - t_2)^2 + D_1 - (1 - a)\,(t_2 - t_1)^2}\,(\tau - t_2) \,. \end{aligned}$$

Wir fixieren die Größen $t_1 + a(t_2 - t_1) = c$ und $t_2$. Dann gilt $1 - a = \dfrac{t_2 - c}{t_2 - t_1}$ und

$$T\,[\tau; p(t)] = c + (T_1 + \tau - t_2)\,\frac{(T_1 - c)^2}{(T_1 - t_2)^2 + D_1 - (t_2 - c)\,(t_2 - t_1)} . \tag{264}$$

Es ist offensichtlich, daß das Effektivitätskriterium sich für fixierte $c$ und $t_2$ verkleinert, wenn $t_1$ wächst. Das Wachstum von $t_1$ wird entweder durch (263) oder durch (263′) oder durch die Bedingung $t_1 \leqq t_2$ oder aber dadurch eingeschränkt, daß $a = 1 - \frac{t_2 - c}{t_2 - t_1} \geqq 0$ gilt. Letztere Bedingung schränkt $t_1$ nicht wesentlich ein, weil für $a = 0$ (263′) schon längst nicht erfüllt ist. Die in der Form $(T_1 - t_2)^2 + D_1 \geqq (t_2 - c)(t_2 - t_1)$ geschriebene Bedingung (263) beschränkt ebenfalls in keiner Weise das Wachstum von $t_1$. Daher muß $t_1$ aus den Bedingungen

$$\left.\begin{aligned} (T_1 - t_1)^2 &= \frac{c - t_1}{t_2 - t_1}\,[(T_1 - t_1)^2 + D_1]\,, \\ T_1 - t_1 &= \frac{D_1}{2\,(t_2 - c)} - \sqrt{\frac{D_1^2}{4\,(t_2 - c)^2} - \frac{(T_1 - c)\,D_1}{t_2 - c}} \end{aligned}\right\} \tag{265}$$

bestimmt werden. Weil man das größtmögliche $t_1$ benötigt, kann das positive Vorzeichen bei der Wurzel weggelassen werden.

Wir wollen nun zeigen, daß für optimales $\tau$ die Ableitungen aus (264) nach $t_2 < \tau$ und nach $c$ in den (265) erfüllenden Punkten $(c, t_1)$ nichtpositiv sind.

Wenn man die positiven Werte vernachlässigt, ist die Ableitung nach $t_2$ gleich

$$D_1 - T_1^2 - 2T_1\tau + (T_1 + \tau)(t_1 + c) - ct_1\,. \tag{266}$$

Da man den maximalen Wert von $(T_1 + \tau)(t_1 + c) - ct_1$ für $t_1 = c = \tau$ erhält, wird das Supremum für die angegebene Ableitung für $t_1 = c = t_2 \to \tau$ angenommen und ist gleich $D_1 - T_1^2 + \tau^2$.

Ist diese Größe positiv, d. h. $\tau > \sqrt{T_1^2 - D_1}$, so existieren beliebig nahe an $\tau$ gelegene $t_2$, $t_1$ und $c$, für die die Ableitung positiv ist und das heißt

$$\frac{(T_1 + \tau - t_2)}{(T_1 - t_2)^2 + D_1 - (t_2 - c)(t_2 - t_1)} < \frac{1}{2T_1 - t_1 - c}\,.$$

Dann gilt aber nach (264)

$$\begin{aligned} T[\tau, p(t)] < c + \frac{(T_1 - c)^2}{2T_1 - t_1 - c} &= \frac{T_1^2 - t_1 c}{2T_1 - t_1 - c} \\ &\approx \frac{T_1^2 - \tau^2}{2T_1 - 2\tau} = \frac{T_1 + \tau}{2} < T_1 \quad (\tau < T_1)\,. \end{aligned}$$

Jedoch ist ein derartiges $\tau$ nicht optimal, weil es $\tau = 0; \infty$ gibt, für die das garantierte $T[\tau, p(t)] = T_1$ ist. Also muß das optimale $\tau$ die Ungleichung

$$\tau \leqq \sqrt{T_1^2 - D} \tag{267}$$

erfüllen, und die Ableitung von (264) nach $t_2$ wird dann negativ für $t_2 < \tau$.

Wir nehmen uns nun die Ableitung nach $c$ vor. Wenn wir die positiven Werte vernachlässigen und berücksichtigen, daß wegen der Negativität von (266)

$$(T_1 - t_2)^2 + D_1 - (t_2 - c)(t_2 - t_1) < (T_1 + \tau - t_2)(2T_1 - t_1 - c)$$

gilt, erhalten wir die Ableitung nach $t_1$ in der Gestalt

$$\begin{aligned}
&[(T_1 - t_2)^2 + D_1 - (t_2 - c)(t_2 - t_1)]^2 \\
&-(T_1 + \tau - t_2)\{2(T_1 - c)[(T_1 - t_2)^2 + D_1 - (t_2 - c)(t_2 - t_1)] + (T_1 - c)^2 (t_2 - t_1)\} \\
&< (T_1 + \tau - t_2)\{[(T_1 - t_2)^2 + D_1 - (t_2 - c)(t_2 - t_1)][2(T_1 - c) + (c - t_1)] \\
&- 2(T_1 - c)[(T_1 - t_2)^2 + D_1 - (t_2 - c)(t_2 - t_1)] - (T_1 - c)^2 (t_2 - t_1)\} \\
&\quad = \{(c - t_1)[(T_1 - t_2)^2 + D_1 \\
&- (t_2 - c)(t_2 - t_1)] - (T_1 - c)^2 (t_2 - t_1)\}(T_1 + \tau - t_2)\,.
\end{aligned}$$

Nimmt man letztere Größe in einem (265) erfüllenden Punkt $(c, t_1)$, so kann man sie in die Form

$$\begin{aligned}
&\frac{(t_2 - t_1)(T_1 + \tau - t_2)}{(T_1 - t_1)^2 + D_1}\{[(T_1 - t_2)^2 + D_1 \\
&\quad - (t_2 - c)(t_2 - t_1)](T - t_1)^2 - (T_1 - c)^2[(T_1 - t_1)^2 + D_1]\} = \\
&= \frac{(t_2 - t_1)(T_1 + \tau - t_2)}{(T_1 - t_1)^2 + D_1}(2T_1 - c - t_1)\{(c - t_1)[D_1 + (T_1 - t_1)^2] \\
&\quad - (t_2 - t_1)(T - t_1)^2\} = 0
\end{aligned}$$

umschreiben: Das letztere folgt wiederum aus (265).

Somit wird das Minimum von (264) für optimale garantierende $\tau$ bei fixiertem $t_1$ und $c$ für $t_2 \to \tau$ angenommen und, falls $c$ fixiert ist, für $t_1$, die (265) erfüllen. Dabei ist die Ableitung nach $c$ negativ, und das heißt, das das Minimum realisierende $c$ ist gleich seinem größten Wert, d. h. $t_2 \to \tau$. Aber dann ist auch $t_1 \to \tau$.

Somit gilt notwendig (267). Dabei wird das minimale $T[\tau, p(t)]$ für $t_1 = c = t_2 \to \tau$ angenommen und ist offenbar gleich

$$T(\tau) = T_1 + \tau - \frac{D_1 T_1}{(T_1 - \tau)^2 + D_1}. \tag{268}$$

Wie schon gesagt ist für

$$\tau \geqq \sqrt{T_1^2 - D_1}$$

das Minimum $T[\tau, p(t)] \leqq T_1$. Somit ist das Minimum von (262) nach $p(t)$ für alle $\tau < T_1$ bestimmt. Es muß noch für $\tau > t_3$ und für $\tau > T_1$ ermittelt werden.

Wir werden zeigen, daß dieses Minimum $T_1$ nicht überschreitet. Im ersten Falle folgt dies aus (262), weil $p(\tau) = 0$ ist. Wir wählen nun für $\tau > T_1$:

$$p_\varepsilon(t) = 1 \quad \text{falls} \quad t \leqq T_1 - \varepsilon ,$$
$$p_\varepsilon(t) = a \quad \text{falls} \quad T_1 - \varepsilon < t \leqq t_2 ,$$
$$p_\varepsilon(t) = 0 \quad \text{falls} \quad t > t_2 .$$

Wir haben

$$T_1 = (1 - a)\,(T_1 - \varepsilon) + a t_2 ,$$
$$T_1^2 + D_1 = (1 - a)\,(T_1 - \varepsilon)^2 + a t_2^2 .$$

Hieraus ergibt sich

$$t_2 = T_1 + \sqrt{\frac{1-a}{a}\,D_1} , \qquad T_1 - \varepsilon = \frac{T_1 - aT_1 - \sqrt{a(1-a)\,D_1}}{1-a} .$$

Läßt man $a$ gegen 0 gehen, so hat man $t_2 \to \infty$, $(T_1 - \varepsilon) \to T_1$. Dabei ergibt (262) für $\tau \geqq T_1$

$$T[\tau, p_\varepsilon(t)] = (T_1 - \varepsilon) + a(\tau - T_1 + \varepsilon) + aT_1 ,$$

d. h., $T[\tau, p_\varepsilon(t)]$ strebt gegen $T_1$.

Nun bleibt uns nur noch, das Maximin selbst zu gewinnen. Da $\tau = 0$ und $\tau = \infty$ stets sichern, daß man eine Auszahlung $T_1$ erhält, ist es nicht von Interesse, $\tau > T_1, \tau \geqq t_3$ zu betrachten. Dasselbe bezieht sich auf den Fall, wenn (267) nicht erfüllt ist. Es bleibt $\tau \leqq \sqrt{T_1^2 - D_1}$. Die minimale Auszahlung ist gleich (268). Die Ableitung dieses Ausdrucks ist gleich

$$\frac{(T_1 - \tau)^4 - 2D_1\tau(T_1 - \tau) + D_1^2}{[(T_1 - \tau)^2 + D_1]^2} .$$

Für $\tau = 0$ ist sie positiv. Folglich ist es günstig, $\tau$ bis zu einem Wert zu vergrößern, den man erhält, wenn man die Gleichung

$$(T_1 - \tau)^4 - 2D_1\tau(T_1 - \tau) + D_1^2 = 0 \tag{269}$$

löst; $\tau(T_1 - \tau)$ überschreitet $T_1^2/4$ nicht. Daher gilt $D_1^2 - 2D_1\tau(T_1 - \tau) \geqq 0$, falls $D_1 \geqq T_1^2/2$ ist, und das heißt, (269) hat keine Lösung. Dann sollte man $\tau$ vergrößern bis auf $\sqrt{T_1^2 - D_1}$ und weiter bis $T_1$, was übrigens keine Auszahlung ergibt, die größer als $T_1$ ist. Also bleibt für $D_1 \geqq 0{,}5\ T^2$ das günstigste $\tau$ gewiß 0 und $\infty$, und die beste garantierte Auszahlung ist gleich $T_1$.

Hier muß man die Aufmerksamkeit darauf lenken, daß für $\tau = 0$ eine Unstetigkeit vorliegt. Ist $\tau = 0$, so ergibt (262) für $p(0) = 1$ den Wert $T_1$. Allein für $\tau \to 0$ strebt die garantierte Auszahlung wegen (268) gegen $T_1 - \dfrac{D_1 T_1}{T_1^2 - D_1}$.

Für kleine $D_1$ hat (269) offensichtlich eine Lösung. Man kann sie angenähert erhalten, wenn man die Glieder, die bezüglich $D_1$ von höherer Ordnung klein sind, d. h. $D_1^2$ streicht und $\tau \approx T_1$ setzt. Dann ist

$$(T_1 - \tau_0)^3 \approx 2T_1D_1 \quad \text{und} \quad T_1 - \tau_0 \approx \sqrt[3]{2D_1T_1} . \tag{270}$$

Die Auszahlung wird bei einem derartigen (garantierten) $\tau$ wegen (268) zu

$$T = 2T_1 \left[ 1 - \sqrt[3]{\frac{D_1}{4T_1^2}} - \frac{\sqrt[3]{\frac{D_1}{4T_1^2}}}{2\left(1 + \sqrt[3]{\frac{D_1}{4T_1^2}}\right)} \right].$$

Schon für $D_1 = T_1^2/16$ ergibt der Einschluß des nach (270) zweiten Elements im Moment $\tau_0 = T_1/2$ (selbst wenn das nicht exakt das optimale $\tau$ ist) ein $T$ gleich $\frac{13}{10}\,T_1$, d. h. merklich größer als $T_1$.

Also wurde die folgende Aussage bewiesen:

*Besitzt die Gleichung* (269) *keine Lösungen, wie beispielsweise für* $D_1 \geqq 0{,}5\,T_1^2$, *so sind* $\tau = 0$ *oder* $\tau = \infty$ *die optimalen Strategien, um eine doppelte Besetzung einzuschließen* (*d. h. es wird nur eine Besetzung arbeiten*). *Hat jedoch* (269) *eine Lösung, so gibt die kleinste davon den optimalen Einschaltmoment an, der garantiert, daß die mittlere störungsfreie Arbeitszeit nicht kleiner als* (268) *ist. Für* $D_1 \to 0$ *strebt der optimale Einschaltmoment gegen* $T_1$ *und die mittlere Arbeitszeit der beiden Geräte gegen* $2T_1$.

Beim Beweis dieser Aussage kommt man natürlich auf die Idee, sich des Satzes XXVI zu bedienen. Dabei müssen allerdings Schwierigkeiten überwunden werden, die mit der a-priori-Unbeschränktheit des Variationsintervalls für $\tau$ und der Kompaktheit des Raumes der $p(t)$ zusammenhängen. Diese Schwierigkeiten sind ersichtlicherweise überwindbar. So wurde zum Beispiel weiter oben gezeigt, daß es möglich ist, nur $\tau \leqq T_1$ zu betrachten.

Der weiter oben gewählte Weg ist vielleicht ein wenig umfangreich, aber bedeutend elementarer. Gleichzeitig stellt die Anwendung von Satz X ein nützliches Beispiel für ein Verfahren dar, das fast in allen Fällen von Spielen gegen die „Natur" angewendet werden kann, wenn deren Verhalten durch Zufälligkeiten beschrieben wird.

Auf der Basis von Satz X oder den Sätzen aus § 17 kann man das Minimax für dieses Problem unmöglich berechnen. Allein das Problem, das Minimax in reinen Strategien zu berechnen, ist äquivalent zur Lösung eines Problems in gemischten Strategien bezüglich $\tau$ und in reinen bezüglich $p(t)$. Das folgt daraus, daß das Kriterium in $p(t)$ linear ist. Will man daher die optimale garantierende Strategie der Natur (die ungünstigste Strategie für die operierende Seite) suchen, muß man die Auszahlung $-\int_0^\tau p(t)\,dt - p(\tau)\,T_2$ betrachten und dafür das Maximin suchen. Daß sie Auszahlung in $p(t)$ linear und damit konkav in $p(t)$ ist, gestattet, auf der Grundlage von Satz XV zu behaupten, daß hier das Maximin mit dem Spielwert zusammenfällt, d. h., man kann gemischte Strategien nur bezüglich $\tau$ betrachten. Die Bestimmung des Spielwertes wird im folgenden Kapitel der Arbeit ausgeführt.

Wir sprachen hier darüber, daß die Auszahlung in $p(t)$, d. h. in einer Funktion linear und konkav ist, während Satz XV für Vektoren formuliert wurde. Dieser Umstand ist jedoch unwesentlich, weil man eine monotone Funktion $p(t)$ stets beliebig genau durch eine stückweise-konstante Funktion, d. h. einen Vektor ersetzen kann. Die Möglichkeit, ein Spiel angenähert zu ersetzen und die eines entsprechenden Grenzüberganges folgt im wesentlichen aus § 18.

KAPITEL IV

# ALLGEMEINE SÄTZE ZUR LÖSUNG ANTAGONISTISCHER SPIELE IN GEMISCHTEN STRATEGIEN

## § 22. Der Hauptsatz über Matrixspiele und Eigenschaften optimaler Strategien

Gegeben sei eine Auszahlungsmatrix (Effektivitätsmatrix)

$$||a_{ij}||; \quad i \leqq n; \quad j \leqq m,$$

deren Element $a_{ij}$ den Wert des Effektivitätskriteriums für den Fall angibt, wenn der erste Spieler (die operierende Seite) die $i$-te Strategie ($i$ die Zeilen der Matrix) und der zweite Spieler (Gegner) die $j$-te Strategie wählt. Die in dieser Form dargestellten Spiele mit endlich vielen Strategien ($n$ und $m$) für beide Seiten nennt man gewöhnlich *Matrix-Spiele.*

Es ist deshalb notwendig, Matrix-Spiele zu untersuchen, weil sie in einem gewissen Sinne die einfachsten sind und gleichzeitig Spiele allgemeinerer Art angenähert auf sie zurückgeführt werden können.

Haben beide Spieler im Spiel bei ihrer Strategienwahl keine Informationen über die Wahl des jeweils anderen, so hat es für sie einen bestimmten Sinn, gemischte Strategien anzuwenden.

Eine gemischte Strategie des ersten Spielers, d. h. der Vektor $P = \{p_i\}$ (für $i \leqq n$), wobei $p_i$ die Wahrscheinlichkeit dafür ist, daß er die $i$-te Strategie anwendet und die Bedingung $\sum_{i=1}^{n} p_i = 1$ gilt, sowie die analog gebildete gemischte Strategie $Q = \{q_j\}$ ($j \leqq m$) für den zweiten Spieler definieren die mathematische Erwartung für die Auszahlung

$$\overline{\overline{W}}(P, Q) = \sum_{i=1}^{n} \sum_{j=1}^{m} a_{ij} p_i q_j \,. \tag{271}$$

Das ist bereits das Effektivitätskriterium in einem stetigen Spiel auf konvexen Mengen $M$ bzw. $N$ von Strategien $P$ bzw. $Q$.

Die Mengen $M$ bzw. $N$ werden durch die Bedingungen

$$\sum_{i=1}^{n} p_i = 1; \quad p_i \geqq 0\,, \qquad \sum_{j=1}^{m} q_j = 1; \quad q_j \geqq 0 \tag{272}$$

definiert. Wir wollen daran erinnern, daß das Spiel (271)—(272) nach Definition einen Sattelpunkt besitzt, falls

$$\max_{P \in M} \min_{Q \in N} \overline{\overline{W}}(P, Q) = \min_{Q \in N} \max_{P \in M} \overline{\overline{W}}(P, Q) \tag{273}$$

gilt.

**Satz XXXVIII.** (von NEUMANNscher Hauptsatz für Matrixspiele). *Im Spiel (271)—(272) existiert ein Sattelpunkt, d. h. (273) wird erfüllt. M. a. W. ein beliebiges Matrixspiel besitzt einen Sattelpunkt in gemischten Strategien.*

Beweis. Zunächst sind $M$ und $N$ wegen $0 \leqq p_i \leqq 1, 0 \leqq q_j \leqq 1$ beschränkt und abgeschlossen, und die Funktion (271) ist stetig in $P \in M$ und $Q \in N$. Weiterhin ist die Funktion (271) linear in $P$ für ein fixiertes $Q$ und umgekehrt. Das bedeutet, sie ist konkav in $P$ für fixiertes $Q$ und konvex in $Q$ für fixiertes $P$. Schließlich sind die Mengen $M$ und $N$ offenbar konvex, weil dann, wenn beispielsweise $P$ und $P'$ (272) erfüllen, auch für alle $\lambda P + (1 - \lambda) P'$ mit $0 \leqq \lambda \leqq 1$ (272) gilt. Aber dann besitzt nach dem Satz über konkav-konvexe Kriterien aus § 16 das Spiel (271)—(272) einen Sattelpunkt, was zu beweisen war.

Die Menge aller optimalen gemischten Strategien für die operierende Seite (wie auch für den Gegner in einem antagonistischen Spiel) ist offensichtlich konvex und abgeschlossen. Grundlegende Eigenschaften optimaler gemischter Strategien sind im folgenden Satz enthalten.

**Satz XXXIX.** *Seien $P^0$ und $Q^0$ optimale gemischte Strategien und sei $v$ der Wert des Spiels, d. h. die Größe* (273). *Eine optimale gemischte Strategie für die operierende Seite $P^0 = \{p_1^0, \ldots, p_n^0\}$ besteht nur aus denjenigen reinen Strategien $i$ (d. h. nur diejenigen $p_i^0$ können von Null verschieden sein), für die*

$$\sum_{j=1}^{m} a_{ij} q_j^0 = v \tag{274}$$

*gilt. Analog können nur diejenigen $q_j^0$ von Null verschieden sein, für die*

$$\sum_{i=1}^{m} a_{ij} p_i^0 = v \tag{275}$$

*gilt. Es besteht die Gleichung*

$$\begin{aligned} \min_{1 \leqq j \leqq m} \sum_{i=1}^{n} a_{ij} p_i^0 &= \max_P \min_{1 \leqq j \leqq m} \sum_{i=1}^{n} a_{ij} p_i = \min_Q \max_{1 \leqq i \leqq n} \sum_{j=1}^{m} a_{ij} q_j = \max_{1 \leqq i \leqq n} \sum_{j=1}^{m} a_{ij} q_j^0 \\ &= \max_P \min_Q \overline{\overline{W}}(P, Q) = \min_Q \max_P \overline{\overline{W}}(P, Q) = v\,. \end{aligned} \tag{276}$$

Beweis. Da $(P^0, Q^0)$ ein Sattelpunkt ist, haben wir zunächst

$$v = \overline{\overline{W}}(P^0, Q^0) = \max_P \sum_{i=1}^{n} \sum_{j=1}^{m} a_{ij} p_i q_j^0 \geqq \max_{1 \leqq i \leqq n} \sum_{j=1}^{n} a_{ij} q_j^0 \geqq \sum_{j=1}^{m} a_{ij} q_j^0 \tag{277}$$

$$(\text{für } 1 \leqq i \leqq n)\,,$$

weil die reinen Strategien $\{p_i = 1, p_k = 0 \text{ für } k \neq i\}$ einen Teil der Gesamtmenge der gemischten Strategien bilden.

Wir setzen nun voraus, daß für irgendein $i_1$ zwar $p_{i_1}^0 > 0$, aber

$$\sum_{j=1}^{m} a_{i_1 j} q_j^0 < v \tag{278}$$

gilt. Multipliziert man linke und rechte Seite der Ungleichung (277) für $i \neq i_1$ mit $p_{i_1}^0$ und subtrahiert man beide voneinander, so bekommt man

$$\sum_{i \neq i_1} \sum_{j=1}^{m} a_{ij} p_i^0 q_j^0 \leqq v \sum_{i \neq i_1} p_i^0 .$$

Multipliziert man auch (278) mit $p_{i_1}^0$ und fügt sie der soeben erhaltenen Summe hinzu, so kommt man zu

$$\sum_{i=1}^{n} \sum_{j=1}^{m} a_{ij} p_i^0 q_j^0 < v \sum_{i=1}^{n} p_i^0 = v .$$

Das aber widerspricht der Tatsache, daß $v = \overline{\overline{W}}(P^0, Q^0)$ gilt und folglich besteht (274) zu recht. Analog wird auch (275) bewiesen.

Weil (wegen $\sum p_i^0 = 1$) mindestens ein $p_i^0 > 0$ ist, ist nun schon offensichtlich, daß aus (277) und (274)

$$\max_{1 \leqq i \leqq n} \sum_{j=1}^{m} a_{ij} q_j^0 = v$$

folgt. Genauso folgt aus dem Analogon zu (277)

$$v \leqq \sum_{i=1}^{n} a_{ij} p_i^0 , \quad 1 \leqq j \leqq m ,$$

und aus (275)

$$\min_{1 \leqq j \leqq m} \sum_{i=1}^{n} a_{ij} p_i^0 = v .$$

Wir haben ferner

$$\sum_{j=1}^{m} \sum_{i=1}^{n} a_{ij} p_i q_j = \sum_{j=1}^{m} \left( \sum_{i=1}^{n} a_{ij} p_i \right) q_j \geqq \min_{j \leqq m} \left( \sum_{i=1}^{n} a_{ij} p_i \right) \sum_{j=1}^{m} q_j = \min_{j \leqq m} \sum_{i=1}^{n} a_{ij} p_i$$

und folglich

$$\min_{1 \leqq j \leqq m} \sum_{i=1}^{n} a_{ij} p_i \leqq \min_{Q} \sum_{j=1}^{m} \sum_{i=1}^{n} a_{ij} p_i p_j .$$

Übrigens ist uns diese Ungleichung bekannt. Sie drückt aus, daß es nicht notwendig ist, daß der Gegner Strategien mischt, wenn ihm die Strategie $P = \{p_i\}$ bekannt ist. Hieraus erhalten wir auch

$$\max_{P} \min_{1 \leqq j \leqq m} \sum_{i=1}^{n} a_{ij} p_i \leqq \max_{P} \min_{Q} \sum \sum a_{ij} p_i q_j = v .$$

Aber wegen (275) kann das Maximum auf der linken Seite der letzten Ungleichung auch nicht kleiner als $v$ sein. Damit ist

$$\max_{P} \min_{1 \leqq j \leqq m} \sum_{i=1}^{n} a_{ij} p_i = \min_{1 \leqq j \leqq m} \sum_{i=1}^{n} a_{ij} p_i^0 = v .$$

Vollkommen analog werden auch die restlichen Gleichungen von (276) gezeigt.

Die Gleichungen (276) tragen manchmal die Bezeichnung duale Beschreibung eines Spiels und gestatten $v$ und $p_i^0$ zu bestimmen, ohne die $q_i^0$ zu definieren und umgekehrt. Von unserem allgemeinen Standpunkt aus drückt (276) jene uns schon bekannte Tatsache aus, daß der Begriff einer optimalen garantierenden gemischten Strategie $P^0 = \{p_i^0\}$ für die operierende Seite ohne die Voraussetzung bestimmt wird, daß der Gegner gemischte Strategien anwendet. Darüber hinaus hat sie der Gegner auch nicht nötig, wenn er Informationen über die Wahl von $P^0 = \{p_i^0\}$ (aber natürlich nicht über die konkrete Wahl der $i$) besitzt.

Neu im Vergleich mit unseren vorangegangenen Untersuchungen über optimale garantierende gemischte Strategien ist nur die Aussage, daß diese Strategien und das maximale garantierte Ergebnis mit den analogen Begriffen für Spiele gemischter Strategien beider Gegner zusammenfallen und daß dieses garantierte Resultat mit dem Wert des Spiels zusammenfällt. Allerdings ist dieses „nur" relativ wichtig und erklärt vollkommen den Sinn dessen, daß man gemischte Strategien anwendet, natürlich wenn die Gegner keine Informationen über die Wahl konkreter reiner Strategien bei der Realisierung gemischter erhalten.

Manchmal können Matrix-Spiele, *wenn man sie in gemischten Strategien löst*, dadurch ein wenig vereinfacht werden, daß man den Satz über die Dominanz von Strategien anwendet.

*Der Vektor $\bar{\alpha} = \{\alpha_1, \ldots, \alpha_n\}$ dominiert den Vektor $\bar{\beta} = \{\beta_1, \ldots, \beta_n\}$ streng*[1]), *wenn $\alpha_i > \beta_i$ für alle $i = 1, 2, \ldots, n$ gilt.*

Wir erhalten die folgenden Sätze.

**Satz XL.** *Dominiert in einem Matrixspiel $||a_{ij}||$ die $i_0$-te Zeile die Konvexkombination der anderen Zeilen streng, so geht die $i_0$-te reine Strategie der operierenden Seite in keine optimale gemischte Strategie ein und kann folglich aus der Matrix gestrichen werden (wenn man das Spiel in gemischten Strategien löst).*

**Satz XL'.** *Dominiert in demselben Spiel die $j_0$-te Spalte irgendeine Konvexkombination der anderen Spalten, so kann die $j_0$-te Spalte aus der Matrix gestrichen werden.*

Da der zweite Satz nichts anderes ist als eine Wiederholung des ersten für den Fall, daß die operierende Seite der Gegner in einem antagonistischen Spiel ist (seine Matrix ist der gegebenen entgegengesetzt), genügt es, den ersten zu beweisen.

Existiere nach Voraussetzung dieses Satzes eine Gesamtheit von Zahlen $p_i \geqq 0, \sum_{i=1}^{n} p_i = 1;\ p_{i_0} = 0$ derart, daß für alle $j \leqq m$

$$a_{i_0 j} < \sum_{i=1}^{n} a_{ij} p_i$$

gilt. Ist dann $\{q_j^0\}$ eine optimale gemischte Strategie, so haben wir

$$\sum_{j=1}^{m} a_{i_0 j} q_j^0 < \sum_{j=1}^{m} \sum_{i=1}^{n} a_{ij} p_i q_j^0 \leqq \max_P \sum_{j=1}^{m} \sum_{i=1}^{n} a_{ij} p_i q_j^0 = v\,.$$

[1]) Es ist leicht verständlich, daß dieser Begriff mit dem Begriff einer absoluten Überlegenheit einer Strategie zusammenhängt.

Aber dann geht nach Satz XXXIX die reine Strategie $i_0$ in keine optimale gemischte Strategie $P^0$ der operierenden Seite ein, d. h., es gilt stets $p_{i_0}^0 = 0$ und das heißt, diese Strategie kann weggelassen werden, ohne daß die operierende Seite Schaden erleidet.

Es muß noch einmal unterstrichen werden, daß es im allgemeinen unmöglich ist, solche Strategien wegzulassen, wenn man optimale garantierende reine Strategien sucht. So dominiert beispielsweise in der Matrix

$$\begin{Vmatrix} 1 & 0 \\ 0 & 1 \\ \frac{1}{4} & \frac{1}{4} \end{Vmatrix}$$

die Halbsumme der ersten beiden Zeilen die letzte, und man kann die letzte Zeile weglassen, wenn man auf eine Lösung in gemischten Strategien aus ist. Jedoch realisiert insbesondere sie das Maximin in reinen Strategien, d. h. die Wahl der dritten Zeile bedeutet optimales Verhalten in reinen Strategien.

*Löst man ein Spiel in reinen Strategien, so kann man allerdings eine Zeile weglassen, die die anderen Zeilen dominiert (aber nicht deren Konvexkombination), weil eine solche dominierende Zeile niemals das Maximin realisieren kann.* Selbstverständlich ist die Situation bezüglich der Spalten analog.

Alle ausgesprochenen Sätze wurden für eine streng erfüllte Dominanzbedingung bewiesen. Wie steht es jedoch mit dem Fall, in dem die Dominanz nicht streng ist, d. h. wenn die Dominanz so definiert wird, daß die Bedingungen $\alpha_i \geqq \beta_i$ erfüllt sind? Es ist klar, daß ein Streichen dominierender Zeilen dabei dazu führen kann, daß die Menge der optimalen Strategien verkleinert wird, und zwar zum Schaden für einige davon. Das einfachste Beispiel dafür bilden zwei völlig gleichwertige Strategien.

Jedoch ändert sich der Spielwert dabei nicht, und daher kann man, wenn das Problem darin besteht, daß man mindestens eine optimale Strategie sucht, nicht streng dominierende Zeilen auch vollständig weglassen.

*Was nicht streng dominierende Spalten betrifft, so kann man sie in der Untersuchung von Operationen stets weglassen, weil uns die gegnerischen Strategien selbst an sich überhaupt nicht interessieren.*

Wir wollen uns davon überzeugen, daß der Spielwert nicht geändert wird, wenn man nicht streng dominierende Zeilen wegläßt. Sei $a_{i_0j} \leqq \sum_{i \neq i_0} \lambda_i a_{ij}$ und $\sum_{i \neq i_0}^{n} \lambda_i = 1$ für alle $j$ bei $\lambda_i \geqq 0$. Sei ferner $P^0$ eine optimale Strategie. Eine Strategie $\bar{P}$, für die $\bar{p}_i = p_i^0 + \lambda_i p_{i_0}^0$ für $i \neq i_0$ und $\bar{p}_{i_0} = 0$ gilt, ergibt offenbar für beliebige $j$

$$\sum_{i=1}^{n} \bar{p}_i a_{ij} = \sum_{i \neq i_0} (p_i^0 + \lambda_i p_{i_0}^0)\, a_{ij} = \sum_{i \neq i_0} p_i^0 a_{ij} + p_{i_0}^0 \sum_{i \neq i_0} \lambda_i a_{ij}$$

$$\geqq \sum_{i \neq i_0} p_i^0 a_{ij} + p_{i_0}^0 a_{i_0j} = \sum_{i=1}^{n} p_i^0 a_{ij} \geqq v\,.$$

Aber hieraus folgt auch

$$v \geqq \min_{1 \leqq j \leqq m} \left( \sum_{i \neq i_0} \bar{p}_i a_{ij} \right) = \min_{1 \leqq j \leqq m} \sum_{i=1}^{n} \bar{p}_i a_{ij} \geqq v .$$

Folglich ändert sich der Spielwert nicht, wenn man die $i_0$-te Strategie streicht und mindestens eine optimale Strategie $\bar{P}$ beibehält.

## § 23. Der Hauptsatz für stetige Spiele

Es mögen $x(u_1, \ldots, u_n)$ bzw. $y(r_1, \ldots, r_m)$ Mengen $M$ bzw. $N$ beliebiger Natur durchlaufen, wenn $\bar{u} = \{u_1, \ldots, u_n\}$ bzw. $\bar{r} = \{r_1, \ldots, r_m\}$ entsprechend das auf skalaren Mengen $E_{u_i}$ ($i \leqq n$) bzw. $E_{r_j}$ ($j \leqq m$) gegebene direkte Produkt von $E_1$ und $E_2$ durchlaufen.

Sei ferner ein Spiel $F(x, y)$ gegeben, so daß die Funktion $F[x(u_i), y(r_j)]$ stetig ist bezüglich der Punkte $[\bar{u}, \bar{r}]$ auf dem direkten Produkt $E_1 \times E_2$ aller $E_{u_i}$ und $E_{r_j}$, die als beschränkt und abgeschlossen angenommen werden. Dann ist $F[x(u_i), y(r_j)]$ auf demselben direkten Produkt gleichmäßig stetig, und folglich existiert für ein beliebiges $\varepsilon$ ein $\delta$ derart, daß

$$|F[x(u_i), y(r_j)] - F[x(u_i'), y(r_j')]| \leqq \varepsilon$$

gilt, sofern nur $|u_i - u_i'| \leqq \delta$, $|r_j - r_j'| \leqq \delta$ für alle $i$ und $j$ ist.

Wir wählen nun in jedem $E_{u_i}$ bzw. $E_{r_j}$ endlich viele Punkte $u_{i_s}$ bzw. $r_{j_k}$, die in wachsender Reihenfolge durchnumeriert werden, so daß es für jedes $u_i$ mindestens ein $u_{i_s}$ gibt (und für jedes $r_j$ ein $r_{j_k}$), das um nicht mehr als $\delta$ davon entfernt ist.

Sei $E_{u_{i_{s'}}}$ für $s'$ die Menge aller Punkte aus $E_{u_i}$, die näher an $u_{i_{s'}}$ gelegen sind als $u_{i_{s'+1}}$ und nicht weiter als $u_{i_{s'-1}}$. Analog wird $E_{r_{j_{k'}}}$ definiert.

Wir definieren nun die Funktion $F_1(x, y) = F_1[x(u_i), y(r_j)]$, indem wir sie gleich $F[x(u_{i_s}), y(r_{j_k})]$ setzen, falls $u_i \in E_{u_{i_s}}$ und $r_j \in E_{r_{j_k}}$ gilt. Nach Konstruktion ist offenbar $|F(x, y) - F_1(x, y)| \leqq \varepsilon$, und folglich approximiert $F_1(x, y)$ die Funktion $F(x, y)$ so, daß sämtliche Aussagen von Satz XXIX erfüllt sind.

Weil aber die Mengen $E_{u_{i_s}}$ und $E_{r_{j_k}}$ endlich sind, nimmt die Funktion $F_1(x, y)$ offenbar nur endlich viele Werte an. Weiterhin ist offensichtlich, daß in einem Spiel mit der Auszahlung $F_1(x, y)$ sämtliche Strategien $x$, die Vektoren $\bar{u} = \{u_i\}$ aus dem direkten Produkt der Mengen $E_{u_{i_{s_i}}}$ für fixierte $s_i$ entsprechen, untereinander äquivalent sowie zu den Strategien $x_{s_1}, \ldots, x_{s_n}$ äquivalent sind, die dem Vektor $\{u_{i_{s_i}}\}$ entsprechen.

Genau so sind sämtliche Strategien $y$ äquivalent, die den Vektoren des direkten Produkts der Mengen $E_{r_{j_{k_j}}}$ für fixierte $k_j$ entsprechen, d. h. äquivalent zu den Strategien $y_{k_1}, \ldots, y_{k_m}$, die dem Vektor $\{r_{j_{k_j}}\}$ zugeordnet sind.

Daher können ohne Schaden für beide Seiten in einem Spiel mit der Auszahlung $F_1(x, y)$ sämtliche Strategien außer $x_{s_1}, \ldots, x_{s_n}$ und $y_{k_1}, \ldots, y_{k_m}$ für alle möglichen $s_i$ und $k_j$ aus den vorher bestimmten endlich vielen Werten weggelassen werden.

Also ist ein Spiel mit der Auszahlung $F_1(x, y)$ in seinen Ergebnissen äquivalent zu dem Matrixspiel

$$F_1(x_{s_1}, \ldots, x_{s_n}, y_{k_1}, \ldots, x_{k_m}) = F\,[x(u_{i_{s_i}}), y(r_{j_{k_j}})]\,.$$

Folglich kann ein beliebiges Spiel $F(x, y)$, das die oben angegebenen Eigenschaften erfüllt, für beliebige $\varepsilon$ angenähert durch ein Matrixspiel ersetzt werden. Wenn man auf diese Weise ersetzt, entspricht offensichtlich der gemischten Strategie $P = p(\overline{u})$[1]) eine gemischte Strategie $\{p_{s_1, \ldots, s_n}\}$ für alle möglichen $s_1, \ldots, s_n$, so daß $p_{s_1, \ldots, s_n}$ die Wahrscheinlichkeit dafür ist, daß sämtliche $u_i$ in die entsprechenden $E_{u_{i_{s_i}}}$ fallen, wobei die Verteilung $p(\overline{u})$ vorgegeben ist. Das kann leicht verifiziert werden, wenn man den Ausdruck für eine nach dem Verteilungsgesetz $p(\overline{u})$ gemittelte Auszahlung $F_1(x, y)$ ausschreibt und berücksichtigt, daß $F_1(x, y)$ stückweise konstant ist. Genauso ist die Situation bei den entsprechenden gegnerischen gemischten Strategien, die wir mit $Q = Q(r)$ bezeichnen werden.

Aber für Matrixspiele wurde der Hauptsatz bewiesen, d. h. es bestehen die Gleichungen (273). Mit der Äquivalenz zwischen $F_1(x, y)$ und Matrixspielen wurde folglich auch die Gleichung

$$\sup_P \inf_Q \overline{\overline{F}}_1(P, Q) = \inf_Q \sup_P \overline{\overline{F}}_1(P, Q)$$

bewiesen.

Dann gilt, da $F(x, y)$ und $F_1(x, y)$ benachbart sind, nach Satz XXIX:

$$\left|\sup_P \inf_Q \overline{\overline{F}}(P, Q) - \sup_P \inf_Q \overline{\overline{F}}_1(P, Q)\right| \leqq \varepsilon\,,$$

$$\left|\inf_Q \sup_P \overline{\overline{F}}(P, Q) - \inf_Q \sup_P \overline{\overline{F}}_1(P, Q)\right| \leqq \varepsilon\,.$$

Hieraus ergibt sich offensichtlich

$$\left|\sup_P \inf_Q \overline{\overline{F}}(P, Q) - \inf_Q \sup_P \overline{\overline{F}}(P, Q)\right| \leqq 2\varepsilon\,,$$

und weil $\varepsilon$ beliebig war, haben wir schließlich

$$\sup_P \inf_Q \overline{\overline{F}}(P, Q) = \inf_Q \sup_P \overline{\overline{F}}(P, Q) = v\,. \tag{279}$$

*Damit wurde der Hauptsatz für stetige Spiele im wesentlichen bewiesen.*

Wir müssen uns nur noch davon überzeugen, daß es möglich ist, Supremum und Infimum in (279) durch Maximum und Minimum zu ersetzen, wenn man

---

[1]) Somit wird hier eine gemischte Strategie über seinen Strategien $x$ durch das Verteilungsgesetz $\overline{u}$ vorgegeben.

an $F[x(u_i), y(r_j)]$ Stetigkeitsforderungen stellt. Für den Beweis benötigen wir zwei Lemmata aus der Theorie der Verteilungsgesetze und der STIELTJES-Integrale, die hier nicht bewiesen werden, aber im wesentlichen in Kursen über Wahrscheinlichkeitstheorie oder im Buch von G. E. SCHILOW und B. L. GUREWITSCH [30] zu finden sind.[1]) Wir wollen uns darauf beschränken, sie für Zufallsgrößen zu formulieren.

Lemma 1. *Jede Folge von Verteilungsfunktionen für Zufallsgrößen enthält eine Teilfolge, die in jedem Stetigkeitspunkt der letzteren gegen eine gewisse Verteilungsfunktion konvergiert.*

Lemma 2. *Ist $G(x)$ stetig auf $[a, b]$ und $F_1, \ldots, F_n$ eine Folge von Verteilungsfunktionen, die in allen Stetigkeitspunkten einer Verteilungsfunktion $F$ gegen diese konvergiert, so gilt*

$$\lim_{n\to\infty} \int_a^b G(x)\, dF_n(x) = \int_a^b G(x)\, dF(x)\,. \tag{280}$$

Wir wollen nun das folgende wichtige, fast offensichtliche Lemma beweisen.

Lemma 3. *Ist $F[x(u_i), y(r_j)]$ stetig in $\bar{u} = \{u_i\}$ und $\bar{r} = \{r_j\}$ auf dem direkten Produkt der abgeschlossenen Mengen $E_{u_i}$ und $E_{r_j}$, so gilt*

$$\max_P \int F[x(u_i), y(r_j)]\, dP(u_1, \ldots, u_n) = \max_{\substack{u_i \in E_{u_i}\\ 1\leq i\leq n}} F[x(u_i), y(r_j)] = \max_x F(x, y)\,, \tag{281}$$

$$\min_Q \int F[x(u_i), y(r_j)]\, dQ(r_1, \ldots, r_m) = \min_{\substack{r_j \in E_{r_j}\\ 1\leq j\leq m}} F[x(u_i), y(r_j)] = \min_y F(x, y)\,, \tag{281'}$$

$$\inf_Q \max_P \overline{\overline{F}}(P, Q) = \inf_Q \max_x \int F[x, y(r_j)]\, dQ(r_1, \ldots, r_m)\,, \tag{282}$$

$$\sup_P \min_y \int F[x(u_i), y]\, dP(u_1, \ldots, u_n) = \sup_P \min_Q \overline{\overline{F}}(P, Q)\,. \tag{283}$$

Da (281′) vollständig analog zu (281) und (282) eine direkte Folgerung aus (281) ist, genügt es, (281) zu beweisen.

Wegen der Stetigkeit von $F$ realisiere der Punkt $x_0 = x(u_1^0, \ldots, u_n^0)$ das $\max_x F(x, y)$. Dann gilt offenbar

$$\begin{aligned}\int F[x(u_i), y]\, dP(u_1, \ldots, u_n) &\leq \max_x F(x, y) \int dP(u_1, \ldots, u_n)\\ &= \max_x F(x, y) = F(x_0, y)\end{aligned}$$

und folglich auch

$$\max_P \int F[x(u_i), y]\, dP(u_1, \ldots, u_n) \leq \max_x F(x, y)\,.$$

---

[1]) Die hier angeführte Formulierung fällt nicht vollständig mit der dort angegebenen zusammen, aber das hat keine wesentliche Bedeutung. Im zitierten Buch wurden diese Lemmata für den mehrdimensionalen Fall formuliert.

Andererseits erhalten wir aber, wenn wir $P^0(u_1, \ldots, u_n) = \prod_{i=1}^{n} P_i^0(u_i)$ wählen, wo $P_i^0(u_i)$ eine Funktion ist, die für $u_i < u_i^0$ gleich Null und für $u_i \geqq u_i^0$ gleich Eins ist

$$\int F[x(u_i), y]\,\mathrm{d}P^0(u_1, \ldots, u_n) = \int \cdots \int F[x(u_i), y]\,\mathrm{d}P_1^0(u_1) \cdots \mathrm{d}P_n^0(u_n)$$
$$= F[x(u_i^0), y] = F(x_0, y) = \max_x F(x, y)$$

und folglich

$$\max_x F(x, y) \leqq \max_P \int F[x(u_i), y]\,\mathrm{d}P(u_1, \ldots, u_n)\,.$$

Da zwei entgegengesetzte Ungleichungen vorliegen, ist auch bewiesen, daß (281) gilt.

Wir möchten darauf hinweisen, daß Lemma 3 nichts anderes ist, als eine augenscheinliche Verkörperung der allgemeinen These, daß es unzweckmäßig oder ungewiß ist, gemischte Strategien anzuwenden, wenn die vom Gegner angewandte (reine oder gemischte) Strategie unbekannt ist.

Wir kommen nun zum Beweis der Tatsache, daß man 'sup' bzw. 'inf' durch Maximum bzw. Minimum ersetzen kann. Den **Beweis** wollen wir nur für den einfachsten Fall $m = n = 1$ für $E_n = E_r = [0, 1]$ führen (obgleich das Resultat auch allgemein gilt).

Wegen der vollständigen Analogie beschränken wir uns auf den Beweis, daß

$$\inf_Q \max_P \overline{\overline{F}}(P, Q) = \inf_Q \max_x \int_0^1 F[x, y(r)]\,\mathrm{d}Q(r)$$

zulässig ist.

Nach der Definition des Infimum existiert eine Folge von Strategien $Q_l = Q_l(r)$ derart, daß

$$\lim_{l \to \infty} \max_P \overline{\overline{F}}(P, Q_l) = \inf_Q \max_P \overline{\overline{F}}(P, Q_l)$$

gilt. In Übereinstimmung mit dem weiter oben formulierten Lemma 1 kann man annehmen, daß die Folge der $Q_l$ so gewählt wurde, daß $Q_l(r)$ gegen ein gewisses $Q_0(r)$ in allen Stetigkeitspunkten der letzteren Funktion konvergiert.

Wegen der Stetigkeit von $F[x(u), y(r)]$ ist die Auszahlungsfunktion

$$\overline{F}(x) = \int_0^1 F[x, y(r)]\,\mathrm{d}Q_0(r)$$

stetig in $n$, und folglich kann man darauf Lemma 3 anwenden. Sei $x_0$ so gewählt, daß

$$\int_0^1 F[x_0, y(r)]\,\mathrm{d}Q_0(r) = \max_x \int_0^1 F[x, y(r)]\,\mathrm{d}Q_0(r)$$
$$= \max_P \int_0^1 F[x(u), y(r)]\,\mathrm{d}P(u)\,\mathrm{d}Q_0(r)$$

gilt. Nach Lemma 2 erhalten wir

$$\lim_{l\to\infty} \int_0^1 F[x_0, y(r)]\, dQ_l(r) = \int_0^1 F[x_0, y(r)]\, dQ_0(r) .$$

Da für beliebiges $l$

$$\int_0^1 F[x_0, y(r)]\, dQ_l(r) \leqq \max_x \int_0^1 F[x, y(r)]\, dQ_l(r)$$

gilt, haben wir auch

$$\int_0^1 F[x_0, y(r)]\, dQ_0(r) \leqq \lim_{l\to\infty} \max_x \int_0^1 F[x, y(r)]\, dQ_l(r)$$
$$= \lim_{l\to\infty} \max_P \bar{\bar{F}}(P, Q_l) = \inf_Q \max_P \bar{\bar{F}}(P, Q) ,$$

und nach der Definition von $x_0$

$$\max_P \bar{\bar{F}}(P, Q_0) \leqq \inf_Q \max_P \bar{\bar{F}}(P, Q) .$$

Da andererseits stets die umgekehrte Ungleichung erfüllt ist, realisiert $Q_0$ $\inf\limits_Q \max\limits_P \bar{\bar{F}}(P, Q)$, und folglich ist auch der folgende Hauptsatz über stetige Spiele richtig.

**Satz XLI.** *Ist ein Spiel mit der Auszahlung $F(x, y)$ auf Strategienmengen $M$ bzw. $N$ gegeben, die die Gestalt von Kuben $0 \leqq u_i \leqq 1$, $1 \leqq i \leqq n$* bzw. *$0 \leqq r_j \leqq 1$, $1 \leqq j \leqq m$ im $n$- bzw. $m$-dimensionalen Raum haben und ist die Funktion $F[x(u_1, \ldots, u_n), y(r_1, \ldots, r_m)]$ in allen Variablen $u_i$ und $r_j$ insgesamt stetig, so werden* $\inf\limits_P \sup\limits_Q \bar{\bar{F}}(P, Q)$ *und* $\sup\limits_P \inf\limits_Q \bar{\bar{F}}(P, Q)$ *angenommen, und es gilt*

$$\max_P \min_Q \bar{\bar{F}}(P, Q) = \max_P \min_y \int F[x(u_i), y]\, dP(u_1, \ldots, u_n)$$
$$= \min_Q \max_x \int F[x, y(r_j)]\, dQ(r_1, \ldots, r_m) = \min_Q \max_P \bar{\bar{F}}(P, Q) . \quad (284)$$

In der Formulierung (284) sind zugleich auch die Analoga des Hauptsatzes (273) über Matrixspiele selbst und von Satz XXXIX sowie besonders die Gleichungen (276) eingeschlossen. Es wurde deshalb oben erforderlich, den Zusammenhang zwischen den Strategien $x$ und $y$ und den Hilfsstrategien $\bar{u}$ und $\bar{r}$ einzuführen, um die Schwierigkeiten zu überwinden, die dadurch auftreten, daß man gemischte Strategien in abstrakten Räumen einführt und auch, um approximierende Matrixspiele zu konstruieren.

## § 24. Die Lösung von Matrixspielen

Wir nennen ein Spiel gelöst, wenn wir seinen Wert (Gewinn) und die optimalen gemischten Strategien gefunden haben. Ein „minimales" Spiel erhält man, wenn die operierende Seite nur über zwei Strategien verfügt, zwischen denen man eine Auswahl treffen muß, oder deren optimale Mischung man ermitteln muß. So treten Matrixspiele von der Dimension $2 \times m$ mit Auszahlungsmatrix

$$\begin{Vmatrix} a_1 \cdots a_m \\ b_1 \cdots b_m \end{Vmatrix}$$

auf.

Da $m$ den Reichtum der gegnerischen Strategien ausdrückt, ist es hier schwer, die minimalen Werte auszurechnen, insbesondere wenn das zu untersuchende Matrixspiel eine Approximation eines Spieles mit Auszahlungsfunktion $F(v, y)$ ist, wobei $v = 1, 2$ werden kann.

Wie bereits früher gesagt, kann sich die operierende Seite darauf beschränken, nur zwei Strategien zu betrachten, kann dasselbe aber nicht für den Gegner voraussetzen. Eine Situation, bei der für die operierende Seite nur zwei konkurrierende Strategien auftreten, ist durchaus nicht ausgedacht und tritt relativ oft auf, wenn es beispielsweise nötig ist, abzuschätzen, wie vorteilhaft eine technische Neuerung ist. Das führt man so durch, daß man sie mit einer analogen (möglichst benachbarten) alten Form vergleicht oder mit einem Komplex alter Verfahren, der die zu betrachtende Neuerung ersetzen kann.

Es ist bequem, ein $2 \times m$-Spiel mit graphischen Methoden zu lösen. Wendet die operierende Seite gemischte Strategien an, während der Gegner reine Strategien verwendet, so führt dies zu einer Auszahlung

$$Pa_i + (1 - P)\, b_i\,,$$

wobei $0 \leqq P \leqq 1$ und $i$ der Index der gegnerischen Strategie ist.

Nach dem Satz XXXIX über die duale Beschreibung eines Spieles ist die Suche nach dem Spielwert und dem optimalen $P_0$ gleichwertig damit, daß man die Gleichung

$$\min_{1 \leqq i \leqq m} [P_0 a_i + (1 - P_0)\, b_i] = \max_P \min_{1 \leqq i \leqq m} [Pa_i + (1 - P)\, b_i]$$

löst, jedoch ist

$$\min_{1 \leqq i \leqq m} [Pa_i + (1 - P)\, b_i] = \varphi(P)$$

eine konkave polygonale Funktion, die man graphisch leicht erhält, wenn man in ein und dieselbe Graphik alle linearen Funktionen $Pa_i + (1 - P)\, b_i$ einträgt. Ein beliebiger maximaler Wert $\varphi(P_0)$ dieses Polygons ist auch der Spielwert, und das entsprechende $P_0$ ergibt eine optimale Strategie für die operierende Seite.

Enthält das Polygon $\varphi(P)$ eine ganze Strecke, die durch den Punkt $[P_0, \varphi(P_0)]$ geht und parallel zur $P$-Achse ist, so ist die optimale Strategie eindeutig. Daß andere optimale Strategien fehlen, folgt daraus, daß $\varphi(P)$ konkav ist. Ist $P_0 = 0$ oder 1, so ist eine reine Strategie optimal.[1]) Eigentlich ist damit auch die Lösung

[1]) Die Suche nach $\varphi(P)$ kann man natürlich leicht auf einer elektronischen Rechenmaschine ausführen, wenn man zum Beispiel den Algorithmus von KIEFER-JOHNSON benutzt.

des Spiels für die operierende Seite beendet, weil es sie interessiert, ihre optimale Strategie und das erwartete beste garantierte Resultat, d. h. den Spielwert zu suchen.

Ein gewisses Interesse besteht aber auch dafür, die optimalen gemischten Strategien des Gegners zu finden. Im vorgegebenen Fall sind diese ebenfalls offensichtlich:

a) ist $P_0 = 0$, so ist es für den Gegner günstig, eine reine Strategie zu wählen, die der Geraden entspricht, die durch den Punkt $[0, \varphi(0)]$ geht und dabei über die kleinste Ableitung verfügt (d. h. die größte negative Neigung), da $P_0 = 0$ das Maximum von $\varphi(P)$ realisiert;

b) ist $P_0 = 1$, so ist für den Gegner wiederum eine reine Strategie optimal, die dem Index derjenigen Geraden entspricht, die über die größte Ableitung verfügt (d. h. die größte positive Neigung). Man betrachtet dabei sämtliche durch den Punkt $[1, \varphi(1)]$ gehenden Geraden;

c) ist $0 < P_0 < 1$, so hat der Gegner nur dann eine optimale reine Strategie, wenn es eine durch $[P_0, \varphi(P_0)]$ gehende Gerade gibt, die parallel zur $P$-Achse ist. Ihr Index ist auch die optimale reine Strategie. Gibt es eine derartige Gerade nicht, so ergibt ein beliebiges Geradenpaar $a_i P + (1 - P)\, b_i$; $a_j P + (1 - P)\, b_j$, das durch $[P_0, \varphi(P_0)]$ geht und deren eine positive, während die andere negative Neigung hat, die optimale gemischte Strategie $q_i = l$; $q_j = 1 - l$; $q_m = 0$ für $m \neq i, j$, sofern $l$ nur die Gleichung

$$l(a_i - b_i) + (a_j - b_j)\,(1 - l) = 0\,.$$

erfüllt. Dabei hängt die Auszahlung offenbar nicht von $P$ ab und ist gleich $\varphi(P_0)$, d. h. dem Spielwert. Die Existenz eines solchen Paares folgt daraus, daß $\varphi(P_0)$ das Maximum des Polygons $\varphi(P)$ ist.

Da das $2 \times m$-Spiel gelöst ist, ist natürlich auch ein Spiel vom Typ $n \times 2$ gelöst. Allerdings ist dieser Fall wegen des früher Gesagten wenig wahrscheinlich, weil der Gegner nur über zwei Strategien verfügt. Wir wollen dazu übergehen, den allgemeinen Fall eines $n \times m$-Matrix-Spieles zu betrachten.

Wie bereits gesagt, ist die Menge der optimalen gemischten Strategien für jeden Spieler eine konvexe abgeschlossene Menge, ganz sicher beschränkt durch die Ungleichungen $0 \leqq P_i \leqq 1$. Bekanntlich wird diese Menge vollständig dadurch charakterisiert, daß man ihre Eckpunkte angibt. Es gilt das

Lemma. *Die abgeschlossene beschränkte Menge $X$ wird von ihren Eckpunkten aufgespannt, d.h. jeder Punkt $\bar{x} \in X$ kann in der Form $\bar{x} = \sum_{k=1}^{r} \lambda_k \bar{x}^{(k)} \left(\lambda_k \geqq 0;\ \sum_{k=1}^{r} \lambda_k = 1\right)$ dargestellt werden, wobei $\bar{x}^{(k)}$ die Eckpunkte sind.*

Wir werden dieses Lemma nicht beweisen (obgleich es nicht kompliziert ist), weil vom hier entwickelten Standpunkt keine besondere Notwendigkeit dafür besteht, sämtliche Lösungen eines Spieles zu kennen. Es genügt, wenigstens eine Lösung zu kennen, weil alle bezüglich der gegebenen Operation (des Spiels) gleichwertig sind.

Genauso wie auch bei der linearen Optimierung (s. den Beweis von Satz IX), ist es bequem, insbesondere die Ecklösungen eines Spiels zu suchen, die man am einfachsten beschreiben kann. Nutzt man aber das angeführte Lemma aus und kennt man sämtliche Ecklösungen, so kann man stets eine Darstellung der Menge aller optimalen Lösungen erhalten.

Seien nun $P_0 = \{p_1^0, \dots, p_n^0\}$ und $Q_0 = \{q_1^0, \dots, q_m^0\}$ optimale Eckstrategien für die operierende Seite und den Gegner, und sei $v$ der Wert eines Spieles mit der Matrix $||a_{ij}||$. Nach dem Satz aus § 22 haben wir

$$\min_{1 \leq j \leq m} \sum_{i=1}^{n} a_{ij} p_i^0 = v\,, \qquad \max_{1 \leq i \leq n} \sum_{j=1}^{m} a_{ij} q_j^0 = v\,.$$

Wir wollen voraussetzen, daß die Zeilen und Spalten für $P_0$ und $Q_0$ so durchnumeriert wurden, daß die ersten $j$ von 1 bis $r \leqq m$ $\sum_{i=1}^{n} a_{ij} p_i^0 = v$ ergeben und ebenfalls für die ersten $i$ von 1 bis $k \leqq n$ $\sum_{j=1}^{m} a_{ij} q_j^0 = v$. Gleichzeitig sei für alle $j > r$ $\sum_{i=1}^{n} a_{ij} p_i^0 > v$ und für $i > k$ die entsprechende Summe kleiner als $v$.

Dann haben wir eine Gesamtheit von Gleichungen und Ungleichungen:

$$\sum_{i=1}^{n} a_{ij} p_i^0 = v\,, \quad j \leqq r; \qquad \sum_{j=1}^{m} a_{ij} q_j^0 = v\,, \quad i \leqq k;$$

$$\sum_{i=1}^{n} p_i^0 = 1\,, \qquad \sum_{j=1}^{m} q_j^0 = 1\,,$$

$$\sum_{i=1}^{n} a_{ij} p_i^0 > v\,, \quad j > r; \qquad \sum_{j=1}^{m} a_{ij} q_j^0 < v\,, \quad i > k\,.$$

Sei nun $\varepsilon > 0$ derart, daß

$$\min_{m \geqq j \geqq r+1} \left( \sum_{i=1}^{n} a_{ij} p_i^0 \right) \geqq v + \varepsilon\,, \qquad \max_{n \geqq i \geqq k+1} \left( \sum_{j=1}^{m} a_{ij} q_j^0 \right) \leqq v - \varepsilon \tag{285}$$

gilt. Nach Satz XXXIX haben wir

$$p_i^0 = 0 \quad \text{für} \quad i > k \qquad \text{und} \qquad q_j^0 = 0 \quad \text{für} \quad j > r\,.$$

Somit haben wir, um die optimalen Strategien zu bestimmen, das Gleichungssystem

$$\sum_{i=1}^{k} a_{ij} p_i^0 = v\,, \quad j \leqq r; \quad \sum_{j=1}^{r} a_{ij} q_j^0 = v, \quad i \leqq k; \quad \sum_{i=1}^{k} p_i^0 = 1\,, \quad \sum_{j=1}^{r} q_j^0 = 1 \tag{286}$$

zu lösen, wobei gleichzeitig (285) erfüllt sein muß.

Wir wollen nun zeigen, daß stets $r = k$ gilt und, falls $v \neq 0$ ist, auch

$$\begin{vmatrix} a_{11} \cdots a_{1r} \\ a_{1r} \cdots a_{rr} \end{vmatrix} \neq 0\,,$$

sofern natürlich $P_0$ und $Q_0$ optimale Eckstrategien sind.

Wir setzen zunächst voraus, daß $r \neq k$ gilt, und es sei beispielsweise $k > r$. Dann ist im Gleichungssystem

$$\sum_{i=1}^{k} a_{ij} p_i^0 = v; \quad j \leqq r,$$

die Anzahl der Gleichungen kleiner als die der Unbekannten, und in der Matrix

$$\begin{Vmatrix} a_{11} \cdots a_{r1} \\ a_{k1} \cdots a_{kr} \end{Vmatrix}$$

sind mehr Zeilen als Spalten. Folglich besteht zwischen den Zeilen ein linearee Abhängigkeit.

Wir betrachten ein System in den Größen $\alpha_i$

$$\sum_{i=1}^{k} a_{ij}(1+\alpha_i)\, p_i^0 = v, \quad j \leqq r, \qquad \sum_{j=1}^{k} (1+\alpha_i)\, p_i^0 = 1.$$

Dieses System ist offensichtlich gleichmächtig zu dem homogenen Gleichungssystem

$$\sum_{i=1}^{k} a_{ij}(\alpha_i p_i^0) = 0; \quad j \leqq r, \qquad \sum_{i=1}^{k} \alpha_i p_i^0 = 0 \tag{287}$$

bezüglich den Unbekannten $\alpha_i \cdot p_i^0$.

Die Gleichungen

$$\sum_{j=1}^{r} a_{ij} q_j^0 - v \cdot 1 = 0 \quad (i \leqq k)$$

aus (286) bedeuten, daß in der Matrix

$$\begin{Vmatrix} a_{11} \cdots a_{1r} & 1 \\ a_{k1} \cdots a_{kr} & 1 \end{Vmatrix} \tag{288}$$

für das homogene Gleichungssystem (287) zwischen den Spalten eine lineare Abhängigkeit existiert (es ist $\sum_{j=1}^{r} q_j^0 = 1$ und folglich mindestens ein $q_j^0 > 0$), d. h. ihr Rang überschreitet $r < k$ nicht. Deshalb besitzt das System (287) nichttriviale Lösungen $\{\alpha_i' p_i^0\}$ und $\{-\alpha_i' p_i^0\}$ für beliebige kleine $\max_{1 \leqq i \leqq k} |\alpha_i'| = \underline{\alpha}$.

Wählt man $\underline{\alpha}$ so, daß

$$\underline{\alpha} \max_{m \geqq j \geqq r+1} \sum_{i=1}^{n} |a_{ij} p_i^0| \leqq \frac{\varepsilon}{2} \qquad (\underline{\alpha} < 1)$$

gilt, so erhält man wegen (285) offenbar

$$\min_{m \geqq j \geqq r+1} \left[ \sum_{i=1}^{n} a_{ij}(1 \pm \alpha_i')\, p_i^0 \right] \geqq v + \frac{\varepsilon}{2}. \tag{289}$$

Gleichzeitig haben wir nach (287)

$$\left.\begin{aligned} &\sum_{i=1}^{k} a_{ij}(1+\alpha_i')\, p_i^0 = v\,, \qquad && \sum_{i=1}^{k} (1+\alpha_i')\, p_i^0 = 1\,, \\ &\sum_{i=1}^{k} a_{ij}(1-\alpha_i')\, p_i^0 = v\,, \qquad && \sum_{i=1}^{k} (1-\alpha_i')\, p_i^0 = 1\,. \end{aligned}\right\} \tag{290}$$

Da $\max_i |\alpha_i'| < 1$ ist, gilt offenbar

$$p_i^{(1)} = (1+\alpha_i')\, p_i^0 \geqq 0\,, \qquad p_i^{(2)} = (1-\alpha_i')\, p_i^0 \geqq 0\,.$$

Berücksichtigt man, daß $p_i^0 = 0$ für $i > k$ gilt, so bedeuten also (289) und (290), daß die Systeme $P^{(1)} = \{p_i^{(1)}\}$ und $P^{(2)} = \{p_i^{(2)}\}$ optimale Strategien für die operierende Seite sind und gleichzeitig

$$\{p_i^0\} = P_0 = 0{,}5\, P^{(1)} + 0{,}5\, P^{(2)}$$

gilt. Das widerspricht aber der Tatsache, daß $P_0$ eine Eckstrategie ist.

Setzt man $r > k$ voraus, so kommt man in völlig analoger Weise zu einem Widerspruch zu der Bedingung, daß $Q_0$ optimale Eckstrategie des Gegners ist. Somit ist $r = k$.

Sei nun $v \neq 0$. Dann bedeutet das zweite System aus (286), daß in der Matrix (288), in der schon $k = r$ gilt, die letzte Spalte eine Linearkombination der restlichen $r$ Spalten ist.

Wäre die Determinante

$$\begin{vmatrix} a_{11} \cdots a_{1r} \\ a_{r1} \cdots a_{rr} \end{vmatrix} \tag{291}$$

gleich Null, so wäre irgendeine ihrer Spalten eine Linearkombination der übrigen $r - 1$ Spalten, und mit ihnen zusammen wäre die letzte Spalte von (288) eine Linearkombination derselben $r - 1$ Spalten. Aber dann wäre der Rang der Matrix (288) nicht größer als $r - 1$, was für $k = r$ bedeutete, daß für das System (287) eine nichttriviale Lösung existiert. Das jedoch würde wieder zu einem Widerspruch zur Ausgangsvoraussetzung führen, daß $P_0$ eine optimale Eckstrategie ist. Also ist die Determinante (291) von Null verschieden, sofern nur $v \neq 0$ ist.

Wenn wir uns daran erinnern, daß (286) aus einer gewissen Permutation von Zeilen und Spalten der Ausgangsmatrix $||a_{ij}||$ gewonnen wurde, kommen wir somit zu dem von Shapley und Snow aufgestellten Sattelpunktsatz.

**Satz XLII.** *Sämtliche optimalen Eckstrategien $P_0$ und $Q_0$ für beide Spieler in einem Spiel mit Auszahlungsmatrix $||a_{ij}||$ und Spielwert $v$ müssen eines der Gleichungssysteme*

$$\sum_{s=1}^{r} a_{i_s j_t} p_{i_s}^0 - v = 0; \quad t = 1, \ldots, r\,, \qquad \sum_{s=1}^{r} p_{i_s}^0 = 1\,, \tag{292}$$

$$\sum_{t=1}^{r} a_{i_s j_t} q_{j_t}^0 - v = 0; \quad s = 1, \ldots, r\,, \qquad \sum_{t=1}^{r} q_{j_t}^0 = 1\,, \tag{293}$$

*erfüllen, wobei man die quadratische Matrix* $||a_{i_s j_t}||$ *dadurch erhält, daß man eine gewisse Anzahl von Zeilen und Spalten in der Matrix* $||a_{ij}||$ *streicht. Sämtliche optimalen* $p_i^0$ *bzw.* $q_j^0$ *müssen für* $i \neq i_s$ *bzw.* $j \neq j_t$ *gleich Null sein. Ist der Spielwert* $v \neq 0$, *so darf die Matrix* $||a_{i_s j_t}||$ *nicht ausgeartet sein.*

Dieser Satz gibt natürlich nur notwendige Bedingungen für optimale Eckstrategien an. Unter den Lösungen von (292) und (293) können auch nichtoptimale Strategien und sogar solche Lösungen auftreten, für die die Bedingung $p_{i_s}^0 \geqq 0$ oder $q_{j_t}^0 \geqq 0$ nicht erfüllt ist. Sind diese allerdings alle erfüllt, so ergibt eine Lösung der Gleichungen (292) und (293) bereits sicher optimale Eckstrategien.

Den Beweis dafür findet man im Buch von KARLIN [20]. Wir werden uns hier nicht bei diesem unwesentlichen Umstand aufhalten, weil diese Tatsache nichts daran ändert, daß es notwendig ist, alle möglichen Systeme (292)—(293) durchzusehen. Und wenn schon alle durchgesehen werden, so ist es gleichgültig, ob sämtliche optimalen Strategien Eckstrategien sind oder ob darunter auch andere sind.

In der Praxis ist es nicht nur deswegen schwierig, Satz XLII anzuwenden, weil es nötig ist, sämtliche quadratischen Untermatrizen der Matrix $||a_{ij}||$ durchzusehen, sondern auch weil man die Optimalität der Strategien nachprüfen muß, d. h. die Bedingungen (285) (die Bedingungen $p_i^0 \geqq 0$ und $q_j^0 \geqq 0$ bringen natürlich keine Schwierigkeiten mit sich).

Im Zusammenhang mit dem soeben Bewiesenen ist es zweckmäßig, auf den Begriff des vollständig gemischten Spiels einzugehen.

*Ein Spiel heißt vollständig gemischt, wenn in jede optimale gemischte Strategie jedes Spielers eine beliebige reine Strategie mit positiver Wahrscheinlichkeit eingeht.*

In einem derartigen Spiel sind sämtliche Strategien wesentlich, und man kann keine davon ohne Schaden für die Effektivität weglassen.

Wenn in einem vollständig gemischten Spiel sämtliche $p_i$ und $q_i$ von Null verschieden sind, muß das System (292)—(293) auf der Ausgangsmatrix $||a_{ij}||$ selbst basieren, ohne daß Zeilen oder Spalten gestrichen werden könnten. Aber dann muß die Matrix $||a_{ij}||$ quadratisch sein und bei $v \neq 0$ auch noch nicht ausgeartet.

*Ein vollständig gemischtes Spiel kann nur ein quadratisches Spiel mit nicht ausgearteter Matrix sein, sofern* $v \neq 0$ *ist.*

Wenn aber das System (292)—(293) auf $||a_{ij}||$ basieren muß, dann ist es eindeutig, und daher sind auch die optimalen Eckstrategien der Seiten eindeutig als Lösungen inhomogener Gleichungssysteme mit genausoviel Gleichungen wie Unbekannten. Die Eindeutigkeit der Eckstrategien bedeutet natürlich auch die Eindeutigkeit der optimalen Strategien überhaupt.

*Ein vollständig gemischtes Spiel besitzt eine eindeutige Lösung, d. h. ein Paar optimaler gemischter Strategien für die Seiten.*

Vollständig gemischte Spiele verhalten sich wie Spiele von Antipoden, die einen Sattelpunkt in reinen Strategien besitzen. Als Beispiel für vollständig gemischte Spiele können Spiele mit folgenden Matrizen dienen:

I. Eine MINKOWSKI-LEONTIEVsche Matrix

$$a_{ij} \leqq q \quad \text{für} \quad i \neq j; \quad i, j \leqq n \quad \text{und mit} \quad a_{jj} > q \geqq 0,$$

falls noch

$$\sum_{i=1}^{n} a_{ij} > nq \geqq 0; \quad 1 \leqq j \leqq n,$$

gilt.

II. Eine zyklische Matrix

$$A = \begin{Vmatrix} a_0 & a_1 & a_2 \cdots a_{n-1} \\ a_{n-1} & a_0 & a_1 \cdots a_{n-2} \\ \cdot & \cdot & \cdot \cdots \cdot \\ a_0 & a_2 & a_3 \cdots a_0 \end{Vmatrix} \quad \text{für} \quad |A| \neq 0.$$

Den Beweis findet man im Buch von KARLIN [20].

Ungeachtet dessen, daß der Satz XLII aussieht wie ein erschöpfendes Verfahren um Matrix-Spiele zu lösen, nötigt uns die Schwierigkeit einer solchen Lösung, auch andere Lösungswege für Matrixspiele zu suchen. Es ist zweckmäßig, sich mit dem Zusammenhang zu beschäftigen, der zwischen der Lösung von Matrixspielen und der von linearen Optimierungsproblemen besteht.

Nach Satz XXXIX besteht die Lösung eines Spiels in zwei Aufgaben:

a) der Suche nach einem $P_0$ derart, daß

$$\min_{1 \leqq j \leqq m} \sum_{i=1}^{n} a_{ij} p_i^0 = \max_{P = \{p_i\}} \min_{1 \leqq j \leqq m} \sum_{i=1}^{n} a_{ij} p_j = v$$

gilt;

b) der Suche nach einem $Q_0$ derart, daß

$$\max_{1 \leqq i \leqq n} \sum_{j=1}^{m} a_{ij} q_j^0 = \min_{Q} \max_{1 \leqq i \leqq n} \sum_{j=1}^{m} a_{ij} q_i = v$$

gilt.

Sei $a_{ij} > 0$, und das heißt auch $v > 0$. Das kann man stets erreichen, ohne die optimalen Strategien dadurch zu ändern, daß man jedem Element $a_{ij}$ eine und dieselbe hinreichend große Größe hinzufügt. Führt man

$$\underline{v}(P) = \min_{1 \leqq j \leqq m} \sum_{i=1}^{n} a_{ij} p_i$$

und

$$\bar{v}(Q) = \max_{1 \leqq i \leqq n} \sum_{j=1}^{m} a_{ij} q_j$$

ein, so kann man das erste Problem dadurch beschreiben, daß man danach strebt, die Größe $\underline{v}(P)$ unter den Bedingungen

$$\underline{v}(P) \leqq \sum_{i=1}^{n} a_{ij} p_i; \quad j = 1, \ldots, m, \quad \sum_{i=1}^{n} p_i = 1; \quad p_i \geqq 0,$$

zu maximieren.

Wir führen neue Variable $x_i = p_i/\underline{v}(P)$ ein. Dann haben wir offenbar die Bedingungen

$$1 \leqq \sum_{i=1}^{n} a_{ij} x_i ; \qquad x_i \geqq 0 .$$

Aus dem Zusammenhang $\sum_{i=1}^{n} p_i = 1$ erhalten wir jedoch $\frac{1}{\underline{v}(P)} = \sum_{i=1}^{n} x_i$. Strebt man danach, $\underline{v}(P)$ zu vergrößern, so erhält man in den neuen Variablen, daß $\sum_{i=1}^{n} x_i$ gegen das Minimum strebt. Genauso erhält man, indem man $y_i = \frac{q_i}{\bar{v}(P)}$ einführt, als Bedeutung für die zweite Aufgabe, daß man danach trachtet, das Maximum von $\sum_{i=1}^{n} y_j = \frac{1}{\bar{v}(Q)}$ unter den Restriktionen

$$1 \geqq \sum_{j=1}^{m} a_{ij} y_j ; \qquad y_j \geqq 0 ,$$

zu erhalten.

Somit ergibt jede Lösung $(P_0, Q_0)$ eines Spieles mit dem Spielwert $v$ gleichzeitig eine Lösung des angegebenen Extremalproblems in den Variablen $x_i$ und $y_j$, wobei

$$\sum_{i=1}^{n} x_i^0 = \sum_{j=1}^{m} y_j^0 = \frac{1}{v}$$

gilt. Hat man umgekehrt Lösungen $\{x_i^0\}$ und $\{y_j^0\}$ der angegebenen Aufgaben mit $\sum_{i=1}^{n} x_i^0 = \sum_{j=1}^{m} y_j^0 = \frac{1}{v}$, so erhält man offenbar für $p_i^0 = v x_i^0$; $q_j^0 = v y_j^0$

$$\sum_{i=1}^{n} p_i^0 = 1 , \qquad \sum_{j=1}^{m} q_j^0 = 1 , \qquad \sum_{j=1}^{m} a_{ij} q_j^0 \leqq v \leqq \sum_{i=1}^{n} a_{ij} p_i^0 ; \quad i \leqq n , \quad j \leqq m .$$

Aber daraus folgt

$$\min_j \sum_{i=1}^{n} a_{ij} p_j^0 \geqq v \geqq \max_i \sum_{j=1}^{m} a_{ij} q_j^0$$

und dann auch

$$\max_P \min_j \sum_{i=1}^{n} a_{ij} p_i > v \geqq \min_Q \max_i \sum_{j=1}^{m} a_{ij} q_j .$$

Nach Satz XXXIX werden sämtliche Ungleichungen zu Gleichungen, $v$ erweist sich als Spielwert und $P_0 = \{p_i^0\}$ sowie $Q_0 = \{q_j^0\}$ sind optimale gemischte Strategien.

Da die beiden oben angeführten Extremalprobleme für $x_i$ und $y_i$ nichts anderes sind als duale lineare Optimierungsprobleme, haben wir den folgenden Satz gewonnen:

**Satz XLIII.** *Die Lösung eines Matrixspiels mit der Auszahlungsmatrix* $||a_{ij}||$ *für* $i \leqq n$; $j \leqq m$ *ist äquivalent zur Lösung der dualen linearen Optimierungsprobleme:*

$$(1)\qquad \min \sum_{i=1}^{n} x_i \quad \text{für} \quad x_i \geqq 0\,, \qquad \sum_{i=1}^{n} a_{ij} x_i \geqq 1; \quad j = 1, \ldots, m;$$

$$(2)\qquad \max \sum_{j=1}^{m} y_j \quad \text{für} \quad y_j \geqq 0\,, \qquad \sum_{j=1}^{m} a_{ij} y_j \leqq 1; \quad i = 1, \ldots, n\,.$$

*Der Spielwert* $v$ *ist eine Größe, die reziprok zum gemeinsamen Optimalwert* $\sum_{i=1}^{n} x_i^0 = \sum_{j=1}^{m} y_j^0 = \frac{1}{v}$ *ist, und die optimalen* $p_i^0$ *und* $q_j^0$ *hängen mit den optimalen Werten* $x_i^0$ *und* $y_j^0$ *durch* $p_i^0 = v x_i^0$ *und* $q_j^0 = v y_j^0$ *zusammen.*

Nach diesem Satz führt die Lösung von Matrix-Spielen in gemischten Strategien auf die Lösung gewisser dualer linearer Optimierungsprobleme spezieller Art, und das heißt, man kann sie mit Methoden der linearen Optimierung erhalten. Umgekehrt kann allerdings auch ein beliebiges lineares Optimierungsproblem auf die Lösung eines gewissen Matrix-Spiels übergeführt werden. Im allgemeinen führt ein beliebiges lineares Optimierungsproblem auf ein sogenanntes symmetrisches Spiel.

*Ein Matrix-Spiel mit Auszahlungsmatrix* $A = ||a_{ij}||$ *heißt symmetrisch, wenn die Matrix* $A$ *schiefsymmetrisch ist, d. h. wenn* $a_{ij} = -a_{ji}$ *ist.*

Symmetrische Spiele haben folgende Eigenschaften:

I. *Der Wert eines symmetrischen Spiels ist gleich Null.* Es ist nämlich

$$\min_j \sum_{i=1}^{n} a_{ij} p_i = \min_j \left[ -\sum_{i=1}^{n} a_{ji} p_i \right] = -\max_j \sum_{i=1}^{n} a_{ji} p_i = -\max_j \sum_{i=1}^{n} a_{ij} p_i$$
$$\leqq -\min_{\{p_i\}} \max_j \sum_{i=1}^{n} a_{ij} p_i = -v\,.$$

Da jedoch $\{p_i\}$ auf der linken Seite gleich Null ist, folgt

$$v = \max_{\{p_i\}} \min_j \sum_{i=1}^{n} a_{ij} p_i \leqq -v\,,$$

d. h. $2v \leqq 0$. Genauso erhalten wir aber umgekehrt

$$\max_j \sum_{i=1}^{n} a_{ij} q_i = -\min_j \sum_{i=1}^{n} a_{ij} q_i \geqq -\max_{\{q_i\}} \min_j \sum_{i=1}^{n} a_{ij} q_i = -v\,,$$

und weil $\{q_i\}$ beliebig ist:

$$v = \min_{\{q_i\}} \max_j \sum_{i=1}^{n} a_{ij} q_j \geqq -v$$

auch $2v \geqq 0$. Somit ist $v \equiv 0$.

II. *Ist in einem symmetrischen Spiel $\{p_i^0\}$ optimale Strategie für die operierende Seite, so ist dieselbe Strategie auch optimal für den Gegner.*

Aus der Definition einer optimalen Strategie für die operierende Seite und $v = 0$ folgt nämlich

$$\sum_{i=1}^{n} a_{ij} p_i^0 \geqq 0 \quad \text{für} \quad 1 \leqq j \leqq n .$$

Dann erhält man aber hieraus

$$\sum_{j=1}^{n} a_{ij} p_j^0 = - \sum_{j=1}^{n} a_{ji} p_j^0 \leqq 0$$

für beliebige $i \leqq n$. Das bedeutet dann auch, daß $\{p_j^0\}$ optimale gegnerische Strategie ist.

Seien nun eine beliebige Matrix $A = ||a_{ij}||$ $(1 \leqq i \leqq n;\ 1 \leqq j \leqq m)$ und duale lineare Optimierungsprobleme

A. $$\max_{\{x_i'\}} \left[ \sum_{i=1}^{m} c_i x_i' \right] \tag{294}$$

unter den Restriktionen $x_i' \geqq 0$; $\sum_{i=1}^{m} a_{ji} x_i' \leqq b_j$, $j = 1, \ldots, n$,

B. $$\min_{\{y_j'\}} \sum_{j=1}^{n} b_j y_j' \tag{295}$$

unter den Restriktionen $y_j' \geqq 0$; $\sum_{j=1}^{n} a_{ji} y_j' \geqq c_i$, $i = 1, \ldots, m$

gegeben.

Wir bilden die quadratische schiefsymmetrische Matrix

$$B = \begin{Vmatrix} & \overbrace{\qquad\qquad}^{m} & \overbrace{\qquad\qquad}^{n} & 1 \\ m \left\{ \begin{matrix} \\ \\ \\ \end{matrix} \right. & \begin{matrix} 0 \cdots 0 \\ \vdots \quad \vdots \\ 0 \cdots 0 \end{matrix} & \begin{matrix} -a_{11} \cdots -a_{n1} \\ \\ -a_{1m} \cdots -a_{nm} \end{matrix} & \begin{matrix} c_1 \\ \\ c_m \end{matrix} \\ n \left\{ \begin{matrix} \\ \\ \end{matrix} \right. & \begin{matrix} a_{11} \cdots a_{1m} \\ a_{n1} \cdots a_{nm} \end{matrix} & \begin{matrix} 0 \quad \cdots \quad 0 \\ 0 \quad \cdots \quad 0 \end{matrix} & \begin{matrix} -b_1 \\ -b_n \end{matrix} \\ 1 & -c_1 \cdots -c_m & b_1 \quad \cdots \quad b_n & 0 \end{Vmatrix} . \tag{296}$$

Hier geben die Zahlen $m$, $n$ und 1 die Anzahlen für die Zeilen und Spalten in den Teilmatrizen der Matrix $B$ an. Ferner wollen wir mit $\{x_1, \ldots, x_m, y_1, \ldots, y_n, \lambda\} = z$ eine gemischte Strategie für das symmetrische Spiel mit der Matrix $B$ bezeichnen.

**Satz XLIV.** *Eine Lösung der dualen linearen Optimierungsprobleme* (294) *und* (295) *ist äquivalent zur Lösung eines symmetrischen Spiels mit der Matrix $B$*

*Genauer, ist $z_0$ eine optimale Strategie in einem Spiel mit der Matrix* (296), *und ist dabei $\lambda^0 > 0$, so ergeben* $\tilde{x}_i' = x_i^0/\lambda^0$ und $\tilde{y}_j' = y_j^0/\lambda^0$ *eine Lösung der Probleme* (294) *und* (295).

*Ist umgekehrt $\tilde{x}_i'$ bzw. $\tilde{y}_j'$ eine Lösung von* (294) *und* (295), *so bilden die Größen* $\lambda^0 = \dfrac{1}{1 + \sum\limits_{i=1}^{m} \tilde{x}_i' + \sum\limits_{j=1}^{n} \tilde{y}_j'}$, $x_i^0 = \lambda^0 \tilde{x}_i'$, $y_j^0 = \lambda^0 \tilde{y}_j'$ *eine optimale gemischte Strategie* $(x_1^0, \ldots, x_m^0, y_1^0, \ldots, y_n^0, \lambda^0)$ *in einem Spiel mit der Matrix* (296).

Beweis. Sei $z^0$ eine optimale Strategie für das Spiel (296) mit $\lambda^0 > 0$. Da dieses Spiel symmetrisch ist, ist $z_0$ optimal für beide Gegner, und es gilt $v = 0$.

Wendet die operierende Seite diese Strategie an, so ergibt sich

$$\sum_{i=1}^{n} a_{ij} y_i^0 - c_j \lambda^0 \geqq 0 ; \qquad 1 \leqq j \leqq m ,$$

für die ersten $m$ reinen Strategien des Gegners. Für die $n$ reinen Strategien des Gegners aus der zweiten Gruppe haben wir

$$-\sum_{j=1}^{m} a_{ij} x_j^0 + b_i \lambda^0 \geqq 0; \qquad 1 \leqq i \leqq n .$$

Wendet der Gegner schließlich die letzte reine Strategie an, so ergibt sich (weil sie mit positiver Wahrscheinlichkeit $\lambda^0$ in die optimale gemischte eingeht):

$$\sum_{j=1}^{m} c_j x_j^0 - \sum_{i=1}^{n} b_i y_i^0 = 0 .$$

Dividiert man alle diese Relationen durch $\lambda^0 > 0$ und führt man $\tilde{x}_j' = x_j^0/\lambda^0$, $\tilde{y}_i' = y_i^0/\lambda^0$ ein, so kommt man zu

$$\sum_{i=1}^{n} a_{ij} \tilde{y}_j' \geqq c_j ; \quad i \leqq m , \qquad \sum_{j=1}^{m} a_{ij} \tilde{x}_j' \leqq b_i ; \quad j \leqq n , \qquad \sum_{j=1}^{m} c_j \tilde{x}_j' = \sum_{i=1}^{n} b_i \tilde{y}_i' . \quad (297)$$

Die ersten beiden Ungleichungssysteme zeigen, daß $\{\tilde{x}_j'\}$ und $\{\tilde{y}_i'\}$ die Restriktionen der Probleme (294) auch (295) erfüllen, d. h. zulässige Vektoren in diesen Problemen sind. Aus der letzten Ungleichung von (297) und daraus, daß $\{\tilde{y}_i'\}$ zulässig ist, erhalten wir für einen beliebigen zulässigen Vektor $\{\tilde{x}_j'\}$

$$\sum_{j=1}^{m} c_j x_j' \leqq \sum_{j=1}^{m} \left( \sum_{i=1}^{n} a_{ij} \tilde{y}_j' \right) x_j' = \sum_{i=1}^{n} \left( \sum_{j=1}^{m} a_{ij} x_j' \right) \tilde{y}_i' \leqq \sum_{i=1}^{n} b_i \tilde{y}_i' = \sum_{j=1}^{m} c_j \tilde{x}_j' .$$

Das aber bedeutet, daß

$$\max_{\{x_j'\}} \sum_{j=1}^{m} c_j x_j' = \sum_{j=1}^{m} c_j \tilde{x}_j'$$

gilt. Analog ergibt sich auch

$$\min_{\{y_i'\}} \sum_{i=1}^{n} b_i y_i' = \sum_{i=1}^{n} b_i \tilde{y}_i' .$$

Hieraus folgt dann, daß $\{\tilde{x}'_j\}$ und $\{\tilde{y}'_i\}$ Lösungen der entsprechenden Probleme (294) und (295) sind.

Seien umgekehrt $\{\tilde{x}'_j\}$ bzw. $\{\tilde{y}'_i\}$ Lösungen die linearen Optimierungsprobleme (294) bzw. (295). Wir setzen

$$\lambda^0 = \frac{1}{1 + \sum_{j=1}^{m} \tilde{x}'_j + \sum_{i=1}^{n} \tilde{y}'_i}; \quad x^0_j = \lambda^0 \tilde{x}'_j; \quad y^0_i = \lambda^0 \tilde{y}'_i, \quad z^0 = \{x^0_1, \ldots, x^0_m, y^0_1, \ldots, y^0_n, \lambda^0\}.$$

Offenbar gilt $\sum_{j=1}^{m} x^0_j + \sum_{i=1}^{n} y^0_i + \lambda^0 = 1$. Ferner gilt nach dem Dualitätssatz der linearen Optimierung

$$\sum_{j=1}^{m} c_j \tilde{x}'_j = \sum_{i=1}^{n} b_i \tilde{y}'_i$$

oder nach Multiplikation mit $\lambda^0$

$$\sum_{j=1}^{m} c_j x^0_j - \sum_{i=1}^{n} b_i y^0_i = 0. \tag{298}$$

Außerdem ist

$$\sum_{i=1}^{n} a_{ij} \tilde{y}'_i \geqq c_j, \qquad \sum_{j=1}^{m} a_{ij} \tilde{x}'_j \leqq b_i.$$

Multipliziert man mit $\lambda^0$ und bringt man sämtliche Größen auf die linken Seiten der Ungleichungen, so erhält man

$$\left.\begin{aligned} \sum_{i=1}^{n} a_{ij} y^0_i - c_j \lambda^0 &\geqq 0; \qquad 1 \leqq j \leqq m, \\ -\sum_{j=1}^{m} a_{ij} x^0_j + b_i \lambda^0 &\geqq 0; \qquad 1 \leqq i \leqq n. \end{aligned}\right\} \tag{299}$$

Aber (298) und (299) bedeuten insgesamt, daß dann, wenn die operierende Seite die Strategie $z^0$ anwendet, eine Auszahlung für beliebige reine Strategien des Gegners im Spiel mit der Matrix (296) garantiert wird, die nicht kleiner als Null ist. Da letzteres Spiel symmetrisch ist, ist sein Wert gleich Null, und daher ist die eine Auszahlung, die nicht kleiner ist als die den Spielwert garantierende Strategie $z^0$, eine optimale. Damit wurde auch der Beweis beendet.

Die letzten Sätze erlauben, Methoden der linearen Optimierung in der Spieltheorie anzuwenden und umgekehrt. Jedoch hat dieser erstmals von Dantzig und von Neumann aufgedeckte Zusammenhang keinerlei Beziehung zur Suche nach besten reinen garantierenden Strategien, den Maximinen sowie den Minimaxen in reinen Strategien. Diese Aufgaben stellen genauso wie die Lösung stetiger Spiele bisher selbständige schwierige Probleme dar.

## § 25. Über numerische Methoden zur Lösung von Matrixspielen

Die im § 24 bewiesenen Sätze über den Zusammenhang zwischen der Aufgabe, Spiele in gemischten Strategien zu lösen, und der Lösung linearer Optimierungsprobleme gestatten, zur Lösung von Spielen numerische Methoden auszunutzen, die in der linearen Optimierung ausgearbeitet wurden und umgekehrt. Ohne uns bei der numerischen Methoden der linearen Optimierung aufhalten zu wollen, die in zahlreichen Büchern dargelegt wurden, wollen wir dazu übergehen, andere Möglichkeiten zu betrachten.

Zunächst folgt aus Satz XXXIX, daß die Aufgabe, eine optimale gemischte Strategie für die operierende Seite zu bestimmen, äquivalent ist zur folgenden: Man ermittle das Maximum der Funktion

$$\varphi(P) = \varphi(p_1, \ldots, p_n) = \min_{1 \leqq j \leqq m} \left[ \sum_{i=1}^{n} a_{ij} p_i \right] \tag{300}$$

unter den Bedingungen $p_i \geqq 0$, $\sum_{i=1}^{n} p_i = 1$. Dieses Maximum ist auch der Spielwert. Analog dazu wird eine optimale gemischte gegnerische Strategie so bestimmt, daß sie das Minimum der Funktion

$$\psi(Q) = \max_{1 \leqq i \leqq n} \sum_{j=1}^{m} a_{ij} q_j; \qquad q_j \geqq 0\,, \quad \sum_{j=1}^{m} q_j = 1\,, \tag{301}$$

realisiert.

Drückt man $p_n$ und $q_m$ durch andere Variable aus, so kann man dieses Problem in folgende Gestalt überführen:

1. Man bestimme das Maximum der Funktion

$$\varphi_1(p_1, \ldots, p_{n-1}) = \min_{1 \leqq j \leqq m} \left[ \sum_{i=1}^{n-1} (a_{ij} - a_{nj})\, p_i + a_{nj} \right] \tag{302}$$

in $n - 1$ Variablen in dem durch die Ungleichungen

$$p_1 \geqq 0, \ldots, p_{n-1} \geqq 0; \quad \sum_{i=1}^{n-1} p_i \leqq 1\,, \tag{303}$$

definierten Bereich.

2. Man bestimme das Minimum der Funktion

$$\psi_1(q_1, \ldots, q_{m-1}) = \max_{1 \leqq i \leqq n} \left[ \sum_{j=1}^{m-1} (a_{ij} - a_{im})\, q_j + a_{im} \right] \tag{304}$$

in $m - 1$ Variablen in dem Bereich

$$q_1 \geqq 0, \ldots, q_{n-1} \geqq 0; \qquad \sum_{j=1}^{m-1} q_j \leqq 1\,. \tag{305}$$

Um die Probleme (300)—(301) bzw. (302)—(305) zu charakterisieren, muß gesagt werden, daß die Funktionen $\varphi(p)$ und $\varphi_1(p_1, \ldots, p_{n-1})$ konkav und $\psi(Q)$

sowie $\psi_1(q_1, \ldots, q_{m-1})$ konvex sind, wie schon früher gezeigt wurde. Die Bereiche (303) und (305) sind offensichtlich konvex, beschränkt und abgeschlossen.[1])

Daß $\varphi_1$ konkav bzw. $\psi_1$ konvex ist, garantiert uns, daß die lokalen Maxima (Minima) mit den globalen Maxima (Minima) zusammenfallen. Also erhält man geeignete Bedingungen, um beliebige numerische Extremumsuchmethoden anzuwenden, wie zum Beispiel Gradientenverfahren und zufällige Suchverfahren. Um die zweiten anzuwenden, gibt es überhaupt kein Hindernis. Was dagegen die ersten anbelangt, so ist es nötig, hier im Zusammenhang mit der Gestalt der Funktionen $\varphi_1$ und $\psi_1$ zu betonen, daß sie stückweise linear sind. Der Gradient von $\varphi_1$ muß in jedem Punkt $(p_1, \ldots, p_{n-1})$ der Funktion $\sum_{i=1}^{n-1} (a_{ij_0} - a_{nj_0})\, p_i + a_{nj_0}$ für den Wert $j_0$ bestimmt werden, für den im betrachteten Punkt der Wert $\min_{1 \leqq j \leqq n} \left[\sum_{i=1}^{n-1} (a_{ij} - a_{nj})\, p_1 + a_{nj}\right]$ angenommen wird. Liegt dieser Punkt nicht am Rand eines lineares Stücks von $\varphi_1$, so erhält man das Gewünschte sehr einfach. An den Rändern hingegen ist $j_0$ gewiß nicht eindeutig, und daher ist unklar, wie man die Richtung im folgenden Punkt beim Extremumsuchprozeß bestimmen soll. Darüber hinaus existiert hier überhaupt keine Ableitung. Allerdings ist diese Schwierigkeit unwesentlich. Erstens ist es sehr unwahrscheinlich, daß man genau an den Rand gerät. Zweitens kann man hier, um die Bewegung fortzusetzen, ein beliebiges $j_0$ wählen (zum Beispiel das erste unter jenen $j_0$), das das oben angegebene Minimum realisiert, und dafür den Gradienten bestimmen, das heißt jedoch, den folgenden Punkt bei der Extremumsuche. Also kann das Gradientenverfahren vollkommen realisiert werden.

Es sollte bemerkt werden, daß man, falls das gewünscht wird, leicht auch die genaue Richtung des steilsten Abstiegs erhalten kann. Man muß sich nur zunutze machen, daß für $\varphi_1$ auch auf den Rändern eine Ableitung nach allen Richtungen existiert. Diese Ableitung läßt wich leicht nach Satz XXVIII bestimmen, den man vollständig auf den gegebenen Fall anwenden kann, obwohl die Variable $j$, die hier die Rolle des Vektors $\bar{y}$ in diesem Satz spielt, diskret ist. Somit kann man in allen Punkten des Bereiches (303) die Richtung des steilsten Abstiegs genau bestimmen. Analog verhält es sich auch mit $\psi_1$.

Wir wollen dazu übergehen, eine für die Spieltheorie spezifische numerische Iterationsmethode zu beschreiben, um Spielwert und optimale gemischte Strategien zu suchen. Die Idee der Methode stammt von Brown und besteht im folgenden.

Gegegen sei ein Matrix-Spiel

$$||a_{ij}||; \quad 1 \leqq i \leqq n\,, \quad 1 \leqq j \leqq m\,.$$

Es wird ein unendlicher Wiederholungsprozeß für dieses Spiel betrachtet, bei dem jeder Spieler jedes Mal voraussetzt, daß der Gegner eine gemischte Strategie wählt, die man durch die Erscheinungshäufigkeit der reinen Strategien

---

[1]) Damit sind die formulierten Probleme konkave und konvexe Optimierungsprobleme.

in den vergangenen Wiederholungen definieren kann; selbst hingegen wählt er eine reine Strategie, die unter solchen Voraussetzungen das beste Ergebnis sichert.

Es mögen bereits $k$ Spielwiederholungen ausgeführt worden sein, in denen der erste Spieler die reinen Strategien $i_1, \ldots, i_k$ und der zweite $j_1, \ldots, j_k$ gewählt hat. Dann setzt der erste Spieler bei der $k + 1$-sten Wiederholung voraus, daß der zweite mit gleicher Wahrscheinlichkeit eine beliebige unter den $j_1, \ldots, j_k$ wählt. Das ist aber äquivalent dazu, was vorher über die Erscheinungshäufigkeit der reinen Strategien gesagt wurde, weil die Erscheinungshäufigkeit für die Strategie $j_0$ dabei auch mit den Zahlen $j_s$ $(s \leqq k)$ übereinstimmt, die gleich $j_0$ geteilt durch $k$ sind.

Ein derartiges Verhalten, das der erste Spieler vom zweiten voraussetzt, führt von seinem Standpunkt aus zu einer Auszahlung $\frac{1}{k} \sum_{s=1}^{k} a_{ij_s}$, die er maximieren möchte, indem er bei der $k + 1$-sten Wiederholung die reine Strategie $i_{k+1}$ wählt. Für diese Strategie gilt

$$\sum_{s=1}^{k} a_{i_{k+1} j_s} = \max_{1 \leqq i \leqq n} \sum_{s=1}^{k} a_{ij_s} = k \cdot v_1(k) \tag{306}$$

(die Division durch $k$ ändert nichts an der Wahl). Analog wählt der zweite Spieler im $k + 1$-sten Schritt $j_{k+1}$ so, daß

$$\sum_{s=1}^{k} a_{i_s j_{k+1}} = \min_{1 \leqq j \leqq m} \sum_{s=1}^{k} a_{i_s j} = v_2(k)\, k \tag{307}$$

gilt.

Die wirkliche Auszahlung ist bei der $(k + 1)$-sten Wahl offensichtlich gleich $a_{i_{k+1} j_{k+1}}$, und die mittlere Auszahlung gleich $\frac{1}{k+1} \sum_{s=1}^{k+1} a_{i_s j_s} = v^*(k)$. Diese Größe wird beim Iterationsprozeß allerdings nicht ausgerechnet.

Es existiert noch eine zweite Variante für einen Iterationsprozeß, in der der erste Spieler genauso vorgeht, der zweite aber seinen $(k + 1)$-sten Schritt erst dann tut, wenn ihm der $(k + 1)$ste Schritt des ersten Spielers bekannt ist. In diesem Fall bedient sich der zweite Spieler anstelle von (307) der Beziehung

$$\sum_{s=1}^{k+1} a_{i_s j_{k+1}} = \min_{1 \leqq j \leqq m} \sum_{s=1}^{k+1} a_{i_s j} = (k + 1)\, v_2(k + 1)\,. \tag{308}$$

Wenn er für den ersten Spieler sowohl die Wahl der Strategie $i_{k+1}$ als auch die aller vorangegangenen als gleichwahrscheinlich ansieht, ist es so, als ob er dieser letzteren Information nicht vollständig traute.

Um die Beschreibung dieses Prozesses zu beenden, müssen wir die Strategienwahl für den ersten Spieler definieren.

Bei der zweiten Variante des Verfahrens wird $i_1$ beliebig gewählt, aber $j_1$ entsprechend (308) in der Gestalt

$$a_{i_1 j_1} = \min_{1 \leqq j \leqq m} a_{i_1 j}\,. \tag{309}$$

In der ersten Prozeßvariante werden $i_1$ und $j_1$ beliebig gewählt. Wie schon gesagt, ist in der ersten Variante

$$\frac{1}{k}\sum_{s=1}^{k} a_{ij_s} = \sum_{j=1}^{m} a_{ij} r_j(k)\,, \qquad \frac{1}{k}\sum_{s=1}^{k} a_{i_s j} = \sum_{j=1}^{n} a_{ij} l_i(k)\,,$$

wobei $r_j(k)$ bzw. $l_i(k)$ die jeweiligen Erscheinungshäufigkeiten für die $j$-te bzw. $i$-te Strategie bei $k$ Spielwiederholungen sind; $l_i(k)$ bzw. $r_j(k)$ sind gewisse gemischte Strategien. Daher erhalten wir aus Satz XXXIX

$$v_1(k) = \max_{1\leqq i\leqq n}\sum_{j=1}^{m} a_{ij} r_j(k) \geqq v \geqq \min_{1\leqq j\leqq m}\sum_{i=1}^{n} a_{ij} l_i(k) = v_2(k)\,, \tag{310}$$

wobei $v$ der Wert des Spiels ist.

Wäre $v_1(k_1) = v_2(k_2) = v$ für irgendwelche $k_1$ und $k_2$, so wären offenbar auch die entsprechenden $\{r_j(k_2)\}$ und $\{l_i(k_1)\}$ optimale Strategien. Für die zweite Prozeßvariante laufen die Erwägungen analog.

G. Robinson bewies, daß

$$\lim_{k\to\infty} v_1(k) = \lim_{k\to\infty} v_2(k) = v \tag{311}$$

gilt, d. h. daß die scheinbaren Auszahlungen $v_1(k)$ und $v_2(k)$ gegen den wahren Spielwert $v$ konvergieren. Ein Beweis für die Behauptung (311) wurde in dem Artikel „Eine Iterationsmethode zur Lösung von Spielen" von G. Robinson (in [36]) und im Buch von Karlin [20] gegeben. Mit dieser Behauptung endet die Beschreibung der Iterationsmethode zur Lösung von Spielen.

Eine Konvergenzgeschwindigkeitsabschätzung für diese Methode wurde von G. P. Shapiro im Artikel „Bemerkung über numerische Verfahren in der Spieltheorie" (in [36]) mitgeteilt. Es wurde gezeigt, daß

$$v_1(k) - v_2(k) = O\left(k^{-\frac{1}{n+m-2}}\right) \tag{312}$$

gilt. Nach dieser Konvergenzgeschwindigkeitsabschätzung sinkt diese, selbst schon nicht groß, wenn die Spieldimension $(n + m)$ wächst. In der Praxis ist die Konvergenzgeschwindigkeit für die Methode in der oben formulierten Form ebenfalls relativ schlecht, wenngleich natürlich bei weitem größer als nach (312). Die vermutliche Konvergenzgeschwindigkeit muß von der Ordnung $k^{-1/2}$ sein.

In der Praxis wurde auch eine beträchtliche „Pulsation" der Methode beobachtet, die darin besteht, daß $v_1(k)$ und $v_2(k)$ stark nichtmonoton gegen $v$ konvergieren. Ungeachtet dieser Mängel ist der Wert der Iterationsmethode groß, weil sie einfach ist und in gewissem Maße die lebendige Praxis eines unwillkürlichen Erfahrungensammelns durch den Spieler als Ergebnis vieler Wiederholungen bei Konfliktsituationen ausdrückt.

Selbst die Voraussetzung, daß der Gegner seine vorangegangenen Strategien mit gleicher Wahrscheinlichkeit wiederholt, entspricht relativ genau der ziemlich oft zutreffenden Voraussetzung von Laplace, daß unbestimmte Faktoren, als die man hier die Wiederholung dieser oder jener vorherigen Lösung ansehen kann, gleichwahrscheinlich sind.

Eine Wahl der besten reinen Strategie in jedem Schritt ist bereits eine natürliche Folgerung aus der Voraussetzung, daß die Anwendung vorheriger Lösungen durch den Gegner gleichwahrscheinlich ist. Also ist die Situation beim Iterationsverfahren Ausdruck gewisser realer Situationen für die Akkumulation von Erfahrungen, die sich dadurch äußern, daß stufenweise „verbesserte" Strategien $\{r_j(k)\}$ und $\{l_i(k)\}$ ausgearbeitet werden.

Die Konvergenz des Verfahrens zeugt auch von der Konvergenz der entsprechenden realen „Lernprozesse", und man sieht, daß eine schlechte Konvergenz davon zeugt, daß dieses Verfahren ungeeignet ist. Daraus, daß die beiden Spieler unberechenbar sind (der Bezug auf die Vergangenheit unterschätzt die Möglichkeiten des zweiten Spielers), folgt in natürlicher Weise, daß ein derartiges Erfahrungssammeln „ungeeignet" ist. Daher ergibt die Erfahrung aus der Anwendung gemischter Strategien, daß man entgegen dem Bestreben jedes Spielers nur reine Strategien anwenden soll.

Die relativ schlechte Konvergenzgeschwindigkeit beim Iterationsverfahren ist offensichtlich noch mit dem folgenden Umstand verbunden. Hat beispielsweise der erste Spieler bereits eine optimale gemischte Strategie erzielt, so wird er durchaus nicht bei ihr bleiben, sondern den Versuch fortsetzen, beim Gegner mehr herauszuholen, wenn dieser die optimale Strategie (selbstverständlich ungewollt) noch nicht erreicht hat, und damit kann er seine Lage wieder verschlechtern. Sogar wenn der Gegner seine optimale Strategie erreicht hat, wird dadurch, daß die Wahl einer reinen Strategie durch den ersten Spieler nicht eindeutig ist, der Prozeß unter diesen Bedingungen wieder fortgesetzt, und er kann ihn zu einem Sattelpunkt führen. Darin besteht die Ursache für die „Pulsation".

Um die Gesamtheit der unnötigen Wiederholungen zu verkleinern, braucht man sich dann, wenn man die Möglichkeiten für eine Beendigung des Verfahrens beurteilt, nicht der Größe $v_1(k) - v_2(k)$ zu bedienen, sondern kann

$$\Delta(k) = \min_{1 \leq s \leq k} v_1(s) - \max_{1 \leq s \leq k} v_2(s) > 0 \tag{313}$$

anwenden.

Hört das Verfahren auf, nachdem der Spielwert approximiert wurde, so muß man die Größe

$$\frac{1}{2}\left[\min_{1 \leq s \leq k_0} v_1(s) + \max_{1 \leq s \leq k_0} v_2(s)\right] \tag{314}$$

berechnen und als optimale Strategien diejenigen $\{r_j(s_1)\}$ und $\{l_i(s_2)\}$, deren Iterationsindices jeweils

$$\min_{1 \leq s \leq k_0} v_1(s) \quad \text{und} \quad \max_{1 \leq s \leq k_0} v_2(s)$$

realisieren.

Am Beispiel eines Spiels mit der Matrix

$$\begin{Vmatrix} 2 & 1 & 0 \\ 2 & 0 & 3 \\ 1 & 3 & 3 \end{Vmatrix} \qquad (\max\min = 0;\ \min\max = 2)$$

wurde das Iterationsverfahren im Buch von KARLIN [20] illustriert. Wir wollen es ausnutzen um zu zeigen, wie man das Verfahren abkürzen kann, wenn man (313) anstelle von $v_1(k) - v_2(k)$ anwendet. Das Iterationsverfahren wird in der Tabelle 1 beschrieben (in seiner zweiten Variante und mit dem Prozeßbeginn $i_1 = 1$), wobei

$$t_j(k) = \sum_{s=1}^{k} a_{i_s j} = t_j(k-1) + a_{i_k j}\,, \qquad c_i(k) = \sum_{s=1}^{k} a_{i j_s} = c_i(k-1) + a_{i j_k}$$

gilt.

Aus der Tabelle 1 ist die „Pulsation" und die damit zusammenhängende starke Nicht-Monotonie von $v_1(k) - v_2(k)$ gut zu erkennen. Die beste Differenz erhält man im 15-ten Schritt (0,133), aber im folgenden verschlechtert sie sich sehr. Eine derartige Instabilität bedeutet auch eine schlechte Konvergenz der Differenz $v_1(k) - v_2(k)$. Gleichzeitig erhält man den wahren Spielwert (1,000) für $v_1(k)$ schon bei $k = 3$ und für $v_2(k)$ bei $k = 11$ gleich 0,909, was auch hinreichend angenähert ist.

Tabelle 1

| $k$ | $i_k$ | $t_1(k)$ | $t_2(k)$ | $t_3(k)$ | $v_2(k)$ | $j_k$ | $c_1(k)$ | $c_2(k)$ | $c_3(k)$ | $v_1(k)$ | $v_1 - v_2$ |
|---|---|---|---|---|---|---|---|---|---|---|---|
| 1 | 1 | 2 | 1 | 0 | 0,000 | 3 | 0 | 3 | −3 | 3,000 | 3,00 |
| 2 | 2 | 4 | 1 | 3 | 0,500 | 2 | 1 | 3 | 0 | 1,500 | 1,00 |
| 3 | 2 | 6 | 1 | 6 | 0,333 | 2 | 2 | 3 | 3 | 1,000 | 0,667 |
| 4 | 2 | 8 | 1 | 9 | 0,250 | 2 | 3 | 3 | 6 | 1,500 | 1,250 |
| 5 | 3 | 7 | 4 | 6 | 0,800 | 2 | 4 | 3 | 9 | 1,800 | 1,000 |
| 6 | 3 | 8 | 7 | 3 | 0,500 | 3 | 4 | 6 | 6 | 1,000 | 0,500 |
| 7 | 2 | 8 | 7 | 6 | 0,857 | 3 | 4 | 9 | 3 | 1,286 | 0,329 |
| 8 | 2 | 10 | 7 | 9 | 0,875 | 2 | 5 | 9 | 6 | 1,125 | 0,250 |
| 9 | 2 | 12 | 7 | 12 | 0,778 | 2 | 6 | 9 | 9 | 1,000 | 0,222 |
| 10 | 2 | 14 | 7 | 15 | 0,700 | 2 | 7 | 9 | 12 | 1,200 | 0,500 |
| 11 | 3 | 13 | 10 | 12 | 0,909 | 2 | 8 | 9 | 15 | 1,364 | 0,455 |
| 12 | 3 | 12 | 13 | 9 | 0,750 | 3 | 8 | 12 | 12 | 1,000 | 0,250 |
| 13 | 2 | 14 | 13 | 12 | 0,923 | 3 | 8 | 15 | 9 | 1,154 | 0,231 |
| 14 | 2 | 16 | 13 | 15 | 0,929 | 2 | 9 | 15 | 12 | 1,071 | 0,142 |
| 15 | 2 | 18 | 13 | 18 | 0,867 | 2 | 10 | 15 | 15 | 1,000 | 0,133 |
| 16 | 2 | 20 | 13 | 21 | 0,812 | 2 | 11 | 15 | 18 | 1,125 | 0,313 |
| 17 | 3 | 19 | 16 | 18 | 0,941 | 2 | 12 | 15 | 21 | 1,235 | 0,294 |
| 18 | 3 | 18 | 19 | 15 | 0,833 | 3 | 12 | 18 | 18 | 1,000 | 0,167 |

Wir wollen uns ansehen (Tabelle 2), wie sich beim gleichen Beispiel die Größen (313) verhalten.

Tabelle 2

| $k$ | 2 | 3 | 4 | 5 | 6 | 7 | 8 |
|---|---|---|---|---|---|---|---|
| $\min v_1(k)$ | 1,500 | 1,000 | 1,000 | 1,000 | 1,000 | 1,000 | 1,000 |
| $\max v_2(k)$ | 0,500 | 0,500 | 0,500 | 0,800 | 0,800 | 0,857 | 0,875 |
| $\Delta(k)$ | 1,000 | 0,500 | 0,500 | 0,200 | 0,300 | 0,143 | 0,125 |

| $k$ | 9 | 10 | 11 | 12 | 13 | 14 |
|---|---|---|---|---|---|---|
| $\min v_1(k)$ | 1,000 | 1,000 | 1,000 | 1,000 | 1,000 | 1,000 |
| $\max v_2(k)$ | 0,875 | 0,875 | 0,909 | 0,909 | 0,923 | 0,929 |
| $\Delta(k)$ | 0,125 | 0,125 | 0,091 | 0,091 | 0,073 | 0,071 |

Für $k = 17$ erhalten wir $\Delta k = 0{,}059$, was eine zweimal bessere Genauigkeitsschätzung wie für das minimale $v_1(k) - v_2(k) = 0{,}133$ ergibt. Sieht man jedoch die Abschätzung 0,133 für ausreichend an, so wird dies schon sicher für $k = 8$ (anstelle von 15) erreicht, wenn man (322) anwendet. Die Abschätzung für den Spielwert ergibt nach (323) schon für $k = 8$ die Größe 0,937, und im 14-ten Schritt 0,964. Somit wird das Iterationsverfahren beträchtlich „veredelt", wenn man (313)—(314) anwendet, und es ist möglich, daß die Konvergenzgeschwindigkeit vergrößert wird. Ein derartiger Zugang drückt auch deutlich die ursprüngliche Idee von Brown aus.

Es ist interessant zu beobachten, wie sich in diesem Beispiel die wahre mittlere Auszahlung $v^*(k+1)$ verhält. Wir haben: 0; 0; 0; 0; 3/5; 0; 3/7; 0; :0; 0; 3/11; 0; 3/13; 0; 0; 0; 3/17; 0. Also konvergiert $v^*(k+1)$ nicht gegen den Spielwert. Dieser Umstand weist noch einmal darauf hin, daß das Verhalten der Spieler in realen Situationen (natürlich, wenn die Auszahlung $v^*(k)$ wird) einem für das Brownsche Iterationsverfahren charakteristischen Prozeß unangemessen ist. Indessen geht man oft genau so vor.

Mit anderen Beispielen für die Anwendung der Brownschen Methode und mit einer Reihe von Modifikationen, die praktisch gestatten, die Konvergenz zu verbessern, kann man sich im Buch von E. G. Golstein und D. B. Judin [17] bekannt machen.

Variiert man das Verhalten der Spieler während der Zeit, in der wiederholt wird, so kann man verschiedene iterative Lösungsverfahren für Spiele erhalten und gleichzeitig die Effektivität des entsprechenden Verhaltens bei sich mehrfach wiederholenden Konfliktsituation studieren. Es ist dann sinnvoll, ein derartiges Verhalten zu untersuchen, wenn dieses Verhalten einfacher ist als eine vorgeschriebene exakte Lösung des betrachteten Spiels.

Als ein Beispiel für solche Iterationsprozesse kann man das folgende ansehen, das auf einem etwas vorsichtigeren Verhalten jedes Spielers beruht, indem er den Gegner als ebenso vernünftig und aktiv wie sich selbst einschätzt.

Als Basis werden hier wieder zwei Möglichkeiten für das Verhalten jedes Spielers genommen, die für das Brownsche Verfahren charakteristisch sind. Bei jeder beispielsweise $(k + 1)$-sten Wiederholung kann der erste Spieler entweder eine nach akkumulierten vorangegangenen Erfahrungen gemischte Strategie anwenden oder eine reine Strategie, die die Auszahlung maximiert, die sich nach $k$ Wiederholungen der gemischten Strategie des zweiten Spielers angesammelt hat. Genauso kann auch der zweite Spieler in der $k + 1$-sten Wiederholung entweder tatsächlich seine akkumulierte gemischte Strategie anwenden oder eine reine, die die Auszahlung unter der Voraussetzung minimiert, daß der erste Spieler seine akkumulierte Strategie anwendet.

Somit nehmen hier beide Spieler gleichberechtigt daran teil, wie die $k + 1$-ste Wiederholung des Spiels gebildet wird, indem sie jeweils über zwei Strategien verfügen. Wir wollen dieses Spiel beschreiben.

Seien $\{p_i(k)\}$ und $\{g_j(k)\}$ (für $1 \leqq i \leqq n$; $1 \leqq j \leqq m$) gemischte Strategien der Spieler, die durch den Erfolg der vorherigen Wiederholungen aufgesammelt wurden. Die Matrix für das anfangs zu betrachtende Spiel sei $||a_{ij}||$ ($1 \leqq i \leqq n$; $1 \leqq j \leqq m$), und $i(k + 1)$ bzw. $j(k + 1)$ seien so gewählt, daß

$$\left.\begin{aligned} \sum_{j=1}^{m} a_{i(k+1)j} g_j(k) &= \max_{1 \leq i \leq n} \sum_{j=1}^{m} a_{ij} g_j(k) = v_0(k)\,, \\ \sum_{i=1}^{n} a_{ij(k+1)} p_i(k) &= \min_{1 \leq j \leq m} \sum_{i=1}^{n} a_{ij} p_i(k) = v_2(k) \end{aligned}\right\}$$

gilt. Dann wird im $k + 1$-sten Schritt ein Spiel mit der Auszahlungsmatrix

$$\left\| \begin{matrix} \sum\limits_{i=1}^{n} \sum\limits_{j=1}^{m} a_{ij} p_i(k)\, g_j(k) & v_2(k) \\ v_1(k) & a_{i(k+1)\, j(k+1)} \end{matrix} \right\| \tag{315}$$

gebildet. Hier entspricht die erste Zeile bzw. die erste Spalte einer Anwendung der Strategien $\{p_i(k)\}$ bzw. $\{g_j(k)\}$, und die zweite Zeile bzw. Spalte den Strategien $i(k + 1)$ bzw. $j(k + 1)$.

Die Aufgabe der Spieler besteht beim $k + 1$-sten Zuge darin, daß das optimale Verhalten im Spiel (315) und der Spielwert bestimmt werden. Das Spiel (315) besitzt stets einen Sattelpunkt. Um sich davon zu überzeugen, bemerken wir, daß nach Definition von $i(k + 1)$ bzw. $j(k + 1)$ die Ungleichung

$$v_1(k) \geqq \sum_{i=1}^{n} \sum_{j=1}^{m} a_{ij} p_i(k)\, g_j(k) \geqq v_2(k) \tag{316}$$

gilt. Daher sind nur die folgenden Fälle möglich:

a) $v_1(k) = v_2(k) = \sum \sum a_{ij} p_i(k)\, g_j(k)$. Hier ist der Sattelpunkt die Gesamtheit der Strategien $\{p_i(k)\}$ und $g_j(k)$, der Spielwert ist $u_k = v_1(k) = v_2(k)$.

b) $v_1(k) > v_2(k)$ und $a_{i(k+1)\, j(k+1)}$ befindet sich streng zwischen $v_1(k)$ und $v_2(k)$. Dann ist der Sattelpunkt die Gesamtheit der Strategien $i(k + 1)$ und $j(k + 1)$, und der Spielwert $u_k = a_{i(k+1)\, j(k+1)}$ liegt zwischen $v_1(k)$ und $v_2(k)$.

c) $v_1(k) > v_2(k) \geqq a_{i(k+1)\, j(k+1)}$. Dann wird wegen (316) $\{p_i(k)\}$; $j(k + 1)$ Sattelpunkt, und $u_k = v_2(k)$ ist der Spielwert.

d) $a_{i(k+1)\, j(k+1)} \geqq v_1(k) > v_2(k)$. Hier ist wegen (316) das Paar $i(k+1)$; $\{g_j(k)\}$ Sattelpunkt, und $u_k = v_1(k)$ ist Spielwert.

Summiert man sämtlich Fälle, so sieht man, daß eine Bestimmung der optimalen Strategien nur von der Lage der Größen $v_1(k)$, $v_2(k)$ und $a_{i(k+1)\, j(k+1)}$ zueinander abhängt, wobei stets

$$v_2(k) \leqq u_k \leqq v_1(k)$$

gilt.

Es ist nicht erforderlich, die Größen $\Sigma\, \Sigma\, a_{ij} p_i(k)\, g_j(k)$ für alle diese Operationen zu bestimmen; das bedeutet aber auch, daß dies für den Iterationsprozeß nicht nötig ist. Die optimalen Strategien der Seiten im Spiel (315) werden wir mit $\{\tilde{p}_i(k)\}$ bzw. $\{\tilde{g}_j(k)\}$ bezeichnen. Also gilt zum Beispiel im Fall a)

$$\tilde{p}_i(k) = p_i(k)\,, \qquad \tilde{g}_j(k) = g_i(k)\,,$$

und im Fall b)

$$\begin{aligned} \tilde{p}_i(k) &= 0 \quad \text{falls} \quad i \neq i(k+1); \qquad \tilde{p}_{i(k+1)}(k) = 1; \\ \tilde{g}_j(k) &= 0 \quad \text{falls} \quad j \neq j(k+1); \qquad \tilde{g}_{j(k+1)}(k) = 1\,. \end{aligned}$$

Um das Iterationsverfahren endgültig zu formulieren, müssen wir definieren, wie die Vervollständigung der Erfahrung bei der Suche nach optimalen gemischten Strategien vor sich geht, d. h. wie sich der Übergang von $\{p_i(k)\}$, $\{g_j(k)\}$ zu $\{p_i(k+1)\}$, $\{g_j(k+1)\}$ vollzieht und welches der Anfang ist.

Analog zur Brownschen Methode haben wir

$$\left.\begin{aligned} p_i(k+1) &= \frac{k}{k+1}\, p_i(k) + \frac{1}{k+1}\, \tilde{p}_i(k)\,, \\ g_j(k+1) &= \frac{k}{k+1}\, g_j(k) + \frac{1}{k+1}\, \tilde{g}_j(k)\,. \end{aligned}\right\} \tag{317}$$

Für den Prozeßanfang, d. h. für $\{p_i(1)\}$ und $\{g_j(1)\}$ kann man beliebige gemischte oder reine Strategien wählen. Aus diesem Anlaß muß man nur das folgende bemerken:

1) Liegt $\underline{v} = \max\limits_i \min\limits_j a_{ij}$ nahe an $\overline{v} = \min\limits_j \max\limits_i a_{ij}$, d. h. ist das Spiel einem Spiel mit Sattelpunkt benachbart, so ist es rationell, als Anfangsstrategien beste reine garantierende Strategien der Spieler zu wählen. Die Nähe von $\underline{v}$ und $\overline{v}$ zueinander muß man offensichtlich bezüglich $\max\limits_{i,j} a_{ij} - \min\limits_{i,j} a_{ij}$ messen.

2) Liegt $\underline{v}$ nicht nahe an $\overline{v}$ oder ist es unerwünscht, diese Größen zu berechnen, so kann man für $\{p_i(1)\}$ bzw. $\{g_j(1)\}$ die gleichmäßigen Verteilungen

$$\left\{\frac{1}{n}, \ldots, \frac{1}{n}\right\} \quad \text{bzw.} \quad \left\{\frac{1}{m}, \ldots, \frac{1}{m}\right\}$$

wählen.

Es versteht sich, daß sich dies auf den Fall bezieht, daß keinerlei näherungsweise Betrachtungen über optimale Strategien vorliegen. Gibt es jedoch irgendwelche Annäherungen, so muß man sie als Prozeßanfang verwenden (ihre Konvergenz wurde nicht bewiesen). Das Verfahren wird entweder unendlich, oder es endet im Fall a), wenn seine Fortsetzung bedeuten würde, daß die ganze Zeit ein und dieselben Strategien $\{p_i(k)\}$, $\{g_j(k)\}$ wiederholt würden und die Spielwerte gleich $u = v_1(k) = v_2(k)$ wären, d. h. man kann abbrechen, weil man exakte optimale Strategien und den Spielwert gefunden hat. Es ist interessant zu bemerken, daß, beginnend mit irgendeinem $k$, die Situation b) nicht eintreten kann, wenn der wahre Spielwert mit keinem Glied $a_{ij}$ der Matrix zusammenfällt, sowie $v_1(k)$ und $v_2(k)$ diesem Spielwert hinreichend nahe liegen, falls das Verfahren konvergiert.

Unter der Größe, die den Fehler bei der Ausarbeitung optimaler Strategien abschätzt, und unter den Approximationen für optimale Prozesse selbst kann man wie auch bei der BROWNschen Methode entweder $v_1(k) - v_2(k)$ mit $\{p_i(k)\}$ bzw. $\{g_j(k)\}$ oder auch in Übereinstimmung mit (313) $\min\limits_{l \leq k} v_1(l) - \max\limits_{l \leq k} v_2(l)$ und diejenigen $\{p_i(l_0)\}$ bzw. $\{g_j(l_1)\}$ verstehen, die dieses Minimum und Maximum realisieren.

Wie man leicht erkennt, ist es auch zweckmäßig, in die Bedingung des Spiels (315) im $k + 1$-sten Schritt zur Realisierung von $v_1(k)$ bzw. $v_2(k)$ die gleichwahrscheinliche Mischung dieser $i(k + 1)$ oder $j(k + 1)$ zu wählen, wenn $i(k + 1)$ oder $j(k + 1)$ nicht eindeutig sind. Dann treten in (315) anstelle reiner $i(k + 1)$ und $j(k + 1)$ die entsprechenden Mittelwerte dieser Größen auf.

Wie aus der Beschreibung ersichtlich, unterscheidet sich der dargelegte Iterationsprozeß wenig von der BROWNschen Methode. Sie basiert jedoch auf einem vorsichtigeren Verhalten der Spieler und sichert, daß $u_k$ gegen den Spielwert konvergiert, was offenbar besser zu akzeptieren ist, wenn man den Iterationsprozeß als relativ vernünftiges Verhalten der Spieler bei realen, sich mehrfach wiederholenden Konfliktsituationen betrachten kann.

Wendet man jedoch diese Ideologie an, so kann man natürlich auch andere Verhaltensvarianten der Spieler ausprobieren, um Spielbedingungen bei der $k + 1$-sten Wiederholung oder andere Formeln (anstelle von (317)) zu bilden, damit die Erfahrungen dieser Versuche mit den vorangegangenen vereinigt werden.[1]) So brauchen beispielsweise $j(k + 1)$ und $i(k + 1)$ nicht so definiert zu werden, daß sie die entsprechenden Extrema realisieren, sondern als gleichwahrscheinliche Mischung gewisser $j$ oder $i$, die diesen Extrema sehr nahe liegen oder überhaupt zufällig gewählt wurden. In diesen beiden Fällen können zu (315) analoge Spiele schon nicht in reinen Strategien gelöst werden sondern in gemischten. Allerdings führt das nicht dazu, daß das Verfahren beträchtlich schwieriger wird, weil man $2 \times 2$-Spiele (d. h. mit zwei Strategien für jeden Spieler) leicht analytisch in allgemeiner Gestalt lösen kann.

Zum Abschluß dieses Teils wollen wir bemerken, daß die BROWNsche Methode in der Arbeit ,,Eine iterative Lösungsmethode für stetige Spiele" von G. DANTZIG

---

[1]) Einige solche Änderungen wurden im schon genannten Buch von JUDIN und GOLSTEIN [17] beschrieben.

(in [37]) eine direkte Fortsetzung auch auf stetige Spiele mit beliebigen kompakten Strategienräumen erfuhr.

## § 26. Beispiele für die analytische Lösung von Spielen in gemischten Strategien

Viele Beispiele wurden im Buch von KARLIN [20] angegeben. Wir wollen dies berücksichtigen und hier nur vier Beispiele betrachten.

I. Sehr einfach ist das Spiel mit der Matrix

$$\begin{Vmatrix} a_{11} & a_{12} \\ a_{21} & a_{22} \end{Vmatrix}, \tag{318}$$

bei dem jeder Spieler nur über zwei Strategien verfügt. Einem solchen Spiel sind wir schon begegnet, als wir Iterationsverfahren zur Lösung von Spielen im § 25 betrachten.

Wir wollen das Spiel (318) in allgemeiner Gestalt lösen. Gilt zunächst

$$\max\,[\min\,(a_{11}; a_{12});\ \min\,(a_{21}; a_{22})] = \min\,[\max\,(a_{11}, a_{21});\ \max\,(a_{12}; a_{22})]\,,$$

so besitzt das Spiel einen Sattelpunkt in reinen Strategien. Die optimalen Strategien für den ersten Spieler (der die Zeilen wählt) sind diejenigen Zeilen, für die das Maximum auf der rechten Seite realisiert wird. Analog wird auch eine optimale Strategie für den zweiten Spieler definiert.

Ist (319) nicht erfüllt, so müssen nach Satz XLII die optimalen Eckstrategien für die Seiten und der Spielwert $v$ aus den Gleichungen

$$\left.\begin{aligned} a_{11}p_0 + a_{21}(1 - p_0) &= a_{12}p_0 + a_{22}(1 - p_0) = v\,, \\ a_{11}g_0 + a_{12}(1 - g_0) &= a_{21}g_0 + a_{22}(1 - g_0) = v \end{aligned}\right\} \tag{320}$$

bestimmt werden. Hier sind $p_0$ und $g_0$ die Wahrscheinlichkeiten dafür, daß der erste bzw. zweite Spieler seine erste Strategie wählt. Die zweiten Strategien werden natürlich mit den Wahrscheinlichkeiten $1 - p_0$ bzw. $1 - g_0$ angewandt. Aus (320) erhalten wir unschwer

$$p_0 = \frac{a_{22} - a_{21}}{a_{11} + a_{22} - a_{21} - a_{12}}, \qquad g_0 = \frac{a_{22} - a_{12}}{a_{11} + a_{22} - a_{21} - a_{12}}, \qquad v = \frac{a_{22}a_{11} - a_{12}a_{21}}{a_{11} + a_{22} - a_{21} - a_{12}}. \tag{321}$$

Erhält man aus (321) Wahrscheinlichkeiten $p_0$ oder $g_0$, die die Ungleichungen $0 \leqq p_0 \leqq 1$; $0 \leqq g_0 \leqq 1$ nicht erfüllen, so bedeutet dies, daß das Spiel einen Sattelpunkt in reinen Strategien besitzt, d. h. daß (319) erfüllt ist.

II. Wir wollen ein Spiel mit der Auszahlungsfunktion (Modell IV)

$$W = \sum_{i=1}^{k} \max [x_i - p_i y_i;\ 0] \tag{322}$$

lösen, wobei $\sum_{i=1}^{k} x_i = N$; $\sum_{i=1}^{k} y_i = n$ gilt. Wie schon früher bemerkt, ist diese Funktion konvex in $\bar{y} = \{y_i\}$, und daher (nach Satz XVII) ist der Spielwert gleich dem Minimax für den Angreifer, d. h. nach (247) gilt:

$$v = \max \left[ N - \frac{n}{\sum_{i=1}^{k} \frac{1}{p_i}};\ 0 \right]. \tag{323}$$

Dabei ist für den Verteidiger die reine Strategie

$$y_i = \frac{n}{p_i \sum_{j=1}^{k} \frac{1}{p_j}} \tag{324}$$

optimal.
Folglich müssen wir nur noch die optimale Angriffsstrategie suchen. Wir werden zeigen, daß dies eine Strategie ist, die darin besteht, daß das gesamte Angriffspotential mit der Wahrscheinlichkeit $t_i = \frac{1}{p_i \sum_{j=1}^{k} \frac{1}{p_j}}$ auf die $i$-te Verteidigungsstellung gerichtet wird. Bei einer derartigen Angriffsstrategie ist die Auszahlung für eine beliebige Strategie $\bar{y}$ des Verteidigers nämlich offensichtlich gleich

$$\sum_{i=1}^{k} \frac{1}{p_i \sum_{j=1}^{k} \frac{1}{p_j}} \max [N - p_i y_i;\ 0] \geqq \max \left[ \sum_{i=1}^{k} \frac{N - p_i y_i}{p_i \sum_{j=1}^{k} \frac{1}{p_j}};\ 0 \right]$$

$$= \max \left[ N - \frac{1}{\sum_{j=1}^{k} \frac{1}{p_j}};\ 0 \right] = v\,.$$

Das bedeutet aber auch, daß die gewählte Strategie zugleich für den Angreifer optimal ist.

III. Wir betrachten ein $k \times k$-Matrix-Spiel mit der Matrix

$$\left\| \begin{matrix} a_1 N & N & \cdots & N \\ N & a_2 N & \cdots & N \\ N & N & \cdots & N \\ \cdot & \cdot & \cdot & \cdot \\ N & N & \cdots & a_k N \end{matrix} \right\|. \tag{325}$$

Dieses Spiel hängt eng mit dem vorangegangenen zusammen. Setzt man nämlich in (322) $n = N$ und $p_i = 1 - a_1$, so erhält man, daß (325) ein Spiel mit einer Auszahlungsmatrix vom Typ (322) ist, sofern das gesamte Verteidigungs- und Angriffspotential lediglich konzentriert verteilt werden kann, d. h. sich auf einen gewissen Punkt richtet. Genauer gesagt erhält man (325) aus (322), wenn die Angriffsstrategien sicher die Gestalt $y_i = N$, $y_j = 0$ für $j \neq i$ haben. Analog haben auch die Verteidigungsstrategien lediglich die Form $x_s = N$, $x_t = 0$ für $t \neq s$. Aus diesem Zusammenhang folgt, daß man für den Angreifer erwarten kann, daß er die optimalen Strategien beibehält, weil sie auch in Problem (322) nur aus reinen konzentrierten Strategien bestanden. Ist man mit diesen Voraussetzungen einverstanden, so muß die optimale Strategie des ersten Spielers (Angreifers) für (325) wie folgt lauten: die $i$-te reine Strategie hat die Wahrscheinlichkeit

$$p_i^0 = \frac{1}{(1 - a_i) \sum_{j=1}^{k} \frac{1}{1 - a_j}} . \tag{326}$$

Wählt man eine derartige gemischte Strategie, so erhält man für eine beliebige reine $s$-te Strategie der zweiten Seite die Auszahlung

$$\sum_{i \neq s} N \frac{1}{(1 - a_i) \sum_{j=1}^{k} \frac{1}{1 - a_j}} + \frac{a_s N}{(1 - a_s) \sum_{j=1}^{k} \frac{1}{1 - a_j}} = \frac{N}{\sum_{j=1}^{k} \frac{1}{1 - a_j}} \left( \sum_{i=1} \frac{1}{1 - a_i} - 1 \right)$$

$$= N \left( 1 - \frac{1}{\sum_{j=1}^{k} \frac{1}{1 - a_j}} \right), \tag{327}$$

die sich, wie auch zu erwarten war, als unabhängig von $s$ erweist.

Da die Matrix (325) symmetrisch ist, setzen wir voraus, daß die Strategie (326) auch für den zweiten Spieler optimal ist. Wählen wir diese Strategie, so erhalten wir wieder für eine beliebige $s$-te Strategie des ersten Spielers die Auszahlung (327). Dann wurde aber damit auch die Optimalität der Strategie (326) für beide Seiten bewiesen. Der Spielwert ist gleich der Größe (327).

Vergleicht man dieses Spiel mit (322) für $N = n$ und $p_i \leqq 1$, so kommt man zu dem Schluß, daß eine Beschränkung der Strategien auf nur konzentriert verteilte Kräfte, wobei der Spielwert nicht verändert wird, nur dazu führt, daß die reine Verteidigungsstrategie (324) durch die in der Beschreibung damit zusammenfallende gemischte Strategie ersetzt wird, wobei die der Größe $\frac{1}{p_i \sum_{j=1}^{k} \frac{1}{p_j}}$ proportionale gegenwärtige Kräfteverteilung schon als Wahrscheinlichkeit dafür behandelt wird, daß sämtliche Verteidigungskräfte auf den Punkt $i$ gerichtet werden. Dann gibt es aber natürlich im gleichen Problem (322) zusammen mit der reinen optimalen Strategie (324) für $N = n$ auch noch die angegebene gemischte optimale Strategie. Diese Strategien sind in ihren Ergebnissen äquivalent, wenn Bedingungen vorliegen, die dem Verteidiger erlauben, gemischte Strategien anzuwenden (d. h. der Angreifer verfügt über keine Informationen, welche seiner Strategien der Verteidiger wählt), und wenn die Ergebnisse bezüglich der Wahrscheinlichkeit mit dem mittleren übereinstimmen.

IV. Als viertes Beispiel für die Lösung eines Spiels wählen wir das schon genau untersuchte Problem, den optimalen Zeitpunkt $\tau$ zu suchen, an dem ein gedoppeltes Element eingeschaltet werden muß (s. zum Beispiel § 21). Auszahlung ist in diesem Problem

$$T[\tau, p(t)] = \int_0^\tau p(t)\,\mathrm{d}t + p(\tau)\,T_1\,, \tag{328}$$

wobei $p(t)$ die Strategie der Natur ist (das Zuverlässigkeitsgesetz für das erste Element), die den Restriktionen

$$\int_0^\infty p(t)\,\mathrm{d}t = T_1; \qquad 2\int_0^\infty tp(t)\,\mathrm{d}t = T_1^2 + D_1 \tag{329}$$

unter der Bedingung $D_1 < T_1^2$ unterworfen ist.

Wir stellen als Aufgabe: man soll das Maximin in gemischten Strategien für die operierende Seite erhalten und versuchen, die optimale Strategie zu suchen, d. h. die Verteidigungsfunktion $\Phi_0(\tau)$, für die

$$\inf_{p(t)} \int_0^\infty T[\tau, p(t)]\,\mathrm{d}\Phi_0(\tau) = \sup_{\Phi(\tau)} \inf_{p(t)} \int_0^\infty T[\tau, p(t)]\,\mathrm{d}\Phi(\tau)$$

gilt.

Wir werden das Problem auf der Basis nicht ganz strenger Erwägungen lösen. Zunächst betrachten wir nur die $p(t)$, die die Gestalt $p(t) = p(t_i)$ für $t_{i-1} \leqq t \leqq t_i$ mit $i = 1, 2, \ldots, n$ und $t_i$ fixiert haben. Dann erhält (328) das folgende Aussehen:

$$\sum_{t_i \leqq \tau} a_i p(t_i) + p(t_s)\,T_1\,, \tag{330}$$

wobei $t_s$ das größte unter den $t_i \leqq \tau$ ist. Anstelle von (329) erhalten wir Bedingungen in der Form

$$\sum_{i=1}^n a_i p(t_i) = T_1; \qquad \sum_{i=1}^n b_i p(t_i) = T_1^2 + D_1\,. \tag{331}$$

Wie aus § 21 folgt, sind die rationalen $\tau$ beschränkt. Die Menge der Strategien $\bar{p} = \{p(t_1), \ldots, p(t_n)\}$ der Natur, die (331) erfüllen, ist offenbar beschränkt, abgeschlossen und konvex. Die Auszahlung (330) ist linear in $p$, und das heißt auch konvex für beliebiges fixiertes $\tau$. Nach Satz XVII besitzt das Spiel (330) eine optimale reine Strategie für die Natur. Diese Tatsache bleibt auch bestehen, wenn man zum Limes für $n \to \infty$ und $\max\limits_{1 \leqq i \leqq n} (t_{i+1} - t_i) \to 0$ übergeht, d. h. zum

Spiel (328). Somit muß man einen Sattelpunkt $\{\Phi_0(\tau); p_0(t)\}$ in einem Spiel mit der Auszahlung $(\Phi(0) = 0; \Phi(\infty) = 1)$

$$\begin{aligned}\int_0^\infty T[\tau, p(t)]\, d\Phi(\tau) &= \int_0^\infty \int_0^\tau p(t)\, dt\, d\Phi(\tau) + T_1 \int_0^\infty p(\tau)\, d\Phi(\tau) \\ &= \int_0^\infty \left[T_1 - \int_\tau^\infty p(t)\, dt\right] d\Phi(\tau) + T_1 \int_0^\infty p(\tau)\, d\Phi(\tau) \\ &= T_1 - \int_0^\infty \Phi(\tau)\, p(t)\, dt + T_1 \int_0^\infty p(\tau)\, d\Phi(\tau) \\ &= T_1 + \int_0^\infty [T_1 \Phi'(\tau) - \Phi(\tau)]\, p(\tau)\, d\tau \qquad (332)\end{aligned}$$

unter den Restriktionen (329) suchen.

Ist $\{\Phi_0(\tau); p_0(t)\}$ ein Sattelpunkt für (332), so gilt:

1) Für nicht abnehmende $\Phi(\tau)$ mit $\Phi(0) = 0$, $\Phi(\infty) = 1$ realisiert $\Phi_0(\tau)$ das

$$\max_{\Phi(\tau)} \int_0^\infty [T_1 \Phi'(\tau) - \Phi(\tau)]\, p_0(\tau)\, d\tau; \qquad (333)$$

2) Für nicht wachsende $p(t)$, die $p(0) = 1$; $p(\infty) = 0$ und die Bedingungen (329) erfüllen, realisiert $p_0(t)$ das

$$\min_{p(t)} \int_0^\infty [T_1 \Phi_0'(\tau) - \Phi_0(\tau)]\, p(\tau)\, d\tau\,. \qquad (334)$$

Wir wollen diese beiden Probleme lösen, indem wir das PONTRJAGINsche Maximumprinzip (s. W. G. BOLTJANSKI, „Mathematische Methoden der optimalen Steuerung") anwenden.

1. Wir setzen $u(\tau) = \Phi'(\tau)$; $dx_1/d\tau = u(\tau)$; $dx_2/d\tau = 1$ $(x_2 = \tau)$. Dann gewinnt (333) die Gestalt

$$\max_{u(\tau) \geq 0} \int_0^\infty [T_1 u(\tau) - x_1(\tau)]\, p_0(\tau)\, d\tau \qquad (335)$$

mit $x_1(0) = 0$; $x_1(\infty) = 1$; $x_2(\infty) = 0$; $x_2(0) = 0$. Die HAMILTON-Funktion ist gleich

$$\mathcal{H} = \psi_0 [T_1 u - x_1]\, p_0(\tau) + \psi_1 \cdot u \qquad (336)$$

mit der Konstanten $\psi_0 > 0$;

$$\frac{d\psi_1}{d\tau} = p_0(\tau)\, \psi_0; \qquad \psi_1 = \psi_0 \left[\int_0^\tau p_0(t)\, dt + c\right].$$

Hieraus folgt

$$\mathcal{H} = \psi_0 \left\{\left[p_0(\tau)\, T_1 + \int_0^\tau p_0(t)\, dt + c\right] u - x_1 p_0(\tau)\right\}. \qquad (337)$$

Für $p_0(\tau)\, T_1 + \int\limits_0^\tau p_0(t)\, dt + c \geqq 0$ besitzt der Ausdruck (337) kein Maximum bezüglich $u$. Daher muß für ein gewisses $c$ gelten

$$p_0(\tau)\, T_1 + \int\limits_0^\tau p_0(t)\, dt + c \leqq 0\,. \tag{338}$$

Für diejenigen $\tau$, für die in (338) eine Gleichung steht, ist das optimale

$$u = \Phi_0'(\tau) = 0\,. \tag{339}$$

Somit zerfällt die Gesamtheit der $\tau$ in zwei Kategorien: entweder ist (339) erfüllt oder (338) gilt als Gleichung. Wenn man integriert, erhält man

$$\int\limits_0^\tau p_0(t)\, dt + c = \bar{c}_1 e^{-\tau/T_1}\,,$$

d. h.

$$p_0(\tau) = c_1 e^{-\tau/T_1}\,. \tag{340}$$

2. Wir setzen $u = p(t)$; $0 \leqq u \leqq 1$;

$$x_1 = \int\limits_\tau^\infty p(t)\, dt; \qquad \frac{dx_1}{d\tau} = -u; \qquad x_1(0) = T_1; \qquad x_1(\infty) = 0;$$

$$x_2 = 2\int\limits_0^\tau x_1(t)\, dt; \qquad \frac{dx_2}{d\tau} = 2x_1; \qquad x_2(0) = 0;$$

$$x_2(\infty) = 2\int\limits_0^\infty x_1(t)\, dt = 2\int\limits_0^\infty \int\limits_\tau^\infty p(t)\, dt\, d\tau = T_1^2 + D\,.$$

Da das Minimum gesucht wird, ist dann

$$\mathcal{H} = -\psi_0[T_1\Phi_0'(\tau) - \Phi_0(\tau)]\, u - \psi_1 u + \psi_2 \cdot 2\, x_1\,,$$

Hier gilt

$$\psi_0 \geqq 0; \qquad \frac{d\psi_1}{d\tau} = -2\,\psi_2; \qquad \frac{d\psi_2}{d\tau} = 0$$

und danach

$$\mathcal{H} = -u\{\psi_0[T_1\Phi_0'(\tau) - \Phi_0(\tau)] + (c_1\tau + c_2)\} - c_1 x_1\,. \tag{341}$$

Das Maximum dieses Ausdrucks wird für folgende $u = p_0(\tau)$ angenommen:

a) ist

$$\psi_0[T_1\Phi_0'(\tau) - \Phi_0(\tau)] + c_1\tau + c_2 < 0\,, \tag{342}$$

so gilt $u = p_0(\tau) = 1$;

b) für

$$\psi_0[(T_1\Phi_0'(\tau) - \Phi_0(\tau)] + c_1\tau + c_2 > 0 \tag{343}$$

haben wir $u = p_0(\tau) = 0$;

c) das Maximum (341) wird für beliebiges $u$ angenommen, falls für gewisse $\psi_0 > 0$, $c_1$ und $c_2$

$$\psi_0[T_0\Phi_0'(\tau) - \Phi_0(\tau)] + c_0\tau + c_2 = 0$$

gilt, d. h. wir haben

$$\Phi_0(\tau) = k e^{\tau/T_1} + c_1^* \tau + c_2^* . \tag{344}$$

Weil $p_0(t)$ nicht wächst, und $\Phi_0(t)$ nicht abnimmt, sowie beide zwischen 0 und 1 liegen, so daß $p_0(0) = \Phi_0(\infty) = 1$, $p_0(\infty) = \Phi_0(0) = 0$ gilt, gewinnen wir für optimale $p_0(\tau)$ und $\Phi_0(\tau)$, wenn wir das Gesagte zusammenfassen: es existieren $\tau_1 \geqq 0$ und $\tau_2 \geqq \tau_1$ derart, daß

$$\left.\begin{aligned} p_0(\tau) &= 1 && \text{falls} \quad \tau \leqq \tau_1 , \\ p_0(\tau) &= e^{-(\tau-\tau_1)/T_1} && \text{falls} \quad \tau_1 \leqq \tau \leqq \tau_2 , \\ p_0(\tau) &= 0 && \text{falls} \quad \tau > \tau_2 , \end{aligned}\right\} \tag{345}$$

$$\left.\begin{aligned} \Phi_0(\tau) &= 0 && \text{falls } \tau \leqq \tau_1 , \\ \Phi_0(\tau) &= \frac{\tau - \tau_1}{\tau_2 - \tau_1} [1 - k(e^{\tau_2/T_1} - e^{\tau_1/T_1})] + k(e^{\tau/T_1} - e^{\tau_1/T_1}) && \text{falls } \tau_1 \leqq \tau \leqq \tau_2 , \\ \Phi_0(\tau) &= 1 && \text{falls } \tau \geqq \tau_2 \end{aligned}\right\} \tag{346}$$

gilt.

Nun müssen noch $\tau_1$ und $\tau_2$ aus den Bedingungen (329) bestimmt werden. Setzt man (345) in diese ein, erhält man

$$\left.\begin{aligned} \tau_1 + T_1 [1 - e^{-(\tau_2-\tau_1)/T_1}] &= T_1 , \\ \tau_1^2 + 2\tau_1 T_1 (1 - e^{-(\tau_2-\tau_1)/T_1}) - 2(\tau_2 - \tau_1) T_1 e^{-(\tau_2-\tau_1)/T_1} & \\ + 2T_1^2 (1 - e^{-(\tau_2-\tau_1)/T_1}) &= T_1^2 + D_1 . \end{aligned}\right\} \tag{347}$$

Wir führen $z = \dfrac{\tau_2 - \tau_1}{T_1}$ ein und formen die zweite Bedingung aus (347) um, indem wir die erste berücksichtigen:

$$T_1^2 + D_1 = 2T_1^2 - 2T_1^2 z e^{-z} - T_1^2 e^{-2z} .$$

Dann erhalten wir

$$1 - e^{-2z} - 2z e^{-z} = \frac{D_1}{T_1^2} ; \tag{348}$$

$$\tau_1 = T_1 e^{-z}; \qquad \tau_2 = \tau_1 + z T_1 . \tag{349}$$

Die Gleichung (348) besitzt nur für $D_1 \leqq T_1^2$ eine Lösung. Für $D_1 = T_1^2$ gilt

$$z = \infty; \qquad \tau_1 = 0; \qquad \tau_2 = \infty; \qquad p_0(t) = e^{-\tau/T_1} .$$

Ist $D_1 = 0$, so erhalten wir

$$z = 0; \qquad \tau_1 = T_1 = \tau_2; \qquad p_0(t) = \begin{cases} 1 & \text{für } t \leqq T_1 , \\ 0 & \text{für } t > T_1 . \end{cases}$$

Wir bestimmen nun den Spielwert, d. h. das uns interessierende Maximin. Es muß offenbar gleich $\max\limits_{0 \leqq \tau \leqq \infty} T[\tau, p_0(t)]$ sein, wobei $T[\tau, p(t)]$ durch (328) vorgegeben wird. Wir haben für $\tau \leqq \tau_1$

$$T[\tau, p_0(t)] = \tau + T_1 \leqq \tau_1 + T_1 ;$$

für $\tau_1 \leqq \tau \leqq \tau_2$:

$$T[\tau, p_0(t)] = \tau_1 + T_1\,[1 - e^{-(\tau-\tau_1)/T_1}] + e^{-(\tau-\tau_1)/T_1}\,T_1 = \tau_1 + T_1\,;$$

und für $\tau > \tau_2$:

$$T[\tau, p_0(t)] = \tau_1 + T_1\,(1 - e^{-(\tau_2-\tau_1)/T_1}) < T_1 + \tau_1\,.$$

Hieraus erhalten wir als Spielwert

$$v = \max_{0 \leqq \tau < \infty} T[\tau, p_0(t)] = \tau_1 + T_1 = T_1(1 + e^{-z})\,, \tag{350}$$

wobei $z$ aus (348) ermittelt wird; $v$ variiert von $T_1$ bis $2T_1$, wobei $D_1$ von $T_1^2$ bis zu 0 abnimmt.

Aus dem Gesagten ist auch klar, daß in einer optimalen gemischten Strategie $\Phi_0(\tau)$ nur reine $\tau$ aus dem Intervall $(\tau_1, \tau_2)$ teilnehmen dürfen. Das fällt mit der Bestimmung von $\Phi_0(\tau)$ nach (346) zusammen, weil $\Phi'(\tau) = 0$ für $\tau < \tau_1$ und $\tau > \tau_2$ gilt. Aus (346) folgt, daß die gesamte Familie der Strategien $\Phi_0(\tau)$, die von einem Parameter $k$ abhängen, den notwendigen Optimalitätsbedingungen genügt.

Eine vollständige Übersicht über die optimalen Strategien $\Phi_0(\tau)$ kann man offensichtlich genauso erhalten wie im § 21, indem man für jedes fixierte $k$ (und das bedeutet $\Phi_0(\tau)$).

$$\min_{p(t)} \int_0^\infty T[\tau, p(t)]\,d\Phi_0(\tau) = \pi(k)$$

und danach $\max_k \pi(k)$ sucht. Das $\pi(k)$ kann man bestimmen, wenn man wiederum den Satz X ausnutzt, nach dem es genügt, das Minimum (s. § 21) bezüglich solchen $p(t)$ zu bestimmen, für die nur drei Punkte eine nicht verschwindende Wahrscheinlichkeit besitzen. Um die Möglichkeit zu haben, den Satz X auszunutzen, genügt es, die Aufmerksamkeit auf den Ausdruck

$$\int_0^\infty T[\tau, p(t)]\,d\Phi_0(\tau) = \int_0^\infty \left\{ t[1 - \Phi_0(t)] + \int_0^t (\tau + T_1)\,d\Phi_0(\tau) \right\} d[1 - p(t)]$$

zu richten.

Indem wir das IVte Beispiel zur Lösung von Spielen in gemischten Strategien untersuchten, haben wir also aufgeklärt, daß es bei der Aufgabe, den Zeitpunkt zu wählen, in dem ein Element mit vorgegebenen $T_1$ und $D_1 < T_1^2$ ersetzt wird, zweckmäßig ist, gemischte Strategien anzuwenden, d. h. den Austausch in einem zufällig gewählten Zeitpunkt vorzunehmen. Bei einer optimalen gemischten Strategie kann man mit einer mittleren Arbeitszeit eines Elementes und seines Doubles (350) rechnen, was die optimale garantierte Zeit überschreitet, wenn man reine Strategien anwendet (s. § 21).

Es versteht sich, wenn die operierende Seite über $t$ informiert wird, daß dann $\tau = t$ die optimale (Minimax-)-Strategie wird, was eine mittlere Arbeitszeit $2\,T_1 > T_1(1 + e^{-z})$ ergibt. Man kann allerdings nicht immer auf diese Information rechnen, die bei kleinen $D_1/T_1^2$ keinen großen Vorteil ergibt.

KAPITEL V

# SPIELE MIT AUSZAHLUNGSFUNKTIONEN SPEZIELLER ART

## § 27. Spiele mit separabler Auszahlungsfunktion und endliche konvexe Spiele

Unter einem Spiel mit separabler Auszahlung (oder einem ausgearteten Spiel) verstehen wir ein Spiel mit der Auszahlungsfunktion

$$\overline{F}(x, y) = \sum_{i=1}^{n} \sum_{j=1}^{m} a_{ij} r_i(x)\, s_j(y) , \tag{351}$$

wobei $x$ und $y$ das Intervall [0; 1] durchlaufen und $r_i(x)$ sowie $s_j(y)$ auf diesem Intervall stetig sind. Sonderfälle von (351) sind die Polynomialspiele mit der Auszahlung

$$\sum_{i=0}^{n} \sum_{j=0}^{m} a_{ij} x^i y^j .$$

In der Literatur* wird der Lösung von Spielen wie (351) in gemischten Strategien relativ viel Aufmerksamkeit zuteil. Wir wollen die grundlegenden, damit zusammenhängenden Ideen darlegen.

Seien $f(x)$ und $g(y)$ gemischte Strategien. Wir bezeichnen mit $\alpha_i$ und $\beta_j$ die verallgemeinerten Momente von $f(x)$ und $g(y)$:

$$\alpha_i = \int_0^1 r_i(x)\, \mathrm{d}f(x) ; \qquad \beta_j = \int_0^1 s_j(y)\, \mathrm{d}g(y) . \tag{352}$$

Man sieht leicht, daß die Auszahlung im Spiel (351) für die gemischten Strategien $f(x)$ und $g(y)$ in der folgenden Form durch $\alpha_i$ und $\beta_j$ ausgedrückt werden kann:

$$\overline{\overline{F}}(f, g) = \sum_{i=1}^{n} \sum_{j=1}^{m} a_{ij} \alpha_i \beta_j = F_1(\overline{\alpha}, \overline{\beta}) . \tag{353}$$

Wir wollen mit $u$ die Menge der zulässigen Vektoren $\overline{\alpha} = \{\alpha_i\}$ bezeichnen, die man für alle möglichen $f(x)$ erhalten kann. Analog führen wir die Menge $v$ der Vektoren $\overline{\beta} = \{\beta_j\}$ ein. Die Mengen $u$ bzw. $v$ sind Mengen im $n$- bzw. $m$-dimensionalen Raum. Diese Mengen sind beschränkt, weil

$$\alpha_i \leqq \max_x r_i(x) \qquad \text{und} \qquad \beta_j \leqq \max_y s_j(y)$$

beschränkt sind. Die Mengen $u$ und $v$ sind offensichtlich konvex, da aus

$$\alpha_i^{(1)} = \int_0^1 r_i(x)\, \mathrm{d}f_1(x) \qquad \text{und} \qquad \alpha_i^{(2)} = \int_0^1 r_i\, \mathrm{d}f_2(x)$$

unmittelbar folgt, daß für $0 \leqq \lambda \leqq 1$

$$\lambda \alpha_i^{(1)} + (1-\lambda)\,\alpha_i^{(2)} = \int_0^1 r_i(x)\mathrm{d}[\lambda f_1(x) + (1-\lambda)\, f_2(x)]$$

gilt, d. h. für den Vektor $\lambda\bar{\alpha}^{(1)} + (1-\lambda)\,\bar{\alpha}^{(2)} \in u$.

Nach den in den Lemmata 1 und 2 von § 23 angegebenen Eigenschaften des STIELTJES-Integrals und wegen der Stetigkeit von $r_i(x)$ und $s_j(y)$ sind die Mengen $u$ und $v$ abgeschlossen. Somit hängt eine Lösung des Spiels (351) damit zusammen, daß ein endliches Spiel gelöst wird mit der bilinearen Auszahlung (353), die auf den beschränkten, abgeschlossenen und konvexen Mengen $u$ und $v$ gegeben ist. Ein derartiges Spiel heißt *endliches konvexes Spiel* und besitzt nach den Sätzen aus § 16 einen Sattelpunkt.

Die Aufgabe, das Spiel (351) zu lösen, zerfällt in die Gewinnung von Lösungen $\bar{\alpha}_0, \bar{\beta}_0$ für das Spiel (353) und die Suche nach $f_0(x)$ und $g_0(y)$, die über die Abbildung (352) den $\bar{\alpha}_0, \bar{\beta}_0$ entsprechen. Es ist selbstverständlich, daß $f_0(x)$ und $g_0(y)$ in der Regel nicht eindeutig sind, aber die verschiedenen $f_0(x)$ sind untereinander vollkommen äquivalent.

Für das folgende benötigen wir

Lemma 1. *Sei $X$ eine konvexe abgeschlossene Menge im $k$-dimensionalen Raum und gehöre der Punkt $\bar{y} = \{y_1, \ldots, y_k\}$ dieses Raumes nicht zu $X$. Dann existiert ein Vektor $\bar{b} = \{b_1, \ldots, b_k\}$, so daß*

$$\inf_{\bar{x}\in X} \sum_{i=1}^{k} b_i x_i > \sum_{i=1}^{k} b_i y_i = d \tag{354}$$

*gilt.*

Geometrisch bedeutet (354), daß eine Hyperebene $\sum_{i=1}^{k} b_i z_i = d$ existiert, die durch den Punkt $\bar{y}$ geht und so liegt, daß die gesamte Menge $X$ auf einer Seite von

$$\sum_{i=1}^{k} b_i x_i - d > 0 \quad \text{für} \quad \bar{x} \in X$$

liegt.

Wir werden den Beweis für dieses Lemma bringen. Sei $\bar{x}^0$ ein solcher Randpunkt von $X$ (die Menge ist abgeschlossen), daß

$$\sqrt{\sum_{i=1}^{k} (y_i - x_i^0)^2} = \inf_{\bar{x}\in X} \sqrt{\sum_{i=1}^{k} (y_i - x_i)^2} > 0 \tag{355}$$

gilt. Ist $\bar{x} \in X$, so haben wir auch $\bar{x}^0 + t(\bar{x} - \bar{x}^0) \in X$ für $0 \leqq t \leqq 1$. Dann erhalten wir nach der Definition von $x_i^0$

$$\sum_{i=1}^{k} [x_i^0 + t(x_i - x_i^0) - y_i]^2 \geqq \sum_{i=1}^{k} (x_i^0 - y_i)^2$$

und hieraus

$$2t \sum_{i=1}^{k} (x_i - x_i^0)\,(x_i^0 - y_i) + t^2 \sum_{i=1}^{k} (x_i - x_i^0)^2 \geqq 0$$

oder

$$2 \sum_{i=1}^{k} (x_i - x_i^0)\,(x_i^0 - y_i) + t \sum_{i=1}^{k} (x_i - x_i^0)^2 \geqq 0$$

für $0 \leqq t \leqq 1$. Setzt man dann $t = 0$, so gewinnt man

$$\sum_{i=1}^{k} (x_i - x_i^0)\,(x_i^0 - y_i) \geqq 0$$

oder

$$\sum_{i=1}^{k} x_i(x_i^0 - y_i) \geqq \sum_{i=1}^{k} x_i^0(x_i^0 - y_i)\,.$$

Aber nach (355) haben wir

$$\sum_{i=1}^{k} (x_i^0 - y_i)^2 > 0$$

und folglich

$$\sum_{i=1}^{k} x_i^0\,(x_i^0 - y_i) > \sum_{i=1}^{k} y_i(x_i^0 - y_i)\,.$$

Daher ist

$$\sum_{i=1}^{k} x_i(x_i^0 - y_i) \geqq \sum_{i=1}^{k} x_i^0(x_i^0 - y_i) > \sum_{i=1}^{k} y_i(x_i^0 - y_i)\,.$$

Setzen wir $b_i = x_i^0 - y_i$, so erhalten wir offensichtlich einen nicht verschwindenden Vektor $\bar{b}$, der

$$\sum_{i=1}^{k} x_i b_i \geqq \sum_{i=1}^{k} x_i^0 b_i > \sum_{i=1}^{k} y_i b_i$$

erfüllt, was auch gefordert worden war.

Es gelten einige Sätze, die den Zusammenhang zwischen den Spielen (351) und (353) und der Lösungsstruktur präzisieren. Wir führen Kurven $C$ bzw. $D$, die im $n$- bzw. $m$-dimensionalen Raum (der $u$ bzw. $v$ enthält) in Parameterdarstellung vorgegeben sind, in die Betrachtung ein:

$$\left.\begin{array}{lll} \alpha_i(x) = r_i(x), & 0 \leqq x \leqq 1, & 1 \leqq i \leqq n\,; \\ \beta_j(y) = s_j(y), & 0 \leqq y \leqq 1, & 0 \leqq j \leqq m\,. \end{array}\right\} \qquad (356)$$

Lemma II. *Die Menge $u$ ist die konvexe Hülle von $C$, d. h. sie besteht aus Punkten, die Linearkombinationen in der Gestalt $\Sigma\, \lambda_k \bar{\alpha}(x_p)$, $\lambda_k \geqq 0$, $\Sigma \lambda_k = 1$ oder Grenzwerte solcher Kombinationen sind. Genauso ist $v$ die konvexe Hülle von $D$.*

Beweis. Wegen der vollständigen Analogie beschränken wir uns darauf, den Zusammenhang zwischen $u$ und $C$ zu beweisen.

Sei $\bar{\alpha}_0$ ein Punkt der konvexen Hülle $C$, $\bar{\alpha}_0 = \Sigma\, \lambda_k \bar{\alpha}(x_k)$ und sei $f_k(x) = 0$ für $x < x_k$ und $f_k(x) = 1$ für $x \geqq x_k$. Offenbar gilt

$$\alpha_j(x_k) = \int_0^1 r_j(x)\, \mathrm{d}f_k(x)\,.$$

Wir wählen $f_0(x) = \Sigma\lambda_k f_k(x)$. Drückt man $\alpha_i(x_k)$ durch $f_k(x)$ aus, dann folgt für $\overline{\alpha}_0 = \{\alpha_i^0\}$.

$$\alpha_i^0 = \int_0^1 r_i(x)\, df_0(x)\,,$$

d. h. als Bild von $f_0(x)$ gehört $\overline{\alpha}_0$ zu $u$. Ist jedoch $\overline{\alpha}_0$ nicht selbst Linearkombination vom angegebenen Typ, sondern Grenzwert solcher Kombinationen, so gehört es zu $u$ wegen der eben erst bewiesenen Abgeschlossenheit von $u$. Somit enthält die konvexe Hülle von $C$ auch $u$.

Sei nun umgekehrt $\overline{\alpha}' \in u$, aber es gehöre nicht zur konvexen Hülle von $C$; $\overline{\alpha}'$ sei das Bild einer Funktion $f'(x)$, d. h. $\alpha_i' = \int_0^1 r_i(x)\, df'(x)$. Da die konvexe Hülle von $C$ nach Definition konvex und abgeschlossen ist, existiert nach Lemma I eine durch $\overline{\alpha}'$ gehende Hyperebene $\sum_{i=1}^{n} b_i z_i = d$, so daß die konvexe Hülle auf einer Seite der Hyperebene liegt. Dann gilt offenbar für ein beliebiges $\overline{\alpha}_0$ aus der konvexen Hülle $\sum_{i=1}^{n} b_i\alpha_i' - \sum_{i=1}^{n} b_i\alpha_i^0 > 0$, und weil diese Hülle abgeschlossen ist, $\sum_{i=1}^{n} b_i\alpha_i' - \sum_{i=1}^{n} b_i\alpha_i^0 \geqq \delta > 0$.

Insbesondere gilt bei $\alpha_i^0 = \alpha_i(x)$ für ein beliebiges $x$

$$\sum_{i=1}^{n} b_i\alpha_i' - \sum_{i=1}^{n} b_i\alpha_i(x) \geqq \delta > 0\,.$$

Integriert man diese Ungleichung, so hat man wegen $\alpha_i' = \int_0^1 \alpha_i(x)\, df'(x)$

$$0 = \sum_{i=1}^{n} b_i\alpha_i' - \sum_{i=1}^{n} b_i\alpha_i' = \int_0^1 \left[\sum_{i=1}^{n} b_i\alpha_i' - \sum_{i=1}^{n} b_i\alpha_i(x)\right] df'(x) \geqq \delta \int_0^1 df'(x) = \delta > 0\,.$$

Der erhaltene Widerspruch zeigt, daß $\overline{\alpha}'$ zur konvexen Hülle von $C$ gehört, und das Lemma ist vollständig bewiesen.

Lemma III. *Sei $E$ eine abgeschlossene beschränkte Menge im $n$-dimensionalen Raum und $E_0$ ihre konvexe Hülle. Dann kann ein beliebiger Punkt $\bar{x}_0 \in E_0$ als Linearkombination von nicht mehr als $(n + 1)$ Punkten der Menge $E$ dargestellt werden, d. h. es gilt* $\bar{x}_0 = \sum_{i=1}^{n+1} \lambda_i \bar{x}^{(i)};\ \lambda_i \geqq 0;\ \sum_{i=1}^{n+1} \lambda_i = 1;\ \bar{x}^{(i)} \in E.$

Beweis. Seien $\bar{x}_0 = \sum_{i=1}^{r} \lambda_i \bar{x}^{(i)};\ \lambda_i > 0;\ \sum_{i=1}^{r} \lambda_i = 1$ und $r > n + 1$. Wir werden zeigen, daß die Gesamtheit der $r$ Punkte $\bar{x}^{(i)}$ in dieser Linearkombination verändert werden kann. Es müssen nämlich die $r$ Vektoren $\{1, x_1^{(i)}, \ldots, x_n^{(i)}\}$ der Dimension $(n + 1)$ linear abhängig sein. Dann existieren nicht gleichzeitig verschwindende Zahlen $\beta_1, \ldots, \beta_r$, so daß

$$\sum_{i=1}^{r} \beta_i = 0,\quad \sum_{i=1}^{r} \beta_i x_j^{(i)} = 0;\quad j = 1, \ldots, n\,,$$

gilt. Die letzten Gleichungen können in der Form $\sum_{i=1}^{r} \beta_i \bar{x}^{(i)} = 0$ geschrieben werden.

Man kann offenbar stets ein $\varepsilon$ derart finden, daß $\lambda_i + \varepsilon\beta_i \geqq 0$ für alle $i$ gilt (da nach Voraussetzung an der Linearkombination $r$ Vektoren beteiligt sind, sind alle $\lambda_i > 0$) und $\lambda_{i_0} + \varepsilon\beta_{i_0} = 0$ für mindestens ein $i_0$. Dann haben wir

$$\bar{x}_0 = \sum_{i=1}^{r} \lambda_i \bar{x}^{(i)} = \sum_{i=1}^{r} \lambda_i \bar{x}^{(i)} + \varepsilon \sum_{i=1}^{r} \beta_i \bar{x}^{(i)} = \sum_{i=1}^{r} (\lambda_i + \varepsilon\beta_i)\, \bar{x}^{(i)}$$

mit

$$\lambda_i + \varepsilon\beta_i \geqq 0; \quad \sum_{i=1}^{r} (\lambda_i + \varepsilon\beta_i) = \sum_{i=1}^{r} \lambda_i = 1\,,$$

und dabei ist $\lambda_{i_0} + \varepsilon\beta_{i_0} = 0$. Das bedeutet aber, daß die Vektorenmenge in der Darstellung von $\bar{x}_0$ als Linearkombination der $\bar{x}^{(i)} \in E$ verkleinert werden kann, falls $r > n + 1$ ist. Somit kann man stets $r = n + 1$ annehmen. Ist jedoch $\bar{x}_0$ Grenzwert von Punkten der Gestalt $\sum_{i=1}^{n+1} \lambda_i^{(k)} \bar{x}_k^{(i)}$ für $k \to \infty$, so kann, da $E$ abgeschlossen und beschränkt ist, eine Teilfolge $k' \to \infty$ ausgewählt werden, so daß $\bar{x}_{k'}^{(i)} \to \bar{x}_0^{(i)} \in E$ und $\lambda_i^{(k)} \to \lambda_i^{(0)} \geqq 0$ gilt $\left(\sum_{i=1}^{n+1} \lambda_i^{(0)} = 1\right)$. Dann ist

$$\bar{x}_0 = \sum_{i=1}^{n+1} \lambda_i^{(0)}\, \bar{x}_0^{(i)}\,,$$

und das Lemma bewiesen.

In der Theorie der konvexen Mengen (s. KARLIN [20], Anhang B 2) wird bewiesen, daß dann, wenn $E$ nicht mehr als $n$-konnex ist, $r$ bis auf $r = n$ verringert werden kann. Mit dieser Ergänzung erlauben die Lemmata II und III, ein Verfahren aufzustellen, um optimale $f_0$ (und analog $g_0$) zu gewinnen, wenn im Spiel (353) ein optimaler Vektor $\bar{\alpha}_0(\bar{\beta}_0)$ bekannt ist. Dazu muß man $\bar{\alpha}_0$ in der Form

$$\sum_{i=1}^{l} \lambda_i \bar{\alpha}(x_i) \quad (l \leqq n\,,\ \lambda_i \geqq 0), \qquad \sum_{i=1}^{l} \lambda_i = 1,\ \bar{\alpha}(x_i) = \{r_1(x_i), \ldots, r_n(x_i)\}$$

darstellen, was wegen dieser Lemmata stets möglich ist.

Sei ferner $f_i(x) = 0$ für $x < x_i$ und $f_i(x) = 1$ für $x \geqq x_i$, so daß $\bar{\alpha}(x_i)$ Bild von $f_i(x)$ ist, d. h.

$$r_j(x_i) = \int_0^1 r_j(x)\, \mathrm{d}f_i(x)\,.$$

Die Funktion

$$f_0(x) = \sum_{i=1}^{l} \lambda_i f_i(x)$$

ist dann eine optimale gemischte Strategie, weil $\bar{\alpha}_0$ das Bild von $f_0(x)$ ist, d. h.

$$\alpha_j^{(0)} = \int_0^1 r_j(x)\, \mathrm{d}f_0(x)\,; \qquad j = 1, \ldots, n\,,$$

und folglich

$$\max_f \min_g \overline{\overline{F}}(f, g) = \max_{\bar{\alpha}} \min_{\bar{\beta}} \sum_{i,j} \alpha_{ij} \alpha_i \beta_j$$
$$= \min \sum_{i,j} a_{ij} \alpha_i^{(0)} \beta_j = \min_g \overline{\overline{F}}(f_0, g)\,.$$

Aus dem Gesagten folgt, daß stets optimale gemischte Strategien $f(x)$ existieren, die aus nicht mehr als $n$ reinen Strategien $x_i$ gebildet wurden. Genauso existieren optimale $g(y)$, die aus nicht mehr als $m$ reinen Strategien $y_j$ bestehen. Man kann auch die Existenz von optimalen Strategien für beide Seiten behaupten, die aus nicht mehr als $\min[n, m]$ reinen Strategien bestehen. Diese Tatsache folgt leicht daraus, daß die Auszahlung (351) für $m \leqq n$ auf die Form

$$\sum_{j=1}^{m} \left[ \sum_{i=1}^{n} a_{ij} r_i(x) \right] s_j(y) = \sum_{j=1}^{m} r_j'(x)\, s_j(y)$$

gebracht werden kann, für die das Behauptete daraus folgt, daß die Anzahl der Funktionen $r_j'(x)$ und $s_j(y)$ identisch ist.

Was die Lösung von Spiel (353) betrifft, so werden hier Verfahren angewandt, die analog zu denen sind, die man zur Lösung von Matrixspielen anwendet. Eine genaue Darlegung dieser Verfahren gehört nicht zur Aufgabe dieses Buches. Sie ist jedoch im genannten Buch von KARLIN [20] enthalten.

Wir wollen nun kurz folgendes bemerken:

1. Sind alle $r_i(x) \geqq 0$, $s_j(y) \geqq 0$ und $\sum_{i=1}^{n} \gamma_i r_i(x) \equiv 1$, $\sum_{j=1}^{m} \delta_j s_j(y) \equiv 1$ für gewisse $\gamma_i > 0$ und $\delta_j > 0$, so kann die zu betrachtende Aufgabe, das Spiel (351) (und das heißt auch (353)) zu lösen, auf die Lösung eines gewöhnlichen Matrixspiels zurückgeführt werden. Dazu genügt es, $r_i'(x) = \gamma_i r_i(x)$; $s_j'(y) = \delta_j s_j(y)$ anstelle von $r_i(x)$ und $s_j(y)$ einzuführen und $a_{ij}$ durch $a_{ij}/\gamma_i \delta_j = a_{ij}'$ zu ersetzen. Dann haben wir anstelle von (353)

$$\overline{F}'(x, y) = \sum_{i=1}^{n} \sum_{j=1}^{m} a_{ij}' r_i'(x)\, s_j'(y)\,.$$

Das diesem Spiel zugeordnete endliche konvexe Spiel (353) nimmt die Gestalt

$$\sum_{i=1}^{n} \sum_{j=1}^{m} a_{ij}' \alpha_i' \beta_j'$$

an, wobei offenbar

$$\alpha_i' \geqq 0;\ \beta_j' \geqq 0 \quad \text{und} \quad \sum_{i=1}^{n} \alpha_i' = 1;\ \sum_{j=1}^{m} \beta_j' = 1$$

gilt. Damit aber ist dieses Spiel ein gewöhnliches Matrixspiel, das man in gemischten Strategien lösen kann.

2. Manchmal erhält man eine Lösung für (351) und (353) sehr einfach durch sogenannte kritische Punkte für das Spiel (351). Mit diesem Ziel betrachten wir anstelle von (351) eine Auszahlung der Form

$$\sum_{j=1}^{n} \sum_{i=1}^{n} a_{ij}\, r_i(x)\, s_j(y) + \sum_{i=1}^{n} b_i r_i(x) + \sum_{j=1}^{n} c_j s_j(y) + d\,. \tag{357}$$

Wir werden diese Form *kanonisch* nennen, wenn $|a_{ij}| \neq 0$ ist. Weil, wie schon bemerkt wurde, ein beliebiges Spiel (351) in die Form $\sum_{i=1}^{m} r_i'(x)\, s_j(y)$ überführt werden kann, wobei hier

$$|a_{ij}| = \begin{Vmatrix} 1 & 0 & \dots & 0 \\ 0 & 1 & \dots & 0 \\ \cdot & \cdot & \dots & \cdot \\ 0 & 0 & \dots & 1 \end{Vmatrix} = 1$$

ist, so bedeutet dies, daß ein beliebiges Spiel (351) auf kanonische Form gebracht werden kann.

Für (357) wird

$$\begin{aligned} \overline{F}_1(\overline{\alpha}, \overline{\beta}) &= \sum_{i=1}^{n} \sum_{j=1}^{n} a_{ij}\alpha_i\beta_j + \sum_{i=1}^{n} b_i\alpha_i + \sum_{j=1}^{n} c_j\beta_j + d \\ &= \sum_{j=1}^{n} \left( \sum_{i=1}^{n} a_{ij}\alpha_i + c_j \right) \beta_j + \sum_{i=1}^{n} b_i\alpha_i + d \\ &= \sum_{i=1}^{n} \left( \sum_{j=1}^{n} a_{ij}\beta_j + b_i \right) \alpha_i + \sum_{j=1}^{n} c_j\beta_j + d \end{aligned} \tag{358}$$

das zugeordnete (353). Für das System

$$\sum_{i=1}^{n} a_{ij}\alpha_i^0 + c_j = 0, \qquad j = 1, \dots, n;$$

$$\sum_{j=1}^{n} \alpha_{ij}\beta_j^0 + b_i = 0, \qquad i = 1, \dots, n\,,$$

existieren nach Voraussetzung Lösungen. Sie können kritische Punkte $\overline{\alpha}^{(0)}$ und $\overline{\beta}^{(0)}$ für das Spiel (358) genannt werden:

*Gehören $\overline{\alpha}^{(0)}$ zur Menge $u$ und $\overline{\beta}^{(0)}$ zur Menge $v$ für das Problem* (357) — (358), *so sind $\overline{\alpha}^{(0)}$ und $\overline{\beta}^{(0)}$ optimale Strategien in* (358).

Wir wollen das beweisen. Nach Definition von $\overline{\alpha}^{(0)}$ haben wir für beliebiges $\overline{\beta}$

$$\overline{F}_1(\overline{\alpha}^{(0)}, \overline{\beta}) = \sum_{i=1}^{n} b_i\alpha_i^{(0)} + d = \text{const} = \overline{F}_1(\overline{\alpha}^{(0)}, \overline{\beta}^{(0)})\,.$$

Genauso erhalten wir für beliebiges $\overline{\alpha}$

$$\overline{F}_1(\overline{\alpha}, \overline{\beta}^{(0)}) = \sum_{i=1}^{n} c_j\beta_j^{(0)} + d = \overline{F}_1(\overline{\alpha}^{(0)}, \overline{\beta}^{(0)})\,.$$

Aber hieraus folgt offensichtlich

$$\overline{F}_1(\overline{\alpha}^{(0)}, \overline{\beta}^{(0)}) = \min_{\overline{\beta}} \overline{F}_1(\overline{\alpha}^{(0)}, \overline{\beta}) = \max_{\overline{\alpha}} \overline{F}_1(\overline{\alpha}, \overline{\beta}^{(0)})\,,$$

d. h. $(\overline{\alpha}^{(0)}, \overline{\beta}^{(0)})$ ist ein Sattelpunkt, und also sind $\overline{\alpha}^{(0)}$ und $\overline{\beta}^{(0)}$ optimal.

Man darf natürlich nicht denken, daß der betrachtete Fall hinreichend typisch ist. Es ist eher umgekehrt, in der Regel hat mindestens ein kritischer Punkt keine Zuordnung in den Mengen $u$, $v$.

3. Löst man (353), so kann man sich des folgenden direkten Verfahrens bedienen (natürlich für nicht zu große $m$ und $n$).

Für jedes $\bar{\alpha}$ wird eine Menge $v(\bar{\alpha})$ von Punkten $\bar{\beta}$ gesucht, auf der $\min_{\bar{\beta}} F_1(\bar{\alpha}, \bar{\beta})$ realisiert wird (s. (353)). Genauso sei $u(\bar{\beta})$ die Menge der Punkte $\bar{\alpha}$, auf der $\max_{\bar{\alpha}} F_1(\bar{\alpha}, \bar{\beta})$ realisiert wird. Wurde ein Paar $\bar{\alpha}^{(0)}$, $\bar{\beta}^{(0)}$ gefunden, so daß

$$v(\bar{\alpha}^{(0)}) \ni \bar{\beta}^{(0)}; \quad u(\bar{\beta}^{(0)}) \ni \bar{\alpha}^{(0)}$$

gilt, so sind $\bar{\alpha}^{(0)}$ und $\bar{\beta}^{(0)}$ optimale Strategien. Nach Definition von $v(\bar{\alpha}^{(0)})$ und $u(\bar{\beta}^{(0)})$ gilt nämlich

$$F_1(\bar{\alpha}^{(0)}, \bar{\beta}^{(0)}) = \min_{\bar{\beta}} F_1(\bar{\alpha}^{(0)}, \bar{\beta}) = \max_{\bar{\alpha}} F_1(\bar{\alpha}, \bar{\beta}^{(0)}) ,$$

d. h. $(\bar{\alpha}^{(0)}, \bar{\beta}^{(0)})$ ist ein Sattelpunkt von Spiel (353). Die Suche nach solchen $\bar{\alpha}^{(0)}$ und $\bar{\beta}^{(0)}$ kann so erfolgen, daß man Fixpunkte in der Abbildung

$$\bar{\alpha} \to v(\bar{\alpha}) \to \{u(\bar{\beta}) / \bar{\beta} \in v(\bar{\alpha})\} = u^*(\bar{\alpha})$$

sucht, d. h. Punkte, für die $\bar{\alpha} \in u^*(\bar{\alpha})$ gilt.

Analog sieht es mit der Suche nach $\bar{\beta}$ aus. Sei nämlich $\bar{\alpha}^{(0)} \in u^*(\bar{\alpha}^{(0)})$. Dann gibt es ein $\bar{\beta}^{(0)} \in v(\bar{\alpha})$, für das stets $u(\bar{\beta}^{(0)}) \in \bar{\alpha}^{(0)}$ gilt. Aber dann hat das Paar $\bar{\alpha}^{(0)}$, $\bar{\beta}^{(0)}$ auch die eben formulierte Eigenschaft.

Im Buch von Karlin [20], aber auch im Lehrbuch von McKinsey [24] und im Buch von M. Dresher [7] wurden zahlreiche Beispiele dafür angegeben, wie dieses Verfahren angewandt werden kann.

## § 28. Spiele mit konvexer und verallgemeinerter konvexer Auszahlungsfunktion

In den vorangegangenen Teilen haben wir uns relativ oft mit in $\bar{y}$ konvexen Auszahlungsfunktionen befaßt, d. h. mit Auszahlungen $F(\bar{x}, \bar{y})$, die bei beliebigen $\bar{x} \in M$ und $0 \leqq \lambda \leqq 1$ die Bedingung

$$F[\bar{x}, \lambda \bar{y}_1 + (1 - \lambda) \bar{y}_2] \leqq \lambda F(\bar{x}, \bar{y}_1) + (1 - \lambda) F(\bar{x}, \bar{y}_2)$$

für beliebige $\bar{y}_1$ und $\bar{y}_2$ erfüllen, die zur Strategienmenge $N$ gehören. In $\bar{x}$ konkave Auszahlungen, die der Ungleichung

$$F(\lambda \bar{x}_1 + (1 - \lambda) \bar{x}_2, \bar{y}) \geqq \lambda F(\bar{x}_1, \bar{y}) + (1 - \lambda) F(\bar{x}_2, \bar{y})$$

genügen, werden gewöhnlich in konvexe Auszahlungen überführt, indem man das Vorzeichen der Auszahlung umkehrt und die Plätze der Spieler tauscht. Daher werden wir im folgenden nur konvexe Auszahlungen betrachten.

Das Hauptergebnis aus der Theorie der konvexen Auszahlungen stammt von Karlin, Bohnenblust und Shapley (vgl. Karlin [20]) und behauptet daß die Anzahl der reinen Strategien, die in optimale gemischte Strategien der Seiten bei einem Spiel mit konvexer Auszahlung eingehen, endlich ist.

**Satz XLV.** *Sei $F(\bar{x}, \bar{y})$ eine auf den Mengen $M$ und $N$ gegebene, in $\bar{y}$ konvexe Auszahlung, wobei $M$ eine kompakte, abgeschlossene und konvexe Menge in einem beliebigen Raum und $N$ eine abgeschlossene, beschränkte und konvexe Menge im $m$-dimensionalen Raum ist. Ist $F(\bar{x}, \bar{y})$ auf $M \times N$ stetig, so existiert für den zweiten Spieler (der $\bar{y}$ wählt) unter den optimalen Strategien eine reine Strategie, hingegen für den ersten Spieler eine optimale Strategie, die aus nicht mehr als $m + 1$ reinen Strategie besteht. Der Spielwert ist gleich* $\min_{\bar{x} \in N} \max_{\bar{y} \in M} F(\bar{x}, \bar{y})$.

Der Teil des Satzes, der sich auf den Spielwert und das Vorhandensein einer reinen optimalen Strategie beim zweiten Spieler bezieht, wurde im wesentlichen schon in Gestalt von Satz XV für in $\bar{x}$ konkave Auszahlung und von Satz XVII für konvexe (§ 15) formuliert und bewiesen. Wir werden den Beweis nicht wiederholen.

Es muß nur bemerkt werden, daß man den dort gebrachten einfachen Beweis ohne Änderungen auf Mengen $M$ und $N$ von beliebiger Natur (und nicht nur in endlich-dimensionalen Räumen) übertragen kann. Wenn diese nur konvex und abgeschlossen sind, dann ist auf ihnen der Begriff einer gemischten Strategie definiert und der Hauptsatz der Spieltheorie erfüllt (dabei können auch einige Abschwächungen ausgeführt werden; bei der Kompaktheit von $M$ kann man sich auf (279) beschränken). Somit ist für die Behauptung, daß dem zweiten Spieler optimale reine Strategien zur Verfügung stehen, im Satz XLV die Endlichdimensionalität von $N$ nicht nötig.

Anders ist die Situation für den zweiten Teil des Satzes, in dem behauptet wird, daß für den ersten Spieler eine optimale Strategie existiert, die aus nicht mehr als $m + 1$ reinen Strategien besteht. Hier wird die $m$-Dimensionalität des Raumes der Strategien $\bar{y}$ schon in der Behauptung selbst verwendet.

Wie man sieht, kann man den Beweis für die zweite Hälfte des Satzes relativ leicht aus dem Satz XXVII erhalten. Wir wollen ihn für den Spezialfall führen, in dem das optimale $\bar{y}_0$ ein innerer Punkt von $N$ ist. Dann existieren nach dem angeführten Satz nicht mehr als $(m + 1)$ Punkte $\bar{x}_i$ und Zahlen $p_i \geqq 0$, so daß

$$\sum_{i=1}^{m+1} p_i = 1; \quad F(\bar{x}_i, \bar{y}_0) = \max_{\bar{x}} F(\bar{x}, \bar{y}_0)$$

gilt und der Gradient der Funktion $\sum_{i=1}^{m+1} p_i F(\bar{x}_i, \bar{y}) = \Phi(\bar{y})$ für $\bar{y} = \bar{y}_0$ gleich Null ist. Da $\Phi(\bar{y})$ konvex ist, folgt hieraus, daß $\min_{\bar{y} \in N} \Phi(\bar{y})$ von $\bar{y}_0$ realisiert wird. Aber dann ist die gemischte Strategie, die darin besteht, daß $\bar{x}_i$ mit der Wahrscheinlichkeit $p_i$ angenommen wird, optimal, denn es gilt

$$\sum_{i=1}^{m+1} p_i F(\bar{x}_i, \bar{y}) \geqq \sum_{i=1}^{m+1} p_i F(\bar{x}_i, \bar{y}_0) = \max_{\bar{x}} F(\bar{x}, \bar{y}_0) = \min_{\bar{y}} \max_{\bar{x}} F(\bar{x}, \bar{y}) ,$$

und die letztere Größe ist der Spielwert.

Indem wir KARLIN folgen, wollen wir nun den vollständigen Beweis auf der Basis einiger Lemmata angegeben, die auch große selbständige Bedeutung haben.

Lemma 1. *Sei $X$ eine konvexe Menge (im $n$-dimensionalen Raum) und liege der Punkt $y$ auf dem Rand von $X$ (d. h. $y \in \overline{X}\overline{(E - X)}$). Dann existiert eine Stützhyperebene, die durch $y$ geht, d. h., es existiert ein nicht verschwindender Vektor $\bar{a}$, so daß*

$$\inf_{x \in X} (\bar{a}, x) = (\bar{a}, y) = \sum_{i=1}^{n} a_i y_i$$

*gilt.*

Beweis. Sei $y^\nu$ eine Folge von Punkten, die nicht zu $X$ gehören, derart, daß $\lim_{\nu \to \infty} y^\nu = y$ gilt (nach Definition eines Randpunktes). Nach Lemma 1 aus § 27 existieren Vektoren $\bar{a}^\nu$, für die

$$\inf_{x \in X} (\bar{a}^\nu, x) > (\bar{a}^\nu, y^\nu)$$

gilt. Für den Limespunkt $\bar{a}$ der Folge $\bar{a}^\nu$ und für beliebiges $x \in X$ haben wir

$$(\bar{a}, x) = \lim_{\nu \to \infty} (\bar{a}^\nu, x) \geqq \lim_{\nu \to \infty} (\bar{a}^\nu, y^\nu) = (\bar{a}, y) ,$$

und daraus folgt auch die Behauptung des Lemmas, da andererseits $y \in \overline{X}$ gilt, und das heißt $(\bar{a}, y) \geqq \inf_{x \in X} (\bar{a}, x)$.

Lemma 2. *Sind $X$ und $Y$ zwei konvexe Mengen, die keine gemeinsamen inneren Punkte besitzen, dann existiert eine Hyperebene $H$, die $X$ und $Y$ trennt, d. h., es existiert ein nicht verschwindender Vektor $\bar{a}$ und ein Skalar $\alpha$ derart, daß $(\bar{a}, x) \geqq \alpha$ für alle $x \in X$ und $(\bar{a}, y) \leqq \alpha$ für alle $y \in Y$ gilt. Sind dagegen $X$ und $Y$ abgeschlossen und haben sie keinen Punkt gemeinsam, ist außerdem mindestens eine von ihnen beschränkt, so existiert eine Hyperebene, die $X$ und $Y$ streng trennt, d. h. für die $(\bar{a}, x) > \alpha$ für alle $x \in X$ und $(\bar{a}, y) < \alpha$ für alle $y \in Y$ gilt.*

Beweis. Wir betrachten die Menge

$$X - Y = \{x - y | x \in X, \ y \in Y\} .$$

Zusammen mit $X$ und $Y$ ist diese Menge konvex und enthält den Nullpunkt als inneren Punkt (weil sonst ein gemeinsamer innerer Punkt von $X$ und $Y$ existierte).

Wegen Lemma I aus § 27 und nach dem Lemma 1 dieses Abschnitts existiert ein $\bar{a}$, für das

$$(\bar{a}, x - y) \geqq (\bar{a}, 0) = 0$$

für alle $x \in X$ und $y \in Y$ gilt. Hieraus ergibt sich $(\bar{a}, x) \geqq (\bar{a}, y)$ für beliebige $x \in X$ und $y \in Y$. Führt man $\alpha = \inf_{x \in X}(\bar{a}, x) \leqq (\bar{a}, x)$ ein, so erhält man offensichtlich $\alpha \geqq (\bar{a}, y)$, $y \in Y$, und das heißt, die erste Behauptung des Lemmas ist bewiesen.

Im zweiten Fall ist $X - Y$ abgeschlossen und enthält die Null nicht. Daher folgt die zweite Behauptung direkt aus Lemma I, § 27.

Sei nun $s$ ein kompakter konvexer Bereich im $n$-dimensionalen Raum $E^n$, der Wertebereich für die Variable $\eta$ ist. Wir werden lineare Funktionen $f(\eta)$ betrachten, d. h. solche, für die $f\left(\sum_{i=1}^{n} \lambda_i \eta_i\right) = \sum_{i=1}^{n} \lambda_i f(\eta_i)$ mit $\sum_{i=1}^{n} \lambda_i = 1$ gilt. Offensichtlich ist die Funktion $f(\eta) \equiv 1$ linear. Wir bezeichnen sie mit $u$. Die Menge aller linearen Funktionen bildet einen $(n + 1)$-dimensionalen Raum $Z$, dessen Elemente wir mit $f$ bezeichnen werden. Den Raum $Z^*$ definieren wir als Raum der Linearformen[1]) (der linearen Funktionale, die für $f = 0$ verschwinden), die auf $Z$ definiert sind, und seine Elemente werden wir mit $F$ bezeichnen.

Lemma 3. *Ist $F(u) = 1$, so existiert ein Punkt $\eta \in E^n$ derart, daß $F(f) = f(\eta)$ für alle $f \in Z$ gilt.*

Beweis. Seien die Funktionen $f_1, \ldots, f_{n+1}$ linear unabhängig mit $f_1 = u$. Da diese Funktionen eine Basis für $Z$ bilden, genügt es zu zeigen, daß das Gleichungssystem

$$F(f_i) = f_i(\eta); \quad i = 1, \ldots, n + 1,$$

eine Lösung besitzt. Jedoch ist die erste Gleichung nach der Definition von $u$ und $F(u)$ eine Identität. Das übrigbleibende System von $n$ Gleichungen mit $n$ Unbekannten, den Koordinaten des Vektors $\eta$, besitzt eine Lösung, weil die $f_i$ linear unabhängig sind (d. h. linear unabhängige Vektoren aus den Koeffizienten dieser linearen Funktionen).

Lemma 4. *Die Menge $P$ aller Elemente $f \in Z$, die auf $s$ nichtnegativ, konvex und abgeschlossen sind, enthält die Nullfunktion und die Funktion $u$ als inneren Punkt. Bezeichnet man mit $P(\eta)$ die Gesamtheit aller $f(\eta)$ mit $f \in P$, so fällt der Bereich der $\eta$, für die $P(\eta) \geqq 0$ gilt, mit der Menge $s$ zusammen.*

Beweis. Der erste Teil des Lemmas ist offensichtlich. Wir bezeichnen mit $f(s)$ die Gesamtheit aller $f(\eta)$ mit $\eta \in s$. Sei $\eta \notin s$. Dann kann man gemäß Lemma I, § 27, den Punkt $\eta$ durch eine Hyperebene von $s$ trennen, d. h., es existiert ein lineares Funktional $f$ derart, daß $f(\eta) < c \leqq f(s)$ gilt. Aber dann ist $f - cu \in P$ und gleichzeitig $f(\eta) - cu(\eta) < 0$. Folglich gehört ein nicht in $s$ liegender Punkt $\eta$ auch nicht zu einem Bereich mit $P(\eta) \geqq 0$. Die Umkehrung folgt aus der Definition von $P$.

Lemma 5. *Sei $Q$ eine konvexe beschränke Menge aus $Z$, die sich nicht mit der oben definierten Menge $P$ überschneidet. Dann gibt es ein solches $\eta \in s$ und ein $\delta > 0$ derart, daß $Q(\eta) \leqq -\delta$ gilt.*

---

[1]) Diese Linearformen sind gleichmächtig den homogenen linearen Funktionen von Koeffizienten linearer Funktionen $f(\eta)$.

Beweis. Da $Q$ und $P$ abgeschlossen und konvex sind sowie $Q$ beschränkt ist, kann man nach Lemma 2 diese streng durch eine gewisse Hyperebene trennen, d. h. ein $F \in Z^*$ und ein $\delta > 0$ wählen, so daß

$$F(Q) + \delta \leqq F(P)$$

gilt (hier ist wie auch früher $F(Q)$ die Gesamtheit aller $F(f)$ mit $f \in Q$). Diese Beziehung zeigt, daß die Menge $F(P)$ von unten beschränkt ist, weil die $Q$ und das heißt auch $F(Q)$ insgesamt beschränkt sind.

Dann muß aber $F(P)$ nichtnegativ sein. $P$ enthält nämlich $f_0 \equiv 0$, $F(f_0) = 0$, und würde ein $\bar{f} \in P$ existieren, für das $F(\bar{f}) < 0$ ist, so wäre für die Funktion $f = k(\bar{f} - f_0)$ auch $F(f) = kF(\bar{f})$, und $F(f)$ würde für $k \to \infty$ gegen $-\infty$ gehen. Indessen gilt $k(\bar{f} - f_0)(\eta) = k\bar{f}(\eta)$ für $\eta \in s$, weil $\bar{f} \in P$ ist, und daher gilt $k(\bar{f} - f_0) \in P$ für beliebiges $k \geqq 0$. Somit folgte hieraus, daß $F(P)$ nach unten unbeschränkt wäre.

Also ist $F(P)$ nichtnegativ, und weil $u$ ein innerer Punkt von $P$ ist, ist notwendig[1]) $F(u) > 0$. Normiert man $F$ entsprechend (mit entsprechender Änderung von $\delta$), so kann man $F(u) = 1$ annehmen. Nach Lemma 3 existiert ein Vektor $\eta \in E^n$ derart, daß $F(Q) = Q(\eta)$; $F(P) = P(\eta)$ gilt. Dann haben wir wegen der Ungleichung $F(P) \geqq 0$ auch $P(\eta) \geqq 0$. Andererseits ist $\inf F(P) = 0$, weil $P$ den Nullvektor enthält. Aber dann ist

$$Q(\eta) + \delta = F(Q) + \delta \leqq \inf F(P) = 0\,,$$

d. h. $Q(\eta) \leqq -\delta$. Allein nach Lemma 4 gilt $\eta \in s$, weil $P(\eta) \geqq 0$ ist. Damit wurde der Beweis beendet.

Lemma 6. *Gilt für eine gewisse Familie $\{f_\alpha\}$ und alle $\eta \in s$ die Ungleichung $\sup\limits_\alpha f_\alpha(\eta) > 0$, so gehört für auf entsprechende Weise gewählte $\lambda_i \geqq 0$ ($\sum \lambda_i = 1$) und $\alpha_i (i = 1, \ldots, n+1)$ die Funktion*

$$f = \sum_{i=1}^{n+1} \lambda_i f_{\alpha_i}$$

*zur Menge $P$, d. h. es gilt $f(s) \geqq 0$.*

Beweis. Nach Voraussetzung gibt es für jedes $\eta \in s$ einen Index $\alpha$, für den $f_\alpha(\eta) > 0$ ist. Ist aber $f_\alpha(\eta) > 0$ für fixierte $\alpha$ und $\eta$, so kann man eine offene Menge finden, die $\eta$ enthält, in der noch immer die strenge Ungleichung für das gegebene $\alpha$ gilt. Dann kann man nach dem Überdeckungssatz für kompakte Mengen eine endliche Überdeckung durch diese offenen Mengen finden, d. h. eine endliche Familie $\{f_{\alpha_i}\}$, für die $\max f_{\alpha_i}(\eta) > 0$ für jedes $\eta \in s$ gilt (d. h. für beliebiges $\eta \in s$ gibt es mindestens ein $\alpha_i$, für das $f_{\alpha_i}(\eta) > 0$ gilt).

---

[1]) Wäre $F(u) = 0$ und $F(f^*) > 0$, so würde $\tilde{f} = \varepsilon(f^* - u) + u$ für beliebig kleines und negatives $\varepsilon$ gelten $\tilde{F}(f) < 0$, aber das widerspräche der Tatsache, daß $f$ beliebige nahe bei $u$ liegt, und das heißt $\tilde{f} \in P$, weil $u$ ein innerer Punkt von $P$ ist.

Mit $Q$ bezeichnen wir die lineare Hülle der Familie $\{f_{\alpha_i}\}$. Die Mengen $P$ und $Q$ schneiden sich, weil sonst nach Lemma 5 ein $\eta_0 \in s$ existierte, für das $Q(\eta_0) \leqq -\delta$ gilt, und das bedeutet $f_{\alpha_i}(\eta_0) \leqq -\delta$, d. h. $\max f_{\alpha_i}(\eta_0) < 0$ im Gegensatz zur Definition von $\{f_{\alpha_i}\}$.

Die Menge $Q$ ist offenbar beschränkt, da sie aus Punkten $\sum \mu_i f_{\alpha_i}$ mit $\sum \mu_i = 1$ ($\mu_i \geqq 0$) gebildet wurde. Dagegen ist die Menge $P$ unbeschränkt, weil sie zusammen mit einem beliebigen $f$ auch sämtliche $cf$ mit $c > 0$ enthält. Daher muß irgendein Randpunkt $f_0$ aus $Q$ auch zu $P$ gehören. Offensichtlich ist die Menge $Q$ ein Polyeder im Raum $Z$, das die Dimension $(n+1)$ besitzt. Der Rand von $Q$ besteht aus Polyedern der Dimension nicht größer als $n$. Folglich hat die Seite, auf der $f_0$ liegt, dieselbe Dimension. Diese Seite ist ebenfalls lineare Hülle einer gewissen Teilmenge der Menge $\{f_{\alpha_i}\}$, weil sie aus Punkten von $Q$ besteht, für die gewisse $\mu_{i_s} = 0$ fixiert sind. Aber dann ist der Punkt $f_0$ nach Lemma III aus § 27 in der Gestalt

$$f_0 = \sum_{j=1}^{n+1} \mu_{i_j} f_{\alpha_{i_j}}, \quad \text{mit} \quad \sum_{j=1}^{n+1} \mu_{i_j} = 1, \quad \mu_{i_j} \geqq 0,$$

darstellbar. Aus $f_0 \in P$ folgt schließlich

$$\sum_{j=1}^{n+1} \mu_{i_j} f_{i_{i_j}}(s) = f_0(s) \geqq 0 .$$

Lemma 7. *Sei $\{\varphi_\alpha\}$ eine Familie stetiger konvexer Funktionen, die auf der konvexen, beschränkten und abgeschlossenen b-dimensionalen Menge $s$ definiert sind. Dann existieren für beliebiges gegebenes $\delta > 0$ solche $\alpha_i$ und $\lambda_i$, daß*

$$\sum_{i=1}^{n+1} \lambda_i \varphi_{\alpha_i}(\eta) \geqq \inf_{\eta \in s} \sup_{\alpha} \varphi_\alpha(\eta) - \delta$$

*gilt für alle $\eta \in s$ und $\lambda_i \geqq 0$; $\sum_{i=1}^{n+1} \lambda_i = 1$.*

Beweis. Wir betrachten die Familie aller linearen Funktionen $\{f_\beta\}$, die der Bedingung $[\varphi_\alpha - f_\beta](s) \geqq 0$ für ein $\alpha$ genügen (d. h. der Bedingung $(\varphi_\alpha - f_\beta)(\eta) \geqq 0$ für alle $\eta \in s$).

Eine beliebige Tangentialebene an $\varphi_\alpha$ erfüllt diese Bedingung. Im Punkte $\eta_0 = \{\eta_1^0, \ldots, \eta_n^0\}$ wird die Tangentialebene an $\varphi_\alpha$ nämlich durch eine Stützhyperebene an eine konvexe[1]) abgeschlossene und beschränkte $(n+1)$-dimensionale Menge $T$ von Punkten $\xi = \{\eta, t \mid \eta \in s, t \geqq \varphi_\alpha(\eta)\}$ definiert, die durch den Punkt $\{\eta_0, \varphi_\alpha(\eta_0)\}$ geht, d. h. durch den linearen Zusammenhang

$$\sum_{i=1}^{n} a_i \eta_i + bt = d ,$$

[1]) Die Abgeschlossenheit und Beschränktheit von $T$ folgt aus eben diesen Eigenschaften von $s$ mit Rücksicht auf die Stetigkeit der $\varphi_\alpha$. Die Konvexität von $T$ folgt aus der von $s$ und $\varphi_\alpha$, denn es ist

$$\lambda t_1 + (1-\lambda) t_2 \geqq \lambda\varphi(\eta_1) + (1-\lambda)\,\varphi(\eta_2) \geqq \varphi[\lambda\eta_1 + (1-\lambda)\,\eta_2] .$$

der die Eigenschaften

$$\sum_{i=1}^{n} a_i \eta_i^0 + b\varphi_\alpha(\eta_0) = d\,,$$

$$\inf_{\xi \in T} \left( \sum_{i=1}^{n} a_i \eta_i + bt \right) = d \equiv \sum_{i=1}^{n} a_i \eta_i^0 + b\varphi_\alpha(\eta_0)$$

hat (nach Lemma 1 aus diesem Abschnitt existiert stets eine derartige Stützhyperebene). In den Gleichungen für die Stützhyperebene kann man stets $b \geqq 0$ annehmen (notfalls muß man sämtliche Koeffizienten mit $-1$ multiplizieren). Aber hieraus folgt für $t = \varphi_\alpha(\eta)$ offenbar

$$\sum_{i=1}^{n} a_i \eta_i + b\varphi_\alpha(\eta) \geqq \sum_{i=1}^{n} a_i \eta_i^0 + b\varphi_\alpha(\eta_0) = d \equiv \sum_{i=1}^{n} a_i \eta_i + bt(\eta)\,,$$

wobei $t(\eta)$ für gegebenes $\eta$ durch die Gleichung der Hyperebene definiert wird und Ausdruck dessen ist, daß $f(\eta)$ tangential ist.

Hiernach haben wir für alle $\eta \in s$

$$\varphi_\alpha(\eta) \geqq t(\eta) = f(\eta),$$

was auch $[\varphi_\alpha(\eta) - f(\eta)]\,(s) \geqq 0$ bedeutet. Somit enthält die Familie $\{f_\beta\}$ gewiß alle Tangentialebenen an alle $\varphi_\alpha(\eta)$ für beliebige $\eta \in s$. Aber dann gilt für alle $\eta \in s$

$$\sup_\beta f_\beta(\eta) \geqq \sup_\alpha \varphi_\alpha(\eta) \geqq c = \inf_\eta \sup_\alpha \varphi_\alpha(\eta)\,,$$

da im Punkte $\eta$ jede Tangentialebene an $\varphi_\alpha$ mit $\varphi_\alpha(\eta)$ zusammenfällt.

Für ein gewisses $\delta > 0$ betrachten wir die Familie

$$W_\delta = \{f_\beta - (c - \delta)\,u\}\,.$$

Da $\sup_\beta f_\beta(\eta) \geqq c$ für beliebiges $\eta \in s$ gilt, ist auch

$$\sup_\beta\, [f_\beta - (c - \delta)\,u]\,(\eta) \geqq \delta > 0\,,$$

und wir befinden uns in den Voraussetzungen von Lemma 6. Folglich gibt es $\beta_1, \ldots, \beta_{n+1}; \lambda_1, \ldots, \lambda_{n+1}$, so daß

$$f = \sum_{i=1}^{n+1} \lambda_i f_{\beta_i}(\eta) \geqq c - \delta$$

für alle $\eta \in s$ gilt. Wenn aber die $\alpha_i$ nach der Definition von $\{f_\beta\}$ den $\beta_i$ zugeordnet sind, gilt

$$\sum_{i=1}^{n+1} \lambda_i \varphi_{\alpha_i}(\eta) \geqq \sum_{i=1}^{n+1} \lambda_i f_{\beta_i}(\eta) \geqq c - \delta$$

für alle $\eta \in s$ und für $\lambda_i \geqq 0$, $\sum_{i=1}^{n} \lambda_i = 1$, was gefordert war.

Nun kann man schon den zweiten Teil der Behauptungen aus Satz XLV beweisen. Die Funktionenfamilie $\varphi_{\bar{x}}(\bar{y}) = F(\bar{x}, \bar{y})$ und die Menge $N$ genügen offenbar den Voraussetzungen von Lemma 7. Folglich können wir $(\lambda_i^\varepsilon)$ und $\{\bar{x}_i^\varepsilon\}$ für jedes $\varepsilon > 0$ so wählen, daß

$$\sum_{i=1}^{m+1} \lambda_i^\varepsilon F(\bar{x}_i^\varepsilon, \bar{y}) \geqq \inf_{\bar{y} \in N} \sup_{\bar{x} \in M} F(\bar{x}, \bar{y} - \varepsilon)$$

für alle $\bar{y} \in N$ gilt, wobei $\bar{\lambda} = \{\lambda_i^\varepsilon\}$ ist und die $\bar{x}_i^\varepsilon$ in kompakten Mengen

$$L = \left\{\bar{\lambda} | \lambda_i \geqq 0, \quad \sum_{i=1}^{m+1} \lambda_i = 1\right\}$$

sowie $M$ liegen. Für $\varepsilon \to 0$ können wir für jedes $i$ Häufungspunkte $\bar{\lambda}^0 = \{\lambda_i^0\}$ und $\bar{x}_i^0$ wählen, die den Bedingungen

$$\lambda_i^0 \geqq 0; \quad \sum_{i=1}^{m+1} \lambda_i^0 = 1; \quad \bar{x}_i^0 \in M$$

und

$$\sum_{i=1}^{m+1} \lambda_i^0 F(\bar{x}_i^0, \bar{y}) \geqq \inf_{\bar{y} \in N} \sup_{\bar{x} \in M} F(\bar{x}, \bar{y})$$

für alle $\bar{y} \in N$ genügen.

Weil nach dem ersten Teil des Satzes $\inf_{\bar{y} \in N} \sup_{\bar{x} \in M} F(\bar{x}, \bar{y})$ der Spielwert $v$ ist, haben wir den Satz XLV schon vollständig bewiesen, indem wir auf die gemischte Strategie $\{\lambda_i^0\}$ hinweisen, die auf $m + 1$ reine Strategien $\bar{x}_i^0$ beruhen und sichern, daß man eine Auszahlung erhält, die für beliebiges $\bar{y}$ nicht kleiner als $v$ ist.

Karlin verallgemeinerte die Eigenschaften konvexer Auszahlungen auf sogenannte verallgemeinerte konvexe Spiele, deren Definition darauf führt, daß für ein gewisses $n$ die Ungleichungen

$$\frac{\partial^n F(x, y)}{\partial y^n} \geqq 0 \; ; \quad 0 \leqq x \leqq 1; \quad 0 \leqq y \leqq 1 , \tag{359}$$

oder die Ungleichungen

$$\frac{\partial^n F(x, y)}{\partial x^n} \leqq 0; \quad 0 \leqq x \leqq 1; \quad 0 \leqq y \leqq 1 , \tag{360}$$

erfüllt sind, indem er stetige Spiele $F(x, y)$ betrachtete, die auf Skalaren $x$ und $y$ für $0 \leqq x \leqq 1$ und $0 \leqq y \leqq 1$ gegeben sind. Für derartige Spiele (und sogar für etwas allgemeinere) gilt der folgende Satz.

**Satz XLVI.** *Gegeben sei ein stetiges Spiel $F(x, y)$ mit $0 \leqq y \leqq 1$, wobei $x$ eine kompakte Menge $M$ beliebiger Art durchläuft. Gilt dann für ein gewisses $n \geqq 1$ $\frac{\partial^n F(x, y)}{\partial y^n} \geqq 0$, so gehen in eine optimale Strategie des ersten Spielers nicht mehr als $n$ reine Strategien mit positiver Wahrscheinlichkeit ein und in eine optimale Strategie des zweiten Spielers nicht mehr als $n/2$ reine Strategien, wobei jede reine Strategie im Inneren von* $[0;1]$ *gleich Eins gesetzt wird und in den Endpunkten* $1/2$.

Wie im vorangegangenen Satz erweist sich die Behauptung für den ersten Spieler als wesentlich schwerer beweisbar. Wir beschränken uns daher beim Beweis nur auf die zweite Satzhälfte und verweisen den Interessenten auf die Monographie von KARLIN [20]. Es versteht sich, daß ein analoger Satz auch gilt, wenn (360) vorliegt.

Beweis. Es reicht aus, wenn der Satz für den Fall bewiesen wird, daß (359) eine strenge Ungleichung ist. Ist nämlich der Satz für derartige Spiele richtig, so kann man für Spiele mit nicht strenger Bedingung (359) eine Folge von Spielen mit Auszahlungen $F_m(x, y)$ finden, die gleichmäßig gegen $F(x, y)$ konvergiert, wobei $\dfrac{\partial^n F_m(x, y)}{\partial y^n} > 0$ ist.

Nach Voraussetzung gibt es in diesen Spielen optimale Strategien für den zweiten Spieler in der Gestalt

$$\varphi(y) = \sum_{k=1}^{[n/2]} \alpha_k^{(m)} \varphi_{y_k^{(m)}}(y)$$

mit dem Verteilungsgesetz

$$\varphi_{y_k^{(m)}}(y) = 0 \quad \text{für} \quad y < y_k^{(m)}\,,$$
$$\varphi_{y_k^{(m)}}(y) = 1 \quad \text{für} \quad y \geqq y_k^{(m)}\,.$$

Man kann eine Teilfolge $m_j$ finden, derart, daß $\alpha_k^{(m_j)}$, $y_k^{(m_j)}$ für alle $k$ gegen $\alpha_k$ und $y_k \in [0, 1]$ konvergieren unter der Bedingung, daß

$$\alpha_k \geqq 0, \quad \sum_{k=1}^{[n/2]} \alpha_k = 1$$

gilt.

Wegen der gleichmäßigen Konvergenz (s. Satz XXIX in § 18) wird die Strategie

$$\varphi(y) = \sum_{k=1}^{[n/2]} \alpha_k \varphi_{y_k}(y)$$

optimal für den zweiten Spieler in einem Spiel mit der Auszahlung $F(x, y)$.

Sei also $\dfrac{\partial^n F(x, y)}{\partial y^n} > 0$ $(x \in M;\ y \in [0, 1])$. Der Einfachheit halber werden wir voraussetzen, daß der Spielwert $v = 0$ ist. Das kann man stets erreichen, ohne daß man die Voraussetzungen des Satzes ändert, wenn man von $D(x, y)$ eine entsprechende Konstante subtrahiert.

Sei ferner $f_*(x)$ eine optimale Strategie für den ersten Spieler und

$$h(y) = \int F(x, y)\, \mathrm{d}f_*(x)\,.$$

Offenbar ist $\dfrac{\mathrm{d}^n h(y)}{\mathrm{d}y^n} > 0$. Die Funktion $h(y)$ kann in $[0; 1]$ eine höchstens $n$-fache Nullstelle haben, weil die $n$-te Ableitung positiv ist. Gäbe es nämlich eine $(n + 1)$-fache, so hätte $h'(y)$ eine $n$-fache, $h''(y)$ hätte eine $(n - 1)$-fache und $h^{(n)}(y)$ hätte eine Nullstelle, wobei aber $h^{(n)}(y) > 0$ für alle $y$ gilt. Da außerdem

$f_*(x)$ optimal und $v = 0$ für alle $y \in [0; 1]$ ist, haben wir $h(y) \geqq 0$. Aber dann hätte eine beliebige inverse Wurzel von $h(y)$ unbedingt eine gerade Vielfachheit (weil sonst $h(y)$ beim Durchgang durch die Wurzeln das Vorzeichen änderte).

Da nun aber die Gesamtanzahl der Wurzeln mit Rücksicht auf deren Vielfachheit $n$ nicht überschreitet, kann die mögliche Anzahl der verschiedenen Wurzeln $[n/2]$ nicht übersteigen, falls natürlich die Wurzeln in den Endpunkten jeweils nur mit $1/2$ gerechnet werden.

Sei weiterhin $\varphi_*(y)$ eine optimale Strategie für den zweiten Spieler. Dann ist

$$\int \int F(x, y)\, \mathrm{d}f_*(x)\, \mathrm{d}\varphi_*(y) = v = 0\,.$$

Da $h(y)$ nichtnegativ ist, darf daraus die Strategie $\varphi_*(y)$ ein von Null verschiedenes $\mathrm{d}\varphi_*(y)$ nur in den Punkten ergeben, in denen die Funktion $h(y)$ zu Null wird. Da es deren nur $[n/2]$ gibt, ist die zweite Hälfte von Satz XLVI bewiesen.

Es muß bemerkt werden, daß der letzte Satz für $n = 2$ zu einer offensichtlichen Folgerung aus Satz XLV wird, weil die Bedingung (359) für $n = 2$ garantiert, daß $F(x, y)$ in $y$ konvex ist.

Für $n = 1$ ist Satz XLVI eine Folgerung aus dem allgemeineren Satz des § 16, da die Bedingung $F'_y(x, y) \geqq 0$, d. h. die Monotonie der Auszahlung in $y$ für alle $x$ garantiert, daß das Vorzeichen von $F(x, y_1) - F(x, y_2)$ für ein beliebiges Paar $y_1$ und $y_2$ sich nicht ändert, wenn $x$ über $M$ variiert.

Die besonders große Aufmerksamkeit, die konvexer Auszahlung von Seiten der Spieltheoretiker zuteil wurde, wird zweifelsohne dadurch gerechtfertigt, daß solche Auszahlungen relativ häufig in der Praxis der Operationsforschung auftreten. In den Modellen, die im § 2 betrachtet wurden, ist dieser Umstand gut erkennbar. Wie wir bereits wissen, zeigte sich, daß die Auszahlungen im zweiten, vierten und achten Modell konvex sind. Aber die lineare Auszahlung im ersten Modell ist darüber hinaus auch konvex. Dasselbe trifft auch für die Auszahlung (328) in der Aufgabe zu, eine optimale Einschaltzeit für ein verdoppeltes Element (s. § 26) zu wählen.

Analysiert man diese Beispiele, so sieht man, daß man konvexe Auszahlungen bei Modellen erwarten kann, bei denen das Ziel darin besteht, Größen von der Art einer Exaktheit oder auch lineare Kriterien, wie sie für die Ökonomie typisch sind, zu vergrößern. Aber daraus folgt durchaus nicht, daß bei der Mehrzahl der gegenwärtig zu lösenden Probleme etwa in der Ökonomie und bei der automatischen Steuerung (Kriterium ist hier die Exaktheit) Spielprobleme erwartet werden müßten, die konvexe Auszahlungen und das heißt optimale reine Strategien besitzen.

Warum aber wurden bisher gemischte Strategien in der Praxis wenig ausgenutzt? Ist es daher schon zur Gewohnheit geworden, nur reine Strategien anzuwenden, indem man sie ohne hinreichende Gründe auch zu Operationen mit nichtkonvexer Auszahlung überträgt?

Wir wollen ein Beispiel dafür angeben, wie man die entwickelte Theorie der Spiele mit konvexer Auszahlung auf ein klassisches mathematisches Problem anwenden kann. Es soll noch einmal den Nutzen demonstrieren, den die Betrachtung konvexer Spiele bringt.

Es geht hier um das Modell Nr. 2, das auf das bekannte TSCHEBYSCHEWsche Problem führt, eine beste Annäherung einer Funktion durch Polynome zu finden. Wie schon gesagt, ist die Suche nach einem Polynom

$$P_n(t) = \sum_{i=0}^{n} a_i t^i ,$$

das die Funktion $f(t)$ möglichst gut approximiert, wobei

$$W = - |f(t) - P_n(t)|$$

das Kriterium ist und ein naturgegebener unbestimmter Faktor $t$ aus der Menge $N = [0; 1]$ vorliegt, äquivalent dazu, eine Lösung des Problems

$$\max_{\{a_i\}} \min_{0 \leqq t \leqq 1} \{- | f(t) - P_n(t)|\} = - \min_{\{a_i\}} \max_{0 \leqq t \leqq 1} |f(t) - P_n(t)|$$

zu bestimmen. Die letztere Beschreibung entspricht auch dem TSCHEBYSCHEW-Problem.

Nach Satz VIII kann man das Effektivitätskriterium $- |f(t) - P_n(t)|$ ohne Änderung der optimalen Wahl von $P_n(t)$ durch

$$W_1 = - [f(t) - P_n(t)]^2 \tag{361}$$

ersetzen. Also muß man ein optimales $P_n(t)$ erhalten (oder $\bar{a} = \{a_0, \dots, a_n\}$), das

$$\max_{\bar{a}} \min_{0 \leqq t \leqq 1} \{- [f(t) - P_n(t)]^2\} = - \min_{\bar{a} = \{a_i\}} \max_{0 \leqq t \leqq 1} [f(t) - P_n(t)]^2$$

$$= - \min_{\bar{a} = \{a_i\}} \max_{0 \leqq t \leqq 1} \left[f(t) - \sum_{i=0}^{n} a_i t^i\right]^2 \tag{362}$$

realisiert. Da

$$F(t, \bar{a}) = \left[f(t) - \sum_{i=0}^{n} a_i t^i\right]^2 \tag{363}$$

in $\bar{a}$ konvex ist, ist die Aufgabe, das Minimax für (362) zu suchen, äquivalent[1]) (s. Satz XLV) zur Aufgabe, einen Sattelpunkt und den Spielwert mit der Auszahlung (363) zu suchen. Nach eben diesem Satz XLV werden die optimalen gemischten Strategien für die Seiten im Spiel (363) folgende Gestalt annehmen:

1. Für die operierende, $\bar{a}$ auswählende Seite ist eine reine Strategie optimal.
2. Für die Natur ist eine Strategie optimal, die aus nicht mehr als $n + 2$ reinen Strategien $t_j$ $(j = 1, \dots, n + 2)$ besteht.

Sei $p_j$ die Wahrscheinlichkeit dafür, daß die Strategie $t_j$ angewendet wird. Wendet man dann eine beliebige Strategie $P = \{p_1, \dots, p_{n+2}\}$ und eine reine

---

[1]) Im Satz XLV ist die Strategienmenge beschränkt. Man überzeugt sich leicht davon, daß die Vektoren $\bar{a}$ für fixiertes $f(t)$ stets als beschränkt angesehen werden können, ohne daß sich das Minimax ändert.

Strategie $a$ an, so wird die Auszahlung zu

$$\sum_{j=1}^{n+2} p_j \left(f(t_j) - \sum_{i=0}^{n} a_i t_j^i\right)^2 = \overline{F}(P, T, \bar{a}) . \tag{364}$$

Hier ist $T = \{t_1, \ldots, t_{n+2}\}$.

Die Behauptung von Satz XLV, bezogen auf das betrachtete Problem, führt uns auf das folgende Resultat.

**Satz XLVII.** *Das* Tschebyschew-*Problem, eine beste Approximation der Funktion $f(t)$ im Intervall* $[0; 1]$ *mittels der Polynome*

$$p_n(t) = \sum_{i=0}^{n} a_i t^i$$

*zu finden, ist äquivalent zu dem Problem, den sicher existierenden Sattelpunkt für die Funktion $\overline{F}(P, T, \bar{a})$* (364) *zu finden, wobei man diese bezüglich $\bar{a}$ minimieren und bezüglich $P$ und $T$ maximieren soll.*

Dieses Resultat bedeutet, daß man die Aufgabe lösen muß, Vektoren $P_0$, $T_0$ und $\bar{a}_0$ zu finden, für die

$$\overline{F}(P_0, T_0, \bar{a}_0) = \min_{\bar{a}} \overline{F}(P_0, T_0, \bar{a}) = \max_{P,T} \overline{F}(P, T, \bar{a}_0) \tag{365}$$

gilt. Somit wurde das Tschebyschew-Problem dahin überführt, daß man gleichzeitig einen Komplex von zwei gewöhnlichen Extremalproblemen lösen muß.

Wir zeigen, wie man beispielsweise aus der Aufgabenstellung (365) den bekannten Satz von Tschebyschew erhalten kann. Dafür bemerken wir zuerst, daß die Aufgabe,

$$\overline{F}(P_0, T_0, \bar{a}_0) = \max_{P,T} \overline{F}(P, T, \bar{a}_0)$$

bei fixiertem $\bar{a}_0$ zu finden, natürlich dazu führt, daß notwendigerweise

$$\overline{F}(P_0, T_0, \bar{a}_0) = \max_{P} \overline{F}(P, T_0, \bar{a}_0) = \max_{T} \overline{F}(P_0, T, \bar{a}_0) \tag{366}$$

gilt.

Im Hinblick auf die Bedingung $\sum_{i=1}^{n+2} p_j = 1$ führt die erste dieser Aufgaben darauf, daß die Ableitungen von

$$\overline{F}(P, T_0, \bar{a}_0) - \lambda \sum_{j=1}^{n+2} p_j$$

nach $p_j$[1]) Null werden müssen, d. h. zu

$$\left[f(t_{j_0}) - \sum_{i=0}^{n} a_i^0 t_{j_0}^i\right]^2 - \lambda = 0 . \tag{367}$$

[1]) Hier wird vorausgesetzt, daß sämtliche optimalen $p_i > 0$ sind. Ist dies nicht so, so wird die Anzahl der Punkte $t_j$ im wesentlichen kleiner als $n + 2$, aber das widerspricht der Anzahl der Gleichungen in (370).

Hieraus folgt

$$\left[f(t_{j_0}) - \sum_{i=0}^{n} a_i^0 t_{j_0}^i\right]^2 = \text{const} = \lambda_1^2$$

für alle $t_j$ ($j \leqq n + 2$). Setzt man dann aber $P' = \{1, 0, \ldots, 0\}$, so hat man wegen $\sum p_j = 1$

$$\lambda_1^2 = \bar{F}(P_0, T_0, \bar{a}_0) = \max_{P,T} \bar{F}(P, T, \bar{a}_0)$$
$$\geqq \max_{T} \bar{F}(P', T, \bar{a}_0) = \max_{0 \leq t_1 \leq 1} [f(t_1) - \sum a_i^0 t_1^i]^2 . \quad (368)$$

Ist somit $\{a_i^0\} = a_0$ optimal, so *nimmt die Funktion*

$$\left[f(t) - \sum_{i=0}^{n} a_i^0 t^i\right]^2$$

*ein eindeutiges Maximum in* ($n + 2$) *Punkten* $t_{j,0}$ ($j = 1, \ldots, n + 2$) *an.*

Das erste Extremalproblem aus Aufgabe (365) führt offensichtlich auf die notwendigen Bedingungen

$$\sum_{j=1}^{n+2} p_j^0 \left[f(t_{j_0}) - \sum_{i=0}^{n} a_i^0 t_{j_0}^i\right] t_{j_0}^i = 0; \qquad i = 0, \ldots, n . \quad (369)$$

Sieht man sich die Forderung $\sum_{j=1}^{n+2} p_j = 1$ und die aus (368) abgeleitete Gleichung

$$f(t_{j_0}) - \sum_{t=0}^{n} a_i^0 t_{j_0}^i = (-1)^{\alpha_j} \lambda$$

an, so kann man (369) als Gleichungssystem für die Bestimmung der $p_j^0$ ansehen:

$$\left.\begin{aligned} \sum_{j=1}^{n+2} p_j^0 (-1)^{\alpha_j} t_{j_0}^i = 0; \qquad i = 0, \ldots, n , \\ \sum_{j=1}^{n+2} p_j^0 = 1 . \end{aligned}\right\} \quad (370)$$

Die Determinante für dieses System hat die Gestalt

$$\begin{vmatrix} 1 & \ldots & 1 \\ (-1)^{\alpha_1} & \ldots & (-1)^{\alpha_{n+2}} \\ (-1)^{\alpha_1} t_{10} & \ldots & (-1)^{\alpha_{n+2}} t_{n+2,0} \\ \cdot & \cdot & \cdot \\ (-1)^{\alpha_1} t_{10}^n & \ldots & (-1)^{\alpha_{n+2}} t_{n+2,0}^n \end{vmatrix} = (-1)^{\Sigma} \left\{ (-1)^{\alpha_1} \begin{vmatrix} 1 & \ldots & 1 \\ t_{20} & \ldots & t_{n+2,0} \\ \cdot & \cdot & \cdot \\ t_{20}^n & \ldots & t_{n+2,0}^n \end{vmatrix} \right.$$

$$\left. + (-1)^{\alpha_2+1} \begin{vmatrix} 1 & 1 & \ldots & 1 \\ t_{10} & t_{30} & \ldots & t_{n+2,0} \\ \cdot & \cdot & \cdot & \cdot \\ t_{10}^n & t_{30}^n & \ldots & t_{n+2,0}^n \end{vmatrix} + \cdots + (-1)^{\alpha_{n+2}+n+1} \begin{vmatrix} 1 & \ldots & 1 \\ t_{10} & \ldots & t_{n+1,0} \\ t_{10}^n & \ldots & t_{n+1,0}^n \end{vmatrix} \right\} .$$

Hier ist $\Sigma = \alpha_1 + \cdots + \alpha_{n+2}$. Bedient man sich des bekannten Ausdrucks für die VANDERMONDEsche Determinante

$$\begin{vmatrix} 1 & \ldots & 1 \\ t_1 & \ldots & t_k \\ t_1^{k-1} & \ldots & t_k^{k-1} \end{vmatrix} = \prod_{i<j} (t_i - t_j) = D(t_1, \ldots, t_k)\,,$$

so kann man leicht eine Lösung des Systems (370) beschreiben:

$$p_j^0 = (-1)^{\alpha_j+j-1} \frac{D(t_{10}, \ldots, t_{j-1,0}, t_{j+1,0}, \ldots, t_{n+2,0})}{\sum\limits_{s=1}^{n+2} (-1)^{\alpha_s+s-1} D(t_{10}, \ldots, t_{s-1,0}, t_{s+1,0}, \ldots, t_{n+2,0})}$$

$$= (-1)^{\alpha_j+j-1} \frac{\prod\limits_{i=1}^{j-1} (t_{i0} - t_{j0})^{-1} \prod\limits_{i=j+1}^{n+2} (t_{j0} - t_{i0})^{-1}}{\sum\limits_{s=1}^{n+2} (-1)^{\alpha_s+s-1} \prod\limits_{i=1}^{s-1} (t_{10} - t_{s0})^{-1} \prod\limits_{i=s+1}^{n+2} (t_{s0} - t_{i0})^{-1}}\,. \tag{371}$$

Wurden die Indices $j$ in der Reihenfolge fallender $t_{j_0}$ gewählt, so sind alle in (371) eingehenden VANDERMONDEschen Determinanten positiv.

Dem Sinn des Problems gemäß ist $p_j^0 \geqq 0$. Das kann offenbar nur dann sein, wenn sämtliche $(-1)^{\alpha_j+j-1}$ ein und dasselbe Vorzeichen haben. Aber dann ist $\alpha_j = j - 1 + \text{const}$. Das bedeutet, daß erstens in (371) alle Multiplikatoren $(-1)^{\alpha_j+j-1}$ fortgelassen werden können:

$$p_j^0 = \frac{D(t_{10}, \ldots, t_{j-1,0}, t_{j+1,0}, \ldots, t_{n+2,0})}{\sum\limits_{s=1}^{n+2} D(t_{10}, \ldots, t_{s-1,0}\, t_{s+1,0}, \ldots, t_{n+2,0})} \tag{372}$$

und zweitens erweisen sich die Differenzen

$$f(t_{j_0}) - \sum_{i=0}^{n} a_i^0 t_{j_0}^i$$

als im Modul identisch und als im Vorzeichen wechselnd, wenn $j$ von 1 bis $n + 2$ läuft.

Faßt man das Gesagte zusammen, so erhält man: Ist $\bar{a}_0$ ein optimaler Vektor im TSCHEBYSCHEW-Problem, so hat die Funktion $f(t) - \sum\limits_{i=0}^{n} a_i^0 t^i = \delta(t)$ $(n + 2)$ Punkte $t_{j_0}$ $(j = 1, \ldots, n + 2)$, in denen abwechselnd Maximum und Minimum von $\delta(t)$ angenommen werden, wobei die Absolutwerte für Maxima und Minima zusammenfallen. Das ist auch ein Spezialfall des allgemeinen TSCHEBYSCHEW-Theorems.

Dieser Behauptung können wir den Satz XLVII mit den gewonnenen Ausdrücken (372) hinzufügen. Möglicherweise kann eine derartige Behandlung angenehm sein, wenn man TSCHEBYSCHEWsche Probleme in der Praxis numerisch lösen will. Außerdem kann man offensichtlich auch numerische Methoden zur Lösung von Spielen in gemischten Strategien anwenden.

## § 29. Spiele mit Zeitpunktwahl

Unter *Spielen mit Zeitpunktwahl* (Duellspiele oder Duellsituationen) versteht man Spiele auf dem Einheitsquadrat, d. h. für $0 \leqq x \leqq 1$ und $0 \leqq y \leqq 1$ mit Auszahlungsfunktion

$$F(x, y) = \begin{cases} M(x, y), & x > y; \\ \Phi(x), & x = y; \\ L(x, y), & x < y. \end{cases} \tag{373}$$

Die Funktionen $M(x, y)$, $\Phi(x)$ und $L(x, y)$ werden gewöhnlich als zweimal differenzierbare Funktionen vorausgesetzt, natürlich jede in seinem Definitionsbereich. Allerdings soll $M(x, x) \neq L(x, x)$ sein, und beide Funktionen vom Argument $x$ können im allgemeinen von $\Phi(x)$ verschieden sein.

In der Regel wird auch angenommen, daß $M(x, y)$ und $L(x, y)$ bezüglich $x$ nicht abnehmen und in $y$ nicht wachsen. Das wird allerdings später ausgenutzt werden.

Es ist nicht wesentlich, die Strategienmengen für beide Spieler auf ein identisches Intervall zu beschränken, weil beliebige Intervalle durch eine Koordinatentransformation bei entsprechender Transformation der Auszahlung in das Einheitsintervall übergeführt werden können. Es ist natürlich möglich, Duellspiele auf mehrdimensionale Strategien $\bar{x}$ und $\bar{y}$ zu verallgemeinern, aber diese Verallgemeinerung wird hier nicht betrachtet (s. Karlin [20]).

Duellsituationen sind hinreichend weit verbreitet, besonders wenn man militärische Operationen untersucht. Sie drücken gewöhnlich die Tatsache aus, daß man einen beträchtlichen Vorteil über den Gegner bekommt, wenn es einem gelingt, dessen Aktionen zuvorzukommen, wenngleich es in dieser Situation auch die entgegengesetzte Tendenz gibt, bei der eine gewisse Verzögerung günstig ist.

Die erste Tendenz wird dadurch ausgedrückt, daß die Auszahlung auf der Geraden $x = y$ eine Unstetigkeit besitzt und die zweite durch die genannte Monotonie der Auszahlung über und unter dieser Geraden. Beispiele für eine Duellsituation ist das weiter oben angeführte Modell IX.

In der Theorie der Duellspiele unterscheidet man sogenannte geräuschlose und laute Spiele.

Bei einem lauten Duell wird die Wahl von $y$ dem ersten Spieler bekannt, wenn $x > y$ ist (zum Beispiel kann er im Modell IX hören, wenn der Schuß abgefeuert wurde, und diese Information verwenden, wenn er selbst noch nicht geschossen hatte) und die Wahl von $x$ dem zweiten Spieler, falls $x < y$ ist. Bei geräuschlosen Spielen tritt eine solche Information überhaupt nicht auf. Dementsprechend ist das laute Duell eine Art Zweischrittspiel mit nicht fixierter Zugfolge.

Seien hier die früher angegebenen Bedingungen erfüllt. Wurde dann zu Beginn von beiden Spielern eine Lösung in Gestalt von $x_0$, $y_0$ gewählt und erweist sich

$x_0$ größer als $y_0$, so wird im zweiten Schritt $x_0$ durch $x = 1$ ersetzt, was maximale $M(x, y_0)$ bei schon bekanntem $y_0$ ergibt. Für $x_0 < y_0$ wird umgekehrt $y_0$ durch 1 ersetzt. Ein derartiges Zweischrittspiel kann als Einschrittspiel in der Form

$$F_L(x, y) = \begin{cases} M(1, y), & x > y; \\ \Phi(x), & x = y; \\ L(x, 1), & x < y, \end{cases} \tag{374}$$

beschrieben werden und erweist sich somit als Spezialfall eines geräuschlosen Duellspiels (373), in dem $M$ nicht von $x$ und $L$ nicht von $y$ abhängt.

Es versteht sich, daß es unnötig ist, die Monotonie von $M(x, y)$ iund $L(x, y)$ bei der Bildung lauter Duelle vorauszusetzen. Im allgemeinen erhalten wir offensichtlich

$$F_L(x, y) = \begin{cases} M^*(y) = \max\limits_{x \geq y} M(x, y), & x > y; \\ \Phi(x), & x = y; \\ L^*(x) = \min\limits_{y \geq x} L(x, y), & x < y. \end{cases} \tag{375}$$

Für (373) beste reine (garantierende) Strategien aufzufinden bietet keine Schwierigkeiten, wenn ein bestes garantiertes Resultat überhaupt erreichbar ist. Ist es nicht erreichbar, d. h. ist $\sup\limits_x \inf\limits_y F(x, y)$ nicht $\max\limits_x \inf\limits_y F(x, y)$, so muß man von $\varepsilon$-optimalen reinen Strategien sprechen, die garantieren, daß man eine Auszahlung erhält, die nicht kleiner ist als $\sup\limits_x \inf\limits_y F(x, y) - \varepsilon$. Wir wollen nur mitteilen, was man für monotone $M(x, y)$ und $L(x, y)$ erhält. Dann gilt offenbar

$$\inf_y F(x, y) = \min \{M(x, x);\ \Phi(x);\ L(x, 1)\},$$

$$\sup_x \inf_y F(x, y) = \max_x \min \{M(x, x);\ \Phi(x);\ L(x, 1)\}.$$

Sind also $M(x, x)$, $\Phi(x)$ und $L(x, 1)$ auf $[0; 1]$ stetig, so existiert eine optimale, reine garantierende Strategie $x_0$.

Allerdings kann $\inf\limits_y F(x_0, y)$ auch nicht angenommen werden, wenn das Maximum der Größen $M(x_0, x_0)$; $\Phi(x_0)$; $L(x_0, 1)$ gleich $M(x_0, x_0)$ ist oder wenn $x_0 = 1$ und $M(1,1) \neq \Phi(1) \neq L(1, 1)$ gilt. Analog erhalten wir

$$\sup_x F(x, y) = \max \{M(1, y);\ \Phi(y);\ L(y, y)\}$$

und

$$\min_y \sup_x F(x, y) = \min_y \max \{M(1, y);\ \Phi(y);\ L(y, y)\}.$$

Für das laute Duell erhalten wir

$$\max_x \inf_y F_L(x, y) = \max_x \{M(1, x);\ \Phi(x);\ L(x, 1)\}.$$

Ein analoger Ausdruck ergibt sich auch für $\min\limits_y \sup\limits_x F_L(x, y)$.

Wir werden nun zeigen, daß für monotones $L(x, y)$ und $M(x, y)$, sowie für die Ungleichungen $L(1, 1) \leqq \Phi(1) \leqq M(1, 1)$ ein (geräuschloses wie auch ein lautes) Duell den Sattelpunkt (1; 1) und den Spielwert $\Phi(1)$ hat. Aus der Monotonie für beliebiges $y \neq 1$ folgt nämlich

$$F(1, y) = M(1, y) \geqq M(1, 1) \geqq \Phi(1) = F(1, 1) .$$

Umgekehrt gilt $F(x, 1) = L(x, 1) \leqq L(1, 1) \leqq \Phi(1) = F(1, 1)$ für beliebiges $x \neq 1$. Also ist $F(x, 1) \leqq F(1, 1) \leqq F(1, y)$ erfüllt. Damit zeigt sich, daß (1, 1) ein Sattelpunkt ist und $F(1, 1) = \Phi(1)$ der Wert des Spieles.

Wir wollen uns nicht weiter darein vertiefen, wie Duellsituationen in reinen Strategien gelöst werden können, sondern wir gehen zu deren Lösung in gemischten Strategien über. Im weiteren werden wir voraussetzen, daß das diskrete Spektrum der optimalen Strategien für die Spieler aus endlich vielen Punkten besteht, sowie daß eine stetige Komponente differenzierbar ist.

Sind $p(x)$ und $g(y)$ gemischte Strategien der Spieler (d. h. Verteilungsgesetze), so kann man die Auszahlung für den ersten Spieler in der Gestalt

$$\int_0^1 F(x, y)\, \mathrm{d}p(x) = \int_0^1 F(x, y)\, p'(x)\, \mathrm{d}x + \sum_{i=1}^{l} F(x_i, y)\, \Delta p(x_i)$$
$$= \int_0^y L(x, y)\, p'(x)\, \mathrm{d}x + \int_y^1 M(x, y)\, p'(x)\, \mathrm{d}x + \sum_{i=1}^{l} F(x_i, y)\, \Delta p(x_i) \tag{376}$$

schreiben. Hier sind die $x_i$ Punkte, in denen $p(x)$ eine endliche Sprungstelle mit $\Delta p(x_i)$ besitzt. Integriert man über $g(y)$, so erhält man

$$\int\int F(x, y)\, \mathrm{d}p(x)\, \mathrm{d}g(y) = \int_0^1\int_0^y L(x, y)\, p'(x)\, g'(y)\, \mathrm{d}x\, \mathrm{d}y$$
$$+ \int_0^1\int_y^1 M(x, y)\, p'(x)\, g'(y)\, \mathrm{d}x\, \mathrm{d}y + \sum_{j=1}^{m} \left[\int_0^{y_j} L(x, y_j)\, p'(x)\, \mathrm{d}x\right] \Delta g(y_j)$$
$$+ \sum_{j=1}^{m} \left[\int_{y_j}^1 M(x, y_j)\, p'(x)\, \mathrm{d}x\right] \Delta g(y_j) + \sum_{i=1}^{l} \left[\int_0^{x_i} M(x_i, y)\, g'(y)\, \mathrm{d}y\right] \Delta p(x_i)$$
$$+ \sum_{i=1}^{l} \left[\int_{x_i}^1 L(x_i, y)\, g'(y)\, \mathrm{d}y\right] \Delta p(x_i) + \sum_{i=1}^{l}\sum_{j=1}^{m} F(x_i, y_j)\, \Delta p(x_i)\, \Delta g(y_j) . \tag{377}$$

Wir setzen nun voraus, daß das Spiel einen Sattelpunkt besitzt und daß $p_0(x)$ und $g_0(y)$ ihn bilden. Dann gilt

$$\min_{g(y)} \int\int F(x, y)\, \mathrm{d}p_0(x)\, \mathrm{d}g(y) = \int\int F(x, y)\, \mathrm{d}p_0(x)\, \mathrm{d}g_0(y) ,$$
$$\max_{p(x)} \int\int F(x, y)\, \mathrm{d}p(x)\, \mathrm{d}g_0(y) = \int\int F(x, y)\, \mathrm{d}p_0(x)\, \mathrm{d}g_0(y) .$$

Da diese Extremaleigenschaften von $p_0$ und $g_0$ für beliebige $p(x)$ und $g(y)$ erfüllt sind, sind sie umsomehr auch für $p(x)$ und $g(y)$ erfüllt, die Sprungstellen in den

Punkten $x_i$ bzw. $y_i$ mit $\Delta p_0(x_i)$ bzw. $\Delta g_0(y_j)$ haben, was auch bei den Funktionen $p_0(x)$ und $g_0(y)$ der Fall ist. Aber dann liegen uns zwei optimale Steuerprobleme mit optimalen $f_0(x) = p_0'(x)$ bzw. $\varphi_0(y) = g_0'(y)$ für die Funktionen $p'(x) = f(x)$ bzw. $g'(y) = \varphi(y)$ vor.

1. Man suche das Maximum bezüglich $f(x)$ (hier ist $\Delta q_j^0 = \Delta g_0(y_j)$) von

$$\int_0^1 \int_0^y L(x, y)\, f(x)\, \varphi_0(y)\, dx\, dy + \int_0^1 \int_y^1 M(x, y)\, f(x)\, \varphi_0(y)\, dx\, dy$$

$$+ \sum_{j=1}^m \Delta q_j^0 \int_0^{y_j} L(x, y_j)\, f(x)\, dx + \sum_{j=1}^m \Delta q_j^0 \int_{y_j}^1 M(x, y_j)\, f(x)\, dx$$

$$= \int_0^1 M(1, y)\, \varphi_0(y)\, dy \times \int_0^1 f(x)\, dx + \int_0^1 \Bigg\{ \Bigg[ \big(L(x, x) - M(x, x)\big)\, \varphi_1(x)$$

$$- \int_x^1 L_x'(x, y)\, \varphi_0(y)\, dy - \int_0^x M_x'(x, y)\, \varphi_0(y)\, dy \Bigg] \int_0^x f(t)\, dt$$

$$+ \Bigg[ \sum_{j=1}^m \Delta q_j^0\, F(x, y_j) \Bigg] f(x) \Bigg\}\, dx\,. \qquad (378)$$

Da $\int_0^1 f(x)\, dx = 1 - \sum_{i=1}^l \Delta p_i^0$ gilt, bleibt das erste Glied konstant.

2. Man suche das Minimum bezüglich $\varphi(y)$ von

$$\int_0^1 \int_0^y L(x, y)\, f_0(x)\, \varphi(y)\, dx\, dy + \int_0^1 \int_y^1 M(x, y)\, f_0(x)\, \varphi(y)\, dx\, dy$$

$$+ \sum_{i=1}^l \Delta p_i^0 \left[ \int_0^{x_i} M(x_i, y)\, \varphi(y)\, dy + \int_{x_i}^1 L(x_i, y)\, \varphi(y)\, dy \right]$$

$$= \int_0^1 L(x, 1)\, f_0(x)\, dx \times \int_0^1 \varphi(y)\, dy + \int_0^1 \Bigg\{ \Bigg[ \big(M(y, y) - L(y, y)\big)\, f_0(y)$$

$$- \int_0^y L_y'(x, y)\, f_0(x)\, dx - \int_y^1 M_y'(x, y)\, f_0(x)\, dx \Bigg] \int_0^y \varphi(t)\, dt$$

$$+ \Bigg[ \sum_{i=1}^l \Delta p_i^0\, F(x_i, y) \Bigg] \varphi(y) \Bigg\}\, dy\,. \qquad (379)$$

Wendet man in beiden Fällen notwendige Bedingungen an, nämlich das PONTRJAGINsche Maximumprinzip, so erhält man im ersten Fall:

$$\mathcal{H} = \psi_0 \Bigg\{ \Bigg[ \big(L(t, t) - M(t, t)\big)\, \varphi_0(t) - \int_t^1 L_t'(t, y)\, \varphi_0(y)\, dy$$

$$- \int_0^t M_t'(t, y)\, \varphi_0(y)\, dy \Bigg] X + \sum_{i=1}^m \Delta q_j^0\, F(t, y_j)\, u \Bigg\} + \psi_1 u$$

mit

$$\psi_0 > 0 \quad \text{und} \quad \frac{d\psi_1}{dt} = -\psi_0 \left[ \left(L(t,t) - M(t,t)\right) \varphi_0(t) - \int_t^1 L_t'(t,y)\,\varphi_0(y)\,dy - \int_0^t M_t'(t,y)\,\varphi_0(y)\,dy \right].$$

Hieraus folgt

$$\psi_1 = -\psi_0 \left\{ \int_0^t [L(t_1,t_1) - M(t_1,t_1)]\,\varphi_0(t_1)\,dt_1 - \int_0^t \left[ \int_{t_1}^1 L_t'(t_1,y)\,\varphi_0(y)\,dy + \int_0^t M_t'(t_1,y)\,\varphi_0(y)\,dy \right] dt_1 \right\} + C .$$

Aber dann wird das Maximum von $\mathscr{H}$ unter der Bedingung $u = p' \geqq 0$ in folgenden Fällen angenommen:

a) Ist

$$\sum_{j=1}^m \Delta q_j^0\, F(t, y_j) = \int_0^t [L(t_1,t_1) - M(t_1,t_1)]\,\varphi_0(t_1)\,dt_1 + C - \int_0^t \left[ \int_{t_1}^1 L_t'(t_1,y)\,\varphi_0(y)\,dy + \int_0^{t_1} M_t'(t_1,y)\,\varphi_0(y)\,dy \right] dt_1 ,$$

so gilt $u = f_0(t) = 0$.

b) Gilt $u = f_0(t) \neq 0$, so haben wir

$$\sum_{j=1}^m \Delta q_j^0\, F(t, y_j) = \int_0^t [L(t_1,t_1) - M(t_1,t_1)]\,\varphi_0(t_1)\,dt_1 + C - \int_0^t \left[ \int_{t_1}^1 L_t'(t,y)\,\varphi_0(y)\,dy + \int_0^{t_1} M_t'(t_1,y)\,\varphi_0(y)\,dy \right] dt_1$$

oder, was dasselbe ist.

$$[L(t,t) - M(t,t)]\,\varphi_0(t) = \int_0^1 F_x(t,y)\,\varphi_0(y)\,dy + \sum_{j=1}^m \Delta q_j^0\, F_x(t, y_j) \tag{380}$$

mit

$$F_x(t,y) = L_x'(t,y) \quad \text{für} \quad y > t ,$$
$$F_x(t,y) = M_x'(t,y) \quad \text{für} \quad y < t .$$

Hieraus folgt auch, daß $t \neq y_j$ gilt. Daher können diejenigen Intervalle, für die $f_0(t) \neq 0$ ist, nur solche Intervalle sein, die $y_j$ nicht enthalten, d. h. die zwischen den jeweiligen $y_j$ liegen. Vollständig analog erhält man

$$[M(t,t) - L(t,t)]\,f_0(t) = \int_0^1 F_y(x,t)\,f_0(x)\,dx + \sum_{i=1}^l \Delta p_j^0\, F_y(x_i, t) \tag{381}$$

überall dort, wo $\varphi_0(t) \neq 0$ gilt, wobei die Intervalle, in denen $\varphi_0(t) \neq 0$ gilt, $x_i$ nicht enthalten können.

Aus dem Gesagten wird ebenfalls klar, daß in der Regel $\varphi_0(t) = 0$ (380) und $f_0(t) = 0$ (381) nicht erfüllt. Daher müssen die Intervalle, in denen $\varphi_0(t)$ und $f_0(t)$ Null sind, gewöhnlich zusammenfallen, ebenso wie die Intervalle, in denen die Integralgleichungen (380) und (381) erfüllt sind.

Wir wollen nun $f_0$, $\varphi_0$, $x_i$ und $y_j$ fixieren, dagegen werden wir $\Delta q_j$ und $\Delta p_i$ so verändern, daß

$$\sum_{i=1}^{l} \Delta p_i = 1 - \int_0^1 f_0(x)\,dx \quad \text{und} \quad \sum_{j=1}^{m} \Delta q_j = 1 - \int_0^1 \varphi_0(y)\,dy$$

ungeändert bleiben. Da $p_0(x)$ und $g_0(y)$ optimal sind, bilden dann die Vektoren $Q = \{\Delta q_j^0\}$ und $P = \{\Delta p_i^0\}$ einen Sattelpunkt für die Funktion

$$W(P, Q) = \sum_{j=1}^{m} \left[\int_0^1 F(x, y_j)\, f_0(x)\,dx\right] \Delta q_j + \sum_{i=1}^{l} \left[\int_0^1 F(x_i, y)\, \varphi_0(y)\,dy\right] \Delta p_i$$
$$+ \sum_{i=1}^{l} \sum_{j=1}^{m} F(x_i, y_j)\, \Delta p_i\, \Delta q_j\,. \tag{382}$$

Wegen $\Delta p_i^0 > 0$ und $\Delta q_j^0 > 0$ $(j \leqq m,\ i \leqq 1)$ ergeben sich hieraus als notwendige Bedingungen offensichtlich

$$\left.\begin{aligned} &\sum_{i=1}^{l} F(x_i, y_j)\, \Delta p_i^0 + \int_0^1 F(x, y_j)\, f_0(x)\,dx = \lambda = \text{const}\,; \\ &\sum_{j=1}^{m} F(x_i, y_j)\, \Delta q_j^0 + \int_0^1 F(x_i, y)\, \varphi_0(y)\,dy = \mu = \text{const}\,. \end{aligned}\right\} \tag{383}$$

Wir erhalten nun notwendige Bedingungen auf Kosten einer optimalen Auswahl von $x_i$ und $y_i$.

Sind $f_0$, $\varphi_0$, $\Delta p_i^0$ und $\Delta q_j^0$ fixiert, so bilden die Vektoren $\{x_i\}$ und $\{y_j\}$ natürlich einen Sattelpunkt für die Auszahlung (382), da dieses auch für $p_0(x)$ und $g_0(y)$ gilt. Hieraus ergibt sich für diejenigen $x_i$ und $y_j$, die nicht zu 0 oder 1 werden und für die $x_i \neq y_j$ gilt:

$$\left.\begin{aligned} &\int_0^1 F_y(x, y_j)\, f_0(x)\,dx + \sum_{i=1}^{l} F_y(x_i, y_j)\, \Delta p_j^0 = 0\,, \\ &\int_0^1 F_x(x_i, y)\, \varphi_0(y)\,dy + \sum_{j=1}^{m} F_x(x_i, y_j)\, \Delta q_i^0 = 0\,. \end{aligned}\right\} \tag{384}$$

Man überzeugt sich unschwer davon, daß $x_i \neq y_j$ gilt. Sei nämlich

$$M(x_i, x_i) \neq L(x_i, x_i)\,,$$

und zwar

$$M(x_i, x_i) < L(x_i, x_i)\,.$$

Ist dann

$$F(x_i, x_i) = \Phi(x_i) > M(x_i, x_i)$$

und wählt man $y_j - \delta$ anstelle von $y_j$, so erhält man anstatt $F(x_i, y_j) = \Phi(x_j)$ die Größe $M(x_i, y_j - \delta) < \Phi(x_i)$. Läßt man $\delta$ gegen 0 gehen, so erkennt man, daß $y_j$ das Minimum von (382) nicht realisiert.

Ist dagegen $\Phi(x_i) < L(x_i, x_i)$ und wählt man $x_i - \delta$ statt $x_i$, so erhält man wiederum einen Widerspruch.

Für den Fall, daß $M(x_i, x_i) = L(x_i, x_i)$ ist, aber nicht gleich $\Phi(x_i)$, ist der Widerspruch ebenfalls offensichtlich. Jedoch ist für $x = y$ die Sprungstelle sicher, und folglich gilt $x_i \neq y_j$.

Es bleibt nur noch, notwendige Bedingungen für die Größen

$$A = \int_0^1 f_0(x)\, dx$$

und

$$B = \int_0^1 \varphi_0(y)\, dy\,.$$

zu gewinnen. Dafür fixieren wir $x_i$ und $y_j$ in der Gestalt von $f(x)$ und $\varphi(y)$:

$$\left.\begin{aligned} f(x) &= k f_0(x)\,, \qquad & \Delta p_i &= \frac{1 - kA}{1 - A}\, \Delta p_i^0\,, \\ \varphi(y) &= s \varphi_0(y)\,, \qquad & \Delta q_j &= \frac{1 - sB}{1 - B}\, \Delta q_j^0\,. \end{aligned}\right\} \tag{385}$$

Es ist offensichtlich, daß die Auszahlung (377) ihren Sattelpunkt (1; 1) in den Variablen $k$ und $s$ besitzt, wenn man (385) wählt. Aber hieraus erhalten wir die notwendigen Bedingungen

$$\begin{gathered} \int_0^1 \int_0^1 F(x, y)\, f_0(x)\, \varphi_0(y)\, dx\, dy + \sum_{j=1}^m \Delta q_j^0 \int_0^1 F(x, y_j)\, f_0(x)\, dx - \\ - \frac{A}{1 - A} \sum_{i=1}^l \Delta p_i^0 \int_0^1 F(x_i, y)\, \varphi_0(y)\, dy - \frac{A}{1 - A} \sum_{i=1}^l \sum_{j=1}^m F(x_i, y_j)\, \Delta p_i^0\, \Delta q_j^0 = 0\,, \end{gathered} \tag{386}$$

$$\begin{gathered} \int_0^1 \int_0^1 F(x, y)\, f_0(x)\, g_0(y)\, dx\, dy - \frac{B}{1 - B} \sum_{j=1}^m \Delta q_j^0 \int_0^1 F(x, y_j)\, f_0(x)\, dx + \\ + \sum_{i=1}^l \Delta p_i^0 \int_0^1 F(x_i, y)\, \varphi_0(y)\, dy - \frac{B}{1 - B} \sum_{i=1}^l \sum_{j=1}^m F(x_i, y_j)\, \Delta p_i^0\, \Delta q_j^0 = 0\,. \end{gathered} \tag{387}$$

Die Gesamtheit aller angegebenen notwendigen Bedingungen erlaubt es uns, der Optimalität verdächtige $p_0(x)$ und $g_0(y)$ auszusuchen, ohne die Monotonie von $M(x, y)$ und $L(x, y)$ vorauszusetzen. Allerdings liegt diese Monotonie in vielen Fällen vor, und dieser Umstand vereinfacht die Form der optimalen $p_0(x)$ und $g_0(y)$. Ist nämlich

$$M_x'(x, y) > 0; \quad L_x'(x, y) > 0; \quad M_y'(x, y) < 0; \quad L_y'(x, y) < 0\,,$$

so folgt daraus unmittelbar, daß die Bedingung (384) unerfüllbar ist. Das bedeutet aber, daß $x_i$ und $y_i$ existieren können, die vielleicht nur gleich 0 und 1 sind.

Somit haben die optimalen $p_0(t)$ und $g_0(t)$ die folgende Gestalt: In den Punkten $t = 0$ und $t = 1$ können Sprünge $\Delta p_0$ und $\Delta p_1$, $\Delta q_0$ und $\Delta q_1$ auftreten. Für die restlichen $t$ ist entweder

$$f_0(t) = p_0'(t) = \varphi_0(t) = g_0'(t) = 0$$

oder

$$[L(t, t) - M(t, t)]\, \varphi_0(t) = \int_a^1 F_x(t, y)\, \varphi_0(y)\, dy + \Delta q_0 F_x(t, 0) + \Delta q_1 F_x(t, 1)\,, \tag{388}$$

$$[M(t, t) - L(t, t)]\, f_0(t) = \int_a^1 F_y(x, t)\, f_0(x)\, dx + \Delta p_0 F_y(0, t) + \Delta p_1 F_y(1, t) \tag{389}$$

erfüllt. Hierbei ist $a$ der maximale Wert derart, daß

$$f_0(t) = \varphi_0(t) = 0$$

für $t < a$ gilt.

Wir wollen nun voraussetzen, daß ein Intervall $[c, d]$ mit $a < c < d \leqq 1$ existiert, für das wiederum $f_0(t) = g_0(t) = 0$ mit $c < t < d$ gilt. Da $p_0(t)$ optimal ist, haben wir für beliebiges $y$

$$\int_0^1 F(x, y)\, dp_0(x) \geqq v\,,$$

wobei $v$ der Spielwert ist.

Wegen der Gleichung $p_0'(x) = 0$ für $c < x < d$ und für $x < a$ folgt hieraus

$$\int_a^c F(x, y)\, dp_0(x) + \int_a^1 F(x, y)\, dp_0(x) \geqq v\,.$$

Insbesondere gilt

$$\int_a^c F(x, y)\, dp_0(x) + \int_d^1 F(x, y)\, dp_0(x) = v$$

in allen Stetigkeitspunkten von $\varphi_0(y)$ für $a < y < c$. Ist nämlich

$$\int_d^c F(x, y)\, dp_0(x) + \int_d^1 F(x, y)\, dp_0(x) > v$$

in mindestens einem Stetigkeitspunkt, so gilt diese Ungleichung auch in einem gewissen Positivitätsintervall von $\varphi_0(y)$ richtig bliebe. Aber dann ist auch

$$\int_0^1 \int_0^1 F(x, y)\, dp_0(x)\, d\varphi_0(y) > v\,,$$

was der Optimalität von $\varphi_0(y)$ widerspricht.

Ist aber

$$v = \int_v^c F(x, y_0)\, dp_0(x) + \int_d^1 F(x, y_0)\, dp_0(x)$$

in den Stetigkeitspunkten von $\varphi_0(y)$ für $a < y < c$, so ist genau diese Gleichung auch für $y_i \to c$ erfüllt, d. h.

$$v = \int_a^c L(x, c)\, dp_0(x) + \int_d^1 M(x, c)\, dp_0(x) .$$

Dann haben wir wegen $L'_y < 0$ und $M'_y < 0$ offenbar

$$v > \int_y^c L(x, y)\, dp_0(x) + \int_d^1 M(x, y)\, dp_0(x)$$

für $c < y < d$, und dies widerspricht der Optimalität von $p_0(t)$. Hieraus folgt $c = d$, und also *müssen für* $a < t < 1$ die *Integralgleichungen* (388) *und* (389) *erfüllt sein, die die Gestalt von* $\varphi_0$ *und* $f_0$ *in Abhängigkeit von* $a$, $\Delta p_0$, $\Delta q_0$, $\Delta p_1$ *und* $\Delta q_1$ *erfüllen.* Fügt man die Bedingungen (383), (386) und (387) hinzu, so erhält man eine Menge von Bedingungen, die im Prinzip hinreichen, um sämtliche Parameter außer $a$ zu bestimmen. Allerdings erlegen die Lösbarkeitsbedingungen für die Integralgleichungen (383)—(389) auch der Größe $a$ in Wirklichkeit gewisse Forderungen auf.

Als Beispiel wollen wir das im Modell IX gegebene Duell lösen, weil dafür schon früher optimale reine Strategien angegeben wurden.

Wenn man die Abbildung $D_1 = -\ln x$, $D_2 = -\ln y$ differenziert (für $0 \leqq x; y \leqq 1$), so überführt man das betrachtete Spiel in die Gestalt (373) mit

$$L(x, y) = p(-\ln x) = p_1(x) = \Phi(x) ,$$

$$M(x, y) = p(-\ln x)\,[1 - g(-\ln y)] = p_1(x)\,[1 - g_1(y)] .$$

Wir werden $p_0(0) = g_1(0) = 0$ und $p_1(1) = g_1(1) = 1$ setzen. Offensichtlich haben wir $L'_y(x, y) = 0$; $F'_y(0, t) = L'_y(0, t) = 0$;

$$F'_y(1, t) = M'_y(1, t) = -g'_1(t); \qquad M(t, t) - L(t, t) = -p_1(t)\, g_1(t);$$

$$M'_y(x, t) = -p_1(x)\, g'_1(t) .$$

Daher erlangt die Gleichung (389) die Form

$$-p_1(t)\, g_1(t)\, f_0(t) = -\int_t^1 p_1(x)\, g'_1(t)\, f_0(x)\, dx - \Delta p_1 g'_1(t) \tag{390}$$

für $a \leqq t$. Dividiert man durch $g'_1(t)$ und differenziert man, so erhält man die Gleichung

$$\left[\frac{p_1(t)\, g_1(t)}{g'_1(t)}\, f_0(t)\right]' = p_1(t)\, f_0(t) \quad \text{für} \quad a < t .$$

Hieraus folgt

$$\left.\begin{aligned} f_0(t) &= \frac{c g_1'(t)}{p_1(t)\, g_1^2(t)} \qquad &\text{für} \quad t \geqq a\,, \\ f_0(t) &= 0 &\text{für} \quad t < a\,. \end{aligned}\right\} \tag{391}$$

Genauso haben wir für $\varphi_0(t)$

$$\begin{aligned} p_1(t)\, g_1(t)\, \varphi_0(t) = \int_a^t p_1'(t)\, [1 - g_1(y)]\, \varphi_0(y)\, \mathrm{d}y \\ + \int_t^1 p_i'(t)\, \varphi_0(y)\, \mathrm{d}y + \Delta q_0 p_1'(t) + \Delta q_1 p_1'(t) \end{aligned} \tag{392}$$

und daraus

$$\left[\frac{p_1(t)\, g_1(t)}{p_1'(t)}\, \varphi_0(t)\right]' = [1 - g_1(t)]\, \varphi_0(t) - \varphi_0(t) = -\, g_1(t)\, \varphi_0(t)$$

und

$$\varphi_0(t) = \frac{c_1 p_1'(t)}{p_1^2(t)\, g_1(t)}\,. \tag{393}$$

Aus der Gleichung (383) bekommen wir offenbar

$$\begin{aligned} \Delta p_1[F(1, 1) - F(1, 0)] + \Delta p_0[F(0, 1) - F(0, 0)] \\ + \int_a^1 [F(x, 1) - F(x, 0)]\, f_0(x)\, \mathrm{d}x = 0\,, \\ \Delta q_1[F(1, 1) - F(0, 1)] + \Delta q_0[F(1, 0) - F(0, 0)] \\ + \int_a^1 [F(1, y) - F(0, y)]\, \varphi_0(y)\, \mathrm{d}y = 0\,. \end{aligned}$$

Wegen $F(1, 1) = F(1, 0) = 1$; $(F(0, 0) = 0 = F(0, 1)$; $F(x, 1) = p_1(x) = F(x, 0)$; $F(1, y) = 1 - g_1(y)$; $F(0, y) = 0$ ist die erste Gleichung exakt erfüllt, und aus der zweiten erhalten wir

$$\Delta q_1 + \Delta q_0 + \int_a^1 [1 - g_1(y)]\, \varphi_0(y)\, \mathrm{d}y = 0\,.$$

Wegen $1 - g_1(y) \geqq 0$ kommen wir von hier aus zwangsläufig zu dem Schluß $\Delta q_1 = \Delta q_0 = 0$ (dann ist die Bedingung (383) nicht notwendig). Aber dann ergibt sich aus der Normierungsbedingung

$$\int_a^1 \varphi_0(t)\, \mathrm{d}t = 1\,,$$

d. h.

$$c_1 \int_a^1 \frac{p_1'(t)}{p_1^2(t)\, g_1(t)}\, \mathrm{d}t = 1\,. \tag{394}$$

Bestimmt man daraus $c_1$, erhält man weiter aus der Bedingung (392)

$$\frac{p_1'(t)}{p_1(t)} = \int_a^t p_1'(t)\,[1 - g_1(y)]\,\frac{p_1'(y)}{p_1^2(y)\,g_1(y)}\,dy + \int_t^1 p_1'(t)\,\frac{p_1'(y)}{p_1^2(y)\,g_1(y)}\,dy\,.$$

Hieraus gewinnen wir die $a$ definierende Bedingung

$$\frac{1}{p_1(t)} = \int_a^t \frac{p_1'(y)\,[1 - g_1(y)]}{p_1^2(y)\,g_1(y)}\,dy + \int_t^1 \frac{p_1'(y)}{p_1^2(y)\,g_1(y)}\,dy$$

$$= \int_a^1 \frac{p_1'(y)\,[1 - g_1(y)]}{p_1^2(y)\,g_1(y)}\,dy + \int_t^1 \frac{p_1'(y)}{p_1^2(y)}\,dy\,,$$

und daher haben

$$\int_a^1 \frac{p_1'(y)\,[1 - g_1(y)]\,dy}{p_1^2(y)\,g_1(y)} = \frac{1}{p_1(1)} = 1\,. \tag{395}$$

Im Sinne der Aufgabe hängen $\Delta p_0 = 0$, $c$ und $\Delta p_1$ über die folgenden Beziehungen zusammen:

$$\left.\begin{aligned} \Delta p_1 &= 1 - \int_a^1 f_0(x)\,dx = 1 - c\int_a^1 \frac{g_1'(t)\,dt}{p_1(t)\,g_1^2(t)}\,, \\ \frac{c}{g_1(t)} &= \Delta p_1 + \int_t^1 \frac{c g_1'(x)}{g_1^2(x)}\,dx\,. \end{aligned}\right\} \tag{396}$$

Die zweite, aus (390) zu folgernde Gleichung ergibt offenbar $(g_1(t) = 1)$:

$$\Delta p_1 = \frac{c}{g_1(1)} = c\,.$$

Daher erhalten wir mit Rücksicht auf (396)

$$\Delta p_1 = c = \frac{1}{1 + \int_a^1 \frac{g_1'(t)\,dt}{p_1(t)\,g_1^2(t)}}\,. \tag{397}$$

Die Beziehungen (391), (393), (394), (395) und (397) zusammen ergeben die Lösung der Aufgabe.

Zur Illustration betrachten wir den Fall $p_1(t) = g_1(t) = p(t)$. Dann gilt

$$\varphi_0 = c_1\,\frac{p'(t)}{p^3(t)}\,; \qquad f_0 = c\,\frac{p'(t)}{p^3(t)}\,; \qquad c_1 = \frac{2p^2(a)}{1 - p^2(a)}\,.$$

Für $a$ erhalten wir die Gleichung $1 - 2p(a) - p^2(a) = 0$, und daraus $p(a) = \sqrt{2} - 1$ und schließlich

$$\Delta p_1 = c = \frac{1}{1 + \frac{1}{2}\left(\frac{1}{p^2(a)} - 1\right)} = \frac{2p^2(a)}{p^2(a) + 1}.$$

Andere Beispiele für die Lösung von Duellen findet man im Buch von M. DRESHER [7]. Eine weitere allgemeine theoretische Bearbeitung der Existenz- und Eindeutigkeitsfragen bei der Lösung von Duellen mit monotonen $M(x, y)$ und $L(x, y)$ kann man in der schon oft zitierten Monographie von KARLIN [20] inden.

# LITERATURVERZEICHNIS


[1] BELLMAN, R., Adaptive Control Processes: A Guided Tour, Princeton Univ. Press, Princeton 1961 (russ. Übers.: Беллман, Р., Процессы регулирования с адаптацией, «Наука», Москва 1964).

[2] BELLMAN, R., GLICKSBERG, I., GROSS, O., Some Aspects of the Mathematical Theory of Control Processes, RAND Corp., Sta. Monica 1958 (russ. Übers.: Беллман, Р., Гликсберг, И., Гросс, О., Некоторые вопросы математической теории процессов управления, ИЛ, Москва 1962).

[3] BLACKWELL, D., GIRSHIK, M., Theory of Games and Statistical Decisions, John Wiley & Sons, New York 1954 (russ. Übers.: Блекуэлл, Д., Гиршик, М., Теория игр и статистических решений, ИЛ, Москва 1958).

[4] BOLTJANSKI, W. G. (Болтянский, В. Г.) Математические методы оптимального управления, «Наука», Москва 1966.

[5] DAWYDOW, E. G. (Давыдов, Э. Г.) О применении стильтьесовских моментов, Журнал вычислительной математики и математической физики 7, №5, 1967.

[6] DEMJANOW, W. F. (Демьянов, В. Ф.) К решению некоторых минимаксных задач, Кибернетика Киев, № 6, 1966.

[7] DRESHER, M., Games of Strategy: Theory and Applications, Prentice Hall, Englewood Cliffs 1961 (russ. Übers.: Дрешер, М., Стратегические игры, «Советское радио». Москва 1964).

[8] GALE, D., The Theory of Linear Economic Models, Mc Graw-Hill, New York 1960 (russ. Übers.: Гейл, Д., Теория линейных экономических моделей, ИЛ, Москва 1963).

[9] GERMEIER, J. B. (Гермейер, Ю. Б.) Методологические и математические основы исследования операций и теории игр (текст лекций), Ротапринт МГУ, 1967.

[10] GERMEIER, J. B. (Гермейер, Ю. Б.) О необходимых условиях для максмина, Кибернетика 1, 1967.

[11] GERMEIER, J. B. (Гермейер, Ю. Б.) Необходимые условия максмина, Журнал вычислительной математики и математической физики 2, 1969.

[12] GERMEIER, J. B. (Гермейер, Ю. Б.) Приближенное сведение с помощю штрафных функций задачи определения максмина к задаче определения максимума, Журнал вычислительной математики и математической физики 3, 1969.

[13] GERMEIER, J. B., IRGER, D. S., KALABUCHOWA, E. P. (Гермейер, Ю. Б., Иргер, Д. С., Калабухова, Е. П.) О гарантированных оценках надежности системы при неполных сведениях о надежности элементов, Журнал вычислительной математики и математической физики 6, № 4, 1966.

[14] GLUSCHKOW, W. M. (Глушков, В. М.) Введение в кибернетику, Изд-во АН УССР, Москва 1964.

[15] GNEDENKO, B. W., Lehrbuch der Wahrscheinlichkeitsrechnung, Akademie-Verlag, Berlin 1970.

[16] Gnedenko, B. W., Schor, J. B. (Гнеденко, Б. В., Шор, Я. Б.) Надежность, Энциклопедический справочник «Автоматизация производства и промышленная электроника», 1963.

[17] Golstein, E. G., Judin, D. B. (Гольштейн, Е. Г., Юдин Д. Б.) Новые направления в линейном программировании, «Советское радио», Москва 1966).

[18] Irger, D. S. (Иргер, Д. С.) Об оптимальной фильтрации по минимаксному критерию, Техническая кибернетика **5**, 1966.

[19] Isaacs, P., Differential Games, A Theory with Applications to Warfare and Pursuit, Control and Optimization, John Wiley & Sons, New York 1965 (russ. Übers.: Айзекс, Р., Дифференциальные игры, «Мир», Москва 1967).

[20] Karlin, S., Mathematical Methods and Theory of Games, Programming and Economics, Vol. I, II, Addison-Wesley, London 1959 (russ. Übers.: Карлин, С., Математические методы в теории игр, программировании и экономике, «Мир», Москва 1964).

[21] Kaufmann, A., Faure, R., Invitation à la recherche opérationelle, Dunod, Paris 1963 (russ. Übers.: Кофман, А., Фор, Р., Займемся исследованием операдий, «Мир», Москва 1966.

[22] Lewitin, E. S., Poljak, B. P. (Левитин, Е. С., Поляк, Б. П.) Методы минимизации при наличии ограничений, Журнал вычислительной математики и математической физики **6**, № 5, 1966.

[23] Luce, R. D., Raiffa, H., Games and Decisions: Introduction and Critical Surrey, John Wiley & Sons, New York 1957 (russ. Übers.: Льюс, Р. Д., Райфа, Х., Игры и решения, ИЛ, Москва 1961).

[24] McKinsey, J., Introduction to the Theory of Games, Mc Graw Hill, New York 1952 (russ. Übers.: Мак-Кинси, Дж., Введение в теорию игр, Физматгиз, Москва 1960).

[25] Moisejew, N. N. (Моисеев, Н. Н.) Численные методы теории оптимальных управлений, использующие вариации в пространстве состояний, Кибернетика, Киев, № **3**, 1966.

[26] Neumann, J. von, Morgenstern, O., Spieltheorie und wirtschaftliches Verhalten, Physica-Verlag, Würzburg 1961 (russ. Übers.: Нейман, Дж. фон, Моргенштерн, о, Теория игр и экономическое поведение, «Наука», Москва 1970).

[27] Pschenitschny, B. N. (Пшеничный, Б. Н.) Двойственный метод в экстремальных задачах. I, II, Кибернетика, Киев, № **3** и **4**, 1965.

[28] Pschenitschny, B. N., Birsak, B. (Пшеничный, Б. Н., Бирзак, Б.) О некоторых задачах минимизации негладких функций, Кибернетика **6**, 1966.

[29] Riwett, P., Ackoff, R. L. (Райветт, П., Акофф, Р. Л.) Исследование операций, «Мир», Москва 1966.

[30] Schilow, G. E., Gurewitsch, B. L. (Шилов, Г. Е., Гуревич, Б. Л.) Интеграл, мера и производная, «Наука», Москва 1964.

[31] Tschujew, J. W., Melnikow, P. M., Petuchow, S. I., Schor, J. B., Stepanow, G. F. (Чуев, Ю. В., Мельников, П. М., Петухов, С. И., Шор, Я. Б., Степанов, Г. Ф.) Основы исследования операций в военной технике, «Советское радио», Москва 1965.

[32] Tynjanski, N. T. (Тынянский, Н. Т.) Основы теории двойственности задач нелинейного программирования и дифференциальные игры, москва 1962.

[33] Wentzel, E. S. (Вентцель, Е. С.) Теория вероятностей, Физматгиз, Москва 1962.

[34] Wentzel, E. S. (Вентцель, Е. С.) Введение в исследование операций, «Советское радио», Москва 1964.
[35] Worobjew, N. N. (Воробьев, Н. Н.) Конечные бескоалиционные игры, УМН **14**, № 4, 1959.
[36] Worobjow, N. N. — Hrsg. — (Н. Н. Воробьев) Матричные игры, Сборник, Физматгиз, Москва 1961.
[37] Worobjew, N. N. — Hrsg. — (Н. Н. Воробьев) Бесконечные антагонистические игры, Сборник, Физматгиз, Москва 1963.

# NAMEN- UND SACHVERZEICHNIS